毛玉星　郭　珂　刘卫华◎编　著

单片机原理及接口技术
——基于ARM Cortex-M3 的STM32系列

慕课版

重庆大学出版社

内容提要

本书以 ARM Cortex-M3 内核的 STM32 系列单片机为学习目标，课程内容包括微型计算机基础知识、ARM 技术基础、Cortex-M3 体系结构、STM32 最小系统与开发环境、Cortex-M3 指令系统、STM32 的功能部件与应用、STM32 的接口与扩展应用，在教学内容上既涵盖微机原理的通识教育基础知识，又结合该领域的专业人才培养需要，使学生对微型计算机的基本概念和理论、STM32 单片机的内部结构、控制方法、接口技术和软硬件设计有比较完整的理解和掌握，为工程设计和应用开发打下坚实基础，适合高等院校学生课堂学习、课后复习或专业技术人员自学参考。

图书在版编目(CIP)数据

单片机原理及接口技术：基于 ARM Cortex-M3 的 STM32 系列/毛玉星，郭珂，刘卫华编著. --重庆：重庆大学出版社，2020.8(2024.6 重印)
电气工程及其自动化专业本科系列教材
ISBN 978-7-5689-2328-6

Ⅰ.①单… Ⅱ.①毛… ②郭… ③刘… Ⅲ.①单片微型计算机—基础理论—高等学校—教材 ②单片微型计算机—接口技术—高等学校—教材 Ⅳ.①TP368.1

中国版本图书馆 CIP 数据核字(2020)第 146190 号

单片机原理及接口技术——基于 ARM Cortex-M3 的 STM32 系列
DANPIANJI YUANLI JI JIEKOU JISHU——JIYU ARM Cortex-M3 DE STM32 XILIE
毛玉星 郭 珂 刘卫华 编 著
策划编辑：杨粮菊
责任编辑：杨育彪 版式设计：杨粮菊
责任校对：王 倩 责任印制：张 策
*
重庆大学出版社出版发行
出版人：陈晓阳
社址：重庆市沙坪坝区大学城西路 21 号
邮编：401331
电话：(023) 88617190 88617185(中小学)
传真：(023) 88617186 88617166
网址：http://www.cqup.com.cn
邮箱：fxk@cqup.com.cn (营销中心)
全国新华书店经销
POD：重庆新生代彩印技术有限公司
*
开本：787mm×1092mm 1/16 印张：19.5 字数：502 千
2020 年 8 月第 1 版 2024 年 6 月第 3 次印刷
ISBN 978-7-5689-2328-6 定价：49.80 元

前 言

当今时代，科技高速发展。云计算、大数据、人工智能、物联网等新技术不断涌现，并显著改变了人们的生产生活方式。计算机在科技发展中起着至关重要的作用，已渗入社会、家庭、个人等各个领域。单片机是芯片化的计算机，是小型化、低功耗系统设计的重要器件，目前广泛用于智能家电、物联网终端、通信与控制设备、嵌入式系统领域，因而单片机课程成为工科院校计算机、电气电子、信息技术类专业的主干课程。本书关注我国处理器芯片设计与制造涉及的指令集架构、开源与授权问题，以单片机讲授为契机，介绍国产替代产品的发展现状及面临的问题，鼓励学生关注国家科技强国战略需求，树立危机意识与责任担当，激发学生学习动力。

STM32 系列单片机采用 ARM Cortex-M3 内核，具有高性能、低成本、低功耗的优势，是目前应用广泛的主流芯片，也是高校等教育机构单片机课程首选芯片之一。STM32 系列单片机已有较多资料，但大多针对功能应用展开，具有开发手册性质，系统性不强，也缺乏对单片机原理的介绍，不适合作为教材使用。本书来源于 STM32 单片机课程教师编写的教学讲义，针对 STM32 单片机的原理及应用展开，在教学内容上既涵盖微机原理的通识教育基础知识，又结合专业实际需要，同时兼顾学生的各类科研训练计划、电子竞赛、创新实验项目的应用需求，合理安[illegible]容和教学重点。

本[illegible]分：第一部分为第 1 章，包括微型计算机基础[illegible]2 章、第 3 章和第 5 章，这部分涵盖了 ARM [illegible]3 体系结构以及其指令系统；第三部分为第[illegible]第 7 章，这部分详细介绍了 STM32 的最小系统与[illegible]境、多功能部件与应用，其中第 7 章通过一些经典的 STM32 开发实例，对每个实例的内容和设计思路进行了详细讲解，以帮助读者能够深入理解这些实例涉及的知识点，为工程设计和应用开发打下坚实基础。本书适合高等院校学生课堂学习、课后复习或专业技术人员自学参考。

本书的编写和出版得到了重庆大学电气工程学院的大力支持，重庆大学出版社为本书的顺利出版做了大量工作，一些研究生助教也参与了本书的审校，在此一并表示衷心的感谢。

由于作者水平有限，书中难免存在不足和疏漏之处，敬请读者批评指正。

编 者

2020 年 5 月

目录

第 1 章 微型计算机基础知识

1.1 微型计算机的组成

1.1.1 微型计算机系统的组成

微型计算机通常被称为“微电脑”或者“微机”,其实它的准确称呼应该叫做微型计算机系统。微型计算机系统从局部到全局分为 3 个层次:微处理器、微型计算机、微型计算机系统。

1)微处理器

微处理器也就是通常所说的 CPU,它本身不是计算机,但它是微型计算机的核心部件,是整个计算机系统的“大脑”。它包括算术逻辑运算单元 ALU(Arithmetic Logic Unit)、控制部件 CU(Control Unit)和寄存器组(Registers)3 个部分,通常由一片或者多片超大规模的集成电路组成。

2)微型计算机

微型计算机是以微处理器为核心,并由大规模集成电路制作的存储器(ROM 和 RAM)、输入输出接口和系统总线组成的。有的微型计算机则将这些组成部分集成到一个超大规模的集成芯片上,被称为单片微型计算机,简称单片机。

3)微型计算机系统

微型计算机系统是以微型计算机为核心,再配以相应的外围设备、电源、辅助电路和控制微型计算机工作的软件而构成的完整的计算系统。只有微型计算机系统才是完整的计算系统,才具有实用意义,才可以正常工作。微处理器、微型计算机、微型计算机系统的组成及相互关系如图 1.1 所示。

1.1.2 微型计算机的硬件组成

计算机工作原理万变不离其宗,也就是存储程序控制原理,把操作要求编制成程序代码存放在存储器中,执行程序时逐条取出相应的程序指令并执行。微型计算机一般采用冯·诺依曼结构,它把计算机分成五大组成部分,即输入设备、控制器、运算器、存储器和输出设备,如图

1.2 所示。其中最核心的控制器和运算器部分由 CPU 来担任,可见 CPU 在计算机中的重要地位,所有操作都是由控制器发出的控制信号来指挥的,而控制器根据程序产生控制信号,程序则由编程人员编制并存放在存储器中。

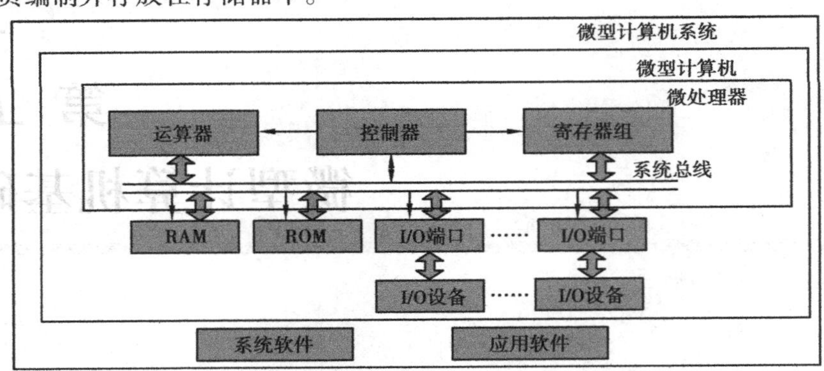

图 1.1　微处理器、微型计算机、微型计算机系统的组成及相互关系图

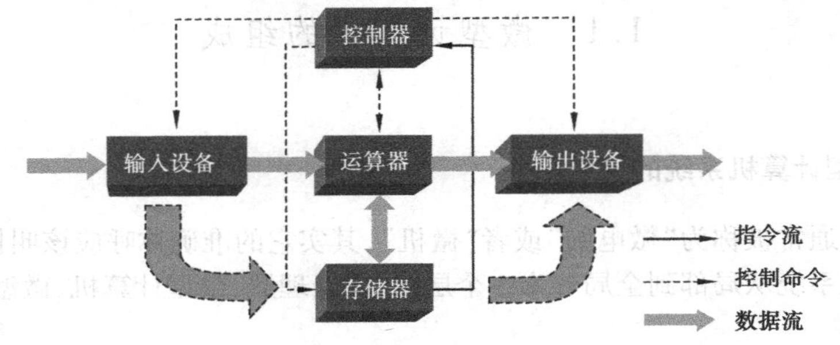

图 1.2　微型计算机的冯 · 诺依曼结构

1)存储器

存储器是计算机中存储程序和数据的部件。计算机的存储器分为两大部分:一部分为内部存储器或主存储器,简称内存或主存;另一部分为外部存储器或辅助存储器,简称外存或辅存。

(1)存储容量

描述存储器存储二进制信息量多少的指标是存储容量。存储二进制信息的基本单位是位(bit,简写为"b"),一般把 8 个二进制位组成的通用基本单元称为字节(Byte,简写为"B"),微型计算机中是以字节为单位表示存储容量。一个字节只能存储 8 位信息,能够表示的信息量太小,所以实际中经常使用的容量单位有 KB、MB 和 GB,更大的单位还有 TB 等,它们之间的关系如下:

1 KB = 1 024 B,1 MB = 1 024 KB,1 GB = 1 024 MB,1 TB = 1 024 GB

它们之间是以 2^{10} 来进行递增的,在数学上它们则是以 10^3 来递增的,和计算机中的表示是有区别的。

(2)存储速度

存储速度是描述存储器工作快慢程度的指标,它是指信息存入存储器和从存储器中取出所需要的时间。

(3)存储器类型

①半导体存储器。半导体存储器又分为随机读写存储器 RAM 和只读存储器 ROM。一般 RAM 用作数据存储器来存储临时数据,它比 ROM 的读写速度要快很多;ROM 用作程序存储器,比如计算机 BIOS 程序就存放在 ROM 当中。RAM 又可以分为 SRAM 和 DRAM,SRAM 集成度没有 DRAM 集成度高,但是读写速度更快,一般用作高速缓存,比如 CPU 的 Cache;DRAM 的集成度更高,经常用作计算机的主存,比如常用的内存条都是 DRAM。

②磁记录存储器。磁带、磁盘和硬盘都属于磁记录存储器。前两者因为磁记录介质暴露在空气中,容易受损,可靠性大大降低,同时存储速度也很慢,目前已经被淘汰。硬盘的加工非常精密,所有磁记录介质都被密封起来,可以长期保存数据;同时采用了多磁头、多柱面,读写速度也非常快。

③光盘存储器。光盘是以光信息作为存储的载体并用来存储数据的,具有存储密度高和非易失的特点,经常用来保存数据量很大的多媒体文件,但是它的工作速度要比硬盘慢一个数量级。

④其他存储器。随着技术的发展,目前又出现了 FROM、固态硬盘等,甚至还出现了网络存储器,其存储容量越来越大,存储速度也越来越快。

2)微处理器

微处理器是微型计算机的运算和控制指挥中心,不同的微处理器,其性能有所不同,但基本组成是相同的,由运算器、控制器和寄存器 3 个主要部件组成,如图 1.3 所示。其中运算器和控制器的结构非常复杂,然而我们在使用计算机时可以忽略这一部分;相反,寄存器的结构和操作比较简单,操作计算机主要就是操作寄存器。因此,计算机学习的重点就是掌握寄存器的使用。

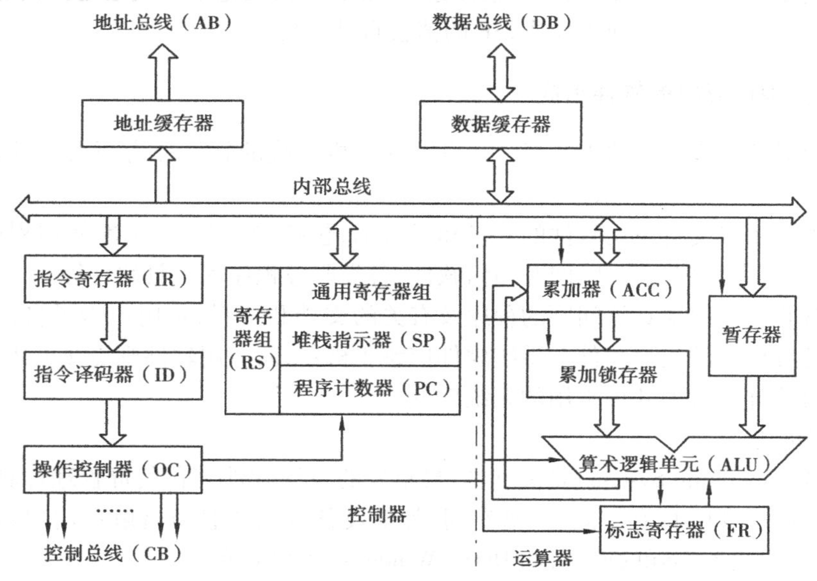

图 1.3　微处理器内部结构

(1)运算器

运算器是执行算术运算和逻辑运算的部件,由累加器(A)、暂存器(TMP)、算术逻辑单元(ALU)、标志寄存器(FR)和一些逻辑电路组成。

(2)控制器

控制器是指令执行部件,包括取指令、分析指令(指令译码)和执行指令,由指令寄存器(IR)、指令译码器(ID)和定时控制电路等组成。计算机的所有操作都是在控制器的控制下完成的。

(3)寄存器

寄存器也是CPU的重要组成部分,是CPU进行数据处理必不可少的"存储地",用来"寄存"数据处理的当前信息。按照用途分为通用寄存器和特殊寄存器,通用寄存器一般用来供用户存取数据,特殊寄存器则拥有特殊的用途,一般不允许用户随便使用,比如用来管理堆栈的寄存器——堆栈指示器SP,还比如用来管理程序步序的程序计数器PC。

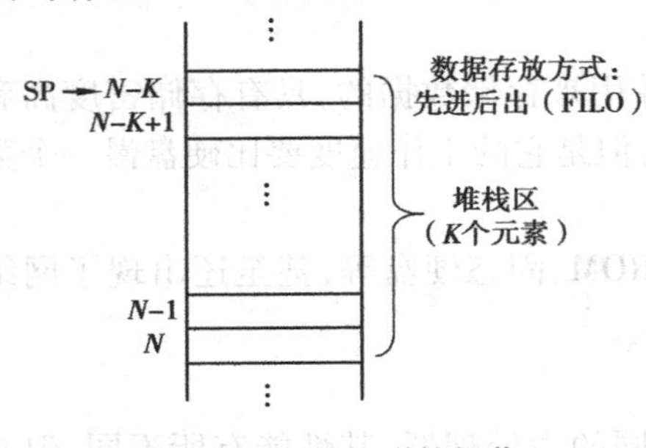

图1.4　压栈和弹栈操作

①堆栈是一块设在内存中按先进后出(First In Last Out,FILO)原则组织的存储区域,主要用于子程序及中断程序调用时的现场保护和参数传递,当然用户也可以用来存放数据。数据存入栈区称为压栈(PUSH),从栈区中取出数据称为弹栈(POP)。PUSH和POP操作每次压入或弹出一个元素,元素的大小根据机型和指令的不同而不同。比如8051单片机默认元素大小是1个字节;80486默认元素大小是16位;而STM32-CM3默认元素大小是32位。对于8051单片机,一个元素占1字节;对于80X86微机,一个元素占2字节;而对于STM32-CM3单片机,则一个元素占4字节。压栈和弹栈操作如图1.4所示。

②堆栈指示器SP用于指示当前栈顶元素所在的位置,无论是压栈还是弹栈总是在栈顶进行的。随着对堆栈的压入和弹出操作,SP的值会自动变化。

1.1.3　微型计算机的软件组成

软件是组成计算机系统的重要部分。微型计算机系统的软件分为两大类,即系统软件和应用软件。

系统软件是用来支持应用软件的开发和运行的,包括操作系统、标准使用程序、计算机语言处理程序、数据库管理程序、联网及通信软件、各类服务程序和工具软件等。

应用软件是用来解决具体问题的程序及有关的文档和资料,是用户为了自己的业务应用而使用系统开发出来的用户软件。系统软件依赖于机器,而应用软件则更接近用户业务。

以下是目前计算机中几种常用的系统软件。

(1)操作系统

操作系统(Operating System)是最基本、最重要的系统软件。它负责管理计算机系统的各种硬件资源(例如CPU、内存空间、磁盘空间、外部设备等),并且负责解释用户对机器的管理命令,使它转换为机器实际的操作,如DOS、Windows、UNIX等。

(2)文字处理程序

计算机用于办公自动化,文字处理是其重要内容,因此文字处理程序也是基本的系统软件,如WPS、Word等。

(3)计算机语言处理程序

计算机语言是编程人员与计算机进行交流的语言。让计算机为我们完成任务,就要通过计算机语言来指挥计算机,也就是编程。计算机语言分为机器语言、汇编语言和高级语言。

①机器语言。机器语言是指机器能直接认识的语言,它是由"1"和"0"组成的一组代码指令,很难掌握并且极易出错。

②汇编语言。汇编语言实际上是由一组与机器语言指令一一对应的符号指令和简单语法组成的,很容易被翻译成机器语言,执行效率基本和机器语言一样。

③高级语言。高级语言比较接近日常用语,对机器依赖性低,即适用于各种机器的计算机语言,如BASIC语言、Visual BASIC语言、FORTRAN语言、C语言、Java语言等。

高级语言所写的程序机器无法理解,必须要翻译为机器语言,翻译有两种程序,一种叫编译程序,一种叫解释程序。编译程序把高级语言所写的程序作为一个整体进行处理,编译后与子程序库链接,形成一个完整的可执行程序。这种方法的缺点是编译、链接比较费时,但可执行程序运行速度很快。FORTRAN语言、C语言等都采用这种编译的方法。解释程序则对高级语言程序逐句解释执行。这种方法的特点是程序设计的灵活性大,但程序的运行效率较低。BASIC语言采用的就是这种编译的方法。

(4)数据库管理系统

日常许多业务处理都属于对数据组进行管理,所以计算机制造商也开发了许多数据库管理程序(DBMS)。较著名的适用于计算机系统数据库管理程序的有dBASE、FoxBASE、Visual FoxPro、MySQL等。

另外,还有联网及通信软件、各类服务程序、多媒体软件和工具软件等。计算机软件组成如图1.5所示。

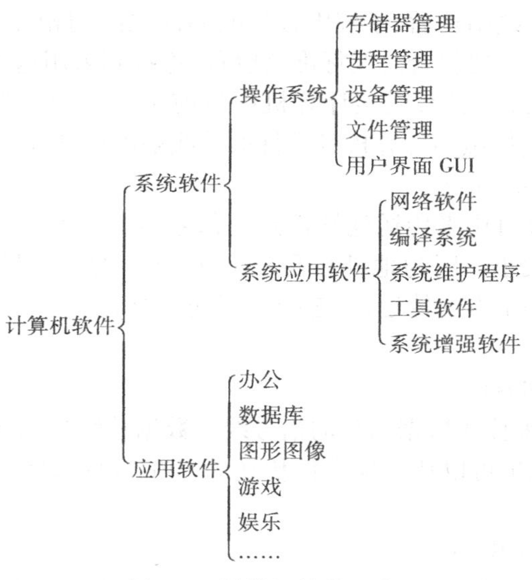

图1.5　计算机软件组成

1.2 微型计算机的硬件结构

1.2.1 硬件结构

微型计算机在硬件上普遍采用总线结构，总线结构使系统构成方便，并具有很好的可维护性和可扩展性。计算机总线系统如图 1.6 所示。

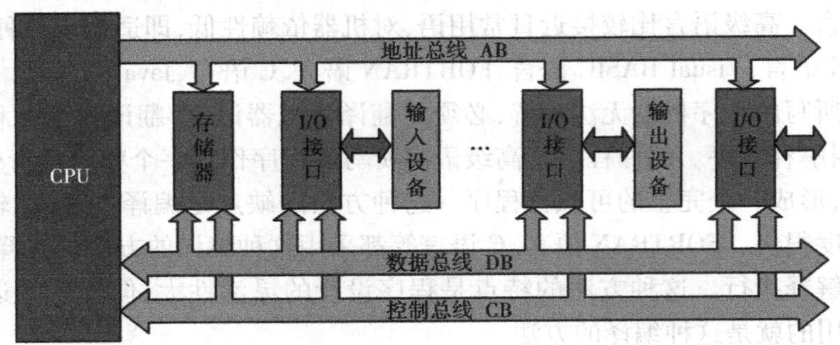

图 1.6 计算机总线系统

所谓总线，是连接多个功能部件或多个装置的一组公共信号线。按在系统中的不同位置，总线可以分为内部总线和外部总线。内部总线是 CPU 内部各功能部件和寄存器之间的连线；外部总线是连接系统的总线，即连接 CPU、存储器和 I/O 接口的总线，又称为系统总线。

1.2.2 地址总线、数据总线、控制总线

微型计算机采用了总线结构后，系统中各功能部件之间的相互关系变为各个部件面向总线的单一关系。一个部件只要符合总线标准，就可以连接到采用这种总线标准的系统中，使系统的功能可以很方便地得以发展，微型计算机中目前主要采用的外部总线标准有 PC-总线、ISA-总线、PCI-总线等。连接微型计算机各部件的总线是由地址线、数据线和控制线组成的。

(1) 地址总线(Address Bus)

地址总线是微型计算机用来传送地址信息的信号线。地址总线的位数决定了 CPU 可以直接寻址的内存空间的大小。因为地址总是从 CPU 发出的，所以地址总线是单向的三态总线。单向指信息只能沿一个方向传送，三态指除了输出高、低电平状态外，还可以处于高阻抗状态(浮空状态)。

(2) 数据总线(Data Bus)

数据总线是 CPU 用来传送数据信息的信号线。数据总线是双向三态总线，即数据既可以从 CPU 传送到其他部件，也可以从其他部件传送给 CPU，数据总线的位数和处理器的位数相对应。

(3) 控制总线(Control Bus)

控制总线是用来传送控制信号的一组信号线。这组信号线比较复杂，由它来实现 CPU 对外部功能部件(包括存储器和 I/O 接口)的控制及接收外部传送给 CPU 的状态信号，不同的微处理器采用不同的控制信号。控制总线的信号线，有的为单向，有的为双向或三态，有的为非三态，取决于具体的信号线。

1.3 微型计算机中的运算基础

1.3.1 计算机中数的表示

1)十进制、二进制和十六进制之间的关系

计算机中的数字用高低电平表示,高电平代表 1,低电平代表 0,或者相反。也就是说,计算机只能操作二进制数,而人们日常只习惯使用十进制,人要和计算机打交道就要进行进制之间的转换。先把十进制转换为二进制,交给计算机进行运算,计算机运算的结果再转换成十进制输出给用户,整个流程:十进制→计算机系统(二进制处理)→十进制。于是,就有了二-十进制的转换,二-十进制之间的转换,"数字电路"和"计算机文化基础"课程已经讲述过这些,此处不再赘述。

十六进制其实是二进制的简化写法,每四位二进制数对应一位十六进制数,比如二进制数 10100101,十六进制则写为 A5,很显然用二进制表示需要写 8 位,而十六进制则只需写 2 位。

十六进制→二进制,例如:

F8H = 1111 1000B (整数)

2F0.4AH = 0010 1111 0000.0100 1010B (小数)

二进制→十六进制,例如:

1001111001010.010111B 如何转换为十六进制呢?具体操作是以"."为准,以四位二进制数为一组,向左右分段,不足四位添 0 凑够四位。过程如下:

1001111001010.010111B→*000*1001111001010.010111*00*B→13CA.5CH

二进制数在末尾标注 B,十进制数在末尾标注 D(也可省略),十六进制数在末尾标注 H(C 语言编程一般在首部标注 0x,例如 0x2A)。

2)机器数和真值

计算机只认识 0 和 1,所以无论是数值还是符号都用 0 和 1 来表示。通常专门用一个数的最高位作为符号位:0 用来表示正数,1 用来表示负数。以八位二进制数为例,比如:

$$+35 = 00100011$$

$$-35 = 10100011$$

这种在计算机中使用的、连同符号位一起数字化了的数,就称为机器数。机器数所表示的真实值则称为真值。如机器数 10100011 所表示的真值为 −35(十进制)或 −0100011(二进制),可以看出在机器数中,用 0、1 取代了真值的正、负号。

机器数可以有不同的表示方法,对于有符号数,机器数常用的表示方法有原码、反码、补码、移码 4 种;对于浮点数又引入了移码表示。

(1)原码

按照机器数的表示方法,即最高位表示符号、数值位用二进制的绝对值表示的方法,便称为原码表示法。设机器数位长为 n(通常值为 8,16,32 等),则数 X 的原码可定义为:

$$[X]_{原} = \begin{cases} X = 0X_1X_2\cdots X_{n-1}(X \geqslant 0) \\ X = 1X_1X_2\cdots X_{n-1}(X \leqslant 0) \end{cases}$$

n 位原码表示的数值范围是：

$$-(2^{n-1}-1)\sim+(2^{n-1}-1)$$

对应于原码的 111…1 ~011…1。

数 0 的原码有两种不同的表示形式：

$$[+0]_{原}=000\cdots0$$

$$[-0]_{原}=100\cdots0$$

原码表示简单、直观，与真值之间的转换方便，但是使用原码做加减法运算不方便，比如：

10000011B(-3) + 00000011B(+3) = 10000110B(-6)

很显然这个结果是不正确的，还需要对运算进行处理，因此操作起来不方便。另外，数 0 有 +0 和 -0 两种表示方法，也就是说 0 的表示不唯一。

(2)反码

正数的反码和原码相同；负数的反码是将其对应正数各位（连同符号位一起）取反得到，或者将原码除符号位外其余各位取反，反码的定义可表示为：

$$[X]_{反}=\begin{cases}0X_1X_2\cdots X_{n-1}(X\geqslant0)\\1\,\overline{X_1}\,\overline{X_2}\cdots\overline{X_{n-1}}(X\leqslant0)\end{cases}$$

n 位原码表示的数值范围是：

$$-(2^{n-1}-1)\sim+(2^{n-1}-1)$$

对应于反码的 100 ~0 ~011…1。

同样，数 0 的反码也有两种不同的表示形式：

$$[+0]_{反}=000\cdots0$$

$$[-0]_{反}=111\cdots1$$

使用反码做加减法运算可以纠正原码计算的一些错误，比如：

11111100B(-3) + 00000011B(+3) = 11111111B(-0)

但是反码与真值之间的转换不直观，反码还原为真值的方法是：反码→原码→真值。数 0 还是有 +0 和 -0 两种表示方法。

(3)补码

正数的补码和原码相同；负数的补码是将其对应正数各位（连同符号位一起）取反再加 1，或者将原码除符号位外其余各位取反再加 1，补码的定义可表示为：

$$[X]_{原}=\begin{cases}0X_1X_2\cdots X_{n-1}(X\geqslant0)\\1\,\overline{X_1}\,\overline{X_2}\cdots\overline{X_{n-1}}+1(X\leqslant0)\end{cases}$$

n 位补码表示的数值范围是：

$$-2^{n-1}\sim+(2^{n-1}-1)$$

对应于补码的 100…0 ~011…1。

数 0 的补码只有一种表示形式：

$$[+0]_{补}=[-0]_{补}=000\cdots0$$

使用补码做加算术运算，在数值表示范围内可以得到正确合理的结果，比如：

11111101B(-3) + 00000011B(+3) = 00000000B(0)

正是因为补码具有这两个明显的优势，所以计算机中的有符号数一般都使用补码来表示和运算。

(4)移码

移码(又称增码)是符号位取反的补码,它和原码、反码和补码不同,它不会用来直接表示一个数,而是用来表示浮点数的阶码。也就是说,它是用来表示浮点数的一部分,而不是直接用来表示一个完整的数。定点数表示数的范围受字长限制,表示数的范围有限,定点表示的精度有限。机器中常用定点数表示纯整数和纯小数。

例如,IEEE754 标准浮点数表示:

对任意一个二进制数 N,总可以写成:

$$N = (-1)^S \times 1.M \times 2^E$$

式中,E 为数 N 的阶码,M 为数 N 的尾数,S 用来表示符号位。

阶码用移码、尾数用原码,尾数的最高位恒为 1(如上式 1.M),该 1 在尾数中不表示出来。

①单精度格式:32 位,符号位 1 位,阶码 8 位,尾数 23 位,如图 1.7 所示。

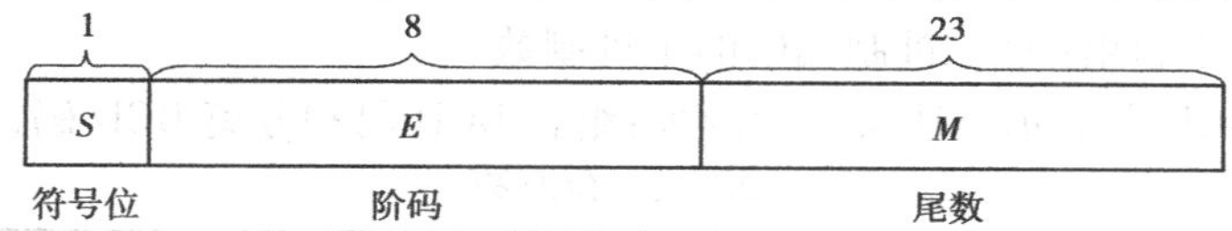

图 1.7　单精度格式

②双精度格式:64 位,符号位 1 位,阶码 11 位,尾数 52 位,如图 1.8 所示。

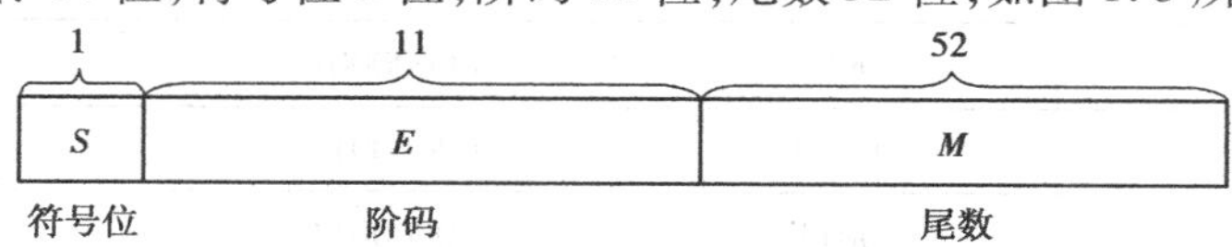

图 1.8　双精度格式

例:用 32 位单精度表示 -108.0125。

解:-108.0125D =(-1) * 1101100.000000110011001100…B

=(-1) * 2^6 * 1.101100 000000110011001100…B

S = 1B　E = 6 + 127 = 133 = 10000101B　阶数范围 -127 ~ 128

M = 101100 00000011001100110B(如果超过 23 位则弃掉后面的数位)

表示结果:1 10000101 101100 00000011001100110 (32 位)

十六进制表示为:0xC2D80666,即 0xC2D80666 代表十进制 -108.012 5

以 8 位二进制数为例,我们可以比较各种表示方法之间的区别,见表 1.1。

表 1.1　有符号的表示方式

二进制码	00000000	00000001	01111111	10000000	10000001	11111110	11111111
十六进制	00H	01H	7FH	80H	81H	feH	ffH
无符号数	0	1	127	128	129	254	255
原　码	0	1	127	-0	-1	-126	-127
反　码	0	1	127	-127	-126	-1	-0
补　码	0	1	127	-128	-127	-2	-1
移　码	-128	-127	-1	0	1	126	127

3)编码

计算机中除了数字还有符号,比如"abc"这些字母,只用来显示输出和输入,对它们进行运算是没有意义的,这些符号也是以二进制存储在计算机中的,最常见的就是ASCII码;还有一种常用的编码BCD码,称为二进制编码的十进制数,是为方便进行特定计算而制定的编码规则。

用4位二进制数表示1位十进制数的编码方法称为BCD码,之所以称为二进制编码的十进制数,是因为BCD码只使用了十六进制的前0~9这10个符号,去除了$a \sim f$这6个符号。这样BCD还是二进制数,看起来却像是十进制数一样。但是必须要清楚BCD码毕竟是二进制编码,只是看起来像是十进制。比如:

$$(27H)_{BCD} = 27$$

如果去掉了27H后面的"H",那么看起来就是十进制27,这就实现了二进制看起来和十进制一样(如果不看后面的H),但是它并不是十进制。同时因为去掉了$a \sim f$,所以BCD码也不是二进制,它的正确叫法是二进制编码的十进制数。

计算机里的BCD码表示方法又分为两种:组合BCD码和分离BCD码,见表1.2。

表1.2 BCD码

十进制数	组合BCD码	分离BCD码	十六进制
0	0000	00000000	0H
1	0001	00000001	1H
2	0010	00000010	2H
3	0011	00000011	3H
4	0100	00000100	4H
5	0101	00000101	5H
6	0110	00000110	6H
7	0111	00000111	7H
8	1000	00001000	8H
9	1001	00001001	9H
10	1010(非法)	00001010(非法)	0AH

如果是组合BCD码,一个字节单元可以存放两个BCD码;如果是分离BCD码,一个字节单元只能存放一个BCD码。

1.3.2 计算机的基本运算方法

计算机中的CPU能直接提供的运算有算术运算和逻辑运算,其运算的过程有两个行为:一个是运算结果;另一个是运算状态。比如加减法运算是否产生了进位或借位,计算结果是否产生了溢出,计算的结果是不是零等,这些状态往往是发出控制命令的依据,所以我们更应该掌握这些状态的变化。80x86把这些状态存放在一个状态标志寄存器FLAG中。

图1.9所示的是一个16位的寄存器,其中空白位表示没有使用或者其他与运算无关的状

态，除空白位外的位表示运算状态。CF 表示进位或借位，当进行加减法运算有进借位时，CF = 1，否则 CF = 0。SF 标志位表示运算的结果是不是负数，如果运算结果最高位是1，代表是负数，则 SF = 1，反之 SF = 0。ZF 是0标志，如果计算的结果是0，则 ZF = 1，反之 ZF = 0。AF 是辅助进位标志，PF 是奇偶标志，OF 是溢出标志。

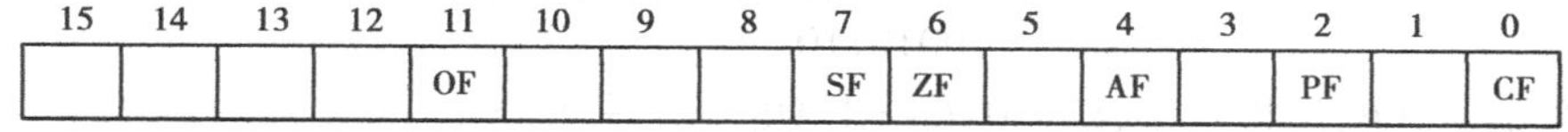

15	14	13	12	11	10	9	8	7	6	5	4	3	2	1	0
				OF				SF	ZF		AF		PF		CF

图1.9　16位寄存器

1）补码运算及溢出的判断

（1）补码运算

计算机中有符号数一般用补码来表示，补码的加减法运算规则如下：

若进行 $X+Y$ 运算，则利用 CPU 内部的加法器可直接计算得到：$[X]_补+[Y]_补=[X+Y]_补$。

若进行 $X-Y$ 运算，则需将其转换为 $X+(-Y)$，此时只需将 $-Y$ 转换为补码，仍可通过加法器来实现：$[X]_补-[Y]_补=[X-Y]_补=[X]_补+[-Y]_补$。

例：求 −97 的原码、反码和补码（8位表示）。

解：97 = 64 + 32 + 1　二进制为：1100001

原码为：11100001B

反码为：10011110B

补码为：10011111B

例：已知 $(X)_补$ = 11101110B，求其原码和十进制真值。

解：X 为一负数，原码为数值部分求反加1。

$(X)_原$ = 10010010B

真值 X = −18D

例：用补码表示形式计算 11 − 7 = ？

解：11 − 7 = 4 = 11 + (−7)

$(11)_补$ = 0　0001011　$(-7)_补$ = 1　1111001

$(11)_补-(7)_补=(11)_补+(-7)_补$ = 1 0 0000100

取低八位　= 00000100　（多出来的第9位1自动丢弃）

对应真值 = 4

结果正确。

（2）溢出的判断

计算机中的有符号一般用补码来表示，补码的表示范围和位数有关，如果超界了就会得到一个错误的结果。就像一个钟表，它的表示范围是0～12点，如果8点再过5小时，应该是8 + 5 = 13，然而由于钟表的表示范围有限，结果在表盘上看到是1点。很显然 8 + 5 = 1 这个结果是错误的，这就是溢出，这是因为13超出了钟表的表示范围。

相对于其他状态的判断，溢出的判断较为复杂，对运算结果是否有溢出的判断，可通过“双进位”法来进行。

$$OF = C_1 \oplus C_2 \begin{cases} 1 & 有溢出 \\ 0 & 无溢出 \end{cases}$$

其中 C_2 是数据最高位向符号位的进位,如果有进位 $C_2=1$,否则 $C_2=0$;C_1 其实就是 CF。

例:设字长为 8 位,用补码进行计算(+120)+(+30)

```
   01111000  ……… +120
 + 00011110  ……… +30
 ----------
   10010110
```

结果代表 -106,结果错误,$C_1=0$,$C_2=1$,$OF=C_1 \oplus C_2=1$

例:设字长为 8 位,计算 -5-16=(-5)+(-16)

```
   11111011  ……… -5
 + 11110000  ……… -16
 ------------
 1 11101011  ……… -21
```

结果代表 -21,结果正确,$C_1=1$,$C_2=1$,$OF=C_1 \oplus C_2=0$

从上面的运算可以看出,符号位也参与了运算。

2)逻辑运算

逻辑运算是按照二进制的最小单位 Bit(位)来进行的,常用的逻辑运算有:与运算、或运算、异或运算、非运算等。

(1)与运算

与 0 相与得 0,与 1 相与保持不变,利用与运算可以将指定位清零。

例:10110110∧11110000

```
  10110110
 ∧11110000
 ---------
  10110000
```

上例中高四位都和 1 进行与,低四位都和 0 进行与,结果就实现对原数的低四位清零。

(2)或运算

与 1 相或得 1,与 0 相或保持不变,利用或运算可以将指定位置 1。

例:00000110∨00110000

```
  00000110
 ∨00110000
 ---------
  00110110
```

上例中通过或运算把数字 06H 变成了 36H,通过对照 ASCII 表可以发现 36H 正好是数字 6 的 ASCII,这个例子实现了数字 6 转化为 6 的 ASCII,即 6→'6'。

另外 ASCII 表中大写 A 的 ASCII 是 41H,小写字母 a 的 ASCII 是 61H,二者只有第 5 位不同,通过修改第五位就可改变大小写。例:

大写变小写:41H∨20H=61H

小写变大写:61H∧DFH=41H

"A"~"Z"的 ASCII 码 41H~5AH;"a"~"z"的 ASCII 码 61H~7AH;"0"~"9"的 ASCII 码 30H~39H。从上面的例子可以看出使用合适的与、或运算,能够实现大小写的转换,也能够实现数值和 ASCII 的转换。

(3)异或运算

与 1 相异或等于取反,与 0 相异或保持不变,利用异或运算可以对指定位求反。

例:00000110 ⊕ 00000100

$$\begin{array}{r} 00000110 \\ \oplus\ 00000100 \\ \hline 00000010 \end{array}$$

计算机控制的点动开关就是通过异或运算来实现的,按一次开,再按一次关。每按一次开关都和 1 进行异或运算即可。

(4)非运算

$$\begin{array}{r} \overline{10110110} \\ \hline 01001001 \end{array}$$

按位取反,利用非运算可以对所有位求反。

3)BCD 码运算及十进制调整

由于计算机总是将数据作为二进制数来进行运算,在利用指令进行算术运算时,是按"逢 16 进一"的法则进行,而日常生活中采用的十进制运算均是按"逢 10 进一"的法则进行,故两种计算方法中相差 6。因此,需要进行"十进制调整"。

十进制调整的规则如下:

若 BCD 码加法运算结果中出现无效码或出现进位,则在相应位置再加 6。若 BCD 码减法运算结果中出现无效码或出现借位,则在相应位置再减 6。

实际上,分离 BCD 码的十进制调整处理方法略有不同,在高 4 位上还需加 F。

1.4　典型微型计算机

1.4.1　计算机性能指标

①字长。字长是指计算机对外一次能传送及内部处理数据的最大二进制数码的位数。

②运算速度。计算机的运算速度一般用每秒钟所能执行的指令条数来表示。

③内存储器的容量。内存的性能指标主要包括存储容量和存取速度。

④外存储器的容量。外存储器的容量通常是指硬盘容量(包括内置硬盘和移动硬盘)。

⑤外设扩展能力。微型计算机系统具有配接各种外部设备的可能性、灵活性和适应性。

⑥软件配置。软件是微型计算机系统的重要组成部分,微型计算机系统中软件配置是否齐全,直接关系到计算机性能的好坏和效率的高低。

1.4.2　PC 系列微型计算机

典型的微机硬件系统包括主机、输入设备、输出设备、存储设备和功能卡(显卡、声卡、网卡、视屏卡等)。整个硬件系统采用总线结构,总线主要位于主板上,各部分之间通过总线连接,构成一个有机整体。

(1)主板

主板是一块印刷电路板,安装在微机机箱内。主板主要由 CPU 插座、内存条插槽、总线扩展槽、电源转换器件、芯片组、外设接口等组成。如图 1.10 所示，在主板上可以安装 CPU、内存条、声卡、网卡、显示卡、硬盘、软驱和光驱等硬件设备。

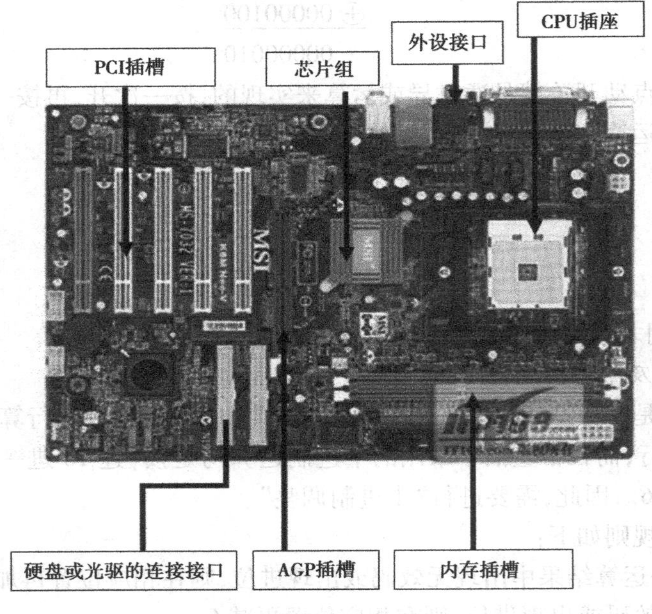

图 1.10　主板组成

主板的作用是通过系统总线插槽和各种外设接口，将微机中的各部件紧密地联系在一起，是中央处理器(即 CPU)与其他部件连接的桥梁。

主板是属于微机的总线，是传输信息的“高速公路”，为了实现微机与其他外设的连接，主板设置有并行接口、串行接口、USB 接口、键盘鼠标接口等，如果是集成主板，则还有 RJ45LAN 网线接口，喇叭、话筒连接接口，显示器连接接口等，主板接口如图 1.11 所示。

图 1.11　主板接口

USB 接口可以串接一组低速设备到一个统一的 USB 接口上，支持功能传递，而其通信功能不会受丝毫影响。USB 接口本身就可以提供电力来源，因此外设可以没有外接电源线。USB 接口支持即插即用功能，用户可以完全摆脱添加或去除外设时总要重新开机的麻烦。

(2)微处理器 CPU

CPU 即中央处理单元，也称微处理器，是整个微机系统的核心部件，CPU 由运算器和控制器组成。运算器主要完成各种算术运算和逻辑运算，控制器不具有运算功能，它是微机运行的指挥中心，它按照程序指令的要求，有序地向各个部件发出控制信号，使微机有条不紊地运行。

CPU 品质的高低直接决定了一个计算机系统的档次。衡量 CPU 品质的一个重要指标是主频，主频标志着计算机的处理速度，以兆赫（MHz）为单位，主频越高，CPU 的处理速度越快。

（3）显示卡

显示卡又称图形加速卡，其主要作用是控制计算机图形输出，它工作在 CPU 和显示器之间，是 CPU 与显示器之间的接口电路，是微机主机与显示器连接的桥梁，显示器只有在显示卡及其驱动程序的支持下，才能显示出色彩艳丽的画面。显示器的显示方式是由显示卡来控制的。显示卡必须有显示存储器，显示卡内存越大，显示卡所能显示的色彩就越丰富，分辨率也就越高。

显示卡从系统总线类型上可分为 ISA、EISA、VESA、PCI 和 AGP。

（4）网卡

网卡也称网络适配器，是计算机与网络连接的接口电路。利用网卡可以实现计算机与网络的连接与通信。

（5）声卡

声卡是多媒体微机中不可缺少的部件。声卡提供了录制、编辑和回放数字音频以及进行 MIDI 音乐合成的功能，玩游戏，播放 CD、VCD、DVD 都需要声卡的支持。

声卡能将话筒或音响设备输入的声音数字化存储进计算机；声卡还能将计算机处理过的数字语音还原为模拟信号声音，从扬声器输出。

（6）视频卡

视频卡用来处理运动图像等视频信息，可以将摄像机送来的视频通过采样、量化、编码、压缩等方式转换为数字信息，还能将视频、数字信息还原成声音、图像等模拟信息，通过扬声器、录像机、显示器等模拟输出。视频卡功能示意如图 1.12 所示。

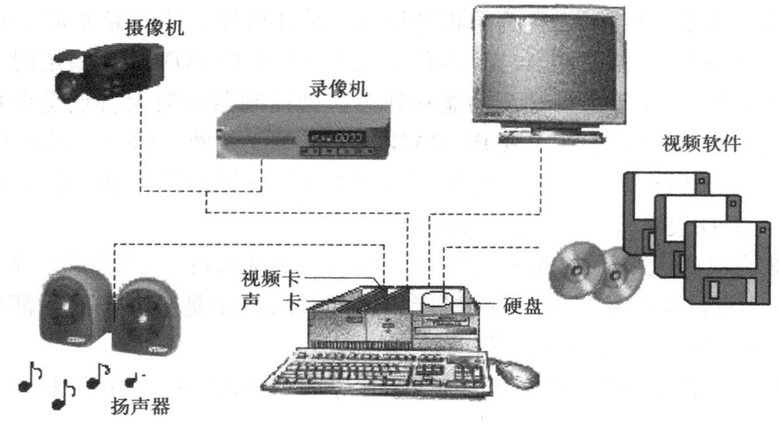

图 1.12　视频卡功能示意图

第2章 ARM技术基础

2.1 微处理器定义

微处理器是可编程化的特殊集成电路，它是一种处理器，由很多可以完成复杂的或者单一的功能组件组成，这些组件小型化至一块或者数块集成电路内部；它还是一种能编程的集成电路，可在其一端或者多端接收编码指令，执行相应指令并输出对应的状态信号。有时又称为中央处理器，是微型计算机的重要组成部件。

微处理的组件经常安装在同一个芯片内，也可以分布在一些不同的芯片上，再组装在一块电路板上。前者称为单片机，后者称为单板计算机。单片机片上外设资源通常比较丰富，适合控制，因此称为微控制器。微控制器芯片内部集成有 ROM/EPROM、RAM、定时/计数器、看门狗、I/O、串行口、A/D、D/A 等各种必要功能和外设。微控制器的最大特点是单片化、功耗低、可靠性高。单板计算机通常把 CPU、ROM、RAM 及 I/O 等元件做到同一个芯片上，再辅以一些其他处理器，比如图像处理器或语音处理器等；这一点与微型计算机不同，微型计算机的 CPU、存储器以及 I/O 设备等一般是独立出来的。

微处理器现在已经无处不在，各种家庭用智能设备如洗衣机、电冰箱和空调等都嵌入了不同的微处理器；还有汽车引擎控制、数控机床、导弹制导，甚至是宇宙飞船等都离不开微处理器。现在基本是哪里有“智能”，哪里就有微处理器。

本书以目前最流行的 ARM 单片机作为平台来学习微处理器的使用方法。

2.2 ARM发展历程与芯片现状

1978 年 12 月 5 日，物理学家 Hermann Hauser 和工程师 Chris Curry，在英国剑桥创办了 CPU 公司（Cambridge Processing Unit），主要业务是为当地市场供应电子设备，1979 年，CPU 公司改名为 Acorn 计算机公司。

1985 年，Roger Wilson 和 Steve Furber 设计了他们自己的第一代 32 位、6 MHz 的处理器，

用它做出了一台 RISC 指令集的计算机，简称 ARM(Acorn RISC Machine)。RISC 的全称是精简指令集计算机(Reduced Instruction Set Computer)，它支持的指令比较简单，所以功耗小、价格便宜，特别适合移动设备。

1990 年 11 月 27 日，Acorn 计算机公司正式改组为 ARM 计算机公司。20 世纪 90 年代，ARM 32 位嵌入式 RISC(Reduced Instruction Set Computer)处理器扩展到世界范围，占据了低功耗、低成本和高性能的嵌入式系统应用领域的领先地位。ARM 公司既不生产芯片也不销售芯片，它只出售芯片技术授权。

ARM 既可以认为是一个公司的名字，也可以认为是对一类微处理器的通称，还可以认为是一种技术的名字。1991 年 ARM 公司成立于英国剑桥，主要出售芯片设计技术的授权。目前，采用 ARM 技术知识产权(IP)核的微处理器，即我们通常所说的 ARM 微处理器，已遍及工业控制、消费类电子产品、通信系统、网络系统、无线系统等各类产品市场，基于 ARM 技术的微处理器应用约占据 32 位 RISC 微处理器 75% 以上的市场份额，ARM 技术正在逐步渗入我们生活的各个方面。ARM 公司是专门从事基于 RISC 技术芯片设计开发的公司，作为知识产权供应商，本身不直接从事芯片生产，靠转让设计许可由合作公司生产各具特色的芯片，世界各大半导体生产商从 ARM 公司购买其设计的 ARM 微处理器核，根据各自不同的应用领域，加入适当的外围电路，从而形成自己的 ARM 微处理器芯片进入市场。目前，全世界有几十家大的半导体公司都使用 ARM 公司的授权，因此既使得 ARM 技术获得更多的第三方工具、软件的支持，又使整个系统成本降低，从而使产品更容易进入市场被消费者所接受，更具有竞争力。

2.2.1　ARM 处理器核简介

ARM 体系结构从最初开发到现在有了很大的改进，并仍在完善和发展。为了清楚地表达每个 ARM 应用实例所使用的指令集，ARM 公司定义了 6 种主要的 ARM 指令集体系结构版本，以版本号 V1 ~ V7 表示。

1)ARM 版本Ⅰ:V1 版架构

V1 版架构只在原型机 ARM1 出现过，只有 26 位的寻址空间，没有用于商业产品。其基本性能有：

①基本的数据处理指令(无乘法)；

②基于字节、半字和字的 Load/Store 指令；

③转移指令，包括子程序调用及链接指令；

④供操作系统使用的软件中断指令 SWI；

⑤寻址空间:64 MB(226)。

2)ARM 版本Ⅱ:V2 版架构

V2 版架构对 V1 版进行了扩展，例如 ARM2 和 ARM3(V2a)架构，包含了对 32 位乘法指令和协处理器指令的支持。版本 2a 是版本 2 的变种，ARM3 芯片采用了版本 2a，是第一片采用片上 Cache 的 ARM 处理器。同样为 26 位寻址空间，现在已经废弃不再使用。V2 版架构与版本 V1 相比，增加了以下功能：

①乘法和乘加指令；

②支持协处理器操作指令；

③快速中断模式；

④SWP/SWPB 的最基本存储器与寄存器交换指令；

⑤寻址空间:64 MB。

3) ARM 版本Ⅲ:V3 版架构

ARM 作为独立的公司,在 1990 年设计的第一个微处理器采用的是版本 3 的 ARM6。它作为 IP 核、独立的处理器,具有片上高速缓存、MMU 和写缓冲的集成 CPU。V3 版架构(目前已废弃)对 ARM 体系结构作了较大的改动:

①寻址空间增至 32 位(4 GB)；

②当前程序状态信息从原来的 R15 寄存器移到当前程序状态寄存器 CPSR(Current Program Status Register)中；

③增加了程序状态保存寄存器 SPSR(Saved Program Status Register)；

④增加了两种异常模式,使操作系统代码可方便地使用数据访问中止异常、指令预取中止异常和未定义指令异常；

⑤增加了 MRS/MSR 指令,以访问新增的 CPSR/SPSR 寄存器；

⑥增加了从异常处理返回的指令功能。

4) ARM 版本Ⅳ:V4 版架构

V4 版架构在 V3 版上作了进一步扩充,V4 版架构是目前应用最广的 ARM 体系结构,ARM7、ARM8、ARM9 和 StrongARM 都采用该架构。V4 不再强制要求与 26 位地址空间兼容,而且还明确了哪些指令会引起未定义指令异常。指令集中增加了以下功能:

①符号化和非符号化半字及符号化字节的存/取指令；

②增加了 T 变种,处理器可工作在 Thumb 状态,增加了 16 位 Thumb 指令集；

③完善了软件中断 SWI 指令的功能；

④处理器系统模式引进特权方式时使用用户寄存器操作；

⑤把一些未使用的指令空间捕获为未定义指令。

5) ARM 版本Ⅴ:V5 版架构

V5 版架构是在 V4 版基础上增加了一些新的指令,ARM10 和 Xscale 都采用该版架构。这些新增命令有:

①带有链接和交换的转移 BLX 指令；

②计数前导零 CLZ 指令；

③BRK 中断指令；

④增加了数字信号处理指令(V5TE 版),为协处理器增加更多可选择的指令；

⑤改进了 ARM/Thumb 状态之间的切换效率；

⑥E——增强型 DSP 指令集,包括全部算法操作和 16 位乘法操作；

⑦J——支持新的 Java,提供字节代码执行的硬件和优化软件加速功能。

6) ARM 版本Ⅵ:V6 版架构

V6 版架构是 2001 年发布的,首先在 2002 年春季发布的 ARM11 处理器中使用。在降低耗电量的同时,还强化了图形处理性能。通过追加有效进行多媒体处理的单指令多数据(Single Instruction Multiple Data,SIMD)功能,将语音及图像的处理功能提高到了原型机的 4 倍。此架构在 V5 版的基础上增加了以下功能:

①THUMBTM:35%代码压缩;

②DSP扩充:高性能定点DSP功能;

③JazelleTM:Java性能优化,可提高8倍;

④Media扩充:音/视频性能优化,可提高4倍。

7)ARM版本:V7版架构

ARM 11之后分成3类,即A系列、R系列和M系列,并且不再采用ARM序号命名,有了个新名字Cortex。Cortex-A系列面向尖端的基于虚拟内存的操作系统和用户应用,比如智能手机和掌上电脑基本都是这个系列;Cortex-R系列针对实时系统,比如汽车电子使用的就是该系列;Cortex-M系列针对微控制器。

V7架构增加了以下功能:

①使用范围:1.5 ~2.5 GHz四核、八核或更高配置;

②设备特性:高端整数、浮点数性能;

③可伸缩性:“大集成”>4个核,TCO更低;

④大内存设备:支持最高1 TB、硬件虚拟化支持;

⑤可靠性:错误纠正、软故障恢复、监视设备完整性。

整个ARM核的发展历程如图2.1所示,目前ARM技术还在不断发展和完善中。

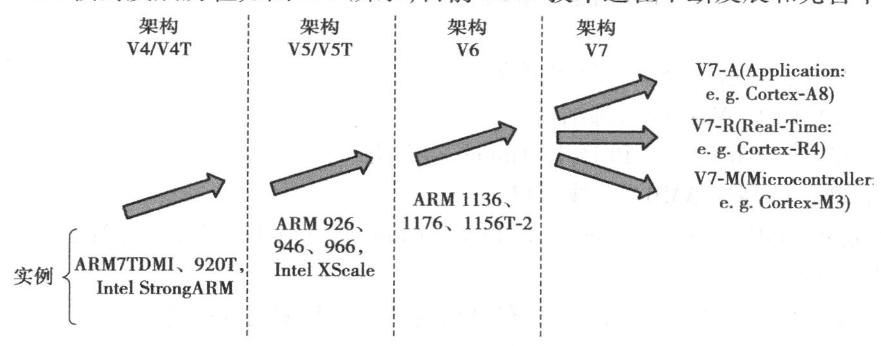

图2.1 ARM核的发展历程

2.2.2 各种ARM体系结构版本

ARM微处理器目前包括ARM7系列、ARM9系列、ARM9E系列、ARM10E系列、SecurCore系列、Cortex系列、Intel的Xscale几个系列,以及其他厂商基于ARM体系结构的处理器,除了具有ARM体系结构的共同特点以外,每一个系列的ARM微处理器都有各自的特点和应用领域。

ARM7、ARM9、ARM9E和ARM10E为4个通用处理器系列,每一个系列提供一套相对独特的性能来满足不同应用领域的需求。SecurCore系列专门为安全要求较高的应用而设计。以下详细了解各种处理器的特点及应用领域。

1)ARM7微处理器系列

ARM7微处理器系列为低功耗的32位RISC处理器,最适合对价位和功耗要求较高的消费类应用。ARM7微处理器系列具有如下特点:

①嵌入式ICE-RT逻辑,调试开发方便。

②极低的功耗,适合对功耗要求较高的应用,如便携式产品。

③能够提供 0.9 MIPS/MHz 的三级流水线结构。

④代码密度高并兼容 16 位的 Thumb 指令集。

⑤对操作系统的支持广泛,包括 Windows CE、Linux、Palm OS 等。

⑥指令系统与 ARM9 系列、ARM9E 系列和 ARM10E 系列兼容,便于用户的产品升级换代。

⑦主频最高可达 130 MIPS,高速的运算处理能力能胜任绝大多数的复杂应用。

ARM7 微处理器系列的主要应用领域为:工业控制、Internet 设备、网络和调制解调器设备、移动电话等多种多媒体和嵌入式应用。ARM7 微处理器系列包括如下几种类型的核:ARM7TDMI、ARM7TDMI-S、ARM720T、ARM7EJ。其中,ARM7TDMI 是目前使用非常广泛的 32 位嵌入式 RISC 处理器,属低端 ARM 处理器核。TDMI 的基本含义为:

①T:支持 16 位压缩指令集 Thumb。

②D:支持片上 Debug。

③M:内嵌硬件乘法器(Multiplier)。

④I:嵌入式 ICE,支持片上断点和调试点。

2)ARM9 微处理器系列

ARM9 微处理器系列在高性能和低功耗特性方面提供最佳的性能。ARM9 具有以下特点:

①5 级整数流水线,指令执行效率更高。

②提供 1.1 MIPS/MHz 的哈佛结构。

③支持 32 位 ARM 指令集和 16 位 Thumb 指令集。

④支持 32 位的高速 AMBA 总线接口。

⑤全性能的 MMU,支持 Windows CE、Linux、Palm OS 等多种主流嵌入式操作系统。

⑥MPU 支持实时操作系统。

⑦支持数据 Cache 和指令 Cache,具有更高的指令和数据处理能力。

ARM9 微处理器系列主要应用于无线设备、仪器仪表、安全系统、机顶盒、高端打印机、数字照相机和数字摄像机等。ARM9 系列微处理器包含 ARM920T、ARM922T 和 ARM940T 三种类型,以适用于不同的应用场合。

3)ARM9E 微处理器系列

ARM9E 微处理器系列为可综合处理器,使用单一的处理器内核提供了微控制器、DSP、Java应用系统的解决方案,极大地减少了芯片的面积和系统的复杂程度。ARM9E 系列微处理器提供了增强的 DSP 处理能力,很适合那些需要同时使用 DSP 和微控制器的应用场合。

ARM9E 系列微处理器的主要特点如下:

①支持 DSP 指令集,适合需要高速数字信号处理的场合。

②5 级整数流水线,指令执行效率更高。

③支持 32 位 ARM 指令集和 16 位 Thumb 指令集。

④支持 32 位的高速 AMBA 总线接口。

⑤支持 VFP9 浮点处理协处理器。

⑥全性能的 MMU,支持 Windows CE、Linux、Palm OS 等多种主流嵌入式操作系统。

⑦MPU 支持实时操作系统。

⑧支持数据 Cache 和指令 Cache，具有更高的指令和数据处理能力。

⑨主频最高可达 300 MIPS。

ARM9E 微处理器系列主要应用于下一代无线设备、数字消费品、成像设备、工业控制、存储设备和网络设备等领域。ARM9E 系列微处理器包含 ARM926EJ-S、ARM946E-S 和 ARM966E-S 三种类型，以适用不同的应用场合。

4）ARM10E 微处理器系列

ARM10E 微处理器系列具有高性能、低功耗的特点，由于采用了新的体系结构，与同等的 ARM9 器件相比较，在同样的时钟频率下，性能提高了近 50%，同时，ARM10E 微处理器系列采用了两种先进的节能方式，功耗极低。ARM10E 微处理器系列的主要特点如下：

①支持 DSP 指令集，适合于需要高速数字信号处理的场合。

②6 级整数流水线，指令执行效率更高。

③支持 32 位 ARM 指令集和 16 位 Thumb 指令集。

④支持 32 位的高速 AMBA 总线接口。

⑤支持 VFP10 浮点处理协处理器。

⑥全性能的 MMU，支持 Windows CE、Linux、Palm OS 等多种主流嵌入式操作系统。

⑦支持数据 Cache 和指令 Cache，具有更高的指令和数据处理能力。

⑧主频最高可达 400 MIPS。

⑨内嵌并行读/写操作部件。

ARM10E 微处理器系列主要应用于下一代无线设备、数字消费品、成像设备、工业控制、通信和信息系统等领域。ARM10E 微处理器系列包含 ARM1020E、ARM1022E 和 ARM1026EJ-S 三种类型，以适用于不同的应用场合。

5）SecurCore 微处理器系列

SecurCore 微处理器系列专为安全需要而设计，提供了完善的 32 位 RISC 技术的安全解决方案，因此，SecurCore 微处理器系列除了具有 ARM 体系结构的低功耗、高性能的特点外，还具有其独特的优势，即提供了对安全解决方案的支持。SecurCore 微处理器系列除了具有 ARM 体系结构各种主要特点外，还在系统安全方面具有如下特点：

①带有灵活的保护单元，以确保操作系统和应用数据的安全。

②采用软内核技术，防止外部对其进行扫描探测。

③可集成用户自己的安全特性和其他协处理器。

SecurCore 微处理器系列主要应用于一些对安全性要求较高的应用产品及应用系统，如电子商务、电子政务、电子银行业务、网络和认证系统等领域。SecurCore 微处理器系列包含 SecurCore SC100、SecurCore SC110、SecurCore SC200 和 SecurCore SC210 四种类型，以适用于不同的应用场合。

6）StrongARM 微处理器系列

Intel StrongARM SA-1100 处理器是采用 ARM 体系结构高度集成的 32 位 RISC 微处理器。它融合了 Inter 公司的设计和处理技术以及 ARM 体系结构的电源效率，采用在软件上兼容 ARMV4 体系结构、同时采用具有 Intel 技术优点的体系结构。

Intel StrongARM 处理器是便携式通信产品和消费类电子产品的理想选择，已成功应用于多家公司的掌上电脑系列产品。

7)Xscale 处理器

Xscale 处理器是基于 ARMV5TE 体系结构的解决方案,是一款全性能、高性价比、低功耗的处理器。它支持 16 位的 Thumb 指令和 DSP 指令集,已使用在数字移动电话、个人数字助理和网络产品等场合。Xscale 处理器是 Inter 目前主要推广的一款 ARM 微处理器。

2.2.3 ARM 架构主流产品及国内进展

ARM 公司采用内核授权方式提供给第三方完成产品设计与制造,ARM 内核包括 Cortex-A、Cortex-R、Cortex-M 三个系列,其中 Cortex-A 系列内核主要用于高性能应用,支持分页内存管理单元(MMU),适合运行操作系统如 Linux 和 Android,应用于高性能计算设备如智能手机、平板电脑和服务器,主要厂商包括苹果、三星、华为、高通等;Cortex-R 系列内核侧重于实时应用,通常不支持 MMU,但具有高性能和高响应速度,适用于汽车系统、硬盘控制器等工业应用;Cortex-M 系列内核主要用于微控制器(MCU)和嵌入式应用,具有低功耗和高能效比,适合单片机和深度嵌入式系统市场,广泛应用于物联网设备、智能仪表和工业控制系统中,主要产品包括意法半导体(ST)的 STM32 系列、恩智浦(NXP)的 LPC 系列等。

近年来受国际环境的影响,国外品牌微控制器采购受限、价格飞涨,很多领域不得不转而使用国产 MCU,从而也促进了国内半导体产业的崛起,越来越多的企业投入到基于 ARM Cortex-M 核的 MCU 研发和生产中。兆易创新的 GD32 系列单片机,提供丰富的外设接口和强大的处理能力,适用于工业控制、智能家居、汽车电子等领域;中颖电子的 CH32 系列单片机,拥有丰富的外设资源和灵活的配置选项,适用于消费电子、智能仪表等领域。还有上海复旦微电子、国民技术等厂家都设计生产了自己的 MCU。

此外,在指令集架构方面,受限于 ARM 架构的有限开源、使用限制、架构复杂和版税等问题,近年推出的 RISC-V 是一种全开源的指令集架构,不需要任何版税或许可,允许设计人员免费试验和开发 RISC-V 系统,利于开发完全自主可控的产品。国内已有超过 40 家企业加入 RISC-V 国际基金会,阿里旗下的平头哥、华为海思、兆易创新、乐鑫科技等众多的厂家都纷纷入局,推出了基于 RISC-V 的 IP 核或芯片,成为 RISC-V 生态的重要力量。2019 年,兆易创新携手芯来科技推出全球首款基于 RISC-V 的 Bumblebee 处理器内核的 GD32V 系列通用单片机 GD32VF103,目前已广泛应用。

总体而言,如今国产 32 位单片机已具备与国际品牌竞争的实力,并在某些方面展现独特优势,为国家的科技强国战略和核心科技自主可控提供了有力支撑。

2.3 微处理器结构

微处理器的结构分为冯·诺依曼结构和哈佛结构。

2.3.1 冯·诺依曼结构

冯·诺依曼结构也称普林斯顿结构,如图 2.2 所示,是一种将程序指令存储器和数据存储器合并在一起的存储器结构。程序指令存储地址和数据存储地址指向同一个存储器的不同物理位置,因此程序指令和数据的宽度相同,如英特尔公司的8086中央处理器的程序指令和数据都是16位宽。

冯·诺依曼结构将CPU与内存分开,结果导致所谓的冯·诺依曼瓶颈(von Neumann bottleneck):在CPU与内存之间的流量(资料传输率)与内存的容量相比起来相当小,在现代计算机中,流量与CPU的工作效率相比之下非常小,在某些情况下(当CPU需要在巨大的资料上执行一些简单的指令时),资料流量就成了整体效率非常严重的限制。CPU将会在资料输入或输出内存时闲置。

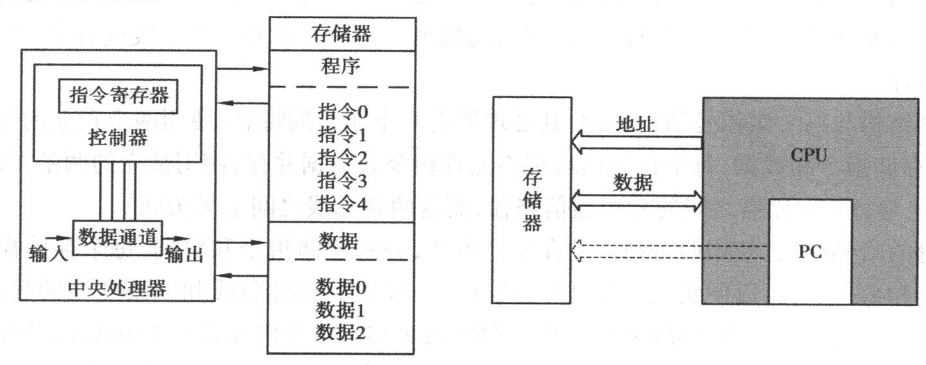

图2.2 冯·诺依曼结构

2.3.2 哈佛结构

为了解决冯·诺依曼瓶颈,也就是说CPU访问内存在读写数据的时候会影响指令的读取,于是后人对其进行改进,设计出哈佛结构。哈佛结构是一种将程序指令存储和数据存储分开的存储器结构,如图2.3所示。哈佛结构是一种并行体系结构,它的主要特点是将程序和数据存储在不同的存储空间中,即程序存储器和数据存储器是两个独立的存储器,每个存储器独立编址、独立访问。

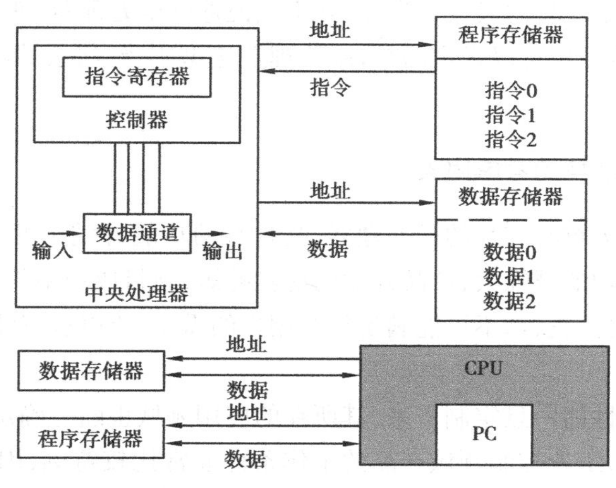

图2.3 哈佛结构

哈佛结构的微处理器通常具有较高的执行效率。其程序指令和数据指令是分开组织和存储的,执行时可以预先读取下一条指令。

哈佛结构是程序和数据空间独立的体系结构,目的是减轻冯·诺依曼结构在程序运行时的访存瓶颈。

例如最常见的卷积运算中,一条指令同时取两个操作数,在流水线处理时,同时还有一个取址操作,如果程序和数据通过同一条总线访问,取址和取数必会产生冲突,而这对大运算量的循环执行效率是很不利的。

哈佛结构基本上能解决取指和取数的冲突问题。而对另一个操作数的访问,就只能采用Enhanced 哈佛结构了,例如,像 TI 公司一样,将数据区再分开多并一组总线或者像 AD 公司采用指令缓存。

哈佛结构与冯·诺依曼结构相比,其处理器有两个明显的特点:使用两个独立的存储器模块,分别存储指令和数据,每个存储模块都不允许指令和数据并存;使用独立的两条总线,分别作为 CPU 与每个存储器之间的专用通信路径,而这两条总线之间毫无关联。

改进的哈佛结构,使用两个独立的存储器模块,分别存储指令和数据,每个存储模块都不允许指令和数据并存,以便实现并行处理;具有一条独立的地址总线和一条独立的数据总线,利用公用地址总线访问两个存储模块(程序存储模块和数据存储模块),公用数据总线则被用来完成程序存储模块或数据存储模块与 CPU 之间的数据传输;两条总线由程序存储器和数据存储器分时共用。

2.4 微处理器选型

要选好一款微处理器,考虑的因素有很多,不单单是纯粹的硬件接口,还需要考虑相关的操作系统、配套的开发工具、仿真器,以及微处理器工程师的经验和软件支持情况等。微处理器选型是否得当,将决定项目的成败。当然,并不是说选好微处理器,就意味着成功,因为项目的成败取决于许多因素。但可以肯定的是,微处理器选型不当,将会给项目带来无限的烦恼,甚至导致项目的流产。

2.4.1 微处理器选型的考虑因素

在产品开发中,作为核心芯片的微处理器,其自身的功能、性能、可靠性被寄予厚望,因为它的资源越丰富、自带功能越强大,产品开发周期就越短,项目成功率就越高。但是,任何一款微处理器都不可能尽善尽美,都不可能满足每个用户的需要,所以这就涉及选型的问题。

(1)应用领域

一个产品的功能、性能一旦定制下来,其所在的应用领域也随之确定。应用领域的确定将缩小选型的范围,例如,工业控制领域产品的工作条件通常比较苛刻,因此对芯片的工作温度通常是宽温的,这样就得选择工业级的芯片,民用级的就被排除在外。目前,比较常见的应用领域分类有航天航空、通信、计算机、工业控制、医疗系统、消费电子、汽车电子等。

(2)自带资源

经常会看到或听到这样的问题:主频是多少?有无内置的以太网 MAC?有多少个 I/O 接口?自带哪些接口?支持在线仿真吗?是否支持 OS,能支持哪些 OS?是否有外部存储接口?……以上都涉及芯片资源的问题,微处理器自带什么样的资源是选型的一个重要考虑因素。芯片自带资源越接近产品的需求,产品开发相对就越简单。

(3)可扩展资源

硬件平台要支持 OS、RAM 和 ROM,对资源的要求就比较高。芯片一般都有内置 RAM 和 ROM,但其容量一般都很小,但是运行 OS 一般都是兆级以上。这就要求芯片可扩展存储器。

(4)功耗

单看"功耗"是一个较为抽象的名词。这里举两个形象的例子:

①夏天使用空调时,家里的电费会猛增。这是因为空调是高功耗的家用电器,这时人们会想:"要是空调能像日光灯那样省电就好了。"

②MP3、MP4 都使用电池,正当听音乐、看视频时,系统因为没电自动关机,谁都会抱怨:"又没电了!"

以上体现了人们对低功耗的渴求。低功耗的产品既节能又节财,甚至可以减少环境污染,它有如此多的优点,因此低功耗也成了芯片选型时的一个重要指标。

(5)封装

常见的微处理器芯片封装主要有 QFP、BGA 两大类型。BGA 类型的封装焊接比较麻烦,但 BGA 封装的芯片体积会小很多。如果产品对芯片体积要求不严格,选型时最好选择 QFP 封装。

(6)芯片的可延续性及技术的可继承性

目前,产品更新换代的速度很快,所以在选型时要考虑芯片的可升级性。如果是同一厂家同一内核系列的芯片,其技术可继承性就较好。应该考虑知名半导体公司,然后查询其相关产品,再做出判断。

(7)价格及供货保证

芯片的价格和供货也是必须考虑的因素。处于试用阶段的芯片,其价格和供货就会处于不稳定状态,所以选型时尽量选择量产的芯片。另外需要考虑国际环境的影响,技术指标满足的情况下尽量采用国产的 MCU,价格和供货保证更有优势。

(8)仿真器

仿真器是硬件和底层软件调试时要用到的工具,开发初期如果没有它基本上会寸步难行。选择配套适合的仿真器,将会给开发带来许多便利。对已经有仿真器的人们,在选型过程中要考虑它是否支持所选的芯片。

(9)OS 及开发工具

作为产品开发,在选型芯片时必须考虑其对软件的支持情况,如支持什么样的 OS 等。对已有 OS 的人们,在选型过程中要考虑所选的芯片是否支持该 OS,也可以反过来说,即这种 OS 是否支持该芯片。

(10)技术支持

现在的趋势是买服务,也就是买技术支持。一家好的公司的技术支持能力相对比较有保证,所以选芯片时最好选择知名的半导体公司。

另外,芯片的成熟度取决于用户的使用规模及使用情况。选择市面上使用较广的芯片,将会有比较多的共享资源,从而给开发带来许多便利。

2.4.2　国内外微处理器选型示例

(1)需求

①适合于工业控制的温度。

②支持 FreeOS、LiteOS 操作系统。

③存储方面,SDRAM 大于 16 MB,Flash 大于 8 MB。

④主频方面,60 MHz 以上。

⑤接口方面具有带 DMA 控制的 Ethernet MAC、2 个以上 RS232 串口、1 个 USB 2.0 接口、1 个 SPI接口,以及大于 30 个 GPIO 引脚(不包括数据总线、地址总线和 CPU 内置接口总线)。

⑥提供实时时钟或实时定时器。

⑦引脚封装为 QFP。

⑧价格低于 200 元。

(2)选型需求分析

根据需求①,参照前述选购的考虑因素中的“应用领域”,把要选的芯片定位于工业控制领域。目前市场上较适合用于工业控制的微处理器的半导体公司有 NXP、Atmel、ST 公司,以及国内的兆易创新、复旦微电子、国民技术等。

根据需求②,参照选购的考虑因素中的“OS 及开发工具”,CM1 以上系列基本都可以支持 FreeOS 和 LiteOS。

根据需求③,结合各种型号的芯片资源介绍,不难看出要求芯片必须带有可扩展存储接口,因为芯片的内置存储量不可能那么大。所以只能选择带可扩展存储接口的芯片。ST 公司的 STM32F1xx 系列和 STM32F4xx 具备此项功能,兆易创新公司的 GD32F1xx 系列、GD32F4xx 系列也满足此项需求。

根据需求④、⑤、⑥、⑦,参照选购的考虑因素中的“价格及供货保证”,结合 ST 和兆易创新公司的芯片资源介绍,把选型范围框定在 STM/GD32F103ZET6 和 STM/GD32F407ZGT6。

根据需求⑧,上一步所选的 3 个型号都能满足要求。

(3)选型结论

综合需求和芯片各方面的资源,选型结论如下:

①从产品开发周期角度考虑,STM32F103ZET6 最为适合,它在这 4 个芯片中开发周期应该最短。

②从技术可继承性角度考虑,且对开发周期没有严格限制的话,GD32F407ZGT6 较为合适。

③从支持 FreeOS 和 LiteOS 来看, STM/GD32F407ZGT6 这两个型号更为合适,F103 系列

资源速度和资源都显得有些紧张。从开发工具考虑优先考虑 STM32F407ZGT6。

④综合各方面考虑，GD32F103ZET6 排在其他三者之后。

选型满意度从高到低的排列顺序是：STM32F407ZGT6、GD32F407ZGT6、STM32F103ZET6、GD32F103ZET6。

对于任何一个应用来说，硬件工程师主要的工作在于硬件选型。硬件选型中主要考虑的几个指标包括封装、工业或者商用、电平、外围接口和价格成本。

第 3 章 Cortex-M3 体系结构

3.1 Cortex-M3 微处理器核结构

3.1.1 Cortex-M3 微控制器结构

Cortex-M3 处理器内核是单片机的中央处理单元（CPU）。完整的基于 Cortex-M3 的 MCU（微控制器）还需要很多其他组件。在芯片制造商得到 Cortex-M3 处理器内核的使用授权后，它们就可以把 Cortex-M3 内核用在自己的硅片设计中，添加存储器、外设、I/O 以及其他功能块，如图 3.1 所示。不同厂家设计出的单片机会有不同的配置，包括存储器容量、类型、外设等都各具特色。

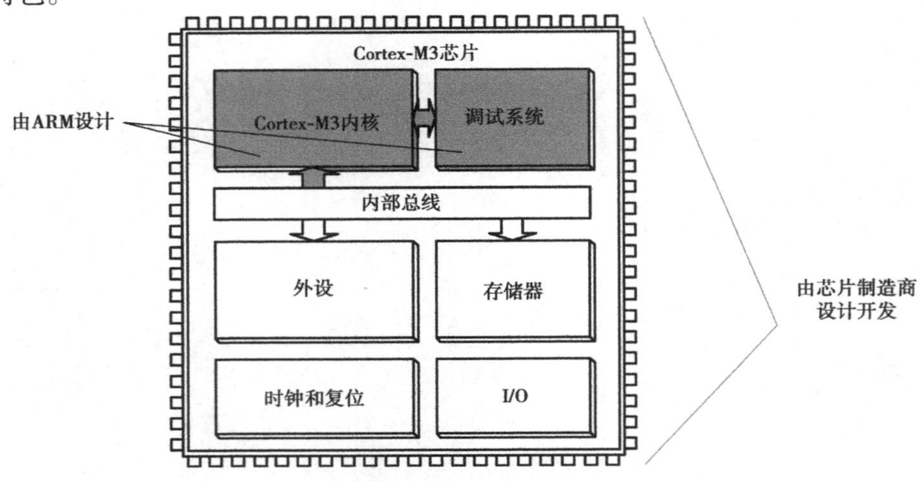

图 3.1　Cortex-M3 微控制器结构图

Cortex-M3 是一个 32 位处理器内核。内部的数据路径是 32 位的，寄存器是 32 位的，存储器接口也是 32 位的。Cortex-M3 采用了哈佛结构，拥有独立的指令总线和数据总线，可以让取指与数据访问并行操作。这样一来数据访问不再占用指令总线，从而提升了性能。为实现这个特性，Cortex-M3 内部含有多条总线接口，每条都针对自己的应用场合进行了优化，并且它们可以并行工作。但另一方面，指令总线和数据总线共享同一个存储器空间（一个统一的存储器系统）。换句话说，不是因为有两条总线，可寻址空间就变成 8 GB 了。

比较复杂的应用可能需要更多的存储系统功能，为此 Cortex-M3 提供一个可选的 MPU（存储器保护单元），而且在需要的情况下也可以使用外部的 Cache。另外在 Cortex-M3 中，小端模式和大端模式都是支持的。

Cortex-M3 内部还具有多个调试组件，用于在硬件水平上支持调试操作，如指令断点、数据观察点等。另外，为支持更高级的调试，还有其他可选组件，包括指令跟踪和多种类型的调试接口。

3.1.2　Cortex-M3 微处理器结构

Cortex-M3 处理器除了处理核心外，还有好多其他组件，以用于系统管理和调试支持。

图 3.2 中虚线框的 MPU 和 ETM（嵌入式跟踪宏单元）是可选组件，不一定会包含在每一个 Cortex-M3 的 MCU 中。表 3.1 列出了图中各组件的名称及其定义。

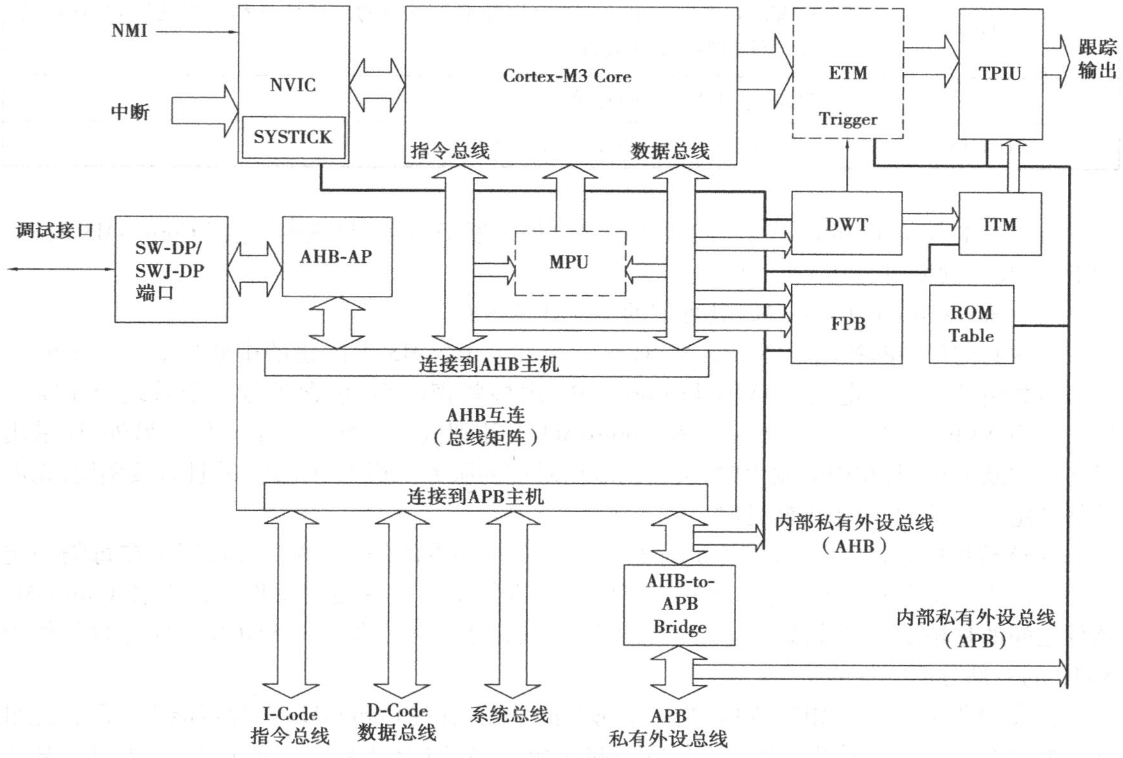

图 3.2　Cortex-M3 处理器系统框图

表 3.1　处理器系统框图中的名称及其定义

名　称	定　义
Cortex-M3 Core	Cortex-M3 内核
NVIC	嵌套向量中断控制器
SYSTICK	一个简易的周期定时器，用于提供时基，多为操作系统所使用

续表

名称	定 义
MPU	存储器保护单元(可选)
总线矩阵	内部的 AHB 互连
AHB to APB Bridge	把 AHB 转换为 APB 的总线桥
SW-DP/SWJ-DP 端口	串行线/串行线 JTAG 调试端口(DP)。通过串行线调试协议或者是传统的 JTAG 协议(专用于 SWJ-DP),都可以用于实现与调试接口的连接
AHB-AP	AHB 访问端口,它把 SW/SWJ 接口的命令转换成 AHB 数据传送
ETM	嵌入式跟踪宏单元(可选组件),调试用。用于处理指令跟踪
DWT	数据观察点及跟踪单元,调试用。这是一个处理数据观察点功能的模块
ITM	指令跟踪宏单元
TPIU	跟踪端口的接口单元。所有跟踪端口发出的调试信息都要先送给它,它再转发给外部跟踪捕获硬件
FPB	Flash 地址重载及断点单元
ROM Table	一个小的查找表,其中存储了配置信息

由表 3.1 可知,Cortex-M3 处理器是以一个“处理器子系统”呈现的,包括 Cortex-M3 内核、NVIC 以及调试模块等。

①Cortex-M3Core:Cortex-M3 处理器的中央处理核心。

②嵌套向量中断控制器 NVIC:NVIC 是一个在 Cortex-M3 中内建的中断控制器。中断的具体路数由芯片厂商定义。NVIC 与 Cortex-M3 内核紧密联系,包含了若干个系统控制寄存器。因为 NVIC 支持中断嵌套,使得在 Cortex-M3 上处理嵌套中断时非常方便。另外,还采用了向量中断的机制,在中断发生时,会自动取出对应的服务例程入口地址,并且直接调用,无需软件判定中断源,缩短了中断延时。

③SYSTICK 定时器:系统滴答定时器是一个非常基本的倒计时定时器,用于在每隔一定的时间产生一个中断,即使是系统在睡眠模式下也能工作。它使得操作系统在各 Cortex-M3 器件之间的移植中不必修改系统定时器的代码,简化了移植工作。SYSTICK 定时器也是作为 NVIC 的一部分而实现的。

④存储器保护单元 MPU:MPU 是一个选配的单元,有些 Cortex-M3 芯片可能没有配备此组件。如果有,则 MPU 可以把存储器分成一些区域,并分别予以保护。例如,MPU 可以让某些区域在用户级下变成只读,从而阻止了一些用户程序破坏关键数据。

⑤总线矩阵:总线矩阵是 Cortex-M3 内部总线系统的核心,是一个 AHB 互连的网络,通过它可以让数据在不同的总线之间并行传送——只要两个总线主机不试图访问同一块内存区域。还提供了附加的数据传送管理设施,包括一个写缓冲以及一个按位操作的逻辑(位带)。

⑥AHB to APB Bridge:是一个总线桥,用于把多个 APB 设备(例如调试组件)连接到 Cortex-M3 处理器的私有外设总线上(内部的和外部的)。另外,Cortex-M3 还允许芯片厂商把附加的 APB 设备挂在这条 APB 总线上,并通过 APB 接入其外部私有外设总线。

图 3.2 中其他的组件都用于调试，通常不会在应用程序中使用它们。

⑦调试端口 SW-DP/SWJ-DP：串行线调试端口（SW-DP）/串口线 JTAG 调试端口（SWJ-DP）都与 AHB 访问端口（AHB-AP）协同工作，以使外部调试器可以发起 AHB 上的数据传送，从而执行调试活动。在处理器核心的内部没有 JTAG 扫描链，大多数调试功能都是通过在 NVIC 控制下的 AHB 访问来实现的。SWJ-DP 支持串行线协议和 JTAG 协议，而 SW-DP 只支持串行线协议。

⑧访问端口 AHB-AP：AHB 访问端口通过少量的寄存器提供了对全部 Cortex-M3 存储器的访问机能。该功能块由 SW-DP/SWJ-DP 通过一个通用调试接口（DAP）来控制。当外部调试器需要执行动作的时候，就要通过 SW-DP/SWJ-DP 来访问 AHB-AP，从而产生所需的 AHB 数据传送。

⑨嵌入式跟踪宏单元 ETM：ETM 用于实现实时指令跟踪，但它是一个选配件，所以不是所有的 Cortex-M3 产品都具有实时指令跟踪能力。ETM 的控制寄存器是映射到主地址空间上的，因此调试器可以通过 DAP 来控制它。

⑩数据观察点及跟踪单元 DWT：通过 DWT 可以设置数据观察点。当一个数据地址或数据的值匹配了观察点，就产生了一次匹配命中事件。匹配命中事件可以用于产生一个观察点事件，后者能激活调试器以产生数据跟踪信息，或者让 ETM 联动，以跟踪在哪条指令上发生了匹配命中事件。

⑪指令跟踪宏单元 ITM：ITM 有几种用法。软件可以控制该模块直接把消息送给 TPIU；也可以让 DWT 匹配命中事件通过 ITM 产生数据跟踪包，并把它输出到一个跟踪数据流中。

⑫跟踪端口的接口单元 TPIU：TIPU 用于和外部的跟踪硬件（如跟踪端口分析仪）交互。在 Cortex-M3 的内部，跟踪信息都被格式化成"高级跟踪总线（ATB）包"，TPIU 重新格式化这些数据，从而让外部设备能够捕捉到它们。

⑬FPB：FPB 提供 Flash 地址重载和断点功能。Flash 地址重载是指当 CPU 访问的某条指令匹配到一个特定的地址时，将该地址重映射到不同的位置，从而取指后返回的是不同的值。此外，匹配的地址还能用来触发断点事件。Flash 地址重载功能对测试工作非常有用。例如，通过使用 FPB 来改变程序的流程，就可以给那些不能在普通情形下使用的设备添加诊断程序代码。

⑭查找表 ROM Table：一个简单的查找表，为各种系统设备和调试组件提供了存储器映射信息。当调试系统定位各调试组件时，它需要找出相关寄存器在存储器的地址，这些信息由此表给出。绝大多数情况下，因为 Cortex-M3 有固定的存储器映射，所以各组件都拥有一致的起始地址。但是因为有些组件是可选的，还有些组件是可以由制造商另行添加的，所以各芯片制造商可能需要定制他们芯片的调试功能。在这种情况下，必须在 ROM 表中给出相应的信息，这样调试软件才能判定正确的存储器映射，进而检测可用的调试组件是何种类型。

3.1.3　Cortex-M3 微处理器核结构

Cortex-M3 微处理器的内核如图 3.3 所示，包括了中断控制器 NVIC、取指单元、指令解码器、寄存器组、算术逻辑单元（ALU）、存储器接口以及跟踪接口。

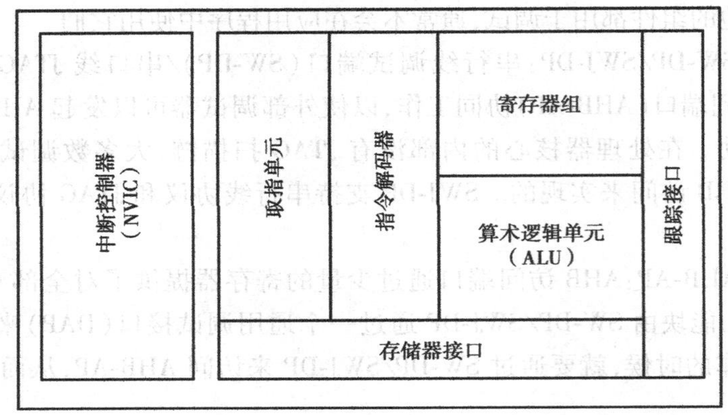

图 3.3 Cortex-M3 微处理器内核图

3.1.4 Cortex-M3 微处理器特点

ARM Cortex-M3 微处理器基于 32 位 ARMV7 架构，支持 Thumb-2 指令集，由于采用了最新的设计技术，它的门数更低，具有性能强、功耗低、实时性好、代码密度高、成本低、使用方便等优点。作为 ARMV7 的后继者，Cortex-M3 大刀阔斧地改革了设计架构。从而显著地简化了编程和调试的复杂度，处理能力也更加强大。除此之外，Cortex-M3 还突破性地引入了很多新技术，专门满足单片机应用程序的需求。比如，服务于关键应用的不可屏蔽中断，极度敏捷并且拥有确定性的嵌套向量中断系统及原子性质的位操作，还有一个可选的内存保护单元。

3.2 处理器的工作模式和特权级别

Cortex-M3 处理器支持两种工作模式和两个特权级别，如图 3.4 所示。

	特权级	用户级
异常处理者的代码	处理者模式	错误的用法
主应用程序的代码	线程模式	线程模式

图 3.4 Cortex-M3 下的工作模式和特权级别

两种工作模式分别为：处理者模式（handler mode）和线程模式（thread mode）。引入两种模式是用于区别普通应用程序的代码和异常服务例程的代码——包括中断服务例程的代码。

两个特权级别分别为：特权级（privileged level）和用户级（user level）。这可以提供一种存储器访问的保护机制，使得普通的用户程序代码不能意外地，甚至是恶意地执行涉及要害的操作。处理器支持两种特权级，这也是一个基本的安全模型。

在 Cortex-M3 运行主应用程序时（线程模式），既可以使用特权级，也可以使用用户级；但是异常服务例程必须在特权级下执行。复位后，处理器默认进入特权级、线程模式。在特权级下，程序可以访问所有范围的存储器（除了 MPU 规定的禁地，如果有 MPU），并且可以执行所有指令。

在用户级、线程模式下，对系统控制空间（SCS）的访问将被阻止，该空间包含了配置寄存器以及调试组件的寄存器。除此之外,还禁止使用 MSR 指令访问除 APSR 以外的特殊功能寄存器,否则将产生 fault。

特权级下的程序可以通过修改 CONTROL 寄存器切换到用户级,但用户级的程序不能简单地试图改写 CONTROL 寄存器就回到特权级,必须先触发异常,然后由异常服务例程修改 CONTROL 寄存器,当处理器由异常服务例程退出返回线程模式时,就会重新回到特权级。

事实上,从用户级到特权级的唯一途径就是异常,如果在程序执行过程中触发了一个异常,处理器总是先切换入特权级,并且在异常服务例程执行完毕退出时,返回先前的状态或修改 CONTROL 寄存器后指定返回的状态。合法的操作模式转换如图 3.5 所示。

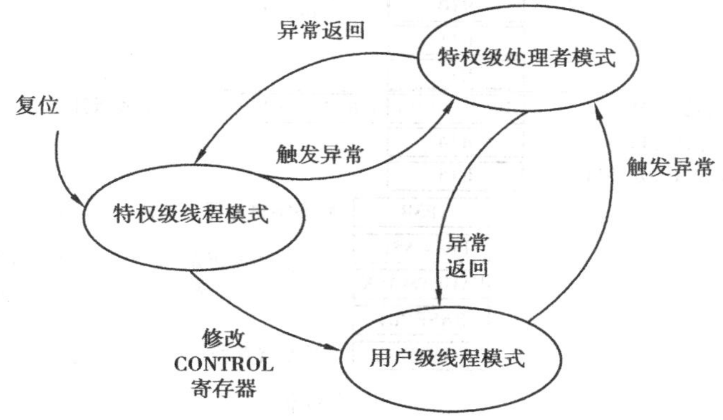

图 3.5　合法的操作模式转换图

通过引入特权级和用户级,将代码按特权级和用户级分开对待,有利于使架构更加安全和健壮,用户级代码被禁止写特殊功能寄存器和 NVIC 中寄存器,因此能够在硬件水平上限制某些不受信任的或者还没有调试好的程序,不让它们随便地配置涉及要害的寄存器,提高了系统的可靠性。如果配有 MPU,它可以作为特权机制的补充,阻止用户代码访问不属于它的内存区域;它还可以保护关键的存储区域不被破坏,比如操作系统的程序或数据区域。

举例来说,操作系统的内核通常都在特权级下执行,所有没有被 MPU 禁掉的存储器都可以访问。在操作系统开启了一个用户程序后,通常都会让它在用户级下执行,从而使系统不会因某个程序的崩溃或恶意破坏而受损。

3.3　寄存器

如图 3.6 所示,Cortex-M3 处理器拥有 R0 ~ R15 的寄存器组以及一些特殊功能寄存器。其中 R0 ~ R12 都是 32 位通用寄存器,用于数据操作;R13 作为堆栈指针 SP,SP 有两个,但在同一时刻只能有一个可以看到,也就是所谓的“banked”寄存器;R14 为链接寄存器,当调用一个子程序时,由 R14 存储返回地址;R15 为程序计数寄存器,指向当前程序取指地址,修改该寄存器的值,可改变程序的执行流;xPSR 为程序状态字寄存器,记录 ALU 标志(0 标志、进位标志、负数标志、溢出标志)、执行状态以及当前正服务的中断号;PRIMASK、FAULTMASK、BASEPRI 为中断屏蔽寄存器,用于关闭中断;CONTROL 为控制寄存器,用于定义特权状态,并决定使用哪一个堆栈指针。

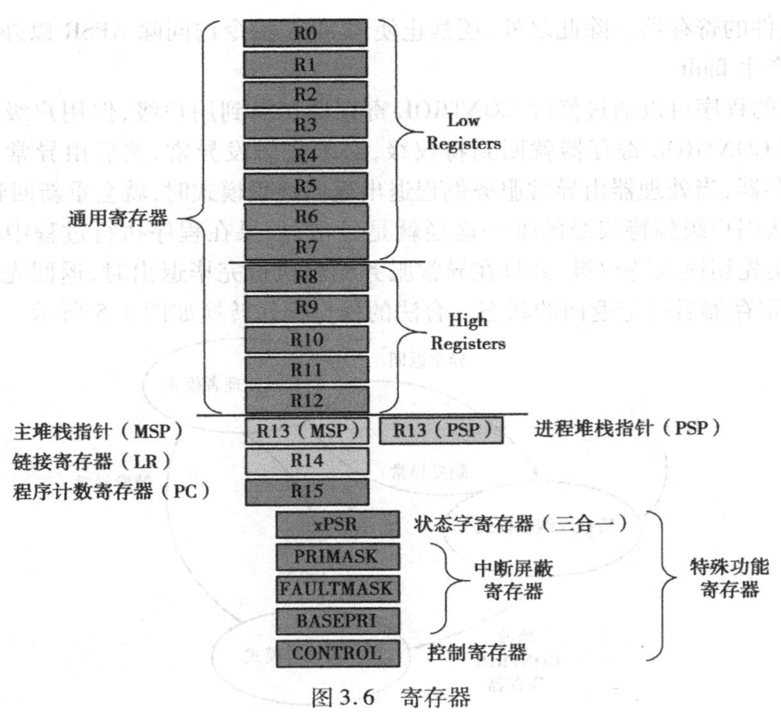

图 3.6　寄存器

3.3.1　32 位通用寄存器

R0 ~ R12 都是 32 位通用寄存器，用于数据操作，复位后的初始值是不确定的。其中 R0 ~ R7 被称为低组寄存器，R8 ~ R12 被称为高组寄存器。绝大多数的 16 位 Thumb 指令只能使用 R0 ~ R7，而 32 位的 Thumb-2 指令则可以访问所有通用寄存器。

3.3.2　分组的堆栈指针(SP)

堆栈是一种存储器的使用模型，如图 3.7 所示。它由一块连续的内存和一个堆栈指针(SP)组成，用于实现“后进先出”的缓冲区。其最典型的应用，就是在数据处理前先保存寄存器的值，再在处理任务完成后从中恢复先前保护的这些值。在 Cortex-M3 中，有专门的指令负责堆栈操作——PUSH 和 POP，PUSH 将数据压入堆栈，POP 将数据从堆栈中取出，需注意的

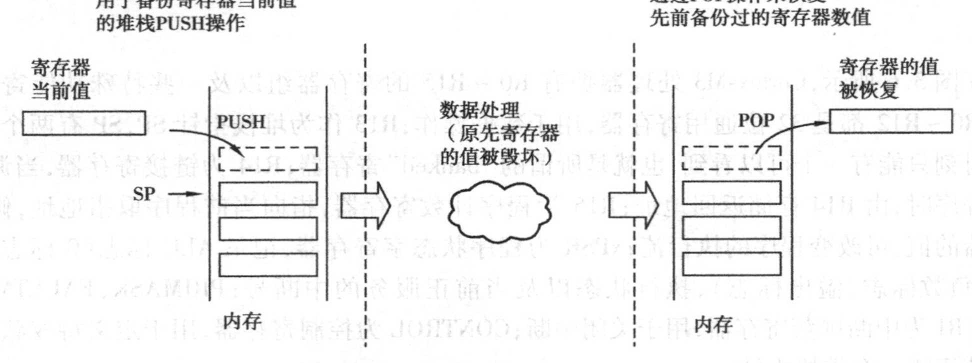

图 3.7　堆栈内存的基本概念图

是,POP 操作并不会删除原来堆栈中的数据。在执行 PUSH 和 POP 操作时,堆栈指针会由硬件自动调整它的值,以避免后续操作破坏先前的数据。

Cortex-M3 使用的是“向下生长的满栈”模型。堆栈指针 SP 指向最后一个被压入堆栈的 32 位数值。在下一次 PUSH 操作时,SP 先自减 4,再存入新的数值。堆栈的 PUSH 操作如图 3.8 所示。

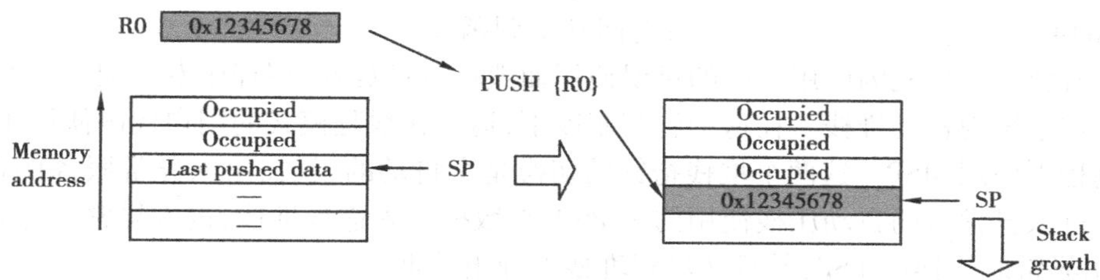

图 3.8　堆栈的 PUSH 操作

POP 操作刚好相反,先从 SP 指针处读出上一次被压入的值,再把 SP 指针自增 4,如图 3.9 所示。

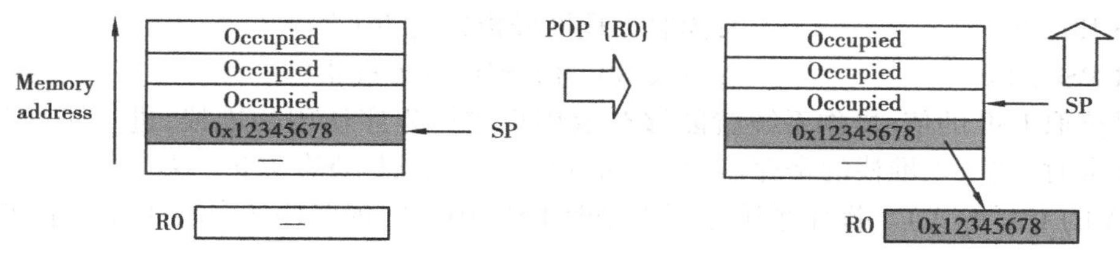

图 3.9　堆栈的 POP 操作

在 Cortex-M3 中,寄存器 R13 是堆栈指针 SP,在程序中可以把 R13 写作 SP,并且 PUSH 指令和 POP 指令默认使用 SP。Cortex-M3 处理器内核中共有两个堆栈指针,于是也就支持两个堆栈,但是任一时刻只能使用其中的一个。当引用 R13 时,引用到的是当前正在使用的那一个,另一个必须用特殊的指令来访问,可以通过 MRS/MSR 指令来访问指定的堆栈指针。这两个堆栈指针分别是:

①主堆栈指针(MSP):也写作 SP_main,复位后缺省使用的堆栈指针,用于操作系统内核以及异常处理例程(包括中断服务例程)。

②进程堆栈指针(PSP):也写作 SP_ process,用于普通的用户线程中(不处于异常服务例程中时)。

要注意的是,并不是每个程序都需要使用两个堆栈指针,简单的应用程序只使用 MSP 就够了。另外,Cortex-M3 堆栈指针的最低两位永远是 0,这意味着堆栈总是 4 字节对齐的,也就是说,他们的地址必须是 0x4,0x8,0xc,…。事实上,R13 的最低两位被硬件线路连接到 0,因此读的时候总是为 0。

使用 PUSH、POP 指令访问堆栈的汇编语言语法如下例所示:

```
PUSH    {R0}                ; *( --R13) =R0,R13 是 long * 的指针
POP {R0}                    ;R0 = * R13 ++
```

请注意后面 C 程序风格的注释,它表明了 Cortex-M3 是采用“向下生长的满栈”。因此,在 PUSH 新数据时,堆栈指针先减一个单元,然后再将新数据放入堆栈。通常在进入一个子程序后,第一件事就是把子程序用到的寄存器先 PUSH 入堆栈中,在子程序退出前再 POP 曾经

PUSH 的那些寄存器。另外,PUSH 和 POP 还能一次操作多个寄存器,如下所示:

```
subroutine_1
    PUSH {R0 - R7,R12,R14}        ;保存寄存器列表
    …                             ;执行处理
    POP {R0 - R7,R12,R14}         ;恢复寄存器列表
    BX R14                        ;返回到主调函数
```

为了避免系统堆栈因应用程序的错误使用而毁坏,可以给应用程序专门配一个堆栈,不让它共享操作系统内核的堆栈。在这个管理制度下,运行在线程模式的用户代码使用 PSP,而异常服务例程则使用 MSP。这两个堆栈指针的切换是全自动的,就在出入异常服务例程时由硬件处理。进入异常时的自动压栈使用的是 PSP,将数据压入进程堆栈,进入异常后才自动改为 MSP,退出异常时切换回 PSP,并且从进程堆栈上弹出数据。

在特权级下,可以指定具体的堆栈指针,而不受当前使用堆栈的限制,示例代码如下:

```
    MRS R0, MSP                   ;读取主堆栈指针到 R0
    MSR MSP, R0                   ;写入 R0 的值到主堆栈指针
    MRS R0, PSP                   ;读取进程堆栈指针到 R0
    MSR PSP, R0                   ;写入 R0 的值到进程堆栈指针
```

通过读取 PSP 的值,操作系统就能够获取用户应用程序使用的堆栈,进一步地就知道了在发生异常时,被压入堆栈的寄存器内容,而且还可以把其他寄存器进一步压栈(使用 STMDB 和 LDMIA 的书写形式)。操作系统还可以修改 PSP,用于实现多任务中的任务上下文切换。

3.3.3 链接寄存器(LR)

R14 为链接寄存器(LR),在一个汇编程序中,可被写作 LR 和 R14。LR 用于在调用子程序时存储返回地址。例如,在使用 BL(分支并连接)指令时,就自动填充 LR 的值,以便返回时使用。不像大多数其他处理器,ARM 为了减少访问内存的次数(访问内存的操作往往要 3 个以上指令周期,带 MMU 和 Cache 的就更加不确定了),把返回地址直接存储在寄存器中。这样足以使很多只有 1 级子程序调用的代码无须访问内存(堆栈内存),从而提高了子程序调用的效率。如果多于 1 级,则需要把前一级的 R14 值压到堆栈里。

```
    main                          ;主程序
    …
    BL function1                  ;使用“分支并连接”指令调用 function1
                                  ;PC = function1,并且 LR = main 中 BL 的下一条指令地址
    …
    function1                     ;function1 的代码
    …
    BX LR                         ;函数返回(如果 function1 要使用 LR,必须在使用前 PUSH,
                                  ;否则返回时程序就可能跑飞了)
```

3.3.4 程序计数寄存器(PC)

R15 为程序计数寄存器,指向当前程序取指地址,如果修改该寄存器的值,就能改变程序的执行流,在汇编程序中也可以使用 PC 来访问它。Cortex-M3 内部使用了指令流水线,读 PC

时返回的值是当前指令的地址 +4。比如说：

0x1000：MOV R0，PC　;R0 = 0x1004

如果向 PC 中写数据，就会引起一次程序的分支（但不更新 LR 寄存器）。Cortex-M3 中的指令至少是半字（16 位）对齐的，所以 PC 的 LSB 总是读回 0。然而，在分支时，无论是直接写 PC 的值还是使用分支指令，都必须保证加载到 PC 的数值是奇数（即 LSB =1），用以表明这是在 Thumb 状态下执行的。倘若写了 0，则视为企图转入 ARM 模式，Cortex-M3 将产生一个 fault 异常。

3.3.5　特殊功能寄存器组

Cortex-M3 中的特殊功能寄存器包括：

①程序状态寄存器组（PSRs 或 xPSR）；

②中断屏蔽寄存器组（PRIMASK、FAULTMASK、BASEPRI）；

③控制寄存器（CONTROL）。

特殊功能寄存器只能被专用的 MSR 和 MRS 指令访问，而且它们也没有对应的存储器地址。

MRS　< gp_reg >，< special_reg >;读特殊功能寄存器的值到通用寄存器

MSR　< special_reg >，< gp_reg >;写通用寄存器的值到特殊功能寄存器

1）程序状态寄存器组

程序状态寄存器在其内部又被分为 3 个子状态寄存器：

①应用程序 PSR（APSR）；

②中断号 PSR（IPSR）；

③执行 PSR（EPSR）。

通过 MRS/MSR 指令，这 3 个 PSRs 既可以单独访问，也可以组合访问（2 个组合、3 个组合都可以）。当使用三合一的方式访问时，应使用寄存器名“xPSR”或者“PSR”。Cortex-M3 中的程序状态寄存器如图 3.10 所示，合体后的程序状态寄存器（xPSR）如图 3.11 所示。

	31	30	29	28	27	26:25	24	23:20	19:16	15:10	9	8	7	6	5	4:0
APSR	N	Z	C	V	Q											
IPSR												Exception Number				
EPSR						ICI/IT	T			ICI/IT						

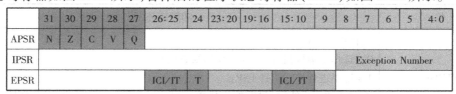

图 3.10　Cortex-M3 中的程序状态寄存器

	31	30	29	28	27	26:25	24	23:20	19:16	15:10	9	8	7	6	5	4:0
xPSR	N	Z	C	V	Q	ICI/IT	T			ICI/IT		Exception Number				

图 3.11　合体后的程序状态寄存器（xPSR）

2）中断屏蔽寄存器组

中断屏蔽寄存器组包括 PRIMASK、FAULTMASK 和 BASEPRI 三个寄存器，这三个寄存器用于控制异常的使能和除能，见表 3.2。

表 3.2　Cortex-M3 的屏蔽寄存器组

名　称	功能描述
PRIMASK	这是个只有 1 位的寄存器。当它置 1 时，就关掉所有可屏蔽的异常，只剩下 NMI 和硬 fault 可以响应。它的缺省值是 0，表示没有关中断

续表

名 称	功能描述
FAULTMASK	这是个只有1位的寄存器。当它置1时,只有NMI才能响应,所有其他的异常,包括中断和fault,全部关闭。它的缺省值也是0,表示没有关异常
BASEPRI	这个寄存器最多有9位(由表达优先级的位数决定)。它定义了被屏蔽优先级的阈值。当它被设成某个值后,所有优先级号大于等于此值的中断都被关闭(优先级号越大,优先级越低)。但若被设成0,则不关闭任何中断,0也是缺省值

对于执行时间要求很高的关键任务而言,通过PRIMASK和BASEPRI暂时关闭中断是非常重要的。而FAULTMASK则可以被操作系统用于暂时关闭错误处理机能,这种处理在某个任务崩溃时可能需要。

要访问PRIMASK、FAULTMASK以及BASEPRI,同样要使用MRS/MSR指令,如:

```
MRS R0, BASEPRI          ;读取 BASEPRI 到 R0
MRS R0, FAULTMASK        ;读取 FAULTMASK 到 R0
MRS R0, PRIMASK          ;读取 PRIMASK 到 R0
MSR BASEPRI, R0          ;写入 R0 到 BASEPRI
MSR FAULTMASK, R0        ;写入 R0 到 FAULTMASK
MSR PRIMASK, R0          ;写入 R0 到 PRIMASK
```

只有在特权级下,才允许访问这三个寄存器。

3)控制寄存器

控制寄存器用于定义特权级别,还用于选择当前使用哪个堆栈指针,见表3.3。

表3.3 Cortex-M3 的 CONTROL 寄存器

位	功能描述
CONTROL[1]	堆栈指针选择 0=选择主堆栈指针 MSP(复位后缺省值) 1=选择进程堆栈指针 PSP 在普通的用户线程(没有响应异常),可以使用PSP。在处理者模式下,只允许使用MSP,所以此时不得往该位写1
CONTROL[0]	0=特权级的线程模式 1=用户级的线程模式 处理者模式永远都是特权级的

在Cortex-M3的处理者模式中,CONTROL[1]总是0。在线程模式中则可以为0或1。仅当处于特权级的线程模式下,此位才可写,其他场合下禁止写此位。CONTROL[0]也仅在特权级下操作时才允许写该位,一旦进入了用户级,唯一返回特权级的途径,就是触发一个异常(如软中断),进入处理者模式,再由服务例程改写该位。

CONTROL寄存器也是通过MRS和MSR指令来操作的:

```
MRS R0, CONTROL
```

MSR CONTROL, R0

在复位后,处理器进入"线程模式+特权级"。在特权级下的代码可以通过置位CONTROL[0]来进入用户级。而不管是任何原因产生了任何异常,处理器都将以特权级来运行其服务例程,如果CONTROL[0]没被修改,异常返回后将回到产生异常之前的特权级别。用户级下的代码不能再试图修改CONTROL[0]来回到特权级。它必须通过一个异常,由那个异常来清零CONTROL[0],才能在返回到线程模式后进入特权级。用户级的代码如想进入特权级,通常使用一条"系统服务调用指令"(SVC)来触发"SVC异常",该异常的服务例程可以选择修改CONTROL[0]。特权级和处理器模式的改变图如图3.12所示。

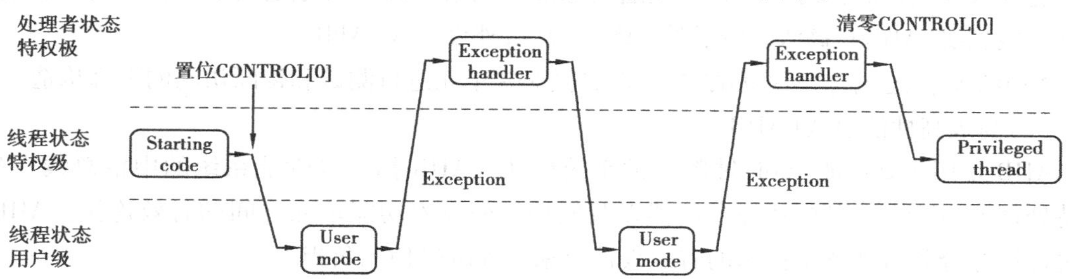

图3.12 特权级和处理器模式的改变图

如前所述,特权等级和堆栈指针的选择均由CONTROL负责。当CONTROL[0]=0时,在异常处理的始末,只发生了处理器模式的转换,如图3.13所示。

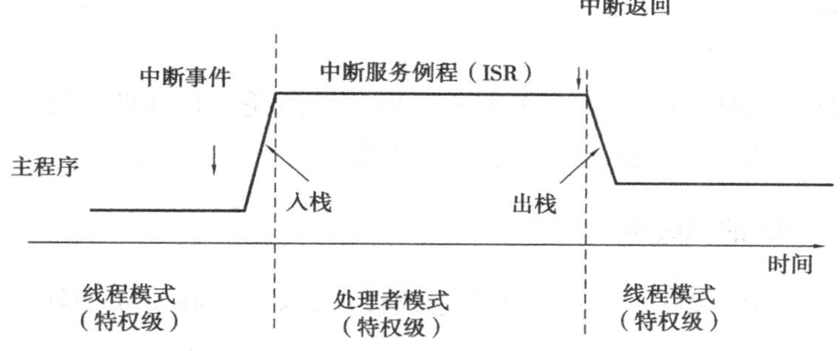

图3.13 中断前后处理器模式的转换

但若CONTROL[0]=1(线程模式+用户级),则在中断响应的始末,处理器模式和特权级别都要发生变化,如图3.14所示。

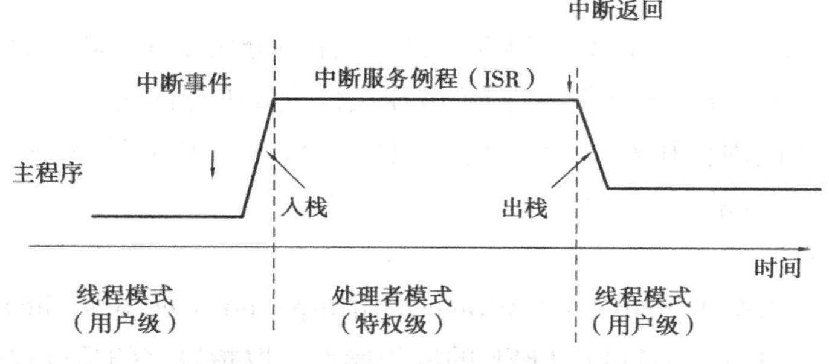

图3.14 中断前后处理器模式和特权级别

3.4 总线接口

3.4.1 ARM 的总线规范

ARM 处理器的总线基于 AMBA(高级微控制器总线结构)规范,AMBA 规范定义了在设计高性能嵌入式微控制器时的一种片上通信标准。根据 AMBA 规范定义了 3 种不同的总线:高级高性能总线(AHB)、高级系统总线(ASB)、高级外设总线(APB)。

AMBA 规范还包含一种测试方法,以提供对宏单元进行测试和诊断访问的下部构造。

(1)高级高性能总线(AHB)

AHB 是用于高性能、高时钟频率的系统模块。AHB 担当高性能系统的中枢总线。AHB 支持处理器、片上存储器、片外存储器以及低功耗外设宏功能单元之间的有效连接。AHB 也通过使用综合和自动测试技术的有效设计流来确保减轻使用负担。

(2)高级系统总线(ASB)

ASB 是用于高性能的系统模块之间的。ASB 是另外一种系统总线,用在并不要求 AHB 有高性能特征的地方。ASB 也支持处理器、片上存储器、片外存储器以及低功耗外设宏功能单元之间的有效连接。

(3)高级外设总线(APB)

APB 是用于低功耗外设的。APB 优化了最小功率消耗并且降低了接口复杂度以支持外设功能。APB 可以用来连接任意一种版本的系统总线。

3.4.2 Cortex-M3 的总线结构

如图 3.2 所示,Cortex-M3 内部有若干个总线接口,以使 Cortex-M3 能同时取指和访内(访问内存),它们是:

①指令存储区总线(两条);

②系统总线;

③私有外设总线。

有两条代码存储区总线负责对代码存储区的访问,分别是 I-Code 总线和 D-Code 总线。前者用于取指,后者用于查表等操作,它们按最佳执行速度进行优化。

系统总线用于访问内存和外设,覆盖的区域包括 SRAM、片上外设、片外 RAM、片外扩展设备,以及系统级存储区的部分空间。

(1)I-Code 总线

I-Code 总线是一条基于 AHB-Lite(Advanced High-performance Bus Lite)总线协议的 32 位总线,负责在 0x0000_0000 ~ 0x1FFF_FFFF 的取指操作。取指以字的长度执行,即使是对于 16 位指令也如此。因此 CPU 内核可以一次取出两条 16 位 Thumb 指令。

(2)D-Code 总线

D-Code 总线也是一条基于 AHB-Lite 总线协议的 32 位总线,负责在 0x0000_0000 ~ 0x1FFF_FFFF 的数据访问操作。尽管 Cortex-M3 支持非对齐访问,但绝不会在该总线上看到任何非对齐的地址,这是因为处理器的总线接口会把非对齐的数据传送都转换成对齐的数据传送。因此,连接到 D-Code 总线上的任何设备都只需支持 AHB-Lite 的对齐访问,不需要支持非对齐访问。

(3)系统总线

系统总线也是一条基于 AHB-Lite 总线协议的 32 位总线,负责在 0x2000_0000 ~ 0xDFFF_FFFF 和 0xE010_0000 ~ 0xFFFF_FFFF 之间的所有数据传送,取指和数据访问都算上。和 D-Code 总线一样,所有的数据传送都是对齐的。

(4)私有外设总线

私有外设总线是一条基于 APB(Advanced Peripheral Bus)总线协议的 32 位总线。此总线是用来负责 0xE004_0000 ~ 0xE00F_FFFF 的私有外设访问。但是,此 APB 存储空间的一部分已经被 TPIU、ETM 和 ROM 表用掉了,就只留下了 0xE004_2000 ~ E00F_F000 用于配接附加的(私有)外设。

(5)调试访问端口总线

调试访问端口总线是一条基于"增强型 APB 规格"的 32 位总线,它专用于挂接调试接口,例如 SWJ-DP 和 SW-DP。

3.5 存储器的组织与映射

3.5.1 ARM 数据存储格式

ARM 数据存储格式包括大端格式和小端格式。所谓的大端格式,是指数据的高位保存在内存的低地址中,而数据的低位则保存在内存的高地址中,这种存储模式类似于把数据当作字符串顺序处理:地址由小向大增加,而数据从高位往低位放。所谓的小端格式,是指数据的高位保存在内存的高地址中,而数据的低位则保存在内存的低地址中,这种存储模式将地址的高低和数据位权有效地结合起来,高地址部分权值高,低地址部分权值低。

例如,一个 16 bit 宽的数 0x1234 采用小端格式和大端格式的存放方式,见表 3.4。

表 3.4　16 bit 宽的数的存放方式

内存地址	小端格式存放	大端格式存放
0x4000	0x34	0x12
0x4001	0x12	0x34

又例如,一个 32 bit 宽的数 0x12345678 采用小端格式和大端格式的存放方式,见表 3.5。

表 3.5　32 bit 宽的数的存放方式

内存地址	小端格式存放	大端格式存放
0x4000	0x78	0x12
0x4001	0x56	0x34
0x4002	0x34	0x56
0x4003	0x12	0x78

3.5.2　存储器层次结构

所有的现代计算机系统都使用存储器结构层次来使得软件和硬件互相补充，存储器的层次结构如图 3.15 所示。一般而言，从高层往底层走，存储设备变得更慢、更便宜和更大。高速缓存是一个小而快速的存储设备，它作为存储在更大也更慢的存储设备中的数据对象的缓冲区域。使用高速缓存的过程称为缓存。基于缓存的存储器层次结构行之有效，是因为较慢的存储设备比较快的存储设备更便宜，还因为程序往往展现局部性：利用时间局部性和利用空间局部性。

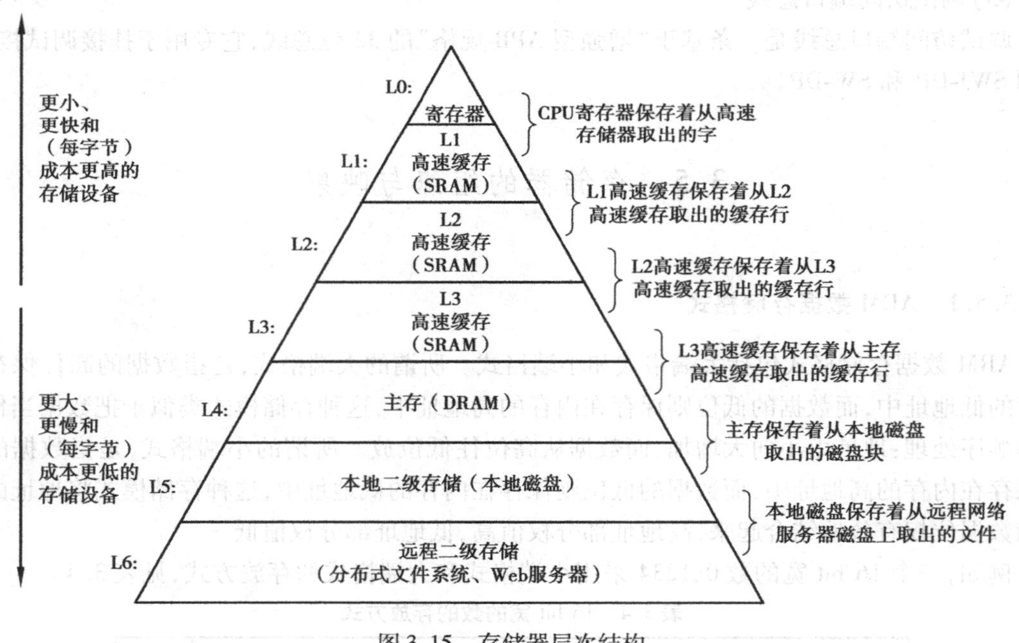

图 3.15　存储器层次结构

3.5.3　Cortex-M3 的存储器映射

Cortex-M3 只有一个单一固定的存储器映射。这一点极大地方便了软件在各种 Cortex-M3 单片机间的移植。举个简单的例子，各款 Cortex-M3 单片机的 NVIC 和 MPU 都在相同的位置布设寄存器，使得它们变得通用。尽管如此，Cortex-M3 定出的框架是粗线条的，它依然允许芯片制造商灵活地分配存储器空间，以制造出各具特色的单片机产品。

存储空间的一些位置用于调试组件等私有外设,这个地址段被称为“私有外设区”。私有外设区的组件包括:

①闪存地址重载及断点单元(FPB);

②数据观察点单元(DWT);

③指令跟踪宏单元(ITM);

④嵌入式跟踪宏单元(ETM);

⑤跟踪端口接口单元(TPIU);

⑥ROM 表。

在后续讨论调试特性的章节中,将详细讲述这些组件。

Cortex-M3 的地址空间是 4 GB,程序可以在代码区、内部 SRAM 区以及外部 RAM 区中执行。但指令总线与数据总线是分开的,最理想的是把程序放到代码区,从而使取指和数据访问各自使用自己的总线,并行操作。Cortex-M3 预定义的存储器映射如图 3.16 所示。

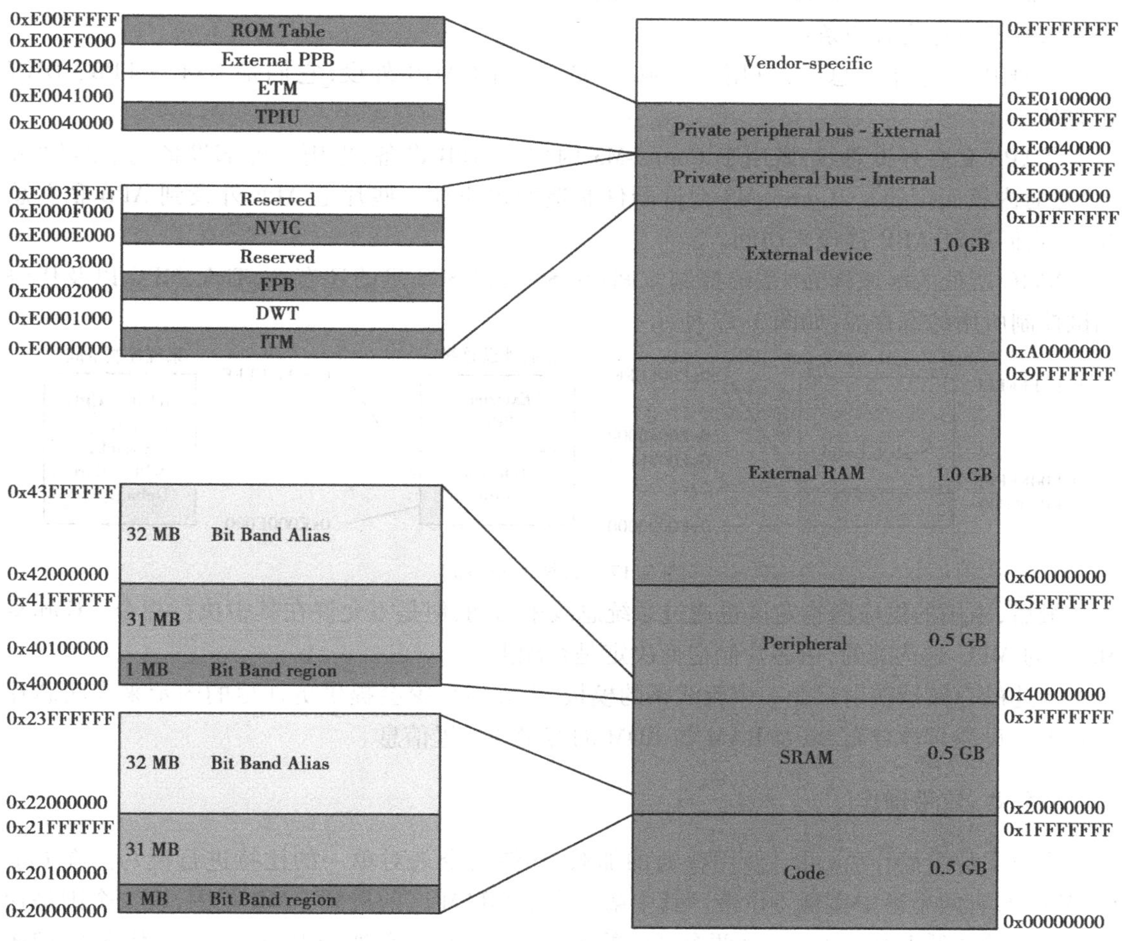

图 3.16 Cortex-M3 预定义的存储器映射

内部 SRAM 区的大小是 512 MB,用于让芯片制造商连接片上的 SRAM,这个区通过系统总线来访问。在这个区的下部,有一个 1 MB 的位带区,该位带区还有一个对应的 32 MB 的

“位带别名(Alias)区”,容纳了 8 M 个“位变量”(对比 8051 的只有 128 位)。位带区对应的是最低的 1 MB 地址范围,而位带别名区里面的每个字对应位带区的一个比特。位带操作只适用于数据访问,不适用于取指。通过位带的功能,可以把多个布尔型数据打包在单一的字中,却依然可以从位带别名区中像访问普通内存一样地使用它们。位带别名区中的访问操作是原子的,消灭了传统的“读—改—写”三步曲。位带操作的细节在 3.5.4 中详细介绍。

地址空间的另一个 512 MB 范围由片上外设的寄存器使用。这个区中也有一条 32 MB 的位带别名,以便快捷地访问外设寄存器。例如,可以方便地访问各种控制位和状态位。要注意的是,外设内不允许执行指令。

还有两个 1 GB 的范围,分别用于连接外部 RAM 和外部设备,它们之中没有位带。两者的区别在于外部 RAM 区允许执行指令,而外部设备区则不允许执行指令。

最后还剩下 0.5 GB 的隐秘地带,包括了 Cortex-M3 内核的系统级组件、内部私有外设总线、外部私有外设总线,以及由提供者定义的系统外设。

私有外设总线有两条:

①AHB 私有外设总线,只用于 Cortex-M3 内部的 AHB 外设,它们是 NVIC、FPB、DWT 和 ITM。

②APB 私有外设总线,既用于 Cortex-M3 内部的 APB 设备,也用于外部设备(这里的“外部”是对内核而言的)。Cortex-M3 允许器件制造商再添加一些片上 APB 外设到 APB 私有总线上,它们通过 ABP 接口来访问。

NVIC 所处的区域称为“系统控制空间(SCS)”,在 SCS 里的还有 SysTick、MPU 以及代码调试控制所用的寄存器,如图 3.17 所示。

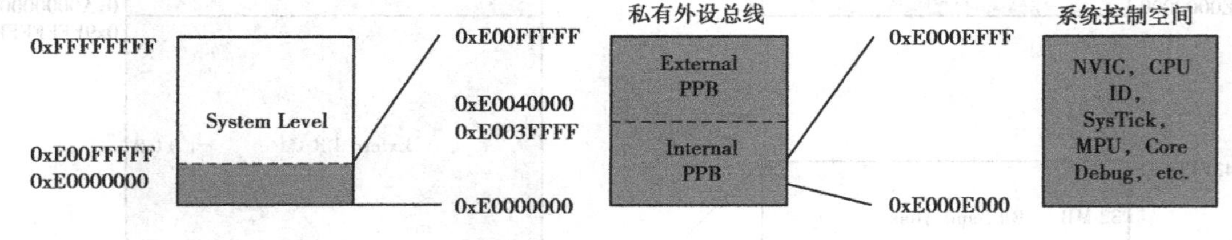

图 3.17　系统控制空间

最后,未用的供应商指定区也通过系统总线来访问,但是不允许在其中执行指令。Cortex-M3 中的 MPU 是选配的,由芯片制造商决定是否配上。

上述的存储器映射只是一个粗线条的模板,半导体厂家会提供更详尽的图示来表明芯片中片上外设的具体分布,以及 RAM 与 ROM 的容量和位置信息。

3.5.4　位带操作

支持了位带操作后,可以使用普通的加载/存储指令来对单一的比特进行读写。在 Cortex-M3 中,有两个区中实现了位带。其中第一个是 SRAM 区的最低 1 MB 范围,第二个则是片内外设区的最低 1 MB 范围。这两个区中的地址除了可以像普通的 RAM 一样使用外,它们还都有自己的“位带别名区”,位带别名区把每个比特膨胀成一个 32 位的字。当通过位带别名区访问这些字时,就可以达到访问原始比特的目的。位带区与位带别名区的膨胀及对应关系如图3.18、图 3.19 所示。

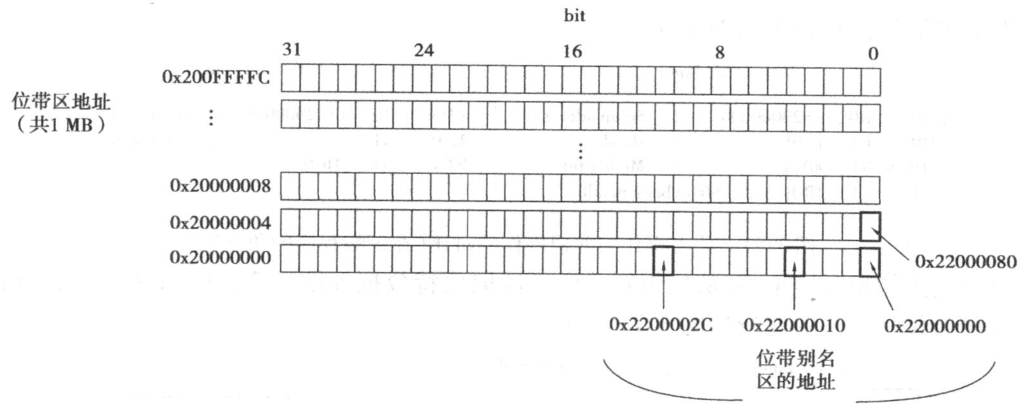

图 3.18　位带区与位带别名区的膨胀关系图

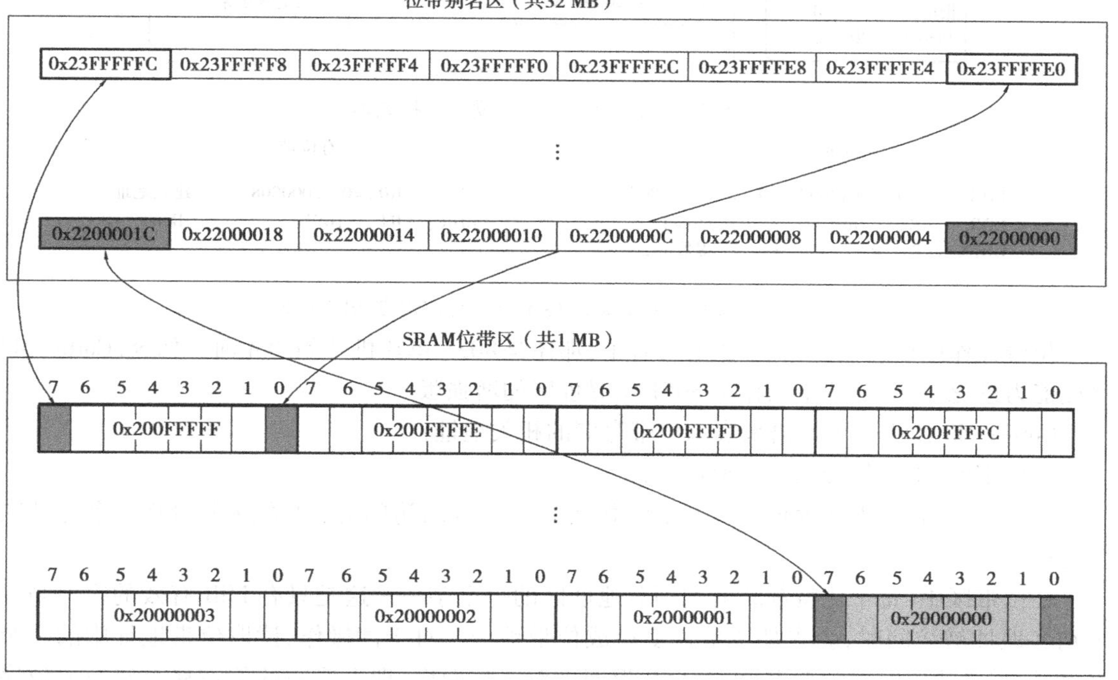

图 3.19　位带区与位带别名区的膨胀对应关系图

例如：欲设置地址 0x2000_0000 中的比特 2，则使用位带操作的设置过程如图 3.20 所示。

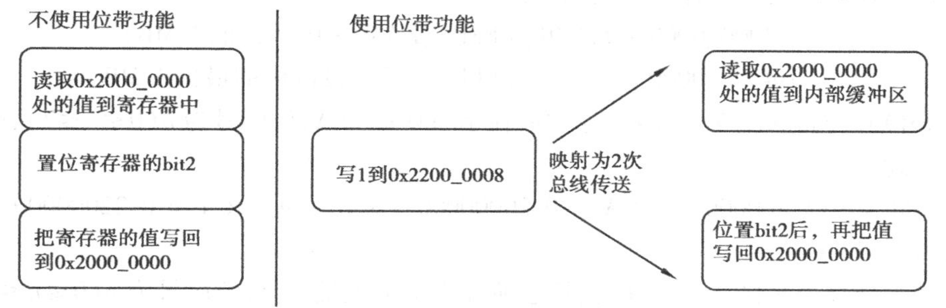

图 3.20　写数据到位带别名区

对应的汇编代码如图 3.21 所示。

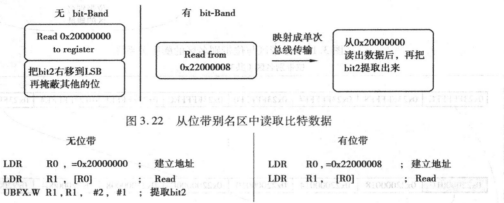

```
            Without bit-Band                               |            With bit-Band
LDR     R0 , =0x20000000    ;  Setup address               | LDR   R0 , =0x22000008   ;  Setup address
LDR     R1 ,  [R0]          ;  Read                        | MOV   R1 , #1            ;  Setup data
ORR.W   R1 ,  #0x4          ;  Modify bit                  | STR   R1 ,  [R0]         ;  Write
STR     R1 ,  [R0]   ;  Write back result                  |
```

图 3.21　位带操作与普通操作的对比(在汇编程序的角度)

位带读操作相对简单些,从位带别名区中读取比特数据如图 3.22 所示;读取比特数据时传统方法与位带方法的比较如图 3.23 所示。

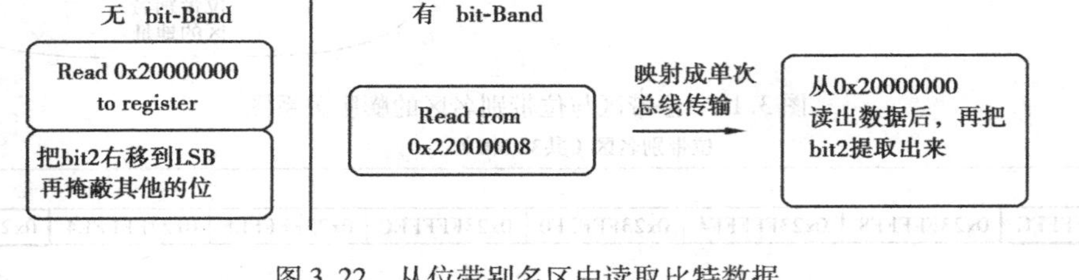

图 3.22　从位带别名区中读取比特数据

```
            无位带                                   |            有位带
LDR     R0 , =0x20000000  ;  建立地址                | LDR    R0 , =0x22000008   ;  建立地址
LDR     R1 ,  [R0]        ;  Read                    | LDR    R1 ,  [R0]         ;  Read
UBFX.W  R1 , R1 ,  #2 ,  #1   ;  提取bit2            |
```

图 3.23　读取比特数据时传统方法与位带方法的比较

位带操作的概念其实 30 多年前就有了,那还是 8051 单片机开创的先河。如今,Cortex-M3 将此能力进化,这里的位带操作是 8051 位寻址区的增强版。

Cortex-M3 使用如下术语来表示位带存储的相关地址:

①位带区:支持位带操作的地址区;

②位带别名:对别名地址的访问最终作用到位带区的访问上(注意这中间有一个地址映射过程)。

在位带区中,每个比特都映射到别名地址区的一个字——这是只有 LSB 有效的字。当一个别名地址被访问时,会先把该地址变换成位带地址。对于读操作,读取位带地址中的一个字,再把需要的位右移到 LSB,并把 LSB 返回。对于写操作,把需要写的位左移至对应的位序号处,然后执行一个原子的“读—改—写”过程。

支持位带操作的两个内存区的范围是:

0x2000_0000 ~ 0x200F_FFFF(SRAM 区中的最低 1 MB)

0x4000_0000 ~ 0x400F_FFFF(片上外设区中的最低 1 MB)

对于 SRAM 位带区的某个比特,记它所在字节地址为 A,位序号为 $n(0\leqslant n\leqslant 7)$,则该比特在别名区的地址为:

$$\text{AliasAddr} = \text{0x22000000} + [(\text{A} - \text{0x20000000}) \times 8 + n] \times 4 = \text{0x22000000} + (\text{A} - \text{0x20000000}) \times 32 + n \times 4$$

对于片上外设位带区的某个比特,记它所在字节的地址为 A,位序号为 $n(0\leqslant n\leqslant 7)$,则该比特在别名区的地址为:

$$AliasAddr = 0x42000000 + [(A - 0x40000000) \times 8 + n] \times 4 = 0x42000000 + (A - 0x40000000) \times 32 + n \times 4$$

上式中,“×4”表示一个字为 4 个字节,“×8”表示一个字节中有 8 个比特。

对于 SRAM 内存区,位带别名的重映射见表 3.6。

表 3.6　SRAM 区中的位带地址映射

位带区	等效的别名地址
0x20000000. 0	0x22000000. 0
0x20000000. 1	0x22000004. 0
0x20000000. 2	0x22000008. 0
…	…
0x20000000. 31	0x2200007C. 0
0x20000004. 0	0x22000080. 0
0x20000004. 1	0x22000084. 0
0x20000004. 2	0x22000088. 0
…	…
0x200FFFFC. 31	0x23FFFFFC. 0

对于片上外设,映射关系见表 3.7。

表 3.7　片上外设区中的位带地址映射

位带区	等效的别名地址
0x40000000. 0	0x42000000. 0
0x40000000. 1	0x42000004. 0
0x40000000. 2	0x42000008. 0
…	…
0x40000000. 31	0x4200007C. 0
0x40000004. 0	0x42000080. 0
0x40000004. 1	0x42000084. 0
0x40000004. 2	0x42000088. 0
…	…
0x400FFFFC. 31	0x43FFFFFC. 0

这里再举一个位带操作的例子:

①在地址 0x20000000 处写入 0x3355AACC。

②读取地址 0x22000008。本次读访问将读取 0x20000000,并提取 bit2,值为 1。

③往地址 0x22000008 处写 0。本次操作将被映射成对地址 0x20000000 的“读—改—写”

操作(原子的),把 bit2 清零。

④现在再读取 0x20000000,将返回 0x3355AAC8(bit2 已清零)。

位带别名区的字只有 LSB 有意义。另外,在访问位带别名区时,不管使用哪一种长度的数据传送指令(字/半字/字节),都把地址对齐到字的边界上,否则会产生不可预料的结果。

(1)位带操作的优越性

位带操作有什么优越性呢?最容易想到的就是通过 GPIO 的管脚来单独控制每盏 LED 的点亮与熄灭。此外,也对操作串行接口器件提供了很大的方便(典型如 74HC165、CD4094)。总之位带操作对硬件 I/O 密集型的底层程序最有用处。

位带操作还能用来简化跳转的判断。当跳转依据是某个位时,以前必须这样做:

①读取整个寄存器;

②屏蔽不需要的位;

③比较并跳转。

现在只需:

①从位带别名区读取状态位;

②比较并跳转。

使代码更简洁,这只是位带操作优越性的初等体现,位带操作还有一个重要的好处是在多任务中,用于实现共享资源在任务间的"互锁"访问。多任务的共享资源必须满足一次只有一个任务访问它——所谓的"原子操作"。以前的"读—改—写"需要 3 条指令,导致中间留有两个能被中断的空当,于是可能会出现如图 3.24 所示的紊乱现象。

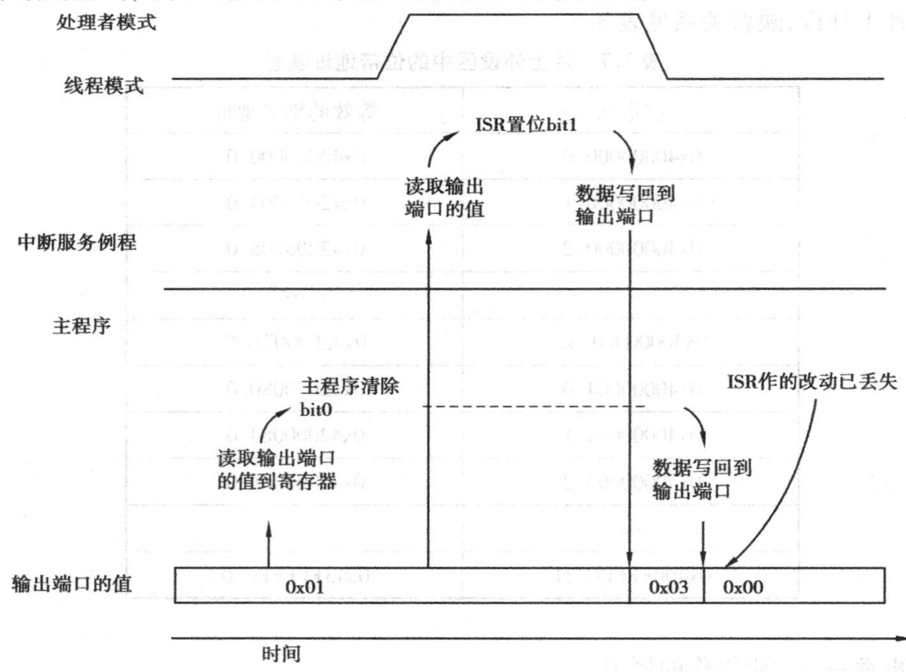

图 3.24　共享资源在紊乱现象下丢失数据演示

同样的紊乱现象可以出现在多任务的执行环境中。其实,图 3.24 所演示的情况可以看成多任务的一个特例:主程序是一个任务,ISR 是另一个任务,这两个任务并发执行。

通过使用 Cortex-M3 的位带操作,就可以消灭上例中的紊乱现象。Cortex-M3 把这个“读—改—写”做成一个硬件级别支持的原子操作,不能被中断,如图 3.25 所示。

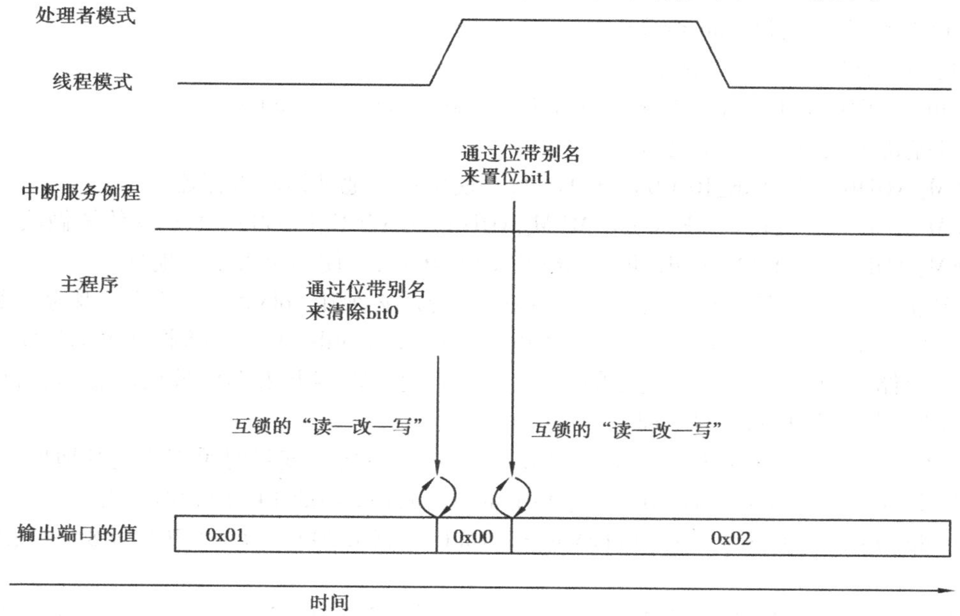

图 3.25　通过位带操作实现互锁访问

同样的道理,多任务环境中的紊乱现象也可以通过互锁访问来避免。

(2)其他数据长度上的位带操作

位带操作并不只限于以字为单位的传送,也可以按半字和字节为单位传送。例如,可以使用 LDRB/STRB 来以字节为长度单位去访问位带别名区,同理可用于 LDRH/STRH。但是不管用哪一种数据长度的操作指令,都必须保证目标地址对齐到字的边界上。

(3)在 C 语言中使用位带操作

不幸的是,在 C 编译器中并没有直接支持位带操作。比如,C 编译器并不知道同一块内存能够使用不同的地址来访问,也不知道对位带别名区的访问只对 LSB 有效。欲在 C 中使用位带操作,最简单的做法就是#define 一个位带别名区的地址。例如:

```
#define DEVICE_REG0 ((volatile unsigned long *) (0x40000000))
#define DEVICE_REG0_BIT0 ((volatile unsigned long *) (0x42000000))
#define DEVICE_REG0_BIT1 ((volatile unsigned long *) (0x42000004))
…
*DEVICE_REG0 = 0xAB;//使用正常地址访问寄存器
…
*DEVICE_REG0 = *DEVICE_REG0 | 0x2;//使用传统方法设置 bit1
…
*DEVICE_REG0_BIT1 = 0x1;// 通过位带别名地址设置 bit1
```

为简化位带操作,也可以定义一些宏。比如,我们可建立一个把“位带地址 + 位序号”转换成别名地址的宏,再建立一个把别名地址转换成指针类型的宏:

//把“位带地址 + 位序号”转换成别名地址的宏

#define BITBAND (addr, bitnum) ((addr & 0xF0000000) + 0x2000000 + ((addr &0xFFFFF) <<5) +(bitnum <<2))

//把该地址转换成一个指针

#define MEM_ADDR(addr) *((volatile unsigned long *)(addr))

在此基础上,我们就可以改写如下代码:

MEM_ADDR(DEVICE_REG0) = 0xAB;//使用正常地址访问寄存器

MEM_ADDR(DEVICE_REG0) = MEM_ADDR(DEVICE_REG0) | 0x2;//传统做法

MEM_ADDR(BITBAND(DEVICE_REG0,1)) =0x1;//使用位带别名地址

需要注意的是:当使用位带功能时,要访问的变量必须用 volatile 来定义。因为 C 编译器并不知道同一个比特可以有两个地址。所以就要通过 volatile 使得编译器每次都如实地把新数值写入存储器,而不再会出于优化的考虑,在中途使用寄存器来操作数据的复本,直到最后才把复本写回(这和 Cache 的原理是一样的)。

在 GCC 和 RealView MDK(即 Keil)开发工具中,允许定义变量时手工指定其地址。如:

volatile unsigned long bbVarAry[7]_attribute_((at(0x20003014)));//位带区

volatile unsigned long* const pbbaVar = (void*)(0x22000000 + 0x3014 * 8 * 4);//位带别名区

这样,就在 0x20003014 处分配了 7 个字,共得到了 32 ×7 =224 个比特。在 long* 后面的“const”通知编译器,该指针不能再被修改而指向其他地址。at()中的地址必须对齐到 4 字节边界。再使用这些比特时,可以通过如下的形式:

pbbaVar[136] =1;//置位第 136 号比特

不过这种方式有个局限,编译器无法检查是否下标越界。那为什么不定义成“pbbaVar[224]”的数组呢?这也是一个编译器的局限,它不知道这个数组其实就是 bbVarAry[7],从而在计算程序对内存的占用量上,会平白无故地多计入 224 ×4 个字节。对于指针形式的定义,可以使用宏定义,为每个需要使用的比特取一个字面值的名字,在下标中只使用字面值名字,不再写真实的数字,就可以极大程度地避免数组越界。在定义这“两个”变量时,前面加上了“volatile”,如果不再使用 bbVarAry 来访问这些比特,而只使用位带别名的形式访问时,这两个 volatile 就均不再需要。

3.6 流水线

Cortex-M3 处理器使用一个三级流水线。流水线的三级分别是取指、解码和执行,如图 3.26所示。

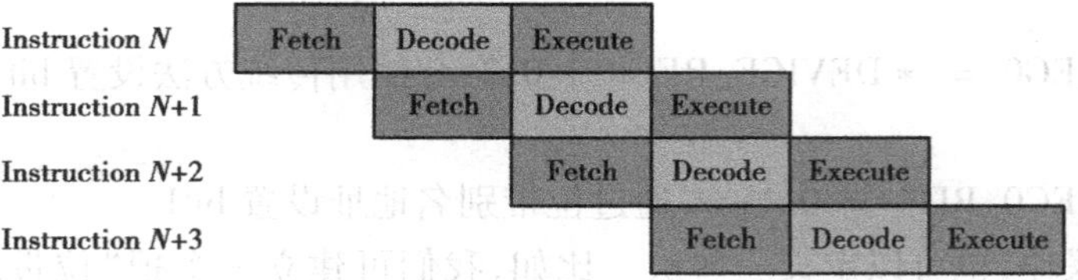

图 3.26 Cortex-M3 的三级流水线

有些人会提出质疑，认为其实是 4 级，这是由总线接口在访问内存时的行为决定的。但是这一级是在处理器的外部，故而处理器自身还是只有 3 级流水线。

当运行的指令大多数都是 16 位时，处理器会每隔一个周期做一次取指。这是因为 Cortex-M3 有时可以一次取两条指令(32 位)，所以取第一条指令时，也顺带着取了第二条指令。此时总线接口就可以在下次再取指。如果缓冲区是满的，总线接口就空闲了。有些指令的执行需要多个周期，在这期间流水线会暂停。

当执行到跳转指令时，需要清空流水线，处理器会不得不从跳转目的地重新取指。为了改善这种情况，Cortex-M3 支持一定数量的 V7M 新指令，可以避免很多短程跳转，如使用 IF-THEN 语句块。

由于流水线的存在，以及出于对 Thumb 代码兼容的考虑，读取 PC 会返回当前指令地址 +4 的值。这个偏移量总是 4，不管是执行 16 位指令还是 32 位指令，这就保证了在 Thumb 和 Thumb2 之间的一致性。

在处理器内核的预取单元中也有一个指令缓冲区，它允许后续的指令在执行前先在里面排队，也能在执行未对齐的 32 位指令时，避免流水线“断流”。不过该缓冲区并不会在流水线中添加额外级数，因此不会恶化跳转导致的性能下降，如图 3.27 所示。

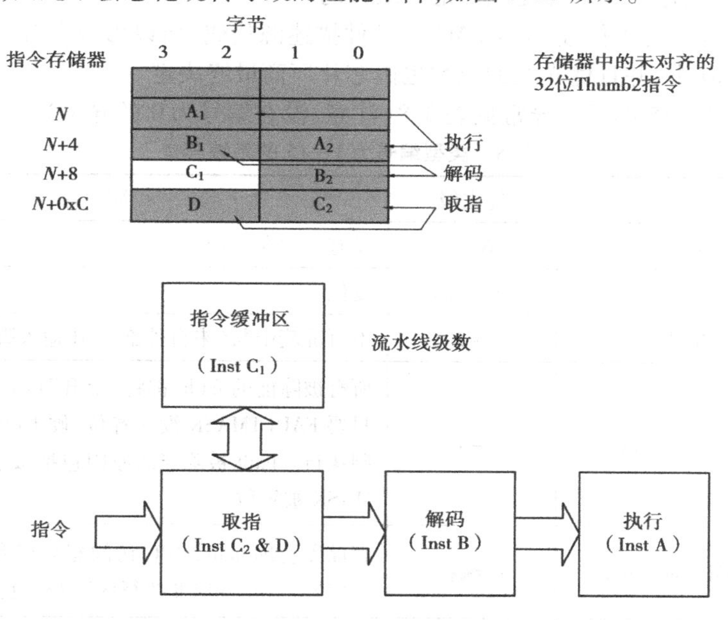

图 3.27　取指单元使用缓冲区对 32 位指令处理的性能提升

3.7　异常和中断

3.7.1　异常和中断的概念

在 ARM 编程中，凡是打断程序顺序执行的事件，都被称为异常。除了外部中断外，当有指令执行了“非法操作”，或者访问被禁的内存区间等产生的各种错误，以及不可屏蔽中断发生时，都会打断程序的执行，这些情况统称为异常。另外，程序代码也可以主动请求进入异常状态（常用于系统调用）。

Cortex-M3 支持大量异常，包括 16 － 5 － 1 = 10 个系统异常，和最多 240 个外部中断（IRQ）。具体使用了这 240 个中断源中的多少个，则由芯片制造商决定。由外设产生的中断信号，除了 SysTick 之外，全都连接到 NVIC 的中断输入信号线。在典型情况下，处理器一般支持 16～32 个中断，当然也有在此之外的。

作为中断功能的强化，NVIC 还有一条 NMI 输入信号线。NMI 究竟用作什么，还要视处理器的设计而定。在多数情况下，NMI 会被连接到一个看门狗定时器，有时也会是电压监视功能块，以便在电压掉至危险级别后警告处理器。NMI 可以在任何时间被激活，甚至是在处理器刚刚复位之后。

3.7.2 异常类型

Cortex-M3 在内核水平上搭载了一个异常响应系统，支持为数众多的系统异常和外部中断。其中，编号为 1—15 的对应系统异常，大于等于 16 的则全是外部中断。除了个别异常的优先级被定死外，其他异常的优先级都是可编程的。

因为芯片设计者可以修改 Cortex-M3 的硬件描述源代码，所以做成芯片后，支持的中断源数目常常不到 240 个，并且优先级的位数也由芯片厂商最终决定。

类型编号为 1—15 的系统异常见表 3.8（注意：没有编号为 0 的异常）。

表 3.8 类型编号为 1—15 的系统异常

编号	类　型	优先级	简　介
0	N/A	N/A	没有异常在运行
1	复位	－3（最高）	复位
2	NMI	－2	不可屏蔽中断（来自外部 NMI 输入脚）
3	硬（hard）fault	－1	所有被除能的 fault，都将“上升”（escalation）成硬 fault。只要 FAULTMASK 没有置位，硬 fault 服务例程就被强制执行。fault 被除能的原因包括被禁用，或者 FAULTMASK 被置位
4	MemManage fault	可编程	存储器管理 fault，MPU 访问犯规以及访问非法位置均可引发。企图在“非执行区”取指也会引发此 fault
5	总线 fault	可编程	从总线系统收到了错误响应，原因可以是预取流产（Abort）或数据流产，或者企图访问协处理器
6	用法（usage） fault	可编程	程序错误导致的异常通常是使用了一条无效指令，或者是非法的状态转换，例如尝试切换到 ARM 状态
7—10	保留	N/A	N/A
11	SVCall	可编程	执行系统服务调用指令（SVC）引发的异常
12	调试监视器	可编程	调试监视器（断点、数据观察点或者是外部调试请求）

续表

编号	类 型	优先级	简 介
13	保留	N/A	N/A
14	PendSV	可编程	为系统设备而设的"可悬挂请求"(pendable request)
15	SysTick	可编程	系统滴答定时器(也就是周期性溢出的时基定时器)

从16开始的外部中断类型见表3.9。

表3.9 从16开始的外部中断类型

编 号	类 型	优先级	简 介
16	IRQ #0	可编程	外中断#0
17	IRQ #1	可编程	外中断#1
…	…	…	…
255	IRQ #239	可编程	外中断#239

在NVIC的中断控制及状态寄存器中,有一个VECTACTIVE位段;另外,还有一个特殊功能寄存器IPSR。在这二者中,都记录了当前正服务异常的编号。

需要注意的是:这里所讲的中断号,都是指NVIC所使用的中断号。另外,芯片一些管脚的名字也可能被取为类似"IRQ #"的名字,请不要混淆,它们没有必然联系。常见的情况是,编号最靠前的几个中断源被指定到片上外设,接下来的中断源才给外部中断引脚使用,因此还需要参阅芯片的数据手册来了解清楚。

如果一个发生的异常不能被即刻响应,就称它被"悬起(pending)"。不过,少数fault异常是不允许被悬起的。一个异常被悬起的原因,可能是系统当前正在执行一个更高优先级异常的服务例程,或者相关掩蔽位的设置导致该异常被除能。对于每个异常源,在被悬起的情况下,都会有一个对应的"悬起状态寄存器"保存其异常请求,直到该异常能够执行为止,这与传统的ARM是完全不同的。在以前,是由产生中断的设备保持住请求信号。现在NVIC的悬起状态寄存器的出现解决了这个问题,即使后来设备已经释放了请求信号,曾经的中断请求也不会错失。

3.7.3 异常优先级

在Cortex-M3中,优先级对于异常来说是很关键的,它会影响一个异常是否能被响应,以及何时可以响应。优先级的数值越小,则优先级越高。Cortex-M3支持中断嵌套,使得高优先级异常会抢占低优先级异常。有3个系统异常:复位、NMI以及硬fault,它们有固定的优先级,并且它们的优先级号是负数,从而高于所有其他异常。所有其他异常的优先级则都是可编程的(但不能编程的为负数)。

原则上,Cortex-M3支持3个固定的高优先级和多达256级的可编程优先级,并且支持128级抢占。但是,绝大多数Cortex-M3芯片都会精简设计,以致实际上支持的优先级数会更少,如8级、16级、32级等。它们在设计时会裁掉表达优先级的几个低端有效位,以达到减少优先级数的目的(不管使用多少位,优先级号都是与 MSB 对齐的)。

举例来说,如果只使用了 3 个位来表达优先级,则优先级配置寄存器的结构如图 3.28 所示。

Bit 7	Bit 6	Bit 5	Bit 4	Bit 3	Bit 2	Bit 1	Bit 0
用于表达优先级			没有实现,读回零				

图 3.28　使用 3 个位来表达优先级的情况

在图 3.28 中,[4:0]没有被实现,所以读它们总是返回零,写它们则忽略写入的值。因此,对于 3 个位的情况,能够使用的 8 个优先级为:0x00(最高)、0x20、0x40、0x60、0x80、0xA0、0xC0 以及 0xE0。

如果使用更多的位来表达优先级,则能够使用的值也更多,同时需要的逻辑门也更多,从而给微控制器带来更多的成本和功耗。Cortex-M3 允许的最少使用位数为 3 个位,即至少要支持 8 级优先级。图 3.29 给出 3 位表达的优先级位和 4 位表达的优先级位对比。

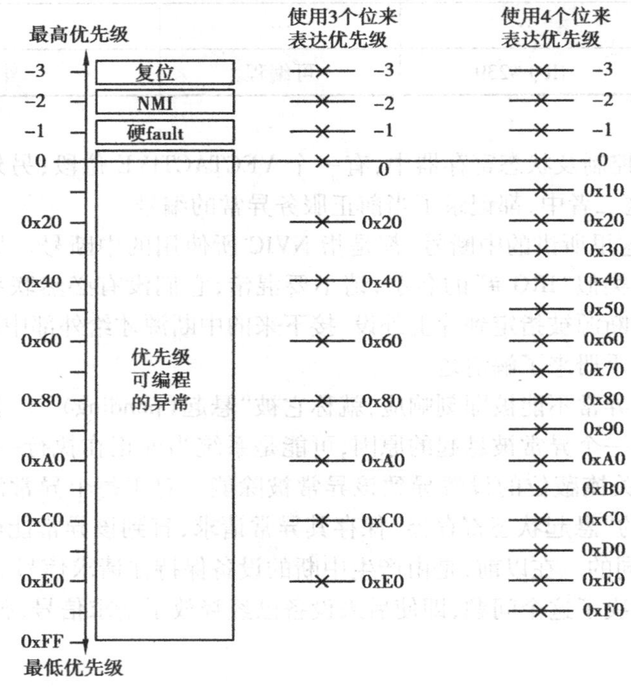

图 3.29　3 位表达的优先级位与 4 位表达的优先级位对比

通过让优先级以 MSB 对齐,可以简化程序的跨器件移植。比如,如果一个程序早先在支持 4 位优先级的器件上运行,则在移植到只支持 3 位优先级的器件后,其功能不受影响。但若是对齐到 LSB,则会使 MSB 丢失,导致数值大于 7 的低优先级一下子升高了,甚至会反转小于等于 7 的高优先级。例如,8 号优先级如果损失了 MSB,就变成 0 号优先级了。表 3.10 展示了使用 3 位、5 位和 8 位来表达优先级时的情况。

表 3.10　3 位、5 位和 8 位表达优先级时,优先级寄存器的使用情况

优先级	异常类型	3 位表达	5 位表达	8 位表达
-3(最高)	复位	-3	-3	-3

续表

优先级	异常类型	3位表达	5位表达	8位表达
-2	NMI	-2	-2	-2
-1	硬 fault	-1	-1	-1
0, 1, … 0xFF	所有其他优先级可编程的异常	0x00, 0x20, … 0xE0	0x00, 0x08, … 0xF8	0x00,0x01, 0x02,0x03, … 0xFE,0xFF

3.7.4　优先级分组

前面提到 Cortex-M3 支持 256 个优先级,但只有 128 个抢占级,这是为了使抢占机能变得更可控,Cortex-M3 还把 256 级优先级按位分成高低两段,分别是抢占优先级和亚优先级。NVIC 中有一个寄存器是“应用程序中断及复位控制寄存器”(内容见表 3.11),它有一个位段名为“优先级组”。该位段的值对每一个优先级可配置的异常都有影响——把其优先级分为个位段:MSB 所在的位段(左边的)对应抢占优先级,而 LSB 所在的位段(右边的)对应亚优先级,见表 3.12。

表 3.11　应用程序中断及复位控制寄存器(AIRCR)(地址:0xE000_ED00)

位段	名　称	类型	复位值	描　述
31:16	VECTKEY	R/W	—	访问钥匙:任何对该寄存器的写操作,都必须同时把 0x05FA 写入此段,否则写操作被忽略。若读取此半字,则 0xFA05
15	ENDIANESS	R	—	指示端设置。1 = 大端(BE8),0 = 小端。此值是在复位时确定的,不能更改
10:8	PRIGROUP	R/W	0	优先级分组
2	SYSRESETREQ	W	—	请求芯片控制逻辑产生一次复位
1	VECTCLRACTIVE	W	—	清零所有异常的活动状态信息。通常只在调试时用,或者在 OS(操作系统)从错误中恢复时用
0	VECTRESET	W	—	复位 Cortex-M3 处理器内核(调试逻辑除外),但是此复位不影响芯片上在内核以外的电路

表 3.12　抢占优先级和亚优先级的表达,位数与分组位置的关系

分组位置	表达抢占优先级的位段	表达亚优先级的位段
0	[7:1]	[0:0]
1	[7:2]	[1:0]
2	[7:3]	[2:0]

续表

分组位置	表达抢占优先级的位段	表达亚优先级的位段
3	[7:4]	[3:0]
4	[7:5]	[4:0]
5	[7:6]	[5:0]
6	[7:7]	[6:0]
7	无	[7:0](所有位)

抢占优先级决定了抢占行为:当系统正在响应某异常 L 时,如果来了抢占优先级更高的异常 H,则 H 可以抢占 L。亚优先级则处理“内务”:当抢占优先级相同的异常有不止一个悬起时,就优先响应亚优先级最高的异常。

这种优先级分组规定:亚优先级至少是 1 个位。因此抢占优先级最多是 7 个位,造成了最多只有 128 级抢占的现象。

但是 Cortex-M3 允许从比特 7 处分组,此时所有的位都表达亚优先级,没有任何位表达抢占优先级,因此所有优先级可编程的异常之间就不会发生抢占——相当于除能了 Cortex-M3 的中断嵌套机制。但是复位、NMI 和硬 fault 不受此影响,它们无论何时出现,都立即无条件抢占所有优先级可编程的异常。

在计算抢占优先级和亚优先级的有效位数时,必须先求出下列值:

①芯片实际使用了多少位来表达优先级;

②优先级组是如何划分的。

如果只使用[7:5]共 3 个位来表达优先级,并且优先级组的值是 5(从 bit 5 处分组),则你得到 4 级抢占优先级,且在每个抢占优先级的内部有 2 个亚优先级,如图 3.30 所示。

bit 7	bit 6	bit 5	bit 4	bit 3	bit 2	bit 1	bit 0
抢占优先级		子优先级					

图 3.30　3 位优先级,从 bit 5 处分组时的优先级位段划分

根据图 3.30 中演示的设置,其可用优先级的具体情况如图 3.31 所示。

需要注意的是:虽然[4:0]未使用,却允许从它们中分组。例如,如果优先级组为 1,则所有可用的 8 个优先级都是抢占优先级,如图 3.32 和图 3.33 所示。

如果优先级完全相同的多个异常同时悬起,则先响应异常编号最小的那一个。如 IRQ #3 会比 IRQ #5 先得到响应。

虽然优先级分组的功能很强大,但是粗心地更改常常会改变系统的响应特性,导致某些关键任务有可能得不到及时响应。其实在绝大多数情况下,优先级的分组都要预先经过计算论证,并且在开机初始化时一次性地设置好,以后就再也不动它了。只有在绝对需要且绝对有把握时才小心地更改,并且要经过尽可能充分的测试。另外,优先级组所在的寄存器 AIRCR(表 3.10)也基本上是一次性设置好的,只是需要手工产生复位时才写里面相应的位。

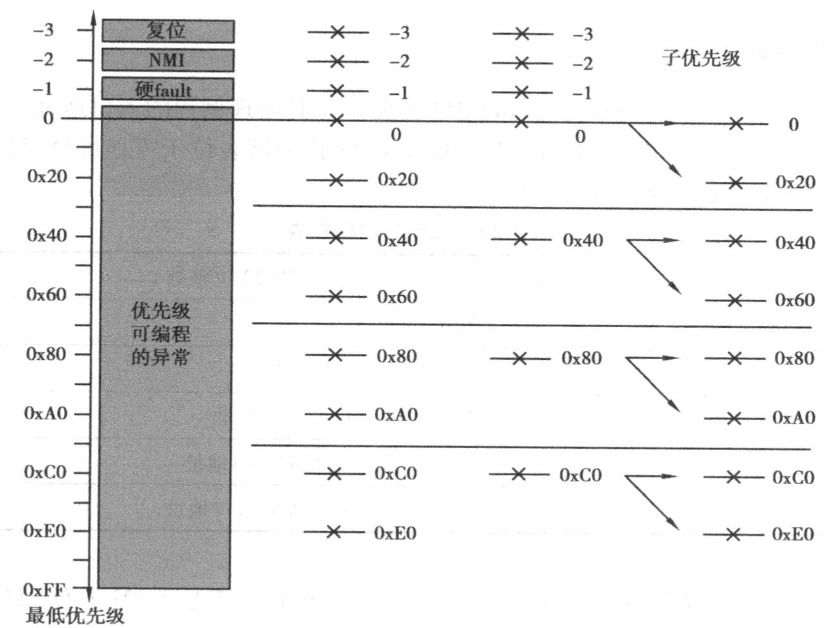

图 3.31　3 位优先级，从 bit 5 处分组

bit 7	bit 6	bit 5	bit 4	bit 3	bit 2	bit 1	bit 0
抢占优先级[7:5]			抢占优先级[4:2](未使用)			亚优先级[1:0](未使用)	

图 3.32　3 位优先级，从 bit 1 处分组时的优先级位段划分

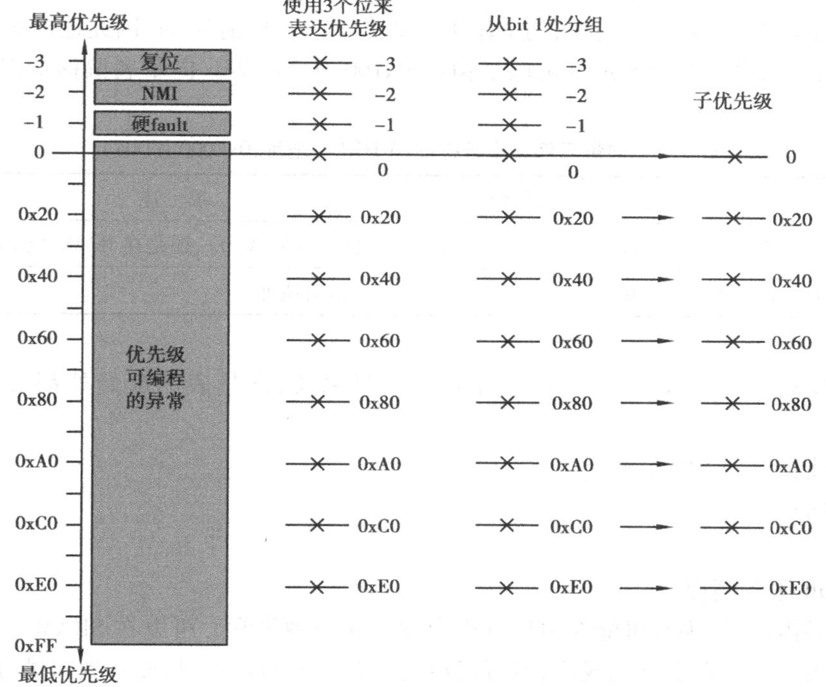

图 3.33　3 位优先级，从 bit 1 处分组的详细情况

3.7.5 向量表

当发生了异常并且要响应它时,Cortex-M3 需要定位其处理例程的入口地址。这些入口地址存储在"(异常)向量表"中。缺省情况下,Cortex-M3 认为该表位于零地址处,且各向量占用 4 字节,因此每个表项占用 4 字节,见表 3.13。

表 3.13 上电后的向量表

地 址	异常编号	值(32 位整数)
0x0000_0000	—	MSP 的初始值
0x0000_0004	1	复位向量(PC 初始值)
0x0000_0008	2	NMI 服务例程的入口地址
0x0000_000C	3	硬 fault 服务例程的入口地址
…	…	其他异常服务例程的入口地址

因为地址 0 处应该存储引导代码,所以它通常是 Flash 或者是 ROM 器件,并且它们的值不得在运行时改变。然而,为了动态重分发中断,Cortex-M3 允许向量表重定位——从其他地址处开始定位各异常向量。这些地址对应的区域可以是代码区,但也可以是 RAM 区。在 RAM 区就可以修改向量的入口地址了。为了实现这个功能,NVIC 中有一个寄存器,称为"向量表偏移量寄存器"(在地址 0xE000_ED08 处),通过修改它的值就能定位向量表。但必须注意的是,向量表的起始地址是要求的,必须先求出系统中共有多少个向量,再把这个数字向上增大到 2 的整次幂,而起始地址必须对齐到后者的边界上。例如,如果一共有 32 个中断,则共有 32 +16(系统异常) =48 个向量,向上增大到 2 的整次幂后值为 64,因此地址必须能被 64 × 4 =256 整除,从而合法的起始地址可以是:0x0、0x100、0x200 等。向量表偏移量寄存器的定义见表 3.14。

表 3.14 向量表偏移量寄存器(VTOR)(地址:0xE000_ED08)

位段	名 称	类型	复位值	描 述
29	TBLBASE	RW	0	向量表是在 Code 区(0),还是在 RAM 区(1)
15	ENDIANESS	R	—	向量表的起始地址

如果需要动态地更改向量表,则对于任何器件来说,向量表的起始处都必须包含以下向量:

①主堆栈指针(MSP)的初始值;

②复位向量;

③NMI;

④硬 fault 服务例程。

③④是必需的,因为有可能在引导过程中发生这两种异常。可以在 SRAM 中开出一块用于存储向量表。然后在引导完成后,就可以启用内存中的向量表,从而实现向量可动态调整的功能。

3.7.6　中断输入及悬起

中断输入和悬起行为也适用于 NMI，只是 NMI 会立即无条件执行，除了特殊情况：若当前已经在执行 NMI 服务例程，或者 CPU 被调试器停止，或者被一些严重的系统错误锁定，则新的 NMI 请求也将悬起。中断悬起示意图如图 3.34 所示。

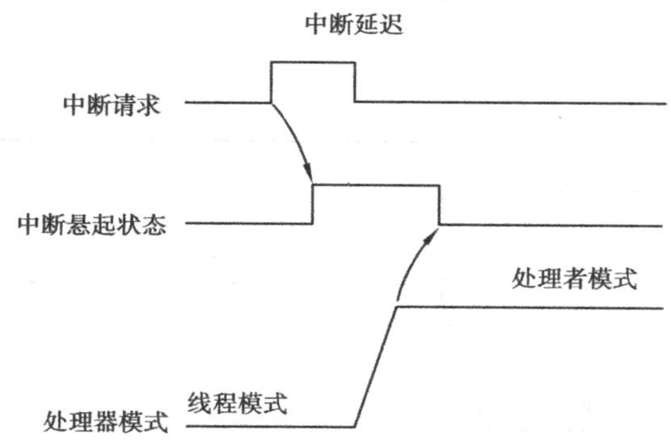

图 3.34　中断悬起示意图

当中断输入脚有中断信号输入，该中断就被悬起。即使后来中断源取消了中断请求，已经被标记成悬起的中断也被记录了下来。到了系统中它的优先级最高时，就会得到响应。但是，如果在某个中断得到响应之前，其悬起状态被清除了（例如，在 PRIMASK 或 FAULTMASK 置位时软件清除了悬起状态标志），则中断被取消，如图 3.35 所示。

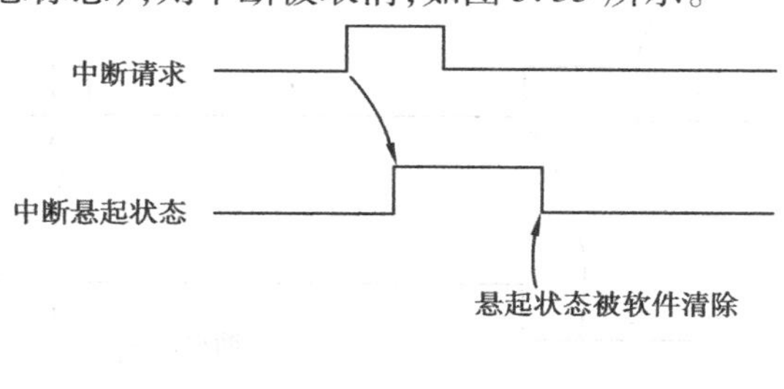

图 3.35　中断在得到处理器响应之前被清除悬起状态

当某中断的服务例程开始执行时，就称此中断进入了“活跃”状态，并且其悬起位会被硬件自动清除，如图 3.36 所示。在一个中断活跃后，直到其服务例程执行完毕，并且返回（也称为中断退出）了，才能对该中断的新请求予以响应。当然，新请求的响应也是由硬件自动清零悬起标志位。中断服务例程也可以在执行过程中把自己对应的中断重新悬起（但是使用时要注意避免进入“死循环”）。

如果中断源一直保持中断请求信号，该中断就会在其上次服务例程返回后再次被置为悬起状态，如图 3.37 所示。这一点 Cortex-M3 和传统的 ARM7TDMI 是相同的。

另一方面，如果某个中断在得到响应之前，其请求信号以若干的脉冲的方式呈现，则被视为只有一次中断请求，多出的请求脉冲全部错失——这是中断请求太快，以致超出处理器反应限度的情况，如图 3.38 所示。

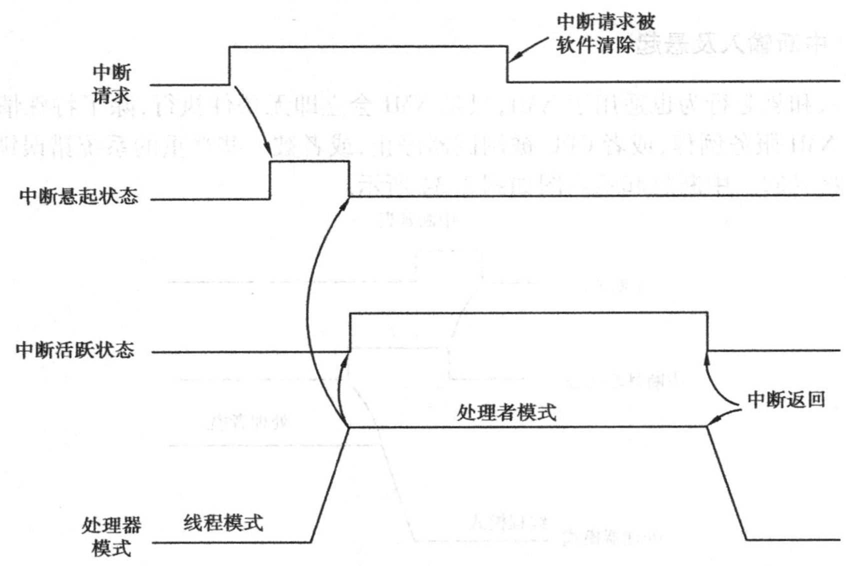

图 3.36　在处理器进入服务例程后对中断活跃状态的设置

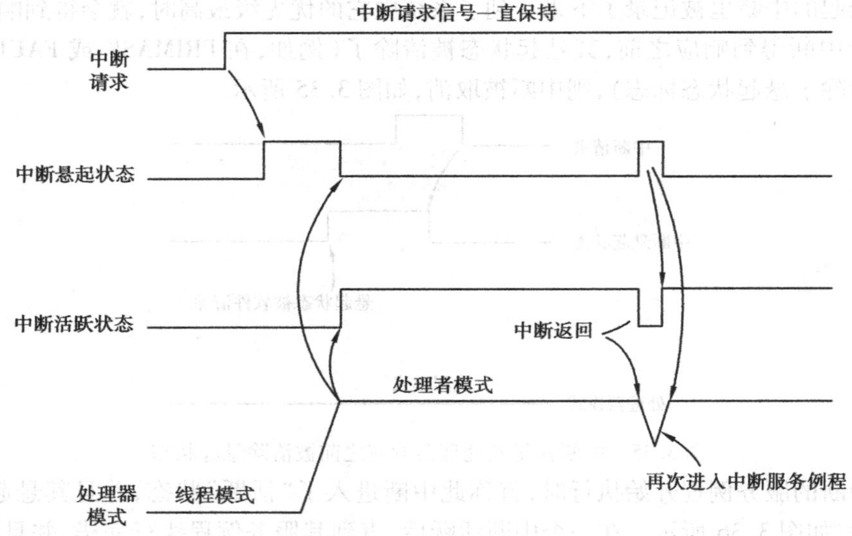

图 3.37　一直维持的中断请求导致服务例程返回后再次悬起该中断

如果在服务例程执行时，中断请求释放了，但是在服务例程返回前又重新被置为有效，则 Cortex-M3 会记住此动作，重新悬起该中断，如图 3.39 所示。

3.7.7　中断/异常进入步骤

当 Cortex-M3 开始响应一个中断时，会经历以下几个步骤：

①入栈：把 8 个寄存器的值压入栈；

②取向量：从向量表中找出对应的服务程序入口地址；

③选择堆栈指针 MSP/PSP，更新堆栈指针 SP，更新连接寄存器 LR，更新程序计数器 PC。

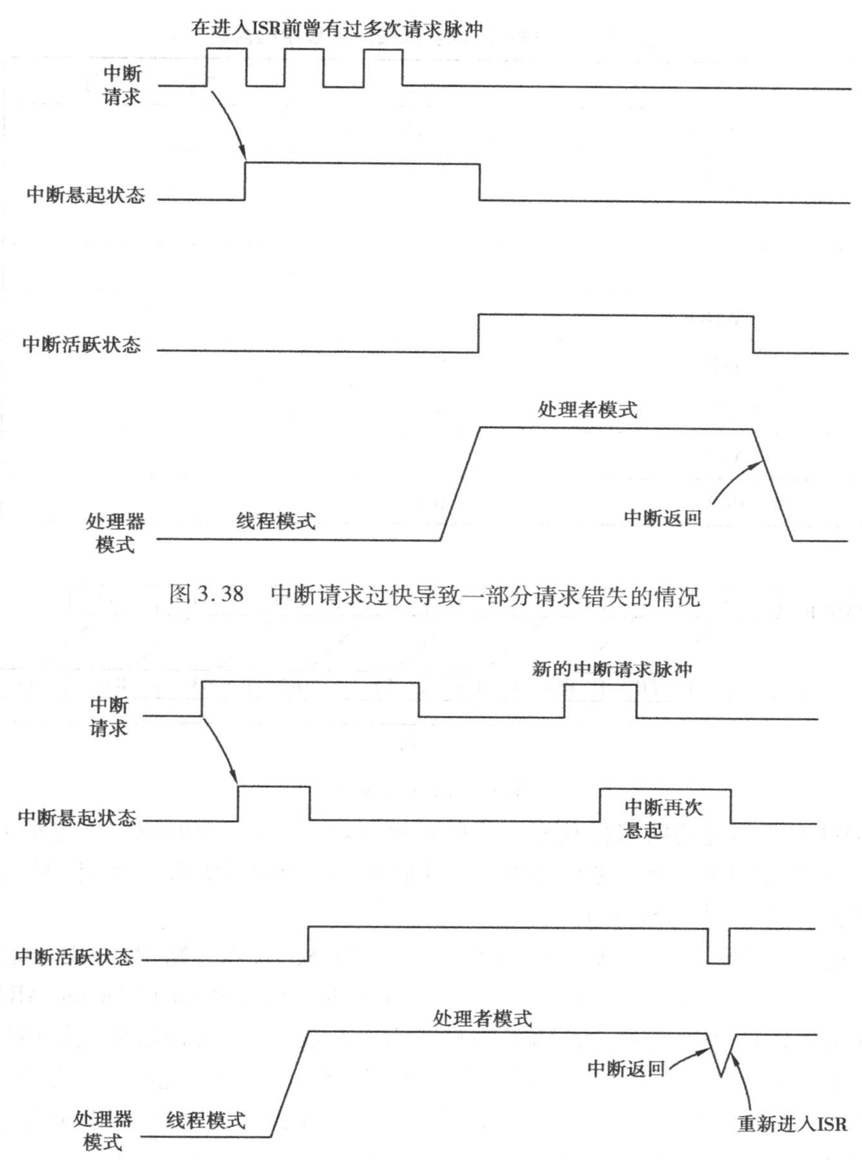

图 3.38　中断请求过快导致一部分请求错失的情况

图 3.39　在执行 ISR 时中断悬起再次发生

(1)入栈

响应异常的第一个步骤，就是自动保存现场的必要部分：依次把 xPSR、PC、LR、R12 以及 R3～R0 由硬件自动压入适当的堆栈中，如果当响应异常时，当前的代码正在使用 PSP，则压入 PSP，即使用线程堆栈；否则压入 MSP，使用主堆栈。一旦进入了服务例程，就将一直使用主堆栈。

假设入栈开始时，SP 的值为 N，则在入栈后，堆栈内部的变化见表 3.15。又因为 AHB 接口上的流水线操作本质，地址和数据都在经过一个流水线周期之后才进入。另外，这种入栈在机器的内部，并不是严格按堆栈操作顺序，但是机器会保证正确的寄存器将被保存到正确的位置，如图 3.40 和表 3.15 的第 3 列所示。

表3.15　入栈顺序以及入栈后堆栈中的内容

地　址	寄存器	被保存的顺序
旧 SP(*N*-0)	原先已压入的内容	—
(*N*-4)	xPSR	2
(*N*-8)	PC	1
(*N*-12)	LR	8
(*N*-16)	R12	7
(*N*-20)	R3	6
(*N*-24)	R2	5
(*N*-28)	R1	4
新 SP(*N*-32)	R0	3

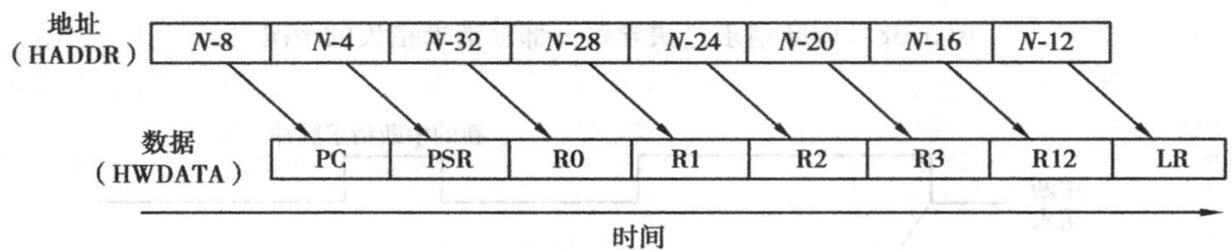

图3.40　内部入栈序列

Cortex-M3在看不见的内部打乱了入栈的顺序,这是有深层次的原因。先把PC与xPSR的值保存,就可以更早地启动服务例程指令的预取——因为这需要修改PC;同时,也做到了在早期就可以更新xPSR中IPSR位段的值。

为什么把R0～R3、R12由硬件自动压入适当的堆栈中,而忽略R4～R11呢?原来,在ARM中,有一套C函数调用标准约定(《C/C++ Procedure Call Standard for the ARM Architecture》,AAPCS,Ref5)。该约定使中断服务例程能用C语言编写,编译器优先使用被入栈的寄存器来保存中间结果(当然,如果程序过大也可能要用到R4～R11,此时编译器负责生成代码来将它们入栈)。R0～R3、R12最后被压入堆栈,是为了可以更容易地使用SP基址来索引寻址,访问由R0～R3、R12传递的数据,以及为了LDM等多重加载指令,因为LDM必须加载地址连续的一串数据。

(2)取向量

当数据总线(系统总线)在执行入栈操作时,指令总线(I-Code总线)从向量表中找出正确的异常向量,然后在服务程序的入口处预取指。由此可以看到各自都有专用总线的好处,即入栈与取指这两个工作能同时进行。

(3)更新寄存器

在入栈和取向量的工作都完毕之后,执行服务例程之前,还要更新一系列的寄存器:

①SP:在入栈中会把堆栈指针(PSP或MSP)更新到新的位置。在执行服务例程后,将由MSP负责对堆栈的访问;

②PSR:IPSR位段(地处PSR的最低部分)会被更新为新响应的异常编号;

③PC：在向量取出完毕后，PC 将指向服务例程的入口地址；

④LR：LR 的用法将被重新解释，其值也被更新成一种特殊的值，称为“EXC_RETURN”，并且在异常返回时使用。EXC_RETURN 的二进制值除了最低 4 位外全为 1，而其最低 4 位则有另外的含义（见 3.7.8 节）。

以上是在响应异常时通用寄存器的变化。另外，在 NVIC 中，也伴随着更新了与之相关的若干寄存器。例如，新响应异常的悬起位将被清除，同时其活动位将被置位。

3.7.8　异常退出步骤

当异常服务例程执行完毕后，需要执行异常退出步骤，从而恢复先前的系统状态，才能使被中断的程序得以继续执行。从形式上看，有 3 种途径可以触发异常返回序列，见表 3.16，不管使用哪一种，都需要用到先前储的 LR 的值。

表 3.16　触发中断返回的指令

返回指令	工作原理
BX <reg>	当 LR 存储 EXC_RETURN 时，使用 BX LR 即可返回
POP {PC} 和 POP {…,PC}	在服务例程中，LR 的值常常会被压入栈。此时即可使用 POP 指令把 LR 存储的 EXC_RETURN 往 PC 里弹栈，从而激起处理器做中断返回
LDR 与 LDM	把 PC 作为目的寄存器，也可启动中断返回序列

有些处理器使用特殊的返回指令来标示中断返回，例如 8051 就使用 RETI。但是在 Cortex-M3 中，是通过把 EXC_RETURN 往 PC 里写来识别返回动作的。因此，可以使用上述的常规返回指令，从而为使用 C 语言编写服务例程扫清了最后的障碍（无需特殊的编译器命令，如 _interrupt）。

在启动了中断返回序列后，下述的处理就将进行：

①出栈：先前压入栈中的寄存器在这里恢复。内部的出栈顺序与入栈时的相对应，堆栈指针的值也改回去。

②更新 NVIC 寄存器：伴随着异常的返回，它的活动位也被硬件清除。对于外部中断，倘若中断输入再次被置为有效，悬起位也将再次置位，新一次的中断响应序列也可随之再次开始。

前面提到在进入异常服务程序后，LR 的值被自动更新为特殊的 EXC_RETURN，这是一个高 28 位全为 1 的值，只有[3:0]的值有特殊含义，见表 3.17。当异常服务例程把这个值送往 PC 时，就会启动处理器的中断返回序列。因为 LR 的值是由 Cortex-M3 自动设置的，所以只要没有特殊需求就不要改动它。

表 3.17　EXC_RETURN 位段详解

位　段	含　义
[31:4]	EXC_RETURN 的标识：必须全为 1
3	0 = 返回后进入处理者模式 1 = 返回后进入线程模式

续表

位　段	含　义
2	0 = 从主堆栈中做出栈操作,返回后使用 MSP 1 = 从进程堆栈中做出栈操作,返回后使用 PSP
1	保留,必须为 0
0	0 = 返回 ARM 状态 1 = 返回 Thumb 状态。在 Cortex-M3 中必须为 1

由表 3.17 可以得出,合法的 EXC_RETURN 值共 3 个,见表 3.18。

表 3.18　合法的 EXC_RETURN 值及其功能

EXC_RETURN 数值	功　能
0xFFFF_FFF1	返回处理者模式
0xFFFF_FFF9	返回线程模式,并使用主堆栈(SP = MSP)
0xFFFF_FFFD	返回线程模式,并使用进程堆栈(SP = PSP)

如果主程序在线程模式下运行,并且在使用 MSP 时被中断,则在服务例程中 LR = 0xFFFF_FFF9(主程序被打断前的 LR 已被自动入栈)。

如果主程序在线程模式下运行,并且在使用 PSP 时被中断,则在服务例程中 LR = 0xFFFF_FFFD(主程序被打断前的 LR 已被自动入栈)。

LR 的值在异常期间被设置为 EXC_RETURN(线程模式使用主堆栈)如图 3.41 所示。

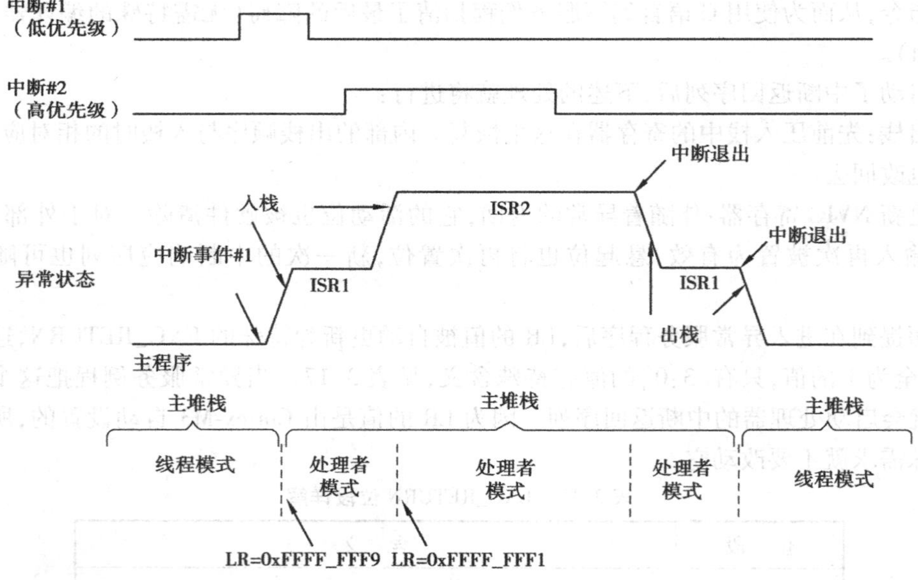

图 3.41　LR 的值在异常期间被设置为 EXC_RETURN(线程模式使用主堆栈)

如果主程序在处理者模式下运行,则在服务例程中 LR = 0xFFFF_FFF1(主程序被打断前的 LR 已被自动入栈)。这时的“主程序”,其实更可能是被抢占的服务例程,也就是中断/异常嵌套。事实上,在嵌套时,更深层 ISR 所看到的 LR 总是 0xFFFF_FFF1,如图 3.42 所示。

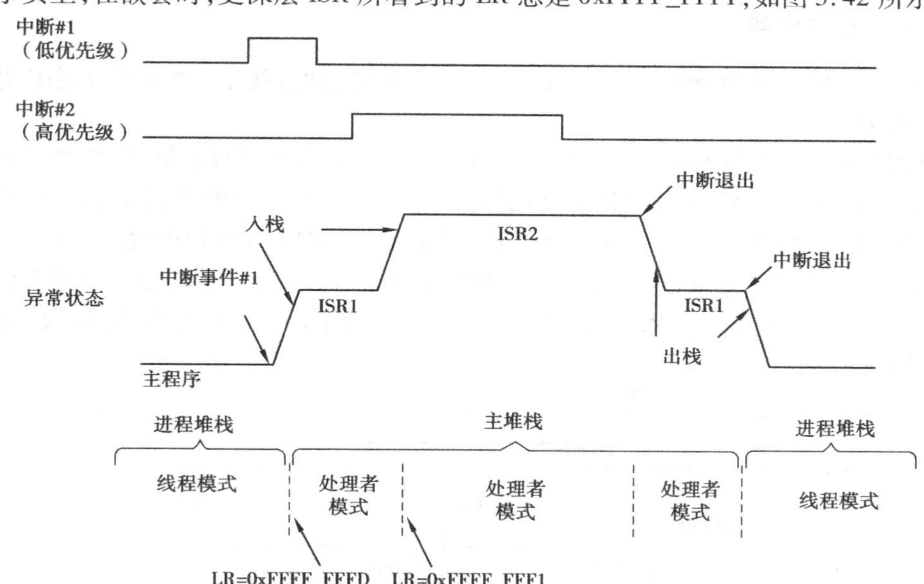

图 3.42　LR 的值在异常期间被设置为 EXC_RETURN(线程模式使用进程堆栈)

由 EXC_RETURN 的格式可见,不能把 0xFFFF_FFF0 ~ 0xFFFF_FFFF 中的地址作为任何返回地址。但也不用担心会弄错,因为 Cortex-M3 已经把这个范围标记成“不可取指区”了。

3.7.9　中断嵌套

在 Cortex-M3 内核以及 NVIC 中,已经建立了对中断嵌套的支持,我们要做的就只是为每个中断适当地建立优先级。

第一,NVIC 和 Cortex-M3 处理器会排出优先级解码的顺序。因此,在某个异常正在响应时,所有优先级不高于它的异常都不能抢占,而且它自己也不能抢占自己。

第二,有了自动入栈和出栈,就不用担心在中断发生嵌套时,会使寄存器的数据损毁,从而可以放心地执行服务例程。

为了避免功能紊乱甚至死机的危险,必须计算主堆栈容量的最小安全值。我们知道,所有服务例程都只使用主堆栈。所以当中断嵌套加深时,对主堆栈的压力会增大:每嵌套一级,就至少再需要 8 个字,即 32 字节的堆栈空间。而且这还没算上 ISR 对堆栈的额外需求,并且何时嵌套多少级也是不可预料的。如果主堆栈的容量本来就所剩无几了,中断嵌套又突然加深,则主堆栈有溢出的危险。堆栈溢出是很致命的,它会使入栈数据与主堆栈前面的数据区发生混迭,使这些数据被破坏;若服务例程又更改了混迭区的数据,则堆栈内容被破坏。这样在执行中断返回后,系统极有可能功能紊乱,甚至程序跑飞、死机。

另一个要注意的是,相同的异常是不允许重入的。因为每个异常都有自己的优先级,并且在异常处理期间,同级或低优先级的异常是会阻塞的。因此对于同一个异常,只有在上一次的异常服务例程执行完毕后,方可继续响应新的请求。由此可知,在 SVC 服务例程中,不得再使用 SVC 指令,否则将发生错误。

3.7.10 咬尾中断

Cortex-M3 为缩短中断延迟做了很多努力，第一个要提的，就是新增的“咬尾中断”（Tail-Chaining）机制。

当处理器在响应某异常时，如果又发生其他异常，但它们优先级不够高，则被阻塞。那么在当前的异常执行返回后，系统处理悬起的异常时，倘若还是先 POP 然后又把 POP 出来的内容再 PUSH 回去，这就白白浪费了 CPU 时间。因此，Cortex-M3 不会 POP 这些寄存器，而是继续使用上一个异常已经 PUSH 好的成果。这样看上去好像后一个异常把前一个异常的尾巴咬掉了，前前后后只执行了一次入栈/出栈操作。于是，这两个异常之间的“时间沟”变窄了很多，如图 3.43 所示。

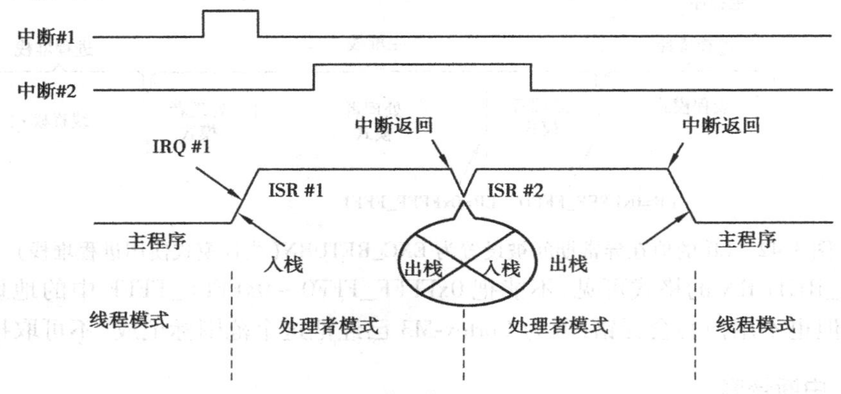

图 3.43 异常咬尾示意图

异常咬尾与常规处理的比较如图 3.44 所示。

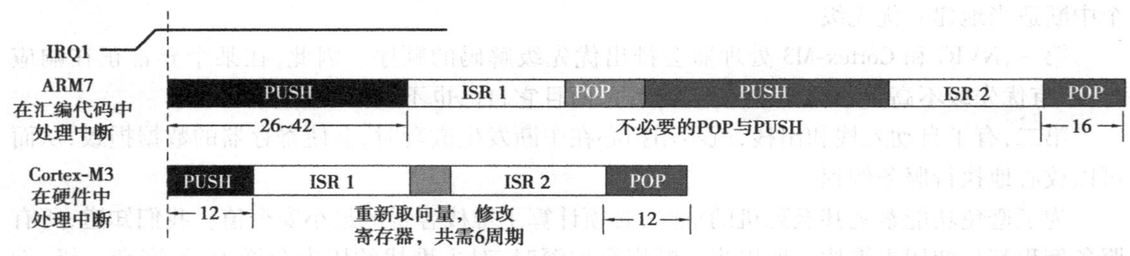

图 3.44 异常咬尾与常规处理的比较（以 ARM7TDMI 为例）

3.7.11 晚到异常

Cortex-M3 的中断处理还有另一个机制，它强调了优先级的作用，这就是“晚到的异常处理”。当 Cortex-M3 对某异常的响应序列还处在早期——入栈的阶段，尚未执行其服务例程时，如果此时收到了高优先级异常的请求，则本次入栈就成了为高优先级中断所做的了——入栈后，将执行高优先级异常的服务例程。

比如，若在响应某低优先级异常#1 的早期，检测到了高优先级异常#2，只要#2 没有太晚，就能以“晚到中断”的方式处理，在入栈完毕后执行 ISR #2，如图 3.45 所示。如果异常#2 来得太晚，以至已经执行了 ISR #1 的指令，则按普通的抢占处理，这会需要更多的处理器时间和额外的 32 字节的堆栈空间。在 ISR #2 以“晚到中断”的方式执行完毕后，再以“咬尾中断”方式来启动 ISR #1 的执行。

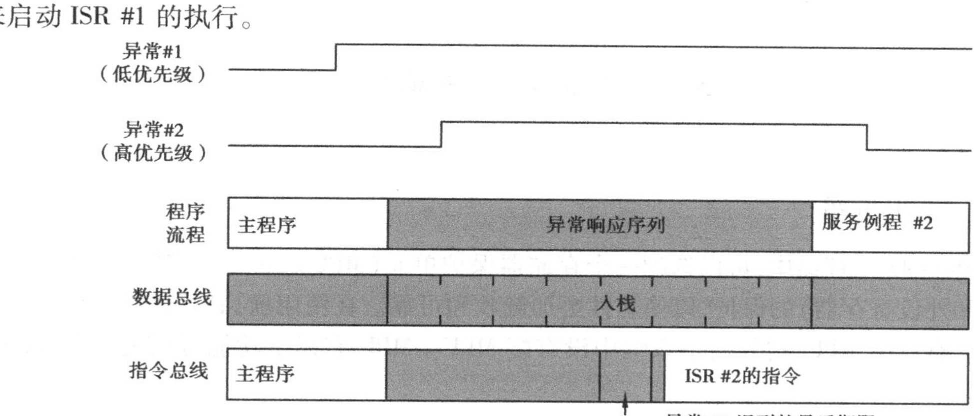

图 3.45 晚到异常的处理模式图

3.7.12 中断延迟

在设计实时系统时,必须对中断延迟进行严肃和仔细的估算。在这里,中断延迟的定义:从检测到某中断请求,到执行了其服务例程的第一条指令时,已经流逝了的时间。在 Cortex-M3 中,若存储器系统够快,且总线系统允许入栈与取指同时进行,同时该中断可以立即响应,则中断延迟是固定的 12 周期(满足硬实时所要求的确定性)。在这 12 个周期里,处理器内部进行了入栈、取向量、更新寄存器以及服务例程取指等一系列操作。但若存储器太慢以至引入等待周期,或者还有其他因素,则会引入额外的延时。

当处理咬尾中断时,省去了堆栈操作,因此切入新异常服务例程的耗时可以短至 6 周期。

有些指令需要较长的周期才能完成。它们是除法指令、双字传送指令 LDRD/STRD 以及多重数据传送指令(LDM/STM)。对于前两者,Cortex-M3 将为了保证中断及时响应而取消它们的执行,待返回后重新开始;对于 LDM/STM,为了加速中断的响应,Cortex-M3 支持 LDM/STM 指令的中止和继续。为此,Cortex-M3 在 xPSR 中开出若干个“ICI 位”,记录下一个即将传送的寄存器是哪一个(LDM/STM 在汇编时,都把寄存器号升序排序)。在服务例程返回后,xPSR 被弹出,Cortex-M3 再从 ICI 位段中获取当时 LDM/STM 执行的进度,从而可以继续传送。但这种方式在 IF-THEN(IT)指令执行时有限制,因为 IF-THEN 指令的执行也需要在 xPSR 中使用几个位,而这几个位刚好与 ICI 位重合。所以,如果在 IF-THEN 中使用了 LDM/STM,则不再记录 LDM/STM 的执行进度。尽管如此,及时响应中断依然是首要任务,此时只好把 LDM/STM 取消,待中断返回后继续执行。

另外,如果在总线接口上还有未完成的数据传送,例如有一个带缓冲的写操作未完成,处理器也只能等待此传送完成。只有这样,才能保证在发生了总线 fault 时,其服务例程能够安全地抢占其他程序。

当多个中断同时请求时,也会发生中断延迟,这表现在只有优先级最高的得到立即响应,所有其他的中断将被延迟。另外,在中断嵌套时,每个中断都会阻塞同级和低优先级的中断。最后,如果中断被掩蔽,则在掩蔽期间也会附加中断延迟。

3.8 存储器保护单元

3.8.1 MPU 介绍

在 Cortex-M3 处理器中,可以选配一个存储器保护单元(MPU),它可以实施对存储器(主要是内存和外设寄存器)的保护,以使软件更加健壮和可靠。在使用前,必须根据需要对其编程。如果没有启用 MPU,则等同于系统中没有配 MPU。MPU 有以下功能可以提高系统的可靠性:

①阻止用户应用程序破坏操作系统使用的数据;

②阻止一个任务访问其他任务的数据区,从而把任务隔开;

③可以把关键数据区设置为只读,从根本上消除了被破坏的可能;

④检测意外的存储访问,如堆栈溢出、数组越界;

⑤此外,还可以通过 MPU 设置存储器 regions 的其他访问属性,比如,是否缓区,是否缓冲等。

MPU 在执行其功能时,是以所谓的"region"为单位的。一个 region 其实就是一段连续的地址,只是它们的位置和范围都要满足一些限制(对齐方式、最小容量等)。Cortex-M3 的 MPU 共支持 8 个 regions,并允许把每个 region 进一步划分成更小的"子 region"。此外,还允许启用一个"背景 region"(即没有 MPU 时的全部地址空间),不过它是只能由特权级享用。在启用 MPU 后,就不得再访问定义之外的地址区间,也不得访问未经授权的 region。否则,将触发 MemManage fault。

MPU 定义的 regions 可以相互交迭。如果某块内存落在多个 regions 中,则访问属性和权限将由编号最大的 region 来决定。比如,若 1 号 region 与 4 号 region 交迭,则交迭的部分受 4 号 region 控制。

典型情况下,在启用 MPU 的系统中,都会有下列的 regions:

①特权级的程序代码(如 OS 内核和异常服务例程);

②用户级的程序代码;

③特权级程序的数据存储器,位于代码区中(data_stack);

④用户级程序的数据存储器,位于代码区中(data_stack);

⑤通用的数据存储器,位于其他存储器区域中(如 SRAM);

⑥系统设备区,只允许特权级访问,如 NVIC 和 MPU 的寄存器所有的地址区间;

⑦常规外设区,如 UART、ADC 等。

3.8.2 MPU 的寄存器组

操作 MPU 是通过访问它的若干寄存器来实现的,见表 3.19。

表 3.19 MPU 的寄存器组

名称	访问	地址	初值
MPU 类型寄存器 MPUTR	RO	0xE000ED90	0x00000000 或 0x00000800
MPU 控制寄存器 MPUCR	RW	0xE000ED94	0x00000000
MPU region 号寄存器 MPURNR	RW	0xE000ED98	—
MPU region 基址寄存器 MPURBAR	RW	0xE000ED9C	—
MPU region 属性及容量寄存器 MPURASR	RW	0xE000EDA0	—
MPU region 基址寄存器的别名 1	MPURBAR 的别名	0xE000EDA4	—
MPUregion 属性及容量寄存器的别名 1	MPURASR 的别名	0xE000EDA8	—
MPU region 基址寄存器的别名 2	MPURBAR 的别名	0xE000EDAC	—
MPU region 属性及容量寄存器的别名 2	MPURASR 的别名	0xE000EDB0	—
MPU region 基址寄存器的别名 3	MPURBAR 的别名	0xE000EDB4	—
MPU region 属性及容量寄存器的别名 3	MPURASR 的别名	0xE000EDB8	—

3.9 STM32 微控制器概述

Cortex-M3 采用 ARMV7 构架，不仅支持 Thumb-2 指令集，而且拥有很多新特性。较之 ARM7TDMI，Cortex-M3 拥有更强劲的性能、更高的代码密度、位带操作、可嵌套中断、低成本、低功耗等众多优势。在国内市场，ST（意法半导体）公司基于 Cortex-M3 的微控制器 STM32 在市场占有率和技术支持方面具有明显的优势。

STM32 的优异性体现在如下几个方面：

①超低的价格。以 8 位机的价格，得到 32 位机，是 STM32 最大的优势。

②超多的外设。STM32 拥有 FSMC、TIMER、SPI、IIC、USB、CAN、IIS、SDIO、ADC、DAC、RTC、DMA 等众多外设及功能，具有极高的集成度。

③丰富的型号。STM32 仅 M3 内核就拥有 F100、F101、F102、F103、F105、F107、F207、F217 等 8 个系列上百种型号，具有 QFN、LQFP、BGA 等封装可供选择。同时 STM32 还推出了 STM32L 和 STM32W 等超低功耗和无线应用型的 M3 芯片。

④优异的实时性能。84 个中断，16 级可编程优先级，并且所有的引脚都可以作为中断输入。

⑤杰出的功耗控制。STM32 各个外设都有自己的独立时钟开关，可以通过关闭相应外设的时钟来降低功耗。

⑥极低的开发成本。STM32 的开发不需要昂贵的仿真器，只需要一个串口即可下载代码，并且支持 SWD 和 JTAG 两种调试口。SWD 调试可以为设计带来更多的方便，只需要 2 个 I/O 口即可实现仿真调试。

第4章 STM32最小系统与开发环境

4.1 引脚组成与复用

4.1.1 STM32F10x系列芯片的命名与资源概况

1)STM32系列产品简介

STM32系列32位单片机是基于ARM Cortex-M的微控制器,旨在为MCU用户提供针对具体应用的自由解决方案。STM32单片机集高性能、实时功能、数字信号处理、低功耗与低电压操作等特性于一身,同时还保持了集成度高和易于开发的特点,具有性价比高、价格便宜的重要优势。

STM32产品品种齐全,并提供了大量工具和软件选项,是该系列产品成为小型项目和完整平台的理想选择。下面对STM32系列产品作简要介绍。

(1)STM32 F0入门级Cortex-M0 MCU

基于ARM Cortex-M0的STM32 F0系列实现了32位性能,同时传承了STM32系列的重要特性。STM32F030 Value系列在传统8位和16位市场极具竞争力,并可使用户免于不同架构平台迁徙和相关开发带来的额外工作。STM32 F0将全能架构理念变成了现实,成为通信网关、智能能源器件或游戏终端的理想选择。

STM32 F0 MCU的主要特点和优势:

①集实时性能、低功耗运算和与STM32平台相关的先进架构及外设于一身;

②STM32 F0提供多种封装类型;

③通过USB 2.0和CAN提供了丰富的通信接口。

(2)STM32 F1系列主流MCU

STM32 F1系列主流MCU满足了工业、医疗和消费类市场的各种应用需求。凭借该产品系列,意法半导体在全球ARM Cortex-M微控制器领域处于领先地位,同时树立了嵌入式应用的里程碑。该系列包含以下几个产品线,它们的引脚、外设和软件均兼容。

①超值型:STM32F100-24 MHz CPU,具有电机控制和CEC功能。

②基本型:STM32F101-36 MHz CPU,具有高达 1 MB 的 Flash,STM32F102-48 MHz CPU,具备 USB FS(Full Speed)。

③增强型:STM32F103-72 MHz CPU,具有高达 1 MB 的 Flash、电机控制、USB 和 CAN 总线接口。

④互联型:STM32F105/ STM32F107-72 MHz CPU,具有以太网 MAC、CAN 和 USB 2.0 OTG。

(3)STM32 F2 系列高性能 MCU

基于 ARM Cortex-M3 的 STM32 F2 系列采用意法半导体先进的 90 nm 非易失性存储器(NVM)制程制造而成,具有自适应实时存储器加速器(ART 加速器)和多层总线矩阵,实现了前所未有的高性价比。意法半导体的加速技术使这些 MCU 能够在主频为 120 MHz 下实现高达 150 DMIPS/398 CoreMark 的性能,这相当于零等待状态执行,同时还能保持极低的动态电流消耗水平(175 μA/MHz)。

该系列包含 2 款产品,它们的引脚、外设和软件均完全兼容。该系列产品与其他 STM32 产品也引脚兼容。

①STM32F205/ STM32F215-120 MHz CPU/150 DMIPS,高达 1 MB,具有先进连接功能和加密功能的 Flash 存储器。

②STM32F207/ STM32F217-120 MHz CPU/150 DMIPS,高达 1 MB,具有先进连接功能和加密功能的 Flash 存储器,为 STM32F205/215 增加了以太网 MAC 和照相机接口;封装越大,GPIO 和功能越多。

该系列具有集成度高的特点:整合了 1 MB Flash 存储器、128 KB SRAM、以太网 MAC、USB 2.0 HS OTG、照相机接口、硬件加密支持和外部存储器接口。

(4)STM32 F3 系列混合信号 MCU,带有 DSP 和 FPU 指令的 STM32

STM32 F3 系列具有运行于 72 MHz 的 32 位 ARM Cortex-M4 内核(DSP、FPU),并集成多种模拟外设,从而降低应用成本并简化应用设计,它包括:

①快速和超快速比较器(<30 ns);

②具有可编程增益的运算放大器(PGA)、12 位 DAC;

③超快速 12 位 ADC,单通道每秒 5 M 次采样(交替模式下可达到每秒 18 M 次采样);

④精确的 16 位 sigma-delta ADC(21 通道);

⑤144 MHz 的快速电机控制定时器(分辨率<7 ns);

⑥CCM(内核耦合存储区)是在 RAM 执行时间关键程序专用的存储器架构,可将性能提升 43%。

STM32 F3 系列 MCU 与 STM32 F0 和 F1 系列引脚兼容,具有相同的外设。这保证了在为满足应用需要而优化器件性能时,可缩短设计周期,并在设计后续应用时有卓越的灵活性。

STM32 F3 系列包括:

①STM32F301、STM32F302 通用器件具有多种外设选项,从基本的低价外设,到更多的模拟功能及 USB/CAN 接口。

②STM32F303 为全功能产品,能够管理双 FOC 电机控制,具有 CCM 在 RAM 执行时间关键程序专用的存储器架构。

③STM32F373 具有 16 位 sigma-delta ADC,能够在生物识别传感器和智能计量等应用中实

现高精度测量。

④STM32F3x8 为混合信号 MCU,使用 ARM Cortex-M4 内核(DSP、FPU),运行于 72 MHz。由外部稳压器供电,工作于 1.8 V +/ -8%。

(5)STM32 F4 系列高性能 MCU 带有 DSP 和 FPU 指令的 STM32

基于 ARM Cortex-M4 的 STM32 F4 系列 MCU 采用了 ST 的 NVM 工艺和 ART 加速器,在高达 180 MHz 的工作频率下,通过闪存执行时其处理性能达到 225 DMIPS/608 CoreMark,这是迄今所有基于 Cortex-M 内核的微控制器产品所达到的最高基准测试分数。

由于采用了动态功耗调整功能,通过闪存执行时的电流消耗范围为 STM32F401 的 128 μA/MHz 到 STM32F439 的 260 μA/MHz。STM32 F4 系列包括 5 条互相兼容的数字信号控制器(DSC)产品线,是 MCU 实时控制功能与 DSP 信号处理功能的完美结合体。

①STM32F401-84 MHz CPU/105 DMIPS,尺寸最小、成本最低的解决方案,具有卓越的功耗效率。

②STM32F405/STM32F415-168 MHz CPU/210 DMIPS,高达 1 MB,具有先进连接功能和加密功能的 Flash 存储器。

③STM32F407/STM32F417-168 MHz CPU/210 DMIPS,高达 1 MB 的闪存(Flash),增加了以太网 MAC 和照相机接口。

④STM32F427/STM32F437-180 MHz CPU/225 DMIPS,高达 2 MB 的双区闪存,具有 SDRAM 接口、Chrom-ART 加速器、串行音频接口,性能更高,静态功耗更低。

⑤STM32F429/STM32F439-180 MHz CPU/225 DMIPS,高达 2 MB 的双区闪存,增加了 LCD-TFT 控制器。

(6)STM32 L0 系列超低功耗 MCU

STM32 L0 系列 MCU 在 STM32 大家庭里面算是新的成员,特别针对可穿戴及物联网市场。其每个部分都通过优化达到了卓越的低功耗水平。由此产生了功耗性能破纪录的真正超低功耗 MCU。同时其提供了动态电压调节、超低功耗时钟振荡器、LCD 接口、比较器、DAC 及硬件加密。STM32 L0 非常适合于电池供电或供电来自能量收集的应用。

STM32 L0 系列的主要特点和优势:

①减少了 CPU 唤醒次数,因此有助于减少处理时间及功耗;

②内置有其他一些增值特性,实现了集成特性、高性能与超低能耗之间的完美平衡;

③具有高达 64 KB 闪存、8 KB RAM 及高达 2 KB 的嵌入式 EEPROM,采用 32 ~ 64 针封装,包括节省空间的 WLCSP36。

(7)STM32 L1 系列超低功耗微控制器

基于 ARM Cortex-M3 的 STM32 L1 系列采用 ST 专有的超低泄露制程,具有自主动态电压调节功能和 5 种低功耗模式,为各种应用提供了无与伦比的平台灵活性。

STM32 L1 提供了动态电压调节、超低功耗时钟振荡器、LCD 接口、比较器、DAC 及硬件加密功能。这种创新型架构(电压调节、超低功耗 MSI 振荡器)能够以极低的功耗预算实现更高的性能。STM32 L1 系列与嵌入式外设结合,可以满足多种设计需求。

STM32 L1 系列包含 4 款不同的子系列:STM32 L100 超值型、STM32 L151、STM32 L152(LCD)和 STM32 L162(LCD 和 AES-128),其主要特点和优势:

①扩展了超低功耗的理念,并且不会牺牲性能;

②提供了多种特性、存储容量和封装引脚数选项,提供 32 ~ 512 KB Flash 存储器和 48 ~ 144 个引脚,具有功耗超低和性能高的特点;

③为了简化移植步骤和灵活性,STM32 L1 与不同的 STM32 F 系列均引脚兼容。

(8)STM32T 系列 STM32TS60 电阻式多点触摸控制器

STM32TS60 是触摸感应平台的首款产品,能够同时检测和跟踪 10 个触点,响应时间非常快,而且还能够在活动和休眠模式下保持无可比拟的低功耗预算。利用这个单片解决方案,应用设计人员能够开发更直观和自然的操作控制按键,准许用户在屏幕上用手指、指尖或触摸笔操作按键,替代按照顺序排列的复杂的菜单选项,被广泛用于多种具有触控功能的设备中。

STM32T 系列的主要特点和优势:

①基于高能效的 STM32 微控制器架构,内置一个获得专利的多点触摸固件;

②可以大幅缩减应用开发周期,减少外部元器件的需求量;

③真正的零待机功耗技术,只要手指轻轻一触,即可唤醒。

(9)STM32W 系列无线 MCU

STM32W 产品已将 STM32 系列推入 IEEE 802.15.4 无线网络市场,为其带来了出色的射频和低功耗微控制器性能。含嵌入式 2.4 GHz IEEE 802.15.4 射频收发器,利用 ARM Cortex-M3 内核实现了同类产品中最佳的代码密度、低功耗架构。

带有额外应用集成资源的开放式平台可配置 I/O、模数转换器、定时器、SPI 和 UART,其主软件库为 RF4CE、IEEE 802.15.4 MAC。由于具有高达 109 dB 的可配置链路总预算和 ARM Cortex-M3 内核的出色能效,STM32W 已成为无线传感器网络市场的完美之选。

STM32W 系列包括带有 64 ~ 256 KB 片上 Flash 存储器和 16 KB SRAM 的器件,采用 VFQFN40、UFQFN48 和 VFQFN48 封装。

2)STM32 系列产品命名规则

STM32 系列产品命名规则见表 4.1。

表 4.1　STM32 系列产品命名规则

组　成	1	2	3	4	5	6	7	8
示　例	STM32	F	103	V	C	T	6	×××
说　明	CMx 系列,32 位	Flash 产品	Cortex-M3 增强型系列	100 脚	256 KB 字节 Flash 存储器	LQFP 封装	工业级,-40 ~ +85 ℃	固件号

第 1 部分:产品系列名,固定为 STM32。

第 2 部分:产品类型,F 表示这是 Flash 产品;L 表示低功耗 MCU;W 表示无线通信 MCU。

第 3 部分:产品子系列,103 表示增强型产品;101 表示基本型产品;105 表示集成一个全速 USB 2.0 Host/Device/OTG 接口和两个具有先进过滤功能的 CAN2.0B 控制器;107 表示在 STM32F105 系列基础增加一个 10/100 以太网媒体访问控制器(MAC),互联型产品;405/407 表示 Cortex-M4 产品。

第 4 部分:管脚数目,T 代表 36 脚;C 代表 48 脚;R 代表 64 脚;V 代表 100 脚;Z 代表 144 脚。

第 5 部分:闪存存储器容量,6 代表 32 KB;8 代表 64 KB;B 代表 128 KB;C 代表 256 KB;D

代表 384 KB；E 代表 512 KB。

第 6 部分：封装信息，H 对应 BGA 封装；T 对应 LQFP 封装；U 对应 VFQFPN 封装。

第 7 部分：工作温度范围，6 代表工业级，-40 ~ +85 ℃，7 代表工业级，-40 ~ +105 ℃。

第 8 部分：可选项，此部分可以没有，可以用于标示内部固件版本号。

比如，STM32F407ZET6 代表 Cortex-M4 内核的 144 脚 512 KB Flash MCU。

3）STM32 系列产品内部资源

STM32 单片机器件的命名反映了其型号和基本性能参数，同时也界定了其内部存储器组成及容量，决定了其功能部件等内部资源。STM32 单片机分小容量、中等容量和大容量产品，主要决定于内部存储器容量。其中，STM32F103x4 和 STM32F103x6 芯片，Flash 容量不超过 32 KB被归为小容量产品，STM32F103x8 和 STM32F103xB Flash 容量不超过 128 KB 被归为中等容量产品，STM32F103xC，STM32103xD 和 STM32F103xE Flash 容量在 256 KB 及以上被归为大容量产品，见表 4.2。

表 4.2　STM32 单片机引脚数与存储容量的关系

<table>
<tr><td rowspan="3">引脚数目</td><td colspan="2">小容量产品</td><td colspan="2">中等容量产品</td><td colspan="3">大容量产品</td></tr>
<tr><td>16 KB 闪存</td><td>32 KB 闪存</td><td>64 KB 闪存</td><td>128 KB 闪存</td><td>256 KB 闪存</td><td>384 KB 闪存</td><td>512 KB 闪存</td></tr>
<tr><td>6 KB RAM</td><td>10 KB RAM</td><td>20 KB RAM</td><td>20 KB RAM</td><td>48 KB 或 64 KB RAM</td><td>64 KB RAM</td><td>64 KB RAM</td></tr>
<tr><td>144</td><td colspan="2"></td><td></td><td></td><td colspan="3" rowspan="3">3 个 USART + 2 个 UART
4 个 16 位定时器、2 个基本定时器
3 个 SPI、2 个 I²S、2 个 I²C
USB、CAN、2 个 PWM 定时器
3 个 ADC、1 个 DAC、1 个 SDIO
FSMC（100 和 144 脚封装）</td></tr>
<tr><td>100</td><td></td><td></td><td colspan="2" rowspan="3">3 个 USART
3 个 16 位定时器
2 个 SPI、2 个 I²C、USB、CAN、1 个 PWM 定时器
1 个 ADC</td></tr>
<tr><td>64</td><td colspan="2" rowspan="3">2 个 USART
2 个 16 位定时器
1 个 SPI、1 个 I²C、USB、CAN、1 个 PWM 定时器
2 个 ADC</td></tr>
<tr><td>48</td><td></td><td></td><td></td></tr>
<tr><td>36</td><td></td><td></td><td></td><td></td><td></td></tr>
</table>

引脚数不同的器件，会影响接口资源，包括 GPIO 端口、封装形式等，但内部功能部件无明显差异，见表 4.3。

表 4.3　STM32 单片机的内部资源

<table>
<tr><td colspan="2">外　设</td><td colspan="3">STM32F103Rx</td><td colspan="3">STM32F103Vx</td><td colspan="3">STM32F103Zx</td></tr>
<tr><td colspan="2">闪存（KB）</td><td>256</td><td>384</td><td>512</td><td>256</td><td>384</td><td>512</td><td>256</td><td>384</td><td>512</td></tr>
<tr><td colspan="2">SRAM（KB）</td><td>48</td><td colspan="2">64</td><td>48</td><td colspan="2">64</td><td>48</td><td colspan="2">64</td></tr>
<tr><td colspan="2">FSMC（静态存储器控制器）</td><td colspan="3">无</td><td colspan="3">有</td><td colspan="3">有</td></tr>
<tr><td rowspan="3">定时器</td><td>通用</td><td colspan="9">4 个（TIM2、TIM3、TIM4、TIM5）</td></tr>
<tr><td>高级控制</td><td colspan="9">2 个（TIM1、TIM8）</td></tr>
<tr><td>基本</td><td colspan="9">2 个（TIM6、TIM7）</td></tr>
</table>

续表

外　设		STM32F103Rx	STM32F103Vx	STM32F103Zx
通信接口	SPI(I^2S)	3 个(SPI1、SPI2、SPI3),其中 SPI2 好 SPI3 可作为 I^2S 通信		
	I^2C	2 个(I^2C1、I^2C2)		
	USART/UART	5 个(USART1、USART2、USART3、USART4、USART5)		
	USB	1 个(USB 2.0 全速)		
	CAN	1 个(2.0 B 主动)		
	SDIO	1 个		
GPIO 端口		51	80	112
12 位 ADC 模块(通道数)		3(16)	3(16)	3(21)
12 位 DAC 转换器(通道数)		2(2)		
CPU 频率		72 MHz		
工作电压		2.0 ~ 3.6 V		
工作温度		环境温度:-40 ~ +85 ℃/-40 ~ +105 ℃ 结温度:-40 ~ +125 ℃		
封装形式		LQFP64、WLCSP64	LQFP100、BGA100	LQFP144、BGA144

STM32F103VCT6 器件的内部资源与技术参数如下:

速度:72 MHz

接口:CAN、I^2C、IrDA、SPI、UART/USART、USB

GPIO:80

程序存储器容量:FLASH 256 KB (256 KB ×8)

SRAM 容量:48 KB ×8

电压-电源 (VCC/VDD):2 ~3.6 V

数据转换器:A/D 16 个通道 ×12 位精度

D/A 2 ×12b

振荡器型:内部

工作温度:-40 ~ +85 ℃

封装/外壳:100-LQFP

4.1.2　STM32F10x 系列芯片的引脚介绍

在用单片机进行应用系统设计时,必须掌握其引脚功能及位置分布,才能完成硬件电路设计。STM32 单片机不同型号引脚数和封装可能不同,但尽量保持其兼容性。以 STM32F10x 系列芯片为例,其引脚分布见表 4.4,该表来自 STM32xCDE 数据手册英文第 5 版。

表 4.4　STM32F103x 单片机引脚定义

脚位						管脚名称	类型	I/O 电平	主功能（复位后）	可选的复用功能	
BGA144	BGA100	WLCSP64	LQFP64	LQFP100	LQFP144					默认复用功能	重定义功能
A3	A3	—	—	1	1	PE2	I/O	FT	PE2	TRACECK/FSMC_A23	
A2	B3	—	—	2	2	PE3	I/O	FT	PE3	TRACED0/FSMC_A19	
B2	C3	—	—	3	3	PE4	I/O	FT	PE4	TRACED1/FSMC_A20	
B3	D3	—	—	4	4	PE5	I/O	FT	PE5	TRACED2/FSMC_A21	
B4	E3	—	—	5	5	PE6	I/O	FT	PE6	TRACED3/FSMC_A22	
C2	B2	C6	1	6	6	V_{BAT}	S		V_{BAT}		
A1	A2	C8	2	7	7	PC13-TAMPER-RTC	I/O		PC13	TAMPER-RTC	
B1	A1	B8	3	8	8	PC14-OSC32_IN	I/O		PC14	OSC32_IN	
C1	B1	B7	4	9	9	PC15-OSC32_OUT	I/O		PC15	OSC32_OUT	
C3	—	—	—	—	10	PF0	I/O	FT	PF0	FSMC_A0	
C4	—	—	—	—	11	PF1	I/O	FT	PF1	FSMC_A1	
D4	—	—	—	—	12	PF2	I/O	FT	PF2	FSMC_A2	
E2	—	—	—	—	13	PF3	I/O	FT	PF3	FSMC_A3	
E3	—	—	—	—	14	PF4	I/O	FT	PF4	FSMC_A4	
E4	—	—	—	—	15	PF5	I/O	FT	PF5	FSMC_A5	
D2	C2	—	—	10	16	V_{SS_5}	S		V_{SS_5}		
D3	D2	—	—	11	17	V_{DD_5}	S		V_{DD_5}		

F3	—	—	—	—	18	PF6	I/O		PF6	ADC3_IN4/FSMC_NIORD	
F2	—	—	—	—	19	PF7	I/O		PF7	ADC3_IN5/FSMC_NREG	
G3	—	—	—	—	20	PF8	I/O		PF8	ADC3_IN6/FSMC_NIOWR	
G2	—	—	—	—	21	PF9	I/O		PF9	ADC3_IN7/FSMC_CD	
G1	—	—	—	—	22	PF10	I/O		PF10	ADC3_IN8/FSMC_INTR	
D1	C1	D8	5	12	23	OSC_IN	I		OSC_IN		
E1	D1	D7	6	13	24	OSC_OUT	O		OSC_OUT		
F1	E1	C7	7	14	25	NRST	I/O		NRST		
H1	F1	E8	8	15	26	PC0	I/O		PC0	ADC123_IN10	
H2	F2	F8	9	16	27	PC1	I/O		PC1	ADC123_IN11	
H3	E2	D6	10	17	28	PC2	I/O		PC2	ADC123_IN12	
H4	F3	—	11	18	29	PC3	I/O		PC3	ADC123_IN13	
J1	G1	E7	12	19	30	V_{SSA}	S		V_{SSA}		
K1	H1	—	—	20	31	V_{REF-}	S		V_{REF-}		
L1	J1	F7	—	21	32	V_{REF+}	S		V_{REF+}		
M1	K1	G8	13	22	33	V_{DDA}	S		V_{DDA}		
J2	G2	F6	14	23	34	PA0-WKUP	I/O		PA0	WKUP/USART2_CTS ADC123_IN0 TIM2_CH1_ETR TIM5_CH1/TIM8_ETR	

续表

脚位						管脚名称	类型	I/O电平	主功能（复位后）	可选的复用功能	
BGA144	BGA100	WLCSP64	LQFP64	LQFP100	LQFP144					默认复用功能	重定义功能
K2	H2	E6	15	24	35	PA1	I/O		PA1	USART2_RTS ADC123_IN1/ TIM5_CH2/TIM2_CH2	
L2	J2	H8	16	25	36	PA2	I/O		PA2	USART2_TX/TIM5_CH3 ADC123_IN2/TIM2_CH3	
M2	K2	G7	17	26	37	PA3	I/O		PA3	USART2_RX/TIM5_CH4 ADC123_IN3/TIM2_CH4	
G4	E4	F5	18	27	38	V_{SS_4}	S		V_{SS_4}		
F4	F4	G6	19	28	39	V_{DD_4}	S		V_{DD_4}		
J3	G3	H7	20	29	40	PA4	I/O		PA4	SPI1_NSS/USART2_CK DAC_OUT1/ADC12_IN4	
K3	H3	E5	21	30	41	PA5	I/O		PA5	SPI1_SCK DAC_OUT2/ADC12_IN5	
L3	J3	G5	22	31	42	PA6	I/O		PA6	SPI1_MISO/TIM8_BKIN ADC12_IN6/TIM3_CH1	TIM1_BKIN
M3	K3	G4	23	32	43	PA7	I/O		PA7	SPI1_MOSI(7)/TIM8_CH1N ADC12_IN7/TIM3_CH2	TIM1_CH1N
J4	G4	H6	24	33	44	PC4	I/O		PC4	ADC12_IN14	
K4	H4	H5	25	35	45	PC5	I/O		PC5	ADC12_IN15	
L4	J4	H4	26	35	46	PB0	I/O		PB0	ADC12_IN8/TIM3_CH3 TIM8_CH2N	TIM1_CH2N

M4	K4	F4	27	36	47	PB1	I/O		PB1	ADC12_IN9/TIM3_CH4 TIM8_CH3N	TIM1_CH3N
J5	G5	H3	28	37	48	PB2	I/O	FT	PB2/BOOT1		
M5	—	—	—	—	49	PF11	I/O	FT	PF11	FSMC_NIOS16	
L5	—	—	—	—	50	PF12	I/O	FT	PF12	FSMC_A6	
H5	—	—	—	—	51	V_{SS_6}	S		V_{SS_6}		
G5	—	—	—	—	52	V_{DD_6}	S		V_{DD_6}		
K5	—	—	—	—	53	PF13	I/O	FT	PF13	FSMC_A7	
M6	—	—	—	—	54	PF14	I/O	FT	PF14	FSMC_A8	
L6	—	—	—	—	55	PF15	I/O	FT	PF15	FSMC_A9	
K6	—	—	—	—	56	PG0	I/O	FT	PG0	FSMC_A10	
J6	—	—	—	—	57	PG1	I/O	FT	PG1	FSMC_A11	
M7	H5	—	—	38	58	PE7	I/O	FT	PE7	FSMC_D4	TIM1_ETR
L7	J5	—	—	39	59	PE8	I/O	FT	PE8	FSMC_D5	TIM1_CH1N
K7	K5	—	—	40	60	PE9	I/O	FT	PE9	FSMC_D6	TIM1_CH1
H6	—	—	—	—	61	V_{SS_7}	S		V_{SS_7}		
G6	—	—	—	—	62	V_{DD_7}	S		V_{DD_7}		
J7	G6	—	—	41	63	PE10	I/O	FT	PE10	FSMC_D7	TIM1_CH2N
H8	H6	—	—	42	64	PE11	I/O	FT	PE11	FSMC_D8	TIM1_CH2
J8	J6	—	—	43	65	PE12	I/O	FT	PE12	FSMC_D9	TIM1_CH3N

续表

脚位						管脚名称	类型	I/O电平	主功能（复位后）	可选的复用功能	
BGA144	BGA100	WLCSP64	LQFP64	LQFP100	LQFP144					默认复用功能	重定义功能
K8	K6	—	—	44	66	PE13	I/O	FT	PE13	FSMC_D10	TIM1_CH3
L8	G7	—	—	45	67	PE14	I/O	FT	PE14	FSMC_D11	TIM1_CH4
M8	H7	—	—	46	68	PE15	I/O	FT	PE15	FSMC_D12	TIM1_BKIN
M9	J7	G3	29	47	69	PB10	I/O	FT	PB10	I2C2_SCL/USART3_TX	TIM2_CH3
M10	K7	F3	30	48	70	PB11	I/O	FT	PB11	I2C2_SDA/USART3_RX	TIM2_CH4
H7	E7	H2	31	49	71	V_{SS_1}	S		V_{SS_1}		
G7	F7	H1	32	50	72	V_{DD_1}	S		V_{DD_1}		
M11	K8	G2	33	51	73	PB12	I/O	FT	PB12	SPI2_NSS/I2S2_WS/ I2C2_SMBA/USART3_CK TIM1_BKIN	
M12	J8	G1	34	52	74	PB13	I/O	FT	PB13	SPI2_SCK/I2S2_CK USART3_CTS/ TIM1_CH1N	
L11	H8	F2	35	53	75	PB14	I/O	FT	PB14	SPI2_MISO/TIM1_CH2N USART3_RTS	
L12	G8	F1	36	54	76	PB15	I/O	FT	PB15	SPI2_MOSI/I2S2_SD TIM1_CH3N	
L9	K9	—	—	55	77	PD8	I/O	FT	PD8	FSMC_D13	USART3_TX
K9	J9	—	—	56	78	PD9	I/O	FT	PD9	FSMC_D14	USART3_RX
J9	H9	—	—	57	79	PD10	I/O	FT	PD10	FSMC_D15	USART3_CK
H9	G9	—	—	58	80	PD11	I/O	FT	PD11	FSMC_A16	USART3_CTS

L10	K10	—	—	59	81	PD12	I/O	FT	PD12	FSMC_A17	TIM4_CH1/ USART3_RTS
K10	J10	—	—	60	82	PD13	I/O	FT	PD13	FSMC_A18	TIM4_CH2
G8	—	—	—	—	83	V_{SS_8}	S		V_{SS_8}		
F8	—	—	—	—	84	V_{DD_8}	S		V_{DD_8}		
K11	H10	—	—	61	85	PD14	I/O	FT	PD14	FSMC_D0	TIM4_CH3
K12	G10	—	—	62	86	PD15	I/O	FT	PD15	FSMC_D1	TIM4_CH4
J12	—	—	—	—	87	PG2	I/O	FT	PG2	FSMC_A12	
J11	—	—	—	—	88	PG3	I/O	FT	PG3	FSMC_A13	
J10	—	—	—	—	89	PG4	I/O	FT	PG4	FSMC_A14	
H12	—	—	—	—	90	PG5	I/O	FT	PG5	FSMC_A15	
H11	—	—	—	—	91	PG6	I/O	FT	PG6	FSMC_INT2	
H10	—	—	—	—	92	PG7	I/O	FT	PG7	FSMC_INT3	
G11	—	—	—	—	93	PG8	I/O	FT	PG8		
G10	—	—	—	—	94	V_{SS_9}	S		V_{SS_9}		
F10	—	—	—	—	95	V_{DD_9}	S		V_{DD_9}		
G12	F10	E1	37	63	96	PC6	I/O	FT	PC6	I2S2_MCK/TIMB_CH1 SDIO_D6	TIM3_CH1
F12	E10	E2	38	64	97	PC7	I/O	FT	PC7	I2S3_MCK/TIM8_CH2 SDIO_D7	TIM3_CH2

续表

脚位						管脚名称	类型	I/O 电平	主功能（复位后）	可选的复用功能	
BGA144	BGA100	WLCSP64	LQFP64	LQFP100	LQFP144					默认复用功能	重定义功能
F11	F9	E3	39	65	98	PC8	I/O	FT	PC8	TIM8_CH3/SDIO_D0	TIM3_CH3
E11	E9	D1	40	66	99	PC9	I/O	FT	PC9	TIM8_CH4/SDIO/D1	TIM3_CH4
E12	D9	E4	41	67	100	PA8	I/O	FT	PA8	USART1_CK TIM1_CH1/MCO	
D12	C9	D2	42	68	101	PA9	I/O	FT	PA9	USART1_TX TIM1_CH2	
D11	D10	D3	43	69	102	PA10	I/O	FT	PA10	USART1_RX/ TIM1_CH3	
C12	C10	C1	44	70	103	PA11	I/O	FT	PA11	USART1_CTS/USBDM CAN_RX/TIM1_CH4	
B12	B10	C2	45	71	104	PA12	I/O	FT	PA12	USART1_RTS/USBDP/ CAN_TX/TIM1_ETR	
A12	A10	D4	46	72	105	PA13	I/O	FT	JTMS/ SWDIO		PA13
C11	F8	—	—	73	106	未连接					
G9	E6	B1	47	74	107	V_{SS_2}	S		V_{SS_2}		
F9	F6	A1	48	75	108	V_{DD_2}	S		V_{DD_2}		
A11	A9	B2	49	76	109	PA14	I/O	FT	JTCK/ SWCLK		PA14
A10	A8	C3	50	77	110	PA15	I/O	FT	JTDI	SPI3_NSS/I2S3_WS	TIM2_CH1_ETR PA15/SPI1_NSS

B11	B9	A2	51	78	111	PC10	I/O	FT	PC10	USART4_TX/SDIO_D2	USART3_TX
B10	B8	B3	52	79	112	PC11	I/O	FT	PC11	USART4_RX/SDIO_D3	USART3_RX
C10	C8	C4	53	80	113	PC12	I/O	FT	PC12	USART5_TX/SDIO_CK	USART3_CK
E10	D8	D8	5	81	114	PD0	I/O	FT	OSC_IN	FSMC_D2	CAN_RX
D10	E8	D7	6	82	115	PD1	I/O	FT	OSC_OUT	FSMC_D3	CAN_TX
E9	B7	A3	54	83	116	PD2	I/O	FT	PD2	TIM3_ETR USART5_RX/SDIO_CMD	
D9	C7	—	—	84	117	PD3	I/O	FT	PD3	FSMC_CLK	USART2_CTS
C9	D7	—	—	85	118	PD4	I/O	FT	PD4	FSMC_NOE	USART2_RTS
B9	B6	—	—	86	119	PD5	I/O	FT	PD5	FSMC_NWE	USART2_TX
E7	—	—	—	—	120	V_{SS_10}	S		V_{SS_10}		
F7	—	—	—	—	121	V_{DD_10}	S		V_{DD_10}		
A8	C6	—	—	87	122	PD6	I/O	FT	PD6	FSMC_NWAIT	USART2_RX
A9	D6	—	—	88	123	PD7	I/O	FT	PD7	FSMC_NE1/FSMC_NCE2	USART2_CK
E8	—	—	—	—	124	PG9	I/O	FT	PG9	FSMC_NE2/FSMC_NCE3	
D8	—	—	—	—	125	PG10	I/O	FT	PG10	FSMC_NCE4_1/FSMC_NE3	
C8	—	—	—	—	126	PG11	I/O	FT	PG11	FSMC_NCE4_2	
B8	—	—	—	—	127	PG12	I/O	FT	PG12	FSMC_NE4	
D7	—	—	—	—	128	PG13	I/O	FT	PG13	FSMC_A24	
C7	—	—	—	—	129	PG14	I/O	FT	PG14	FSMC_A25	
E6	—	—	—	—	130	V_{SS_11}	S		V_{SS_11}		
F6	—	—	—	—	131	V_{DD_11}	S		V_{DD_11}		

续表

脚位						管脚名称	类型	I/O电平	主功能（复位后）	可选的复用功能	
BGA144	BGA100	WLCSP64	LQFP64	LQFP100	LQFP144					默认复用功能	重定义功能
B7	—	—	—	—	132	PG15	I/O	FT	PG15		
A7	A7	A4	55	89	133	PB3	I/O	FT	JTDO	SPI3_SCK/I2S3_CK	PB3/TRACESWO TIM2_CH2/ SPI1_SCK
A6	A6	B4	56	90	134	PB4	I/O	FT	NJTRST	SPI3_MSIO	PB4/TIM3_CH1/ SPI1_MISO
B6	C5	A5	57	91	135	PB5	I/O		PB5	I2C1_SMBA/SPI3_MOSI I2S3_SD	TIM3_CH2/ SPI1_MOSI
C6	B5	B5	58	92	136	PB6	I/O	FT	PB6	I2C1_SCL/TIM4_CH1	USART1_TX
D6	A5	C5	59	93	137	PB7	I/O	FT	PB7	I2C1_SDA/FSMC_NADV TIM4_CH2	USART1_RX
D5	D5	A6	60	94	138	BOOT0	I		BOOT0		
C5	B4	D5	61	95	139	PB8	I/O	FT	PB8	TIM4_CH3/SDIO_D4	I2C1_SCL/ CAN_RX
B5	A4	B6	62	96	140	PB9	I/O	FT	PB9	TIM4_CH4/SDIO_D5	I2C1_SDA/ CAN_TX
A5	D4	—	—	97	141	PE0	I/O	FT	PE0	TIM4_ETR/FSMC_NBL0	
A4	C4	—	—	98	142	PE1	I/O	FT	PE1	FSMC_NBL1	
E5	E5	A7	63	99	143	V_{SS_3}	S		V_{SS_3}		
F5	F5	A8	64	100	144	V_{DD_3}	S		V_{DD_3}		

注:I—输入,O—输出,S—电源。

以 STM32 F103VCT6 为例,其封装为 LQFP100,如图 4.1 所示。从表 4.4 和图 4.1 可以看出,该器件引脚分布如下,其中 GPIO 引脚均具有复用功能。

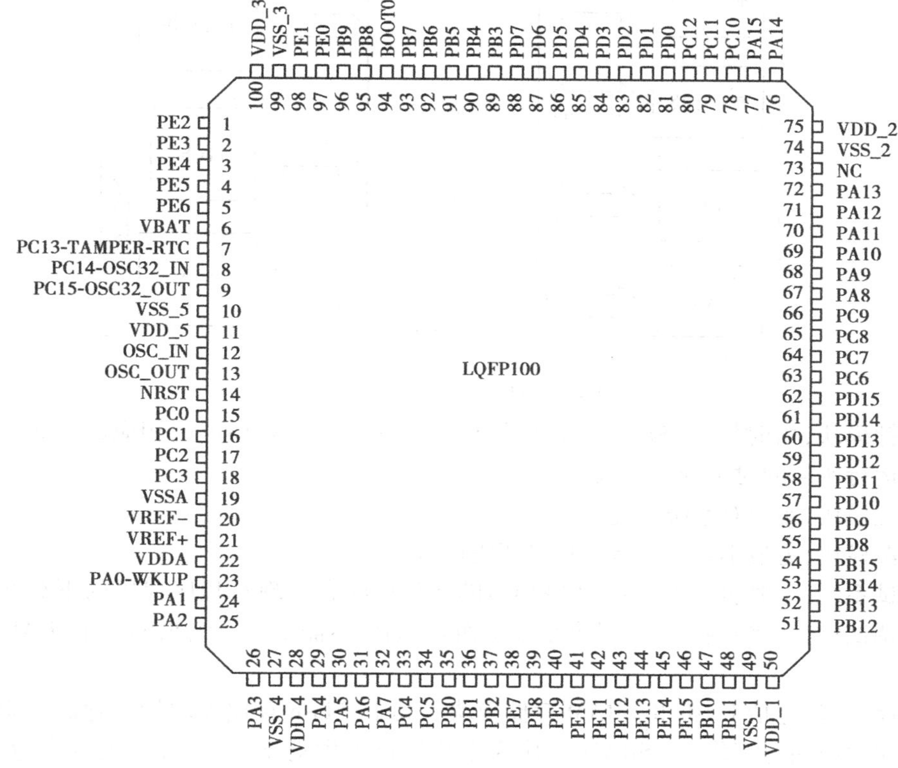

图 4.1　STM32 F103VCT6 引脚分布

①GPIO 共 80 pin,包括 PA0 ~ 15、PB0 ~ 15、PC0 ~ 15、PD0 ~ 15、PE0 ~ 15;

②“5 组电源地”共 10 pin;

③AD 变换的电源 1 组 VDDA(22) 、VSSA(19),2 pin;

④参考电压 1 组 VREF +(21)、VREF-(20),2 pin;

⑤电池 VBAT(6),1 pin;

⑥外时钟 12、13,2 pin(高速 8 MHz,内部变成 72 MHz);

⑦低电平复位信号 14,1 pin;

⑧BOOT0 (94)、BOOT1(PB2) 启动方式由于复用,只占 1 pin;

⑨NC (73),1 pin。

4.2　STM32 单片机最小系统

4.2.1　STM32 单片机最小系统组成

最小系统是指在尽可能减少上层应用的情况下,能够使系统运行的最小化模块配置。构造一个最小系统,除单片机自身外,一般应包括时钟模块、复位模块、电源模块、调试系统及存储系统,如图4.2所示。

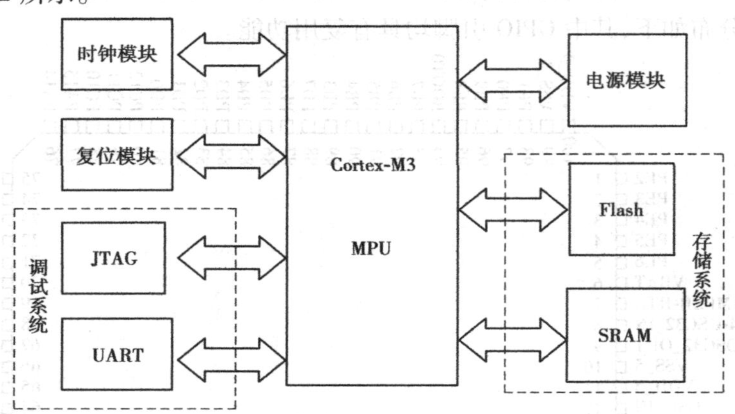

图4.2　STM32单片机最小系统

①时钟模块,由时钟电路产生时钟信号,经ARM内部锁相环进行相应的倍频,以提供系统各模块运行所需的时钟频率输入。

②复位模块,实现对系统的复位。

③电源模块,为最小系统的运行提供所需电源。

④调试系统,一般包括JTAG模块和UART模块,前者实现对程序代码的下载和调试,后者实现对调试信息的终端显示。对最小系统而言,如果不需要运行结果的显示,UART则不是必需的。

⑤存储系统,包括Flash和SRAM存储模块。其中,Flash存储模块用于存放启动代码、操作系统和用户应用程序代码,SRAM模块为系统运行提供动态存储空间,也可作为系统代码运行的区域。由于存储系统可由片内提供,对最小系统而言不需要进行片外存储器扩展。

4.2.2　STM32单片机最小系统设计

1)电源电路

Cortex-M3耗电指标:0.19 W/MHz,1.25 DMIPS/MHz;若达到5 DMIPS的性能,Cortex-M3工作频率只需4 MHz,功耗0.76 W,对应51单片机,工作频率需60 MHz,功耗30 W。STM32F103处理器系统频率为72 MHz,处理器性能可达到90 DMIPS,此时Cortex-M3功耗约14 W。STM32供电系统内部结构如图4.3所示。

VDD引脚必须连接到VDD电源并外接退耦电容(100 nF陶瓷电容,个数由器件VDD引脚个数决定,所有引脚共需连接1个10 μF(最小4.7 μF)的钽电容或陶瓷电容)。如果需要使用ADC,VDD的支持范围为2.4~3.6 V,否则VDD支持2.0~3.6 V的宽电压范围。在常规使用中,通常采用3.3 V供电。

VBAT引脚可以连接到外部后备电池(1.8~3.6 V)。如果没有使用外部后备电池,建议将此引脚连接到VDD并连接1个100 nF陶瓷电容作退耦。

VDDA引脚必须连接两个外部退耦电容(100 nF陶瓷电容+10 μF钽电容或陶瓷电容),并保持VDDA与VDD相同供电电压。VREF+引脚可以连接到VDDA电源。如果使用外部独立的参考电源为VREF+供电,必须外接1个100 nF和1个10 μF电容。VREF+必须满足2.4 V < VREF+ < VDDA。

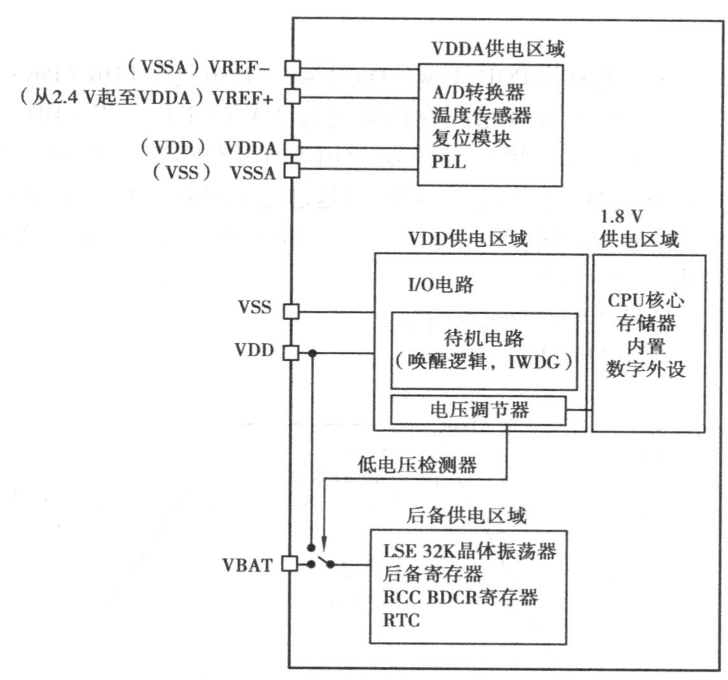

图 4.3　STM32 供电系统内部结构

最小系统电源电路,如图 4.4 所示。

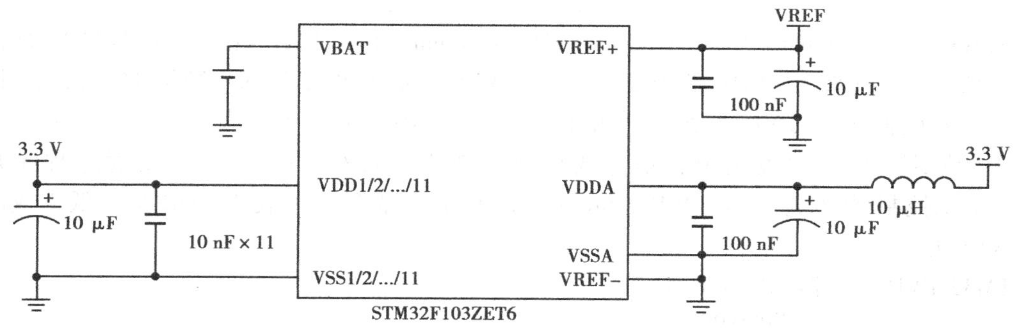

图 4.4　最小系统电源电路

STM32 单片机支持 3 种低功耗模式:休眠模式、停机模式和待机模式。

休眠模式只有 CPU 停止工作,所有外设继续运行,在中断/事件发生时唤醒 CPU,调压器在 1.8 V 区域供电工作。

停机模式允许以最小的功耗来保持 SRAM 和寄存器的内容,1.8 V 区域的时钟都停止,其他部分工作,PLL、HSI 和 HSE 的 RC 振荡器被禁能。当外部中断源(16 个外部中断线之一)、PVD 输出、RTC 闹钟或者 USB 唤醒信号,即退出停止模式。

待机模式追求最少的功耗,内部调压器被关闭,这样 1.8 V 区域断电。除了备份寄存器和待机电路,SRAM 和寄存器的内容也会丢失。RTC、IWDG 和相关的时钟源不会停止。当外部复位(NRST 引脚)、IWDG 复位、WKUP 引脚出现上升沿或者 RTC 闹钟时间到时,即退出待机模式。

2)复位电路

STM32 内部集成了上电复位 POR(Power On Reset)/掉电复位 PDR (Power Down Reset)电路,该电路始终处于工作状态,保证系统在供电超过 2 V 时工作。当 VDD 低于设定的阀值(VPOR/VPDR)时,置器件于复位状态,而不必使用外部复位电路。在 VDD 电压由低向高上升越过规定的阀值 VPOR 之前,保持芯片复位,当越过这个阀值后 $T_{RSTTEMPO}$秒(约 2.5 ms,待电源可靠供电),才开始取复位向量,并执行指令。在 VDD 电压由高向低下降越过规定的阀值 VPDR 后,将在芯片内部产生复位。

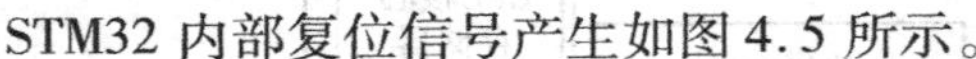

STM32 内部复位信号产生如图 4.5 所示。

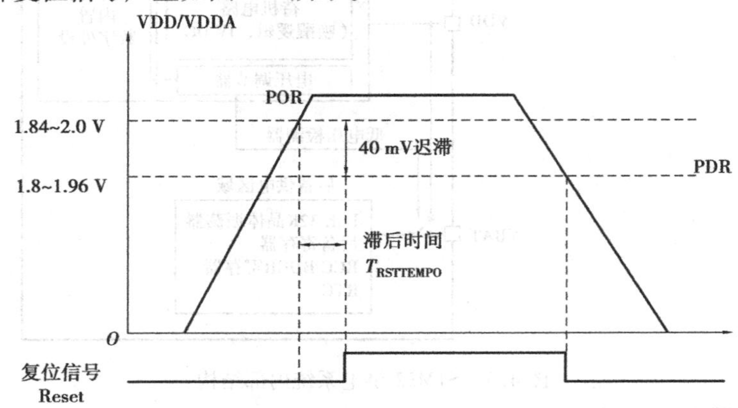

图 4.5 STM32 内部复位信号产生

STM32 内部配置可编程电压监测器 PVD(Programmable Voltage Detector),监视 VDD 供电并与阀值 VPVD 比较,当 VDD 低于或高于阀值 VPVD 时,将根据外部中断第 16 线的上升/下降边沿触发设置,产生 PVD 中断,上升和下降的阀值 VPVD 有一个差值。

中断处理程序可以发出警告信息或将微控制器转入安全模式,但需要通过程序开启 PVD。电源控制/状态寄存器(PWR_CSR)中的 PVOD 标志位用来表明 VDD 是否低于或高于阀值 VPVD。

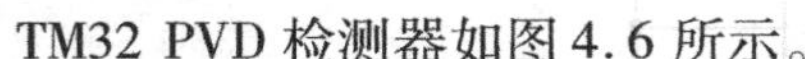

TM32 PVD 检测器如图 4.6 所示。

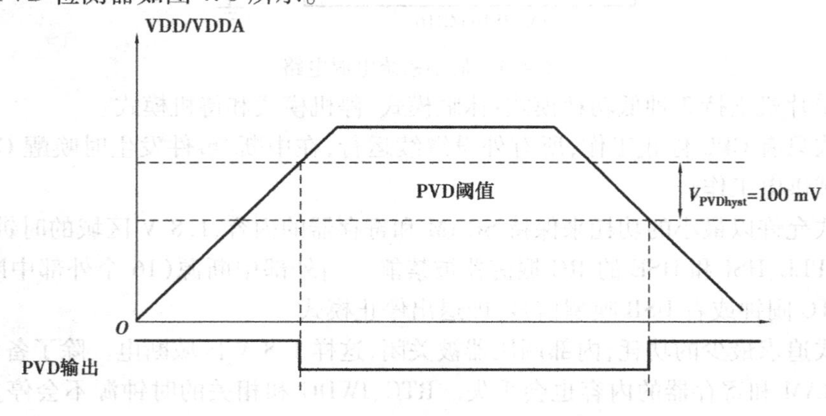

图 4.6 STM32 PVD 检测器

系统复位将清除时钟控制器 CSR 中的复位标志和备用域寄存器之外的所有寄存器。下列事件都将引起复位:

①NRST:外部异步复位引脚;

②看门狗计时器计时终止(WWDG 复位);

③独立看门狗计数终止(IWDG 复位);

④软件复位(SW 复位);

⑤低功耗管理复位。

STM32 复位系统如图 4.7 所示。

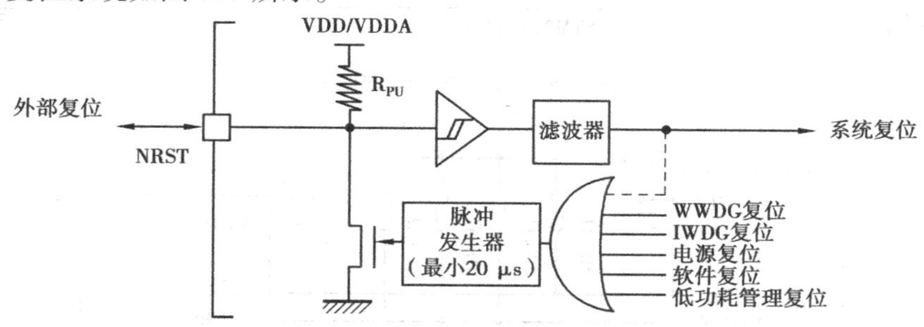

图 4.7　STM32 复位系统

为了增强系统运行稳定性,可以将复位引脚连接外部的复位电路(专用复位芯片或阻容复位)。在常规使用中,选择外部按键及上电阻容复位即可。外部复位电路如图 4.8 所示。

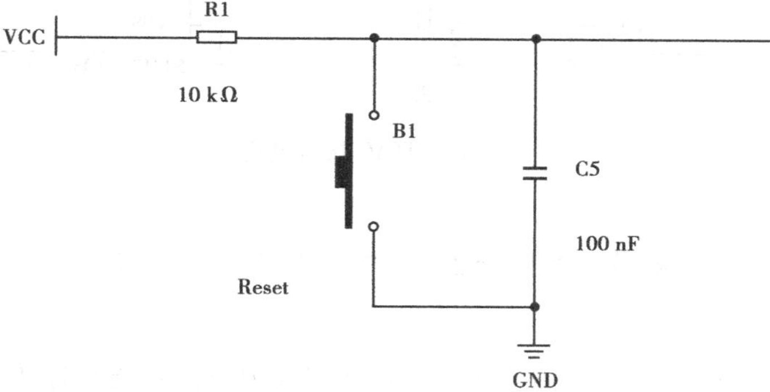

图 4.8　外部复位电路

3)时钟电路

STM32 有 3 种时钟可选作系统时钟源(SYSCLK):HSI(内部振荡器时钟)、HSE(外部时钟,可以是时钟源输入或外部晶体振荡器)和 PLL 时钟。

STM32 还具有以下两个二级时钟源:可用于独立看门狗和停止/待机模式 RTC 唤醒提供时钟源的 40 kHz 内部低速 RC(LSI RC);为 RTC 提供时钟源的 32.768 kHz 低速外部晶体振荡器(LSE 晶体)。

在简单应用情况下,可选择内部时钟作系统时钟源。在需要精确定时的情况下(如串行通信、系统精确定时、内部 RTC 等),需使用外部时钟源。系统时钟要选择外部时钟源输入或外部晶体振荡器时钟,RTC 使用外部 32.768 kHz 晶体振荡器。最小系统时钟电路如图 4.9 所示。

4)程序下载(调试)接口电路

在设计最小系统前,需预先确定程序下载(调试)的方式。如果选择通过串口下载,需要设计完整的和计算机通信的 USART 接口电路,并且需要设计切换开关用于更改 BOOT[1:0]

引脚的电平,以便选择不同的启动方式。采用 JTAG 接口进行下载时,只需根据 JTAG 标准连接 JTAG 接口即可。JTAG 接口电路如图 4.10 所示。

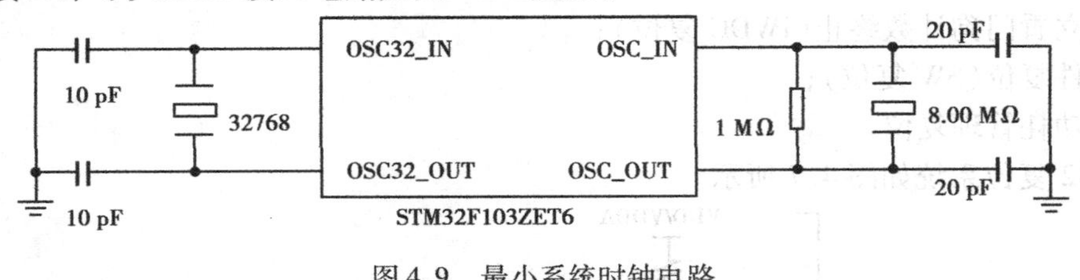

图 4.9 最小系统时钟电路

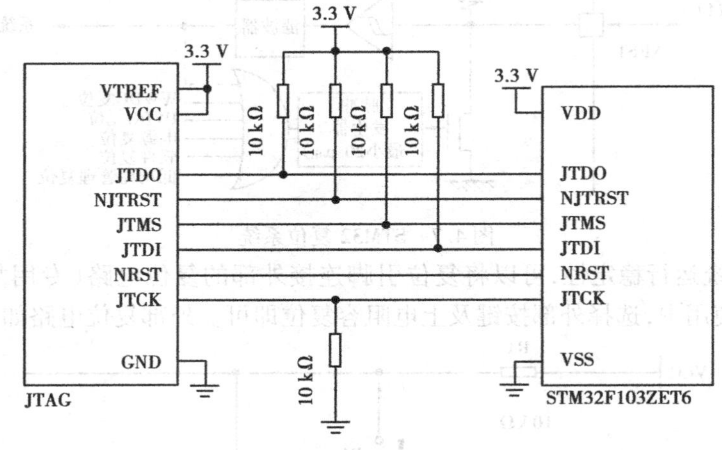

图 4.10 JTAG 接口电路

4.3 STM32 单片机的时钟系统

STM32 芯片为了实现低功耗,设计了一个功能完善却非常复杂的时钟系统。STM32 包括以下 4 个时钟源:

①高速外部时钟(HSE):外部晶振时钟源,晶振频率 4 ~ 16 MHz,一般用 8 MHz 的晶振。

②高速内部时钟(HSI):内部 RC 振荡器产生,频率为 8 MHz,但不稳定。

③低速外部时钟(LSE):外部晶振作时钟源,主要提供给实时时钟模块,一般采用 32.768 kHz。

④低速内部时钟(LSI):内部 RC 振荡器产生,也主要提供给实时时钟模块,频率大约为 40 kHz。

高速时钟是提供给芯片主体的主时钟,低速时钟只是提供给芯片中的 RTC(实时时钟)及独立看门狗使用。内部时钟是在芯片内部 RC 振荡器产生的,起振较快,芯片刚上电的时候使用内部高速时钟。外部时钟信号是由外部的晶振输入的,精度和稳定性好,上电之后通过软件配置再转用外部时钟信号。

图 4.11 说明了 STM32 的时钟走向。以最常用的高速外部时钟为例,从图左边的时钟源开始,一步步分配到外设时钟。

从左端的 OSC_OUT 和 OSC_IN 开始,这两个引脚分别接到外部晶振 8 MHz。遇到第一个分频器 PLLXTPRE，没二分频，继续 8 MHz；遇到选择外部 HSE 还是内部 HSI 时钟开关 PLLSRC，选 HSE；遇到可倍频的锁相环 PLL，倍频因子 PLLMUL 选为 9 倍，则得到 72 MHz 的 PLLCLK 时钟；又经过了一个开关 SW 之后就是 STM32 的系统时钟 SYSCLK 了；经过各种预分频器得到各种外设的时钟源，如 USBCLK、HCLK、FCLK、SDIOCLK 等时钟。

每个外设都配备了外设时钟的开关，当不使用某个外设时，可以把这个外设时钟关闭，从而降低 STM32 的整体功耗。当需要使用某个外设时，需要开启该外设的时钟。

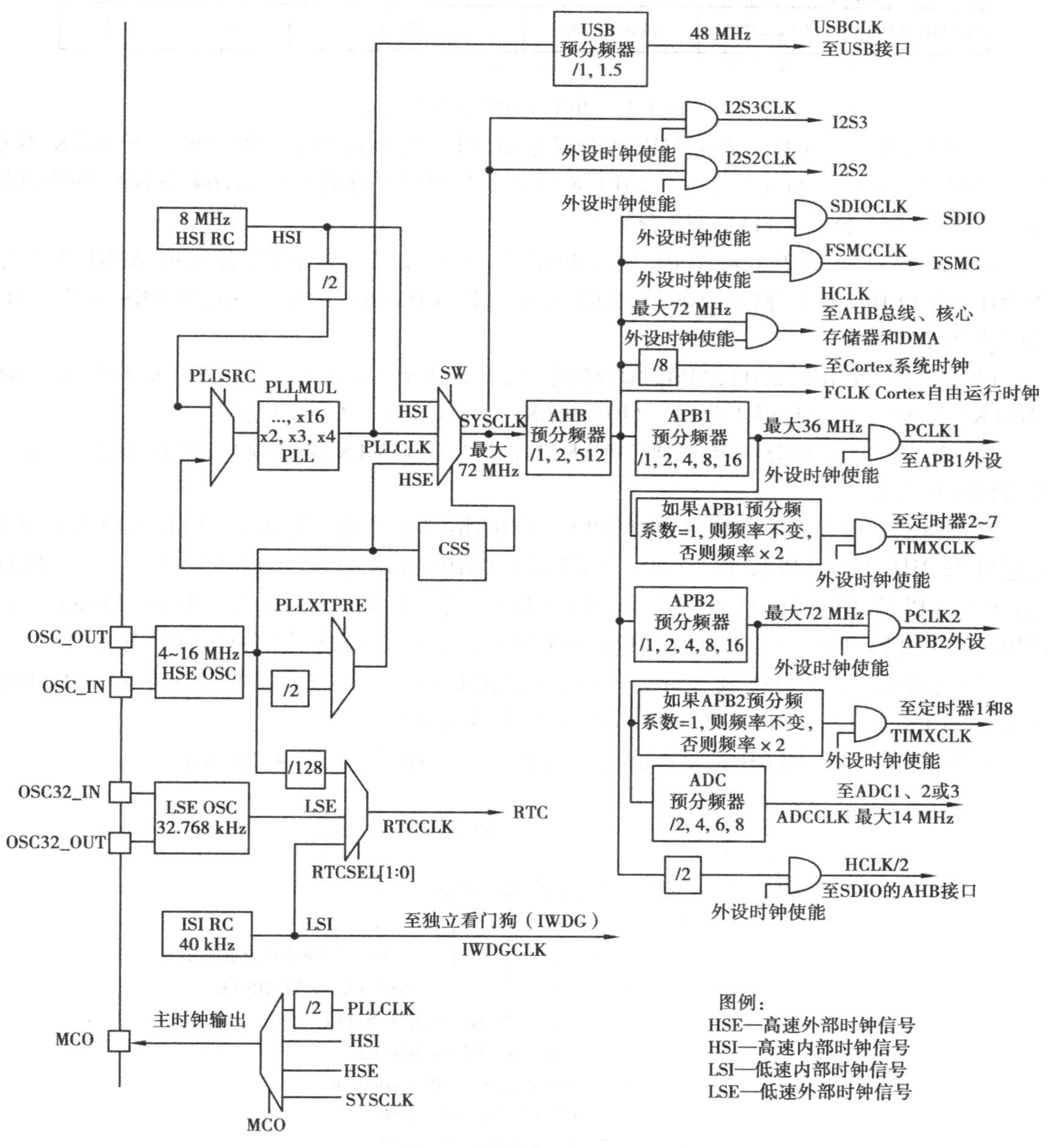

图 4.11　STM32 时钟树

STM32 时钟树的控制由 32 位时钟配置寄存器 RCC_CFGR 决定。下面对 RCC_CFGR 寄存器对时钟树控制的相关位进行介绍,如图 4.12 所示。

31	30	29	28	27	26	25	24	23	22	21	20	19	18	17	16
保留					MCO[2:0]			保留	USB PRE	PLLMUL[3:0]				PLL XTPRE	PLL SRC
					rw	rw	rw		rw	rw	rw	rw	rw	rw	rw

15	14	13	12	11	10	9	8	7	6	5	4	3	2	1	0
ADCPRE[1:0]		PPRE2[2:0]			PPRE1[2:0]			HPRE[3:0]				SWS[1:0]		SW[1:0]	
rw	rw	rw	rw	rw	rw	rw	rw	rw	rw	rw	rw	r	r	rw	rw

图 4.12 RCC_CFGR 寄存器定义

7—4 位:HPRE[3:0],设置 AHB 预分频系数,可实现 1 到 512 分频。0xxx(SYSCLK 不分频)、1000(2 分频)、1001(4 分频)、1010(8 分频)、1011(16 分频)、1100(64 分频)、1101(128 分频)、1110(256 分频)、1111(512 分频)。

10—8 位:PPRE1[2:0],APB1 预分频定义,实现 1 到 16 分频,需保证 APB1 不超过 36 MHz。0xx(HCLK 不分频)、100(HCLK2 分频)、101(HCLK4 分频)、110(HCLK8 分频)、111(HCLK16 分频)。

13—11 位:PPRE2[2:0],APB2 预分频定义,实现 1 到 16 分频。0xx(HCLK 不分频)、100(HCLK2 分频)、101(HCLK4 分频)、110(HCLK8 分频)、111(HCLK16 分频)。

15—14 位:ADC 预分频定义,00(PCLK22 分频)、01(PCLK24 分频)、10(PCLK26 分频)、11(PCLK28 分频)。

21—18 位: PLL 倍频系数,只有在 PLL 关闭的情况下才能被写入,且 PLL 的输出频率不能超过 72 MHz,0000(PLL2 倍)、0001(PLL3 倍)、0010(PLL4 倍)、0011(PLL5 倍)、0100(PLL6 倍)、0101(PLL7 倍)、0110(PLL8 倍)、0111(PLL9 倍)、1000(PLL10 倍)、1001(PLL11 倍)、1010(PLL12 倍)、1011(PLL13 倍)、1100(PLL14 倍)、1101(PLL15 倍)、111x(PLL16 倍)。

例:高速外部时钟 HSE 接 8 MHz 晶振,当把 RCC -> CFGR 寄存器的值设为 0x001D6402,请问 SYSCLK、HCLK、PCLK1、PCLK2、ADC 时钟分别为多少?

解答:将 RCC -> CFGR 寄存器值写成二进制,其控制关系如图 4.13 所示。

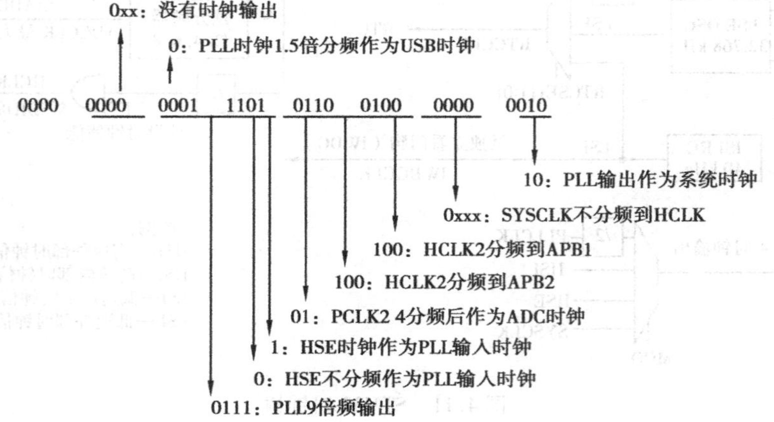

图 4.13 RCC -> CFGR 寄存器值对各时钟的控制参数分析

通过图 4.14 分析，得知 HSE 8 MHz 为输入时钟，通过 PLL9 倍频得到 72 MHz 为 SYSCLK，由 SYSCLK 不分频得到 HCLK，HCLK 为 72 MHz。HCLK2 分频得到 PCLK1，可知 PCLK1 为 36 MHz，HCLK 2 分频得到 PCLK2，可知 PCLK2 为 36 MHz，PCLK2 4 分频得到 ADC 时钟，可知 ADC 时钟频率为 9 MHz。

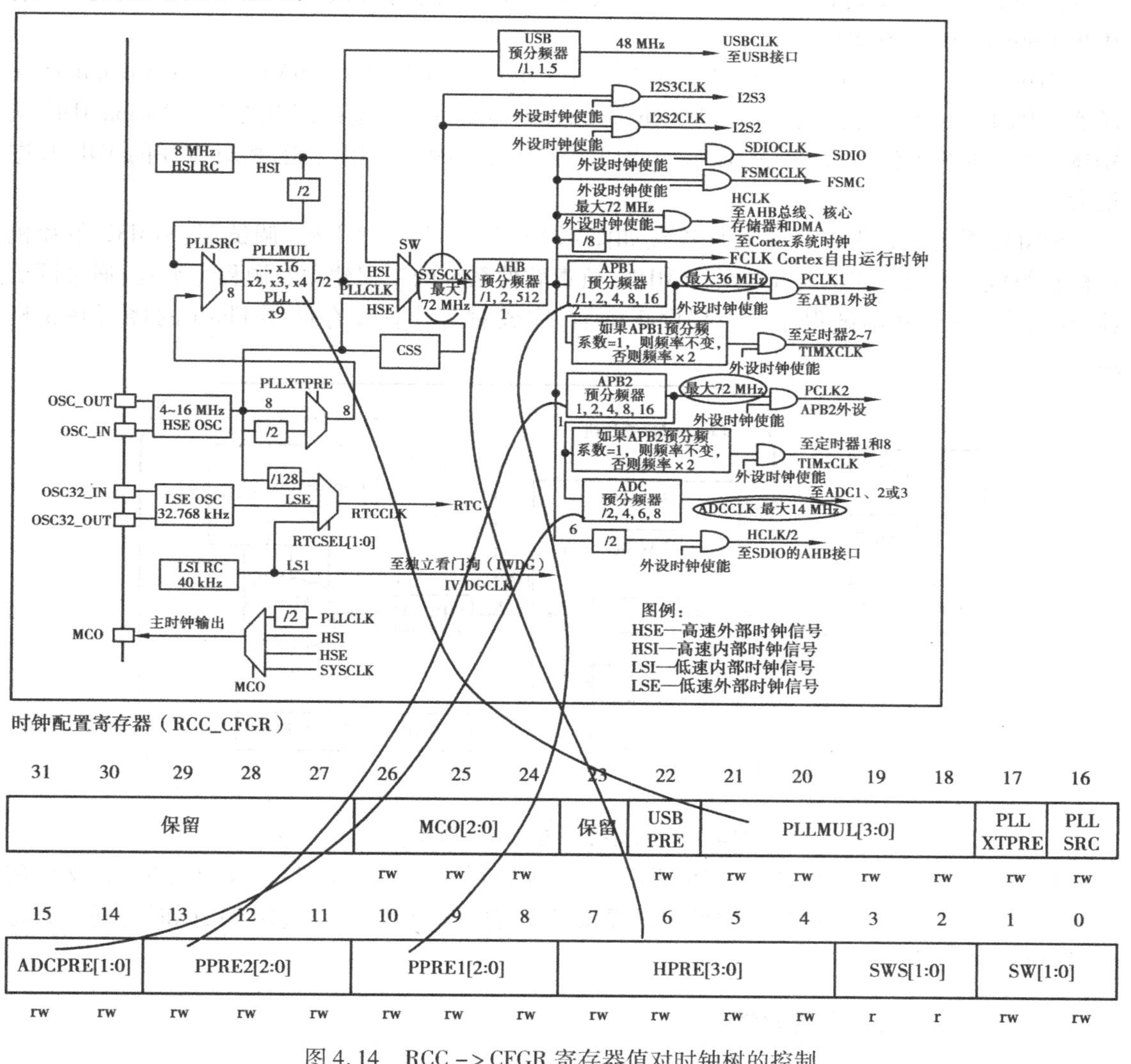

图 4.14　RCC->CFGR 寄存器值对时钟树的控制

4.4　开发环境

4.4.1　MDK 开发环境简介

MDK（Microcontroller Development Kit）可以很方便地用于 STM32 系统开发。MDK 源自德国的 KEIL 公司，是 RealView MDK 的简称，被嵌入式开发工程师广泛使用。MDK 目前最新版本为 MDK5.11a,该版本使用 uVision5 IDE 集成开发环境,是目前针对 ARM 处理器,尤其是 Cortex-M 内核处理器的最佳开发工具。MDK5 向下兼容 MDK4 和 MDK3 等,以前的项目同样可以在 MDK5 上进行开发(但是头文件方面得全部自己添加),MDK5 同时加强了针对 Cortex-M 微控制器开发的支持,并且对传统的开发模式和界面进行升级,MDK5 由两个部分组成:MDK Core 和 Software Packs。

MDK Core 又分成 4 个部分:uVision IDE with Editor(编辑器)、ARMC/C + + Compiler(编译器)、Pack Installer(包安装器)、uVision Debugger with Trace(调试跟踪器)。uVision IDE 从 MDK4.7 版本开始就加入了代码提示功能和语法动态检测等实用功能,相对以往的 IDE 改进很大。

STM32 单片机的开发环境硬件连接如图 4.15 所示,由开发主机、调试器、STM32 单片机目标板组成。开发用 PC 主机上运行 MDK,负责软件系统的工程建立及源程序编写,通过调试器(仿真器)下载并调试程序。当程序正确后,完成对芯片程序存储器 Flash 的烧写并脱机运行。

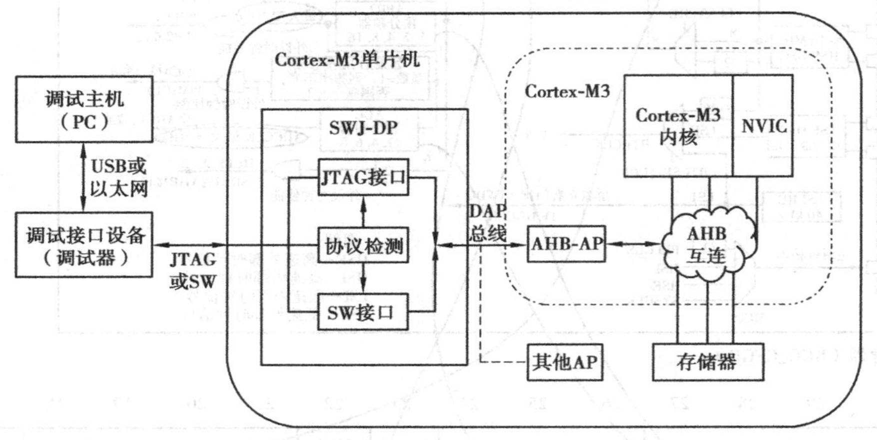

图 4.15 STM32 开发环境的硬件连接

MDK 开发环境主界面如图 4.16 所示,包括标题栏、菜单栏、工具栏、文件导航树、文件编辑区以及提示区,为工程创建和文件编辑提供了友好的集成开发环境(IDE),同时也便于跟踪调试、排查错误及修改。

4.4.2 MDK 开发环境设置

使用 MDK 工具进行项目开发,首先要安装 MDK 软件及 Jlink 驱动,使 IDE 能正常运行并能实现与目标板的连接。在使用 MDK 针对具体目标系统进行软件开发时,有几项重要的环境配置,通过打开设计目标(Target)的选项(Options)窗口进行设置。

①需要对目标板的单片机器件型号进行选择。通过选中 Device 标签窗口,选择符合目标板实际器件的单片机型号,如图 4.17 所示。

②通过 Target 标签窗口,对目标板的存储器进行设置。对于 STM32F103VC 器件,其片上 Flash 起始地址为 0x8000000,大小为 256 kB(0x40000);片上 SRAM 起始地址为 0x20000000,大小为 48 kB(0xc000),具体设置如图 4.18 所示。

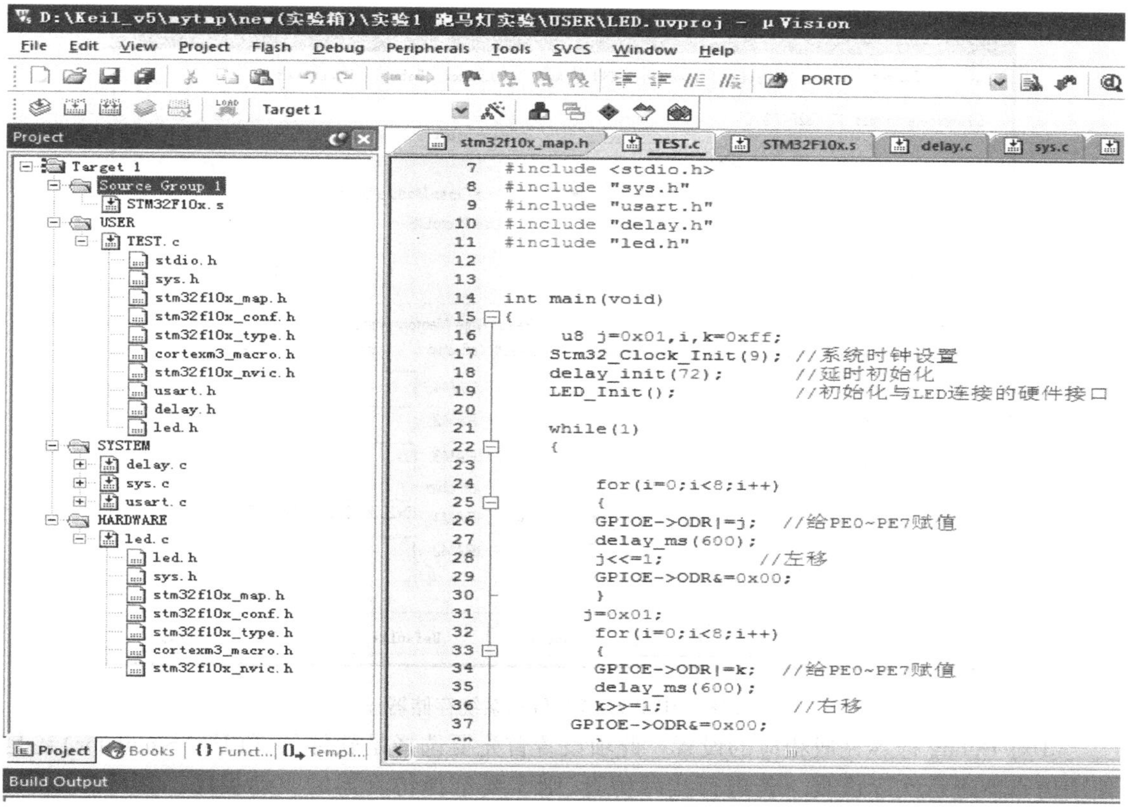

```
#include <stdio.h>
#include "sys.h"
#include "usart.h"
#include "delay.h"
#include "led.h"

int main(void)
{
    u8 j=0x01,i,k=0xff;
    Stm32_Clock_Init(9); //系统时钟设置
    delay_init(72);      //延时初始化
    LED_Init();          //初始化与LED连接的硬件接口

    while(1)
    {

        for(i=0;i<8;i++)
        {
        GPIOE->ODR|=j;   //给PE0~PE7赋值
        delay_ms(600);
        j<<=1;           //左移
        GPIOE->ODR&=0x00;
        }
      j=0x01;
        for(i=0;i<8;i++)
        {
        GPIOE->ODR|=k;   //给PE0~PE7赋值
        delay_ms(600);
        k>>=1;           //右移
      GPIOE->ODR&=0x00;
```

图 4.16　MDK 开发环境主界面

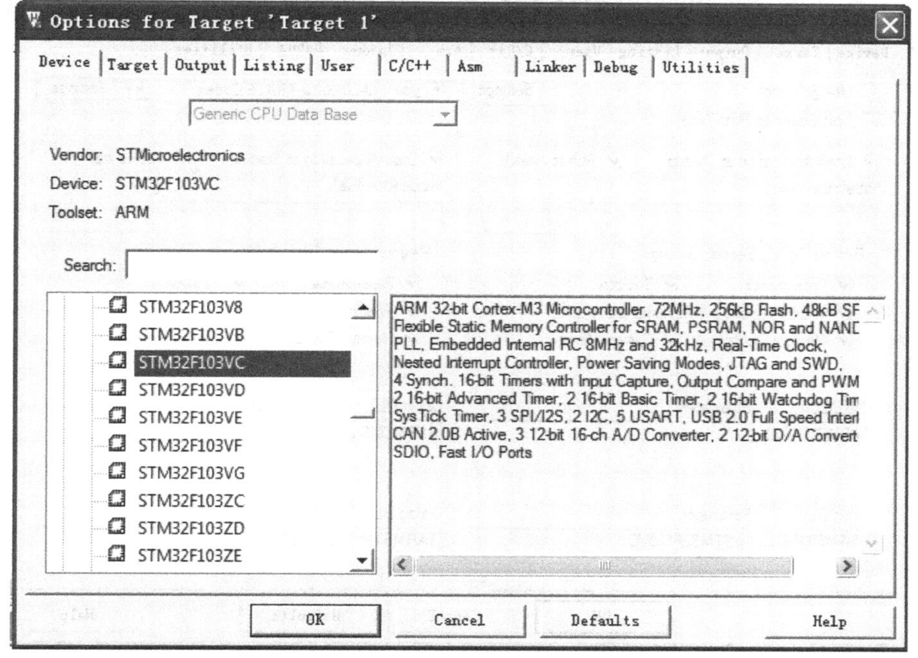

图 4.17　MDK 环境对器件的选择

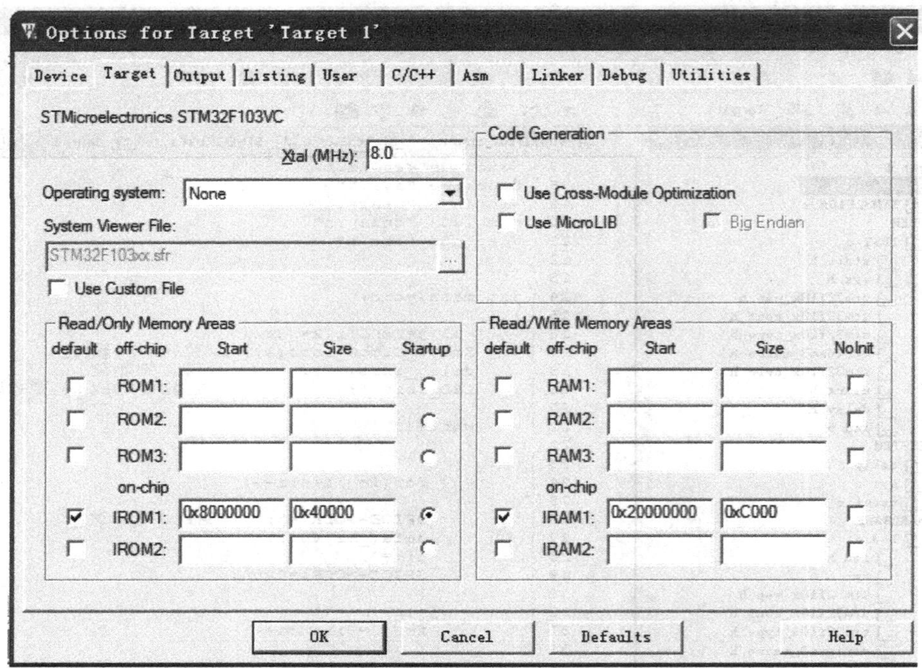

图 4.18　MDK 环境对目标系统存储器设置

③对 Debug 标签完成相应的设置。此项设置首先要选择是软件仿真(Use Simulator)还是使用仿真器进行实际仿真。若进行实际仿真,则需要选择仿真器的驱动程序。如图 4.19 所示,选择了仿真器作硬件仿真,其驱动程序为 J-LINK/J-TRACE Cortex。

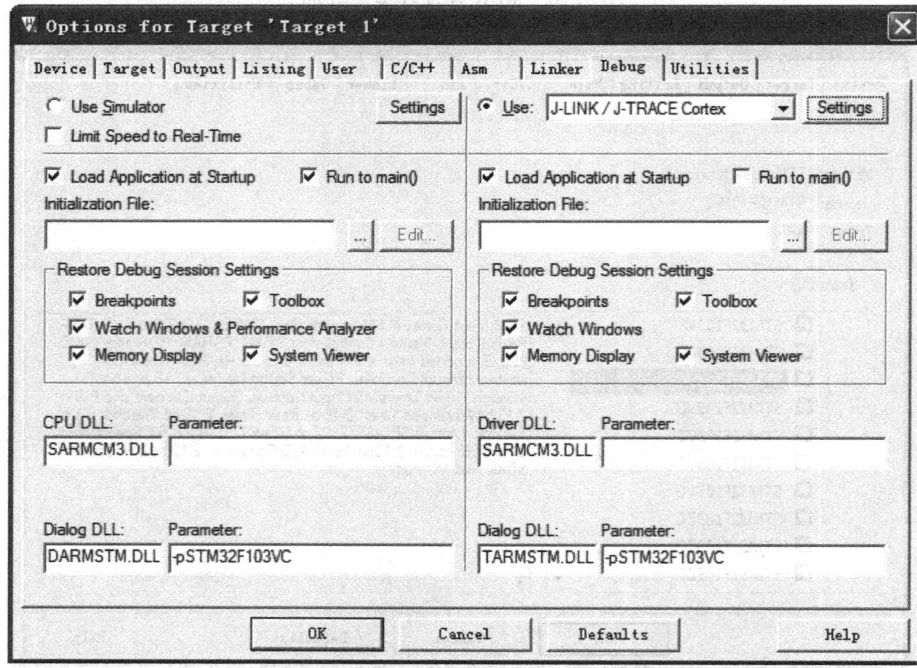

图 4.19　MDK 环境对仿真器的设置

在选择驱动程序后，需要对仿真器的连接目标进行具体设置，通过 Settings 打开设置窗口，对连接对象、烧写 Flash 方式以及 SRAM 参数区进行设置，具体如图 4.20、图 4.21 所示。

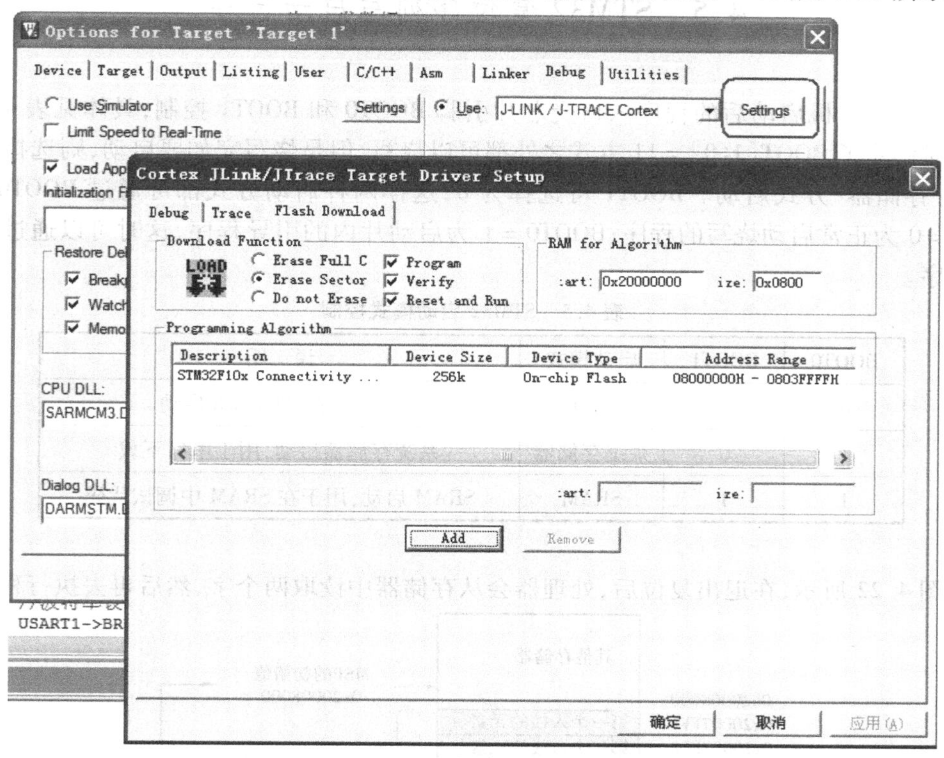

图 4.20　MDK 环境对仿真器连接目标的设置

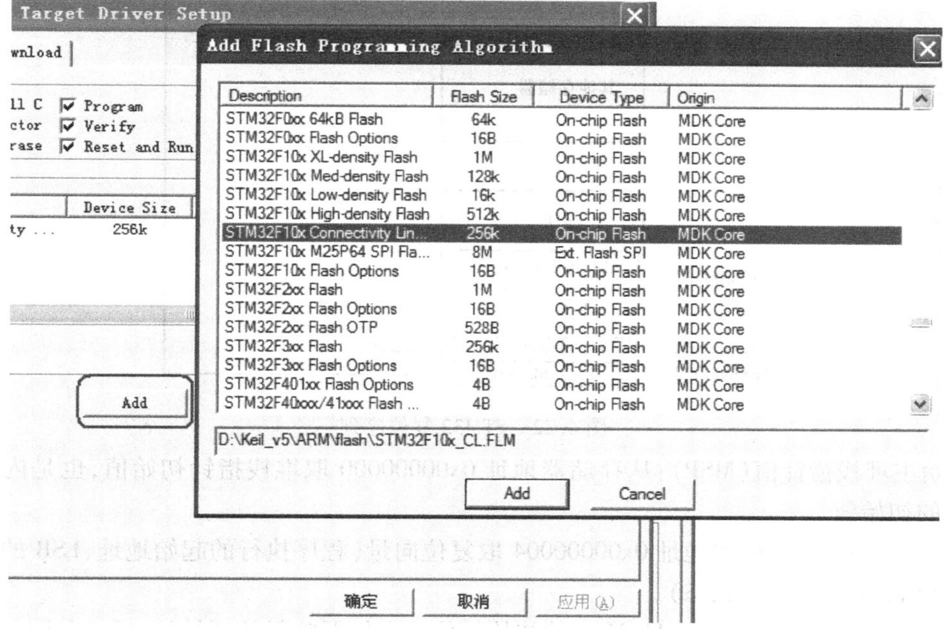

图 4.21　MDK 环境对仿真器添加连接目标

4.5 STM32 复位序列与启动过程

STM32 单片机启动后的程序入口受芯片引脚 BOOT0 和 BOOT1 控制，具体见表 4.5。在烧写的时候除了 BOOT[1:0] =11 方式之外都可以烧写，但是烧写完如要启动，则选择第一种"主闪存存储器"方式启动。BOOT1 可选择为 0，这样两种启动方式都可通过 BOOT0 选择。BOOT0 =0 为正常启动烧写的程序；BOOT0 =1 为启动片内的引导程序，这时可以通过串口来烧写程序。

表 4.5　STM32 启动模式控制

BOOT0	BOOT1	启动模式	说　明
0	x	Flash	用户闪存，即 Flash 启动
1	0	系统存储器	系统存储器启动，用于串口下载
1	1	SRAM	SRAM 启动，用于在 SRAM 中调试代码

如图 4.22 所示，在退出复位后，处理器会从存储器中读取两个字，然后再去执行程序：

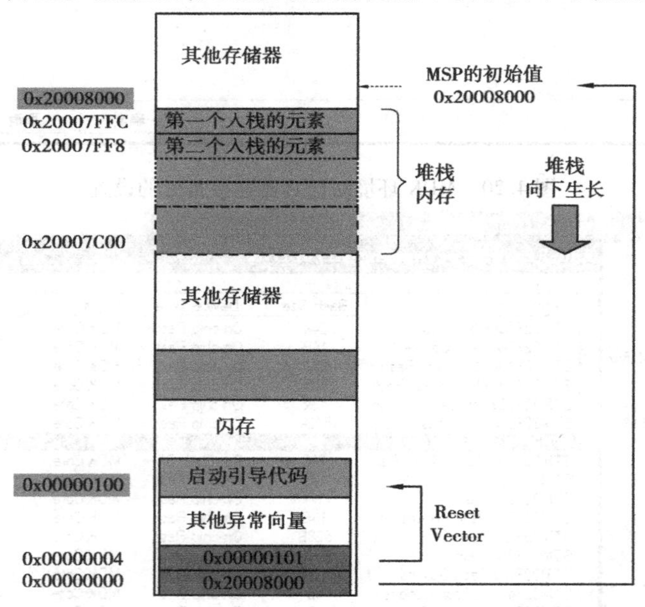

图 4.22　STM32 复位序列

初始主堆栈指针值(MSP)：从存储器地址 0x00000000 取堆栈指针初始值，也是内核寄存器 R13 的初始值。

复位向量值：从存储器地址 0x00000004 取复位向量(程序执行的起始地址，LSB 的值应该置为 1，以表明是 Thumb 状态)。

对于 Cortex-M3 和 Cortex-M4，MSP 的初始值位于存储器映射的开始处，后面紧跟着就是向量表(在程序的执行过程中，向量表可以被重新分配到另外一个地址处)。值得注意的是，向量表的内容为地址,而非跳转指令。

由于 Cortex-M3 和 Cortex-M4 内核的栈操作为满递减(堆栈指针指向栈顶元素,并且堆栈由高地址向低地址生长),所以,SP 的初始值应该指向栈顶元素上面的存储单元。注意:堆栈指针始终都是指向入栈的最后一个字节的存储单元,而不是提前指向下一个即将入栈的数据单元处。

在进行项目开发时,需要在工程中配置启动文件,比如 STM32F10X. S,现启动文件的复位代码分析:

Reset_HandlerPROC;标记一个函数的开始

EXPORT　Reset_Handler　[WEAK];

IMPORT　_main;通知编译器要使用的标号在其他文件

LDR R0, =_main;使用"="表示 LDR 目前是伪指令不是标准指令。这里是把_main 的地址给 R0。

BX　R0;BX 是 ARM 指令集和 THUMB 指令集之间程序的跳转

ENDP

[WEAK]选项表示当所有的源文件都没有定义这样一个标号时,编译器也不给出错误信息,在多数情况下将该标号置为 0,若该标号为 B 或 BL 指令引用,则将 B 或 BL 指令置为 NOP 操作。EXPORT 提示编译器该标号可以为外部文件引用。

启动文件中的_main 标号并不表示 C 程序中的 main 函数入口地址,因此 LDR R0, =_main 与 BX　R0 也并不是跳转至 main 函数开始执行 C 程序。_main 标号表示 C/C ++标准实时库函数里的一个初始化子程序_main 的入口地址。该程序的一个主要作用是初始化堆栈,并初始化映像文件,最后跳转 C 程序中的 main 函数。这就解释了为何所有的 C 程序必须有一个 main 函数作为程序的起点——因为这是由 C/C ++标准实时库所规定的——并且不能更改,因为 C/C ++标准实时库并不对外界开发源代码。因此,实际上在用户可见的前提下,程序在执行 LDR R0, =_main 与 BX　R0 后就跳转至. c 文件中的 main 函数,开始执行 C 程序。

至此可以总结 STM32 的启动文件和启动过程:首先对栈和堆的大小进行定义(向下生成满堆栈),并在代码区的起始处建立中断向量表,其第一个表项是栈顶地址,第二个表项是复位中断服务入口地址。然后在复位中断服务程序中执行 LDR R0, =_main 与 BX　R0 跳转 C/C ++标准实时库的_main 函数,完成用户堆栈等的初始化后,跳转. c 文件中的 main 函数开始执行 C 程序。

假设 STM32 被设置为从内部 FLASH 启动(这也是最常见的一种情况),中断向量表起始地位为 0x8000000,则栈顶地址存放于 0x8000000 处,而复位中断服务入口地址存放于 0x8000004 处。当 STM32 遇到复位信号后,则从 0x8000004 处取出复位中断服务入口地址,继而执行复位中断服务程序,然后跳转_main 函数,最后进入 main 函数,来到 C 的世界。

4.6　程序框架

开发 STM32 需要在 MDK 的集成开发环境中进行。在建立工程,并且选择合适的器件后,MDK 会自动建立相应的项目环境,生成必要的支撑文件。开发人员只需要关注自己的设计内容，完成相应的编程即可。

图 4.23 是针对 STM32F10x 器件软件开发工程环境中典型的文件组成情况。其中，标注“编写”的文件是需要开发人员设计代码的文件，包括含 main 函数的 test. c 文件，目标板设计的硬件的初始化及操作程序，串行通信程序等。system 目录主要提供支撑文件，包括提供软件延时控制、宏定义、寄存器地址映射、简化的数据类型定义等。user 目录下提供的最重要的支撑文件就是启动文件 STM32F10X. S，其主要功能为：

①堆和栈的初始化；

②向量表定义；

③地址重映射及中断向量表的转移；

④设置系统时钟频率；

⑤中断寄存器的初始化；

⑥进入 C 应用程序。

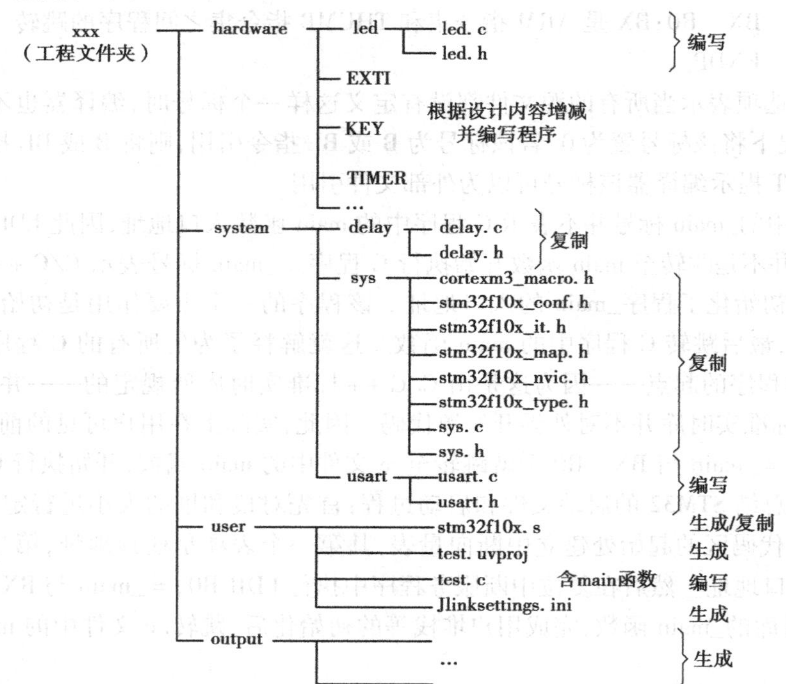

图 4.23　STM32F10x 软件开发工程环境中的文件组成

下面对工程环境中的主要文件及编写方法作简要介绍。

①main 函数，此函数为整个应用程序的入口，在 test. c 文件中，其程序框架如下：

```
int main(void)
{
…                               //变量定义
    Stm32_Clock_Init(9);        //系统时钟设置
    delay_init(72);             //延时初始化
```

```
    …                          //其他初始化
    while(1)
    {
        …
    }
}
```

main函数在建立系统时钟和延时参数设置后，根据用户需求，进行一些必要的初始化工作，然后进入一个无限循环。系统的功能实现在循环体中进行。

main函数中系统时钟设置函数Stm32_Clock_Init，其原型void Stm32_Clock_Init(u8 PLL)定义在sys.h中，在sys.c中定义Stm32_Clock_Init函数体。

```
void Stm32_Clock_Init(u8 PLL)
{
    unsigned char temp=0;
    MYRCC_DeInit();                    //复位并配置向量表
RCC->CR|=0x00010000;                   //外部高速时钟使能HSEON
    while(!(RCC->CR>>17));             //等待外部时钟就绪
    RCC->CFGR=0x00000400;              //APB1=DIV2;APB2=DIV1;AHB=DIV1;
    PLL-=2;                            //需要抵消2,设成111时是9倍频
    RCC->CFGR|=PLL<<18;                //设置PLL值2—16
    RCC->CFGR|=1<<16;                  //PLLSRC ON
    FLASH->ACR|=0x32;                  //FLASH 2个延时周期

    RCC->CR|=0x01000000;               //PLLON
    while(!(RCC->CR>>25));             //等待PLL锁定
    RCC->CFGR|=0x00000002;             //PLL作为系统时钟
    while(temp!=0x02)                  //等待PLL作为系统时钟设置成功
    {
        temp=RCC->CFGR>>2;
        temp&=0x03;
    }
}
```

②MYRCC_DeInit函数，用于复制并配置中断向量表。此函数在系统时钟设置函数Stm32_Clock_Init中被调用，其函数体定义在sys.c文件中，其程序如下：

```
void MYRCC_DeInit(void)
{
RCC->APB1RSTR = 0x00000000;           //复位结束
    RCC->APB2RSTR = 0x00000000;
    RCC->AHBENR = 0x00000014;         //睡眠模式闪存和SRAM时钟使能,其他关闭
```

```
RCC -> APB2ENR  =  0x00000000;              //外设时钟关闭
    RCC -> APB1ENR  =  0x00000000;
    RCC -> CR  |  =  0x00000001;            //使能内部高速时钟 HSION
    RCC -> CFGR & =  0xF8FF0000;            //复位 SW[1:0],HPRE[3:0],PPRE1[2:0],
                                            //PPRE2[2:0],ADCPRE[1:0],MCO
[2:0]
    RCC -> CR & = 0xFEF6FFFF;               //复位 HSEON,CSSON,PLLON
    RCC -> CR & =  0xFFFBFFFF;              //复位 HSEBYP
    RCC -> CFGR & = 0xFF80FFFF;             //复位 PLLSRC,PLLXTPRE,PLLMUL[3:0]
and USBPRE
    RCC -> CIR  =  0x00000000;              //关闭所有中断

    #ifdef   VECT_TAB_RAM                   //配置向量表
        MY_NVIC_SetVectorTable(NVIC_VectTab_RAM,0x0);
    #else
        MY_NVIC_SetVectorTable(NVIC_VectTab_FLASH,0x0);
    #endif
}
```

③MY_NVIC_SetVectorTable 函数,用于将中断向量表配置到指定的存储器,其原型 void MY_NVIC_SetVectorTable(u32 NVIC_VectTab,u32 Offset)定义在 sys. h 文件中,函数体定义在 sys. c 文件中。

```
void MY_NVIC_SetVectorTable(u32 NVIC_VectTab,u32 Offset)
{
    SCB -> VTOR  =  NVIC_VectTab|(Offset & (u32)0x1FFFFF80);
    //设置 NVIC 的向量表偏移寄存器
    //用于标识向量表是在 CODE 区还是在 RAM 区,第二个参数为地址偏移
}
```

④delay_init 函数,用于设置延时参数,其原型 void delay_init(u8 SYSCLK)定义在 delay. h 中,函数体定义在 delay. c 文件中。

```
void delay_init(u8 SYSCLK)
{
    #ifdef OS_CRITICAL_METHOD          //如果 OS_CRITICAL_METHOD 定义了,说明使
用 ucosII 了
        u32 reload;
    #endif
SysTick -> CTRL& = ~(1 <<2);           //SysTick 使用外部时钟源
    fac_us = SYSCLK/8;                 //不论是否使用 ucos,fac_us 都需要使用
```

```
    #ifdef OS_CRITICAL_METHOD        //如果 OS_CRITICAL_METHOD 定义了,说明使
用 ucosII 了
        reload = SYSCLK/8;           //每秒钟的计数次数单位为 K
        reload * = 1000000/OS_TICKS_PER_SEC;
        //根据 OS_TICKS_PER_SEC 设定溢出时间,reload 为 24 位寄存器,最大值:
16777216,                            //在 72 M 下,约合 1.86 s
        fac_ms = 1000/OS_TICKS_PER_SEC;//代表 ucos 可以延时的最少单位
        SysTick -> CTRL | = 1 <<1;   //开启 SysTick 中断
        SysTick -> LOAD = reload;    //每 1/OS_TICKS_PER_SEC 秒中断一次
        SysTick -> CTRL | = 1 <<0;   //开启 SysTick
    #else
        fac_ms = (u16)fac_us * 1000; //非 ucos 下,代表每个 ms 需要的 systick 时钟数
    #endif
}
```

说明:函数中 fac_us = SYSCLK/8,表示计时基数为 systick 主频 HCLK 的 8 分频,HCLK/8 = 72/8 = 9 MHZ,每次计数 1/9 μs,所以计数为 9 时正好 1 μs,所以 fac_us = SYSCLK/8 = 9;fac_ms = (u16)fac_us * 1 000;计时基数 1 μs * 1 000 = 1 ms。

fac_us 和 fac_ms 用于指定延时 1 μs 和 1 ms 时需要的 systick 时钟数量,以便支持定义在 delay.c 中的两个延时函数:delay_us(u32 nus)和 delay_ms(u16 nms)。

```
void delay_us(u32 nus)
{
    u32 temp;
    SysTick -> LOAD = nus * fac_us;  //时间加载
    SysTick -> VAL = 0x00;           //清空计数器
    SysTick -> CTRL = 0x01;          //开始倒数
    do
    {
        temp = SysTick -> CTRL;
    }
    while((temp&0x01)&&! (temp&(1 <<16)));  //等待时间到达
    SysTick -> CTRL = 0x00;          //关闭计数器
    SysTick -> VAL = 0X00;           //清空计数器
}
void delay_ms(u16 nms)
{
    u32 temp;
    SysTick -> LOAD = (u32)nms * fac_ms;  //时间加载(SysTick -> LOAD 为 24bit)
    SysTick -> VAL  = 0x00;               //清空计数器
    SysTick -> CTRL = 0x01;               //开始倒数
```

```
    do{
        temp = SysTick -> CTRL;
    }while((temp&0x01)&&!(temp&(1<<16)));    //等待时间到达
    SysTick -> CTRL = 0x00;                  //关闭计数器
    SysTick -> VAL = 0X00;                   //清空计数器
}
```

在 delay.c 中定义两个延时函数，供需要延时时调用。延时参数 nms 的范围 SysTick -> LOAD 为 24 位寄存器，所以，最大延时为：

nms <= 0xffffff * 8 * 1000/SYSCLK，SYSCLK 单位为 Hz，nms 单位为 ms，对 72 M 条件下，nms <= 1864。

第 5 章 Cortex-M3 指令系统

由于历史原因(从 ARM7TDMI 开始),ARM 处理器一直支持两种形式上相对独立的指令集,分别是32位的 ARM 指令集和16位的 Thumb 指令集,这两种指令集分别对应了处理器的 ARM 和 Thumb 两种状态。

在程序的执行过程中,处理器可以动态地在两种执行状态之中切换。实际上,Thumb 指令集在功能上是 ARM 指令集的一个子集,但它能带来更高的代码密度,减少目标代码容量。

随着架构版本号的更新,新的指令不断地加入 ARM 和 Thumb 指令集中。2003 年推出了 Thumb-2 指令集,它是 Thumb 的超集,功能接近于 ARM 指令集,但同时支持16位和32位指令。Thumb-2 指令集具有突破性,它强大、易用、高效。通过16位指令与32位指令并存运行,使得在 Thumb 状态下能够完成更多工作,同时加快了速度。

基于 Thumb-2 指令集的优势,Cortex-M3 不再采用32位 ARM 指令集,而是采用 Thumb-2 指令集。但 Cortex-M3 并不支持全部的 Thumb-2 指令,而是它的一个子集。抛弃 ARM 指令,意味着 Cortex-M3 作为新生代处理器,不是向后兼容的。因此,为 ARM7 写的 ARM 汇编语言程序不能直接移植到 Cortex-M3 上来。Thumb-2 指令集、Cortex-M3 及 Thumb 指令集的关系如图5.1所示。

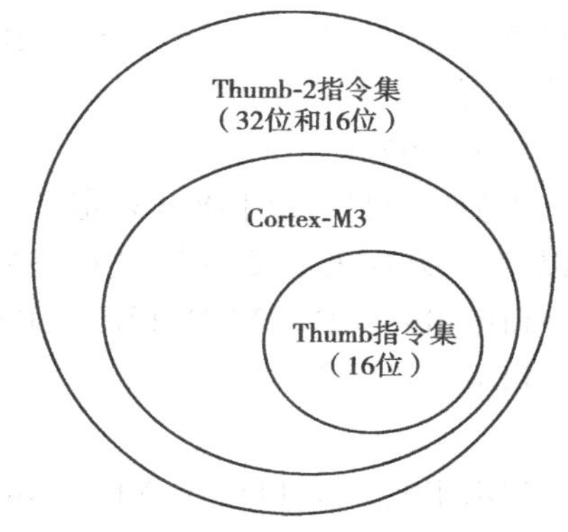

图 5.1 Thumb-2 指令集、Cortex-M3 及 Thumb 指令集的关系

5.1 汇编语言基础

5.1.1 汇编程序基本语法

汇编指令的最典型书写模式如下所示:

标号

操作码 操作数1, 操作数2, …;注释

其中,标号是可选的,如果有,它必须顶格写。标号的作用是让汇编器来计算程序转移的地址。操作码是指令的助记符,它的前面必须至少有一个空白符,通常使用 1 ~ 2 个“Tab”键来产生。操作码后面往往跟随若干个操作数,而第 1 个操作数,通常都给出本指令的执行结果存储处。不同指令需要不同数目的操作数,并且对操作数的语法要求也可以不同。举例来说,立即数必须以“#”开头,如

```
    MOV R0,#0x12            ;R0←0x12
    MOV R1,#'A'             ;R1←字母 A 的 ASCII 码
```

注释均以“;”开头,它的有无不影响汇编器工作,只是给程序员看的,能让程序更易理解。

还可以使用 EQU 指示字来定义常数,然后在代码中使用它们,例如:

```
NVIC_IRQ_SETEN0     EQU    0xE000E100   ;注意:常数定义必须顶格写
NVIC_IRQ0_ENABLE    EQU    0x1
…
    LDR R0, =NVIC_IRQ_SETEN0  ;在这里的 LDR 是个伪指令,它会被汇编器转换成一条
“相对 PC 的加载指令”
    MOV R1,#NVIC_IRQ0_ENABLE  ;把立即数传送到 R1 中
    STR R1,[R0]   ; *R0=R1,执行完此指令后 IRQ #0 被使能。
```

如果汇编器不能识别某些特殊指令的助记符,你就要“手工汇编”查出该指令的确切二进制机器码,然后使用 DCI 编译器指示字。例如,BKPT 指令的机器码是 0xBE00,即可以按如下格式书写:

```
    DCI 0xBE00              ;断点(BKPT),这是一个 16 位指令,DCI 前面需留出空格
```

类似地,可以使用 DCB 来定义一串字节常数,字节常数还允许以字符串的形式来表达;还可以使用 DCD 来定义一串 32 位整数。它们最常被用来在代码中书写表格。例如:

```
    LDR R3, =MY_NUMBER      ;R3 = MY_NUMBER
    LDR R4,[R3]             ;R4 =  *R3
    …
    LDR R0, =HELLO_TEXT     ;R0 = HELLO_TEXT
    BL PrintText            ;呼叫 PrintText 以显示字符串,R0 传递参数
    …
MY_NUMBER
    DCD   0x12345678
HELLO_TEXT
    DCB   "Hello\n",0
```

请注意:不同汇编器的指示字和语法都可以不同。上述示例代码都是按 ARM 汇编器的语法格式写的。如果使用其他汇编器,最好看一看它附带的示例代码。

5.1.2　汇编语言后缀的使用

在 ARM 处理器中,指令可以带有后缀,见表 5.1。

表 5.1　汇编指令后缀的使用

后缀名	含　义
S	要求更新 APSR 中的相关标志，例如： ADDS R0，R1；根据加法的结果更新 APSR 中的标志
EQ，NE，LT，GT 等	有条件地执行指令。EQ = Euqal，NE = Not Equal，LT = Less Than，GT = Greater Than，例如： BEQ <Label>；仅当 EQ 满足时转移 共有 15 种不同的条件后缀

在 Cortex-M3 中，对条件后缀的使用有很大的限制：只有转移指令（B 指令）才可随意使用。而对于其他指令，Cortex-M3 引入了 IF-THEN 指令块，在这个块中才可以加后缀，且必须加后缀。IF-THEN 块由 IT 指令定义。另外，S 后缀可以和条件后缀在一起使用。

5.1.3　统一汇编语言（UAL）书写语法

为了更好地支持 Thumb-2，ARM 汇编器引了一个"统一汇编语言（UAL）"语法机制。对于 16 位指令和 32 位指令均能实现的一些操作（常见于数据处理操作）。有时虽然指令的实际操作数不同，或者对立即数的长度有不同的限制，但是汇编器允许开发者统一使用 32 位 Thumb-2 指令的语法格式书写（很多 Thumb-2 指令的用法也与 32 位 ARM 指令相同），并且由汇编器来决定是使用 16 位指令，还是使用 32 位指令。以前，Thumb 的语法和 ARM 的语法不同，在有了 UAL 之后，两者的书写格式就统一了。

```
ADD R0,R1         ;使用传统的 Thumb 语法
ADD R0,R0,R1      ;引入 UAL 后允许的等效写法(R0 = R0 + R1)
```

虽然引入了 UAL，但是仍然允许使用传统的 Thumb 语法。不过有一项必须注意：如果使用传统的 Thumb 语法，即使你没有加上 S 后缀，有些指令也会默认更新 APSR。如果使用 UAL 语法，则必须指定 S 后缀才会更新。例如：

```
AND R0,R1         ;传统的 Thumb 语法
ANDS R0,R0,R1        ;等值的 UAL 语法(必须有 S 后缀)
```

在 Thumb-2 指令集中，有些操作既可以由 16 位指令完成，也可以由 32 位指令完成。例如，R0 = R0 + 1 这样的操作，16 位的与 32 位的指令都提供了助记符为"ADD"的指令。在 UAL 下，汇编器能主动决定用哪个，也可以手工指定是用 16 位的还是 32 位的：

```
ADDS R0,#1            ;汇编器将为了节省空间而使用 16 位指令
ADDS.N R0,#1          ;指定使用 16 位指令(N = Narrow)
ADDS.W R0,#1          ;指定使用 32 位指令(W = Wide)
```

.W（Wide）后缀指定 32 位指令。如果没有给出后缀，汇编器会先试着用 16 位指令给代码瘦身，如果不行再使用 32 位指令。因此，使用".N"其实是多此一举，不过汇编器可能仍然允许这样的语法。这是 ARM 公司汇编器的语法，其他汇编器可能略有区别，但如果没有给出后缀，汇编器就总是会尽量选择更短的指令。

其实在绝大多数情况下，应用程序是用 C 写的，C 编译器也会尽可能地使用短指令。然

而，当立即数超出一定范围时，或者32位指令能更好地适合某个操作时，将使用32位指令。

32位Thumb-2指令也可以按半字对齐（以前ARM 32位指令都必须按字对齐），因此下例是允许的：

```
0x1000: LDR r0,[r1]        ;一个16位的指令
0x1002: RBIT.W r0          ;一个32位的指令，以0x1002为起始地址，跨越了字的边界
```

绝大多数16位指令只能访问R0—R7；32位Thumb-2指令则可以随意访问R0—R15。不过，把R15（PC）作为目的寄存器很容易有意想不到的妙处，出错时则会使程序跑飞。通常只有系统软件才会不惜冒险地做此高危行为，因此还需慎用。

5.2 指令简介

Cortex-M3支持的指令在表5.2—表5.9中列出，其中表5.2—表5.5为16位指令，表5.6—表5.9为32位指令。

表5.2 16位存储器数据传送指令

名 称	功 能
LDR	从存储器中加载字到一个寄存器中
LDRH	从存储器中加载半字到一个寄存器中
LDRB	从存储器中加载字节到一个寄存器中
LDRSH	从存储器中加载半字，再经过带符号扩展后存储到一个寄存器中
LDRSB	从存储器中加载字节，再经过带符号扩展后存储到一个寄存器中
STR	把一个寄存器按字存储到存储器中
STRH	把一个寄存器存器的低半字存储到存储器中
STRB	把一个寄存器的低字节存储到存储器中
LDMIA	加载多个字，并且在加载后自增基址寄存器
STMIA	存储多个字，并且在存储后自增基址寄存器
PUSH	压入多个寄存器到栈中
POP	从中弹出多个值到寄存器中

表5.3 16位转移指令

名 称	功 能
B	无条件转移
B <cond>	条件转移
BL	转移并连接用于呼叫一个子程序，返回地址被存储在LR中
CBZ	比较，如果结果为0就转移（只能跳到后面的指令）

续表

名　称	功　能
CBNZ	比较,如果结果非就转移(只能跳到后面的指令)
IT	If-Then

表 5.4　16 位数据操作指令

名　称	功　能
ADC	带进位加法
ADD	加法
AND	按位与。这里的按位与和 C 语言的“&”功能相同
ASR	算术右移
BIC	按位清零(把一个数跟另一个无符号数的反码按位与)
CMN	负向比较(把一个数跟另一个数据的二进制补码相比较)
CMP	比较(比较两个数并且更新标志)
CPY	把一个寄存器的值拷贝到另一个寄存器中
EOR	按位异或
LSL	逻辑左移(如无其他说明,所有移位操作都可以一次移动最多 31 格)
LSR	逻辑右移
MOV	寄存器加载数据既能用于寄存器间的传输,也能用于加载立即数
MUL	乘法
MVN	加载一个数的 NoT 值(取到逻辑反的值)
NEG	取二进制补码
ORR	按位或
ROR	圆圈右移
SBC	带借位的减法
SUB	减法
TST	测试(执行按位与操作,并且根据结果更新 Z)
REV	在一个 32 位寄存器中反转字节序
REVH	把一个 32 位寄存器分成两个 16 位数,在每个 16 位数中反转字节序
REVSH	把一个 32 位寄存器的低 16 位半字进行字节反转,然后带符号扩展到 32 位
SXTB	带符号扩展一个字节到 32 位
SXTH	带符号扩展一个半字到 32 位
UXTB	无符号扩展一个字节到 32 位
UXTH	无符号扩展一个半字到 32 位

表 5.5　其他 16 位指令

名　称	功　能
SVC	系统服务调用
BKPT	断点指令。如果使能了调试,则进入调试状态(停机),否则的话产生调试监视器异常。在调试监视器异常被使能时,调用其服务例程;如果连调试监视器异常也被除能,则只好诉诸于一个 fault 异常
NOP	无操作
CPSIE	使能 PRIMASK(CPSIEi)/FAULTMASK(CPSIEf)清相应的位
CPSID	使能 PRIMASK(CPSID/FAULTMASK(CPSID) - 置位相应的位

表 5.6　32 位存储器数据传送指令

名　称	功　能
LDR	加载字到寄存器
LDRB	加载字节到寄存器
LDRH	加载半字到寄存器
LDRSH	加载半字到寄存器,再带符号扩展到 32 位
LDM	从一片连续的地址空间中加载若干个字并选中相同数目的寄存器放进去
LDRD	从连续的地址空间加载双字(64 位整数)到 2 个寄存器
STR	存储寄存器中的字
STRB	存储寄存器中的低字节
STRH	存储寄存器中的低半字
STM	存储若干寄存器中的字到一片连续的地址空间中,占用相同数目的字
STRD	存储 2 个寄存器组成的双字到连续的地址空间中
PUSH	把若干寄存器的值压入堆栈中
POP	从堆栈中弹出若干寄存器的值

表 5.7　32 位转移指令

名　称	功　能
B	无条件转移
BL	转移并连接(呼叫子程序)
TBB	以字节为单位的查表转移。从一个字节数组中选一个 8 位前向跳转地址并转移
TBH	以半字为单位的查表转移。从一个半字数组中选一个 16 位前向跳转地址并转移

表5.8　32位数据操作指令

名　称	功　能
ADC	带进位加法
ADD	加法
ADDw	宽加法(可以加12位立即数)
AND	按位与(对应C语言的“&”运算符)
ASR	算术右移
BIC	位清零(把一个数按位取反后,与另一个数逻辑与)
BFC	位段清零
BFI	位段插入
CMIN	负向比较(把一个数和另一个数的二进制补码比较,并更新标志位)
CMP	比较两个数并更新标志位
CLZ	计算前导零的数目
EOR	按位异或
LSL	逻辑左移
LSR	逻辑右移
MILA	乘加
MLS	乘减
MOVW	把16位立即数放到寄存器的低16位,高16位清零
MOV	加载16位立即数到寄存器(其实汇编器会产生MOVW)
MOVT	把16位立即数放到寄存器的高16位,低16位不影响
MVN	移动一个数的补码
MUL	乘法
ORR	按位或
ORN	把源操作数按位取反后,再执行按位或
RBIT	位反转(把一个32位整数用2进制表达后,再旋转180度)
REV	对一个32位整数按字节反转
REVH/REV16	对一个32位整数的高低半字都执行字节反转
REVSH	对一个32位整数的低半字执行字节反转,再带符号扩展成32位数
ROR	圆圈右移
RRX	带进位位的逻辑右移一格(最高位用C填充,执行后不影响C的值)
SFBX	以从一个32位整数中提取任意长度和位置的位段,并且带符号扩展成32位整数
SDIV	带符号除法

续表

名　称	功　能
SMLAL	带符号长乘加(两个带号的32位整数相乘得到64位的带符号积再把积加到另一个带符号64位整数中)
SMULL	带符号长乘法(两个带符号的32位整数相乘得到64位的带符号积)
SSAT	带符号的饱和运算
SBC	带借位的减法
SUB	减法
SUBW	宽减法,可以减12位立即数
SXTB	字节带符号扩展到32位数
TEQ	测试是否相等(对两个数执行异或,更新标志但不存储结果)
TST	测试(对两个数执行按位与,更新Z标志但不存储结果)
UBPX	无符号位段提取
UDIV	无符号除法
UMLAL	无符号长乘加(两个无符号的32位整数相乘得到64位的无符号积再把积加到另一个无符号64位整数中)
UMULL	无符号长乘法(两个无符号的32位整数相乘得到64位的无符号积)
USAT	无符号饱和操作(但是源操作数是带符号的)
UXTB	字节被无符号扩展到32位(高24位清零)
UXTH	半字被无符号扩展到32位(高16位清零)

表5.9　其他32位指令

名　称	功　能
IDREX	加载字到寄存器,并且在内核中标明一段地址进入了互斥访问状态
LDREXH	加载半字到寄存器,并且在内核中标明一段地址进入了互序访问状态
IDREXB	加载字节到寄存器,并且在内核中标明一段地址进入了互序访问状态
STREX	检查将要写入的地址是否已进入了互斥访问状态,如果是则存储寄存器的字
STREXH	检查将要写入的地址是否已进入了互斥访问状态,如果是则存储寄存器的半字
STREXB	检查将要写入的地址是否已进入了互序访问状态,如果是则存储寄存器的字节
CLREX	在本地处理器上清除互斥访问状态的标记(先前由LDREXJLDREXH/LDREXB做的标记)
MRS	加载特殊功能寄存器的值到通用寄存器
MSR	存储通用寄存器的值到特殊功能寄存器
NOP	无操作
SEV	发送事件

续表

名　称	功　能
WFE	休眠并且在发生事件时被唤醒
WEI	休眠并且在发生中断时被唤醒
ISB	指令同步隔离(与流水线和 MPU 等有关)
DSB	数据同步隔离(与流水线、MPU 和 Cache 等有关)
DMB	数据存储隔离(与流水线、MPU 和 Cache 等有关)

5.3　常用指令详解

事实上,在对 STM32 进行项目开发时,主要采用 C 语言作编程语言,其程序框架由 C 搭建。但是,在一些需要较高的执行效率的环节,C 程序的编译结果可能无法满足要求,需要直接用汇编语言编写程序。在本节,将介绍一些在 ARM 汇编代码中很通用的指令及其语法,并辅助以一些例程,以加深对指令用法的理解。

5.3.1　数据传送类指令

1)两个寄存器间传送数据

MOV 指令、MVN 指令

MOV R8,R3;　　　R8 = R3

MVN R8,R3;　　　R8 = -R3(按位取反)

2)寄存器与存储器间传送数据

(1)存储器到寄存器传送

LDRx 指令、LDMxy 指令;

LDRx 指令的 x 可以是 B(byte)、H(half word)、D(Double word)或者省略(word)

示例	功能描述
LDRB Rd,[Rn,#offset]	从地址 Rn + offset 处读取一个字节送到 Rd
LDRH Rd,[Rn,#offset]	从地址 Rn + offset 处读取一个半字送到 Rd
LDR Rd,[Rn,#offset]	从地址 Rn + offset 处读取一个字送到 Rd
LDRD Rd1,Rd2,[Rn,#offset]	从地址 Rn + offset 处读取一个双字(64 位整数)送到 Rd1(低 32 位)和 Rd2(高 32 位)中

LDR 指令的应用举例 1:链表操作

链表的元素包括 2 个字,第一个字包含一个字节数据,第 2 个字包含指向下一个链表元素的指针。执行前 R0 指向链表头,R1 放要搜索的数据;执行后 R0 指向第一个匹配的元素。

llsearch　;标号,代表入口

```
CMP R0,#0;
LDRNEB R2,[R0]          ;R0 不为 0,则是有效地址,取数据
CMPNE R1,R2             ;判断是否找到
LDRNE R0,[R0,#4]        ;没找到,取下一个元素的地址
BNE llsearch            ;重复找
MOV PC,LR               ;返回
```

条件后缀根据标志位确定,例 CMPNE R1,R2 在 Z = =0,即不相等时才执行比较。

LDR 指令的应用举例 2:简单的串比较

执行前 R0 指向第一个串,R1 指向第二个串;执行后 R0 保存比较结果。

```
Strcmp  ;标号,代表入口
    LDRB R2,[R0],#1         ;取值后,R0 加 1
    LDRB R3,[R1],#1;
    CMP R2,#0               ;看是否取到结尾符 0
    CMPNE R3,#0;
    BEQ return;
    CMP R2,R3;
    BEQ strcmp;
    return
    SUB R0,R2,R3            ;R0 为 0 两个字符串相同
    MOV PC,LR
```

LDR 指令的应用举例 3:长跳转

通过直接向 PC 寄存器中读取字数据,程序可以实现 4 GB 的长跳转。

```
    ADD LR,PC,#4            ;将子程序 function 的返回地址设为当前指令地址后 12 字节
处,即 return_here 处
    LDR PC,[PC,#-4]         ;从下一条指令(DCD)中取跳转的目标地址,即 function(3 级
流水线,执行指令时,PC 是当前位置 +8)
    DCD   function;
    return_here;
    …
    function;
    …
```

(2)寄存器到存储器传送

STRx 指令、STMxy 指令

示例	功能描述
STRB Rd,[Rn,#offset]	把 Rd 中的低字节存储到地址 Rn + offset 处
STRH Rd,[Rn,#offset]	把 Rd 中的低半字存储到地址 Rn + offset 处
STR Rd,[Rn,#offset]	把 Rd 中的字存储到地址 Rn + offset 处
STRD Rd1,Rd2,[Rn,#offset]	把 Rd1(低 32 位)和 Rd2(高 32 位)表达的双字存储到地址 Rn + offset 处

```
LDR.W R0,[R1,#20]!          ;预索引
```

上面语句的意思是先把地址 R1 +20 处的值加载到 R0,然后,R1 = R1 + 20。

```
STR.W R0,[R1],#-12          ;后索引
```

把 R0 的值存储到地址 R1 处。完毕后,R1 = R1 + (-12)。注意,[R1]后面是没有“!”的。在后索引中,基址寄存器是无条件被更新的。

LDMxy 指令和 STMxy 指令可以一次传送更多的数据。

X 可以为 I 或 D,I 表示自增(Increment),D 表示自减(Decrement)。

Y 可以为 A 或 B,表示自增或自减的时机是在每次访问前(Before)还是访问后(After)。

说明:STR C,D　;C -> D;op1 为寄存器,op2 为存储器

LDR C,D　;D -> C;op1 为寄存器,op2 为存储器

STM C,D　;D -> C;op1 为存储器,op2 为寄存器

LDM C,D　;C -> D;op1 为存储器,op2 为寄存器

示例	功能描述
LDMIA Rd!,{寄存器列表}	从 Rd 处读取多个字,并依次送到寄存器列表中的寄存器。每读一个字后 Rd 自增一次,16 位指令
LDMIA.W Rd!,{寄存器列表}	从 Rd 处读取多个字,并依次送到寄存器列表中的寄存器。每读一个字后 Rd 自增一次
STMIA Rd!,{寄存器列表}	依次存储寄存器列表中各寄存器的值到 Rd 给出的地址。每存一个字后 Rd 自增一次,16 位指令
STMIA.W Rd!,{寄存器列表}	依次存储寄存器列表中各寄存器的值到 Rd 给出的地址。每存一个字后 Rd 自增一次
LDMDB.W Rd!,{寄存器列表}	从 Rd 处读取多个字,并依次送到寄存器列表中的寄存器。每读一个字前 Rd 自减一次
STMDB.W Rd!,{寄存器列表}	存储多个字到 Rd 处。每存一个字前 Rd 自减一次

这里需要特别注意“!”的含义,它表示要自增(Increment)或自减(Decrement)基址寄存器 Rd 的值,时机是在每次访问前(Before)或访问后(After)。比如:

假设 R8 =0x8000,则

```
STMIA.W    R8!,{R0 - R3}      ;R8 值变为 0x8010
STMIA.W    R8,{R0 - R3}       ;R8 值不变
```

批量指令应用举例 1:简单块复制

```
loop
    LDMIA R12!,{R0 - R11}     ;从源数据区读取 12 个字
    STMIA R13!,{R0 - R11}     ;将 12 个字保存到目标区
    CMP R12, R14              ;是否到达源数据尾,R14 存数据尾
```

BLO loop ;LO 为条件小于,注意不是零,是字母“O”

批量指令应用举例 2:子程序入/出的数据保护和恢复

```
function
STMFD R13!,{R4 - R12,R14};保存寄存器数据到堆栈,FD 满递减堆栈
…
插入函数体
…
LDMFD R13!,{R4 - R12,R14};从堆栈中恢复寄存器
```

(3)堆栈操作

将部分或全部寄存器的值压入堆栈

PUSH {寄存器列表} ;每个寄存器压入堆栈,会使 SP 减 4

压入 LR 意味着保存了返回地址

示例:

PUSH {r1,r2,LR}

从堆栈中弹出部分或全部寄存器的值

POP {寄存器列表} ;每弹出一个寄存器的值,会使 SP 加 4

如果弹出的值给 PC,当 POP 指令执行后,程序将转移到新的 PC 位置处执行。

3)寄存器与特殊功能寄存器间传送数据

MRS 指令,MRS 指令的格式为:

MRS{条件} 通用寄存器,程序状态寄存器(CPSR 或 SPSR)

MRS 指令用于将程序状态寄存器的内容传送到通用寄存器中。该指令一般用于以下两种情况:

当需要改变程序状态寄存器的内容时,可用 MRS 将程序状态寄存器的内容读入通用寄存器,修改后再写回程序状态寄存器。

当在异常处理或进程切换时,需要保存程序状态寄存器的值,可先用该指令读出程序状态寄存器的值,然后保存。

指令示例:

```
MRS R0,CPSR    ;传送 CPSR 的内容到 R0
MRS R0,SPSR    ;传送 SPSR 的内容到 R0
```

MSR 指令. MSR 指令的格式为:

MSR{条件} 程序状态寄存器(CPSR 或 SPSR)_<域>,操作数

MSR 指令用于将操作数的内容传送到程序状态寄存器的特定域中。其中,操作数可以为通用寄存器或立即数。<域>用于设置程序状态寄存器中需要操作的位,32 位的程序状态寄存器可分为 4 个域:

位[31:24]为条件位域,用 f 表示;

位[23:16]为状态位域,用 s 表示;

位[15:8] 为扩展位域,用 x 表示;

位[7:0] 为控制位域,用 c 表示;

该指令通常用于恢复或改变程序状态寄存器的内容,在使用时,一般要在 MSR 指令中指

明将要操作的域。

指令示例:

MSR CPSR,R0　　　;传送 R0 的内容到 CPSR

MSR SPSR,R0　　　;传送 R0 的内容到 SPSR

MSR CPSR_c,R0　　　;传送 R0 的内容到 CPSR,但仅仅修改 CPSR 中的控制位域

5.3.2　子程序调用和跳转指令

B Label;跳转到 Label 处对应的地址,无条件跳转指令。

BX reg;跳转到由寄存器 reg 给出的地址,无条件跳转指令。Rm 的 bit[0]必须是 1,但跳转地址在创建时会把 bit[0]置为 0。

BL Label;跳转到 Label 对应的地址,并且把跳转前的下条指令地址保存到 LR。

BLX reg;跳转到由寄存器 reg 给出的地址,并根据 REG 的 LSB 切换处理器状态,还要把转移前的下条指令地址保存到 LR。

例 1:

B loopA;无条件跳转到 loopA 的位置

BLE ng;LE 条件跳转到标号 ng

B. W target;在 16 MB 内跳转到 target

操作数	跳转范围
B label	-16 ~ +16 MB
B{cond} label(IT 块外)	-1 ~ +1 MB
B{cond} label(IT 块内)	-16 ~ +16 MB
BL{cond} label	-16 ~ +16 MB
BX{cond} Rm	寄存器可以表示任何值

IT 块的使用形式如下:

IT <cond>;围起 1 条指令的 IF-THEN 块

IT <x> <cond>;围起 2 条指令的 IF-THEN 块

IT <x> <y> <cond>;围起 3 条指令的 IF-THEN 块

IT <x> <y> <z> <cond>;围起 4 条指令的 IF-THEN 块

其中 <x>, <y>, <z>的取值可以是"T"或者"E"。

例 2:

```
if (R0 = =R1)            CMP R0,R1;比较 R0 和 R1
{                        ITTEE   EQ;如果 R0  = =  R1,Then - Then - Else - Else
    R3  =  R4  +  R5;    ADDEQ R3,R4,R5;相等时加法 EQ
    R3  =  R3 / 2;       ASREQ R3,R3,#1;相等时算术右移
}
else
{
    R3  =  R6  +  R7;    ADDNE R3,R6,R7;不等时加法
    R3  =  R3 / 2;       ASRNE R3,R3,#1;不等时算术右移
```

}

例 3:

将 R0 的 16 进制数转成 ASCII 码的('0'-'9')或('A'-'F')

```
CMP R0,#9
ITE GT;以下 2 条指令是本 IT 块内指令
ADDGT R1,R0,#55;转换成 A—F
ADDLE R1,R0,#48;转换成 0—9
```

例 4:

```
ITTE EQ
MOVEQ R0,R1;EQ 满足 R0=R1
ADDEQ R2,R2,#10;EQ 满足,r2+=10
ANDNE R3,R3,#1;NE 条件满足,R3&=1
```

使用注意事项:

分支指令和修改 PC 值的指令必须放在 IT 块外或 IT 块最后一条。IT 块里每条指令必须制订带条件码后缀,必须与 IT 指令相同或相反。

LDR 和 ADR 都有能力产生一个地址,但是语法和行为不同。对于 LDR,如果汇编器发现要产生立即数是一个程序地址,它会自动地把 LSB 置位,例如:

```
LDR r0, =address1;R0= 0x4000 | 1
…
address1
0x4000: MOV R0,R1
```

ADR 指令则不会修改 LSB。例如:

```
ADR r0,address1;R0= 0x4000。注意:没有"="号
…
address1
0x4000: MOV R0,R1
```

LDR 通常是把要加载的数值预先定义,再使用一条 PC 相对加载指令来取出。而 ADR 则尝试对 PC 作算术加法或减法来取得立即数。

5.4 ARM 伪指令

在 ARM 汇编语言程序里,有一些特殊指令助记符,这些助记符与指令系统的助记符不同,没有相对应的操作码,通常称这些特殊指令助记符为伪指令,他们所完成的操作称为伪操作。伪指令在源程序中的作用是为完成汇编程序作各种准备工作的,这些伪指令仅在汇编过程中起作用,一旦汇编结束,伪指令的使命就完成。

在 ARM 的汇编程序中,有如下几种伪指令:符号定义伪指令、数据定义伪指令、汇编控制伪指令、宏指令以及其他伪指令。

5.4.1　符号定义伪指令

符号定义伪指令用于定义 ARM 汇编程序中的变量、对变量赋值以及定义寄存器的别名等操作。常见的符号定义伪指令有如下几种：

用于定义全局变量的 GBLA、GBLL 和 GBLS；

用于定义局部变量的 LCLA、LCLL 和 LCLS；

用于对变量赋值的 SETA、SETL、SETS；

为通用寄存器列表定义名称的 RLIST。

1）GBLA、GBLL 和 GBLS

语法格式：GBLA（GBLL 或 GBLS）全局变量名。

GBLA、GBLL 和 GBLS 伪指令用于定义一个 ARM 程序中的全局变量，并将其初始化。其中：

GBLA 伪指令用于定义一个全局的数字变量，并初始化为 0；

GBLL 伪指令用于定义一个全局的逻辑变量，并初始化为 F（假）；

GBLS 伪指令用于定义一个全局的字符串变量，并初始化为空。

由于以上 3 条伪指令用于定义全局变量，因此在整个程序范围内变量名必须唯一。

使用示例：

```
GBLA Test1 ;              定义一个全局的数字变量，变量名为 Test1
Test1 SETA 0xaa ;         将该变量赋值为 0xaa
GBLL Test2 ;              定义一个全局的逻辑变量，变量名为 Test2
Test2 SETL {TRUE} ;       将该变量赋值为真
GBLS Test3 ;              定义一个全局的字符串变量，变量名为 Test3
Test3 SETS "Testing" ;    将该变量赋值为"Testing"
```

2）LCLA、LCLL 和 LCLS

语法格式：LCLA（LCLL 或 LCLS）局部变量名。

LCLA、LCLL 和 LCLS 伪指令用于定义一个 ARM 程序中的局部变量，并将其初始化。其中：

LCLA 伪指令用于定义一个局部的数字变量，并初始化为 0；

LCLL 伪指令用于定义一个局部的逻辑变量，并初始化为 F（假）；

LCLS 伪指令用于定义一个局部的字符串变量，并初始化为空。

以上 3 条伪指令用于声明局部变量，在其作用范围内变量名必须唯一。

使用示例：

```
LCLA Test4 ;              声明一个局部的数字变量，变量名为 Test4
Test3 SETA 0xaa ;         将该变量赋值为 0xaa
LCLL Test5 ;              声明一个局部的逻辑变量，变量名为 Test5
Test4 SETL {TRUE} ;       将该变量赋值为真
LCLS Test6 ;              定义一个局部的字符串变量，变量名为 Test6
Test6 SETS "Testing";     将该变量赋值为"Testing"
```

3)SETA、SETL 和 SETS

语法格式:变量名 SETA(SETL 或 SETS)表达式。

伪指令 SETA、SETL、SETS 用于给一个已经定义的全局变量或局部变量赋值。

SETA 伪指令用于给一个数学变量赋值;

SETL 伪指令用于给一个逻辑变量赋值;

SETS 伪指令用于给一个字符串变量赋值。

其中,变量名为已经定义过的全局变量或局部变量,表达式为将要赋给变量的值。

使用示例:

```
LCLA Test3 ;                声明一个局部的数字变量,变量名为 Test3
Test 3 SETA 0xaa ;          将该变量赋值为 0xaa
LCLL Test4 ;                声明一个局部的逻辑变量,变量名为 Test4
Test 4 SETL {TRUE} ;        将该变量赋值为真
```

4)RLIST

语法格式:名称 RLIST{寄存器列表}。

RLIST 伪指令可用于对一个通用寄存器列表定义名称,使用该伪指令定义的名称可在 ARM 指令 LDM/STM 中使用。在 LDM/STM 指令中,列表中的寄存器访问次序为根据寄存器的编号由低到高,而与列表中的寄存器排列次序无关。

使用示例:

RegList RLIST {R0-R5,R8,R10};将寄存器列表名称定义为 RegList,可在 ARM 指令 LDM/STM 中通过该名称访问寄存器列表。

5.4.2 数据定义伪指令

数据定义伪指令一般用于为特定的数据分配存储单元,同时可完成已分配存储单元的初始化。常见的数据定义伪指令有如下几种:

①DCB 用于分配一片连续的字节存储单元并用指定的数据初始化。

②DCW(DCWU)用于分配一片连续的半字存储单元并用指定的数据初始化。

③DCD(DCDU)用于分配一片连续的字存储单元并用指定的数据初始化。

④DCFD(DCFDU)用于为双精度的浮点数分配一片连续的字存储单元并用指定的数据初始化。

⑤DCFS(DCFSU)用于为单精度的浮点数分配一片连续的字存储单元并用指定的数据初始化。

⑥DCQ(DCQU)用于分配一片以 8 字节为单位的连续的存储单元并用指定的数据初始化。

⑦SPACE 用于分配一片连续的存储单元。

⑧MAP 用于定义一个结构化的内存表首地址。

⑨FIELD 用于定义一个结构化的内存表的数据域。

常用数据定义伪指令的使用示例:

①Str DCB"This is a test";分配一片连续的字节存储单元并初始化。

②DataTest DCW 1,2,3;分配一片连续的半字存储单元并初始化。

③DataTest DCD 4,5,6;分配一片连续的字存储单元并初始化。

④FDataTest DCFD 2E115, -5E7;分配一片连续的字存储单元并初始化为指定的双精度数。

⑤FDataTest DCFS 2E5, -5E -7;分配一片连续的字存储单元并初始化为指定的单精度数。

⑥DataTest DCQ 100;分配一片连续的存储单元并初始化为指定的值。

⑦DataSpace SPACE 100;分配连续 100 字节的存储单元并初始化为 0。

⑧MAP 0x100 ,R0;定义结构化内存表首地址的值为 0x100 + R0。

⑨下面是 MAP 与 FIELD 的配合使用:

MAP 0x100;定义结构化内存表首地址的值为 0x100。

A FIELD 16;定义 A 的长度为 16 字节,位置为 0x100。

B FIELD 32;定义 B 的长度为 32 字节,位置为 0x110。

S FIELD 256;定义 S 的长度为 256 字节,位置为 0x130。

注意:MAP 和 FIELD 伪指令仅用于定义数据结构,并不实际分配存储单元。

5.4.3　汇编控制伪指令与宏指令

汇编控制伪指令用于控制汇编程序的执行流程,常用的汇编控制伪指令包括以下几条。

1)IF、ELSE、ENDIF

语法格式:

```
IF 逻辑表达式
    指令序列 1
ELSE
    指令序列 2
ENDIF
```

IF、ELSE、ENDIF 伪指令能根据条件的成立与否决定是否执行某个指令序列。当 IF 后面的逻辑表达式为真,则执行指令序列 1,否则执行指令序列 2。其中,ELSE 及指令序列 2 可以没有,此时,当 IF 后面的逻辑表达式为真,则执行指令序列 1,否则继续执行后面的指令。

IF、ELSE、ENDIF 伪指令可以嵌套使用。

使用示例:

```
GBLL Test;声明一个全局的逻辑变量,变量名为 Test
IF Test = TRUE
    指令序列 1
ELSE
    指令序列 2
ENDIF
```

2)WHILE、WEND

语法格式:

```
WHILE 逻辑表达式
    指令序列
```

WEND

WHILE、WEND 伪指令能根据条件的成立与否决定是否循环执行某个指令序列。当 WHILE 后面的逻辑表达式为真,则执行指令序列,该指令序列执行完毕后,再判断逻辑表达式的值,若为真则继续执行,一直到逻辑表达式的值为假。

WHILE、WEND 伪指令可以嵌套使用。

使用示例:

```
GBLA Counter ;        声明一个全局的数学变量,变量名为 Counter
Counter SETA 3 ;      由变量 Counter 控制循环次数
    …
WHILE Counter < 10
    指令序列
WEND
```

3) MACRO、MEND

语法格式:

```
MACRO
 $标号 宏名 $参数 1 , $参数 2 ,……
    指令序列
MEND
```

MACRO、MEND 伪指令可以将一段代码定义为一个整体,称为宏指令,然后就可以在程序中通过宏指令多次调用该段代码。其中,$标号在宏指令被展开时,标号会被替换为用户定义的符号,宏指令可以使用一个或多个参数,当宏指令被展开时,这些参数被相应的值替换。

宏指令的使用方式和功能与子程序有些相似,子程序可以提供模块化的程序设计,节省存储空间并提高运行速度。但在使用子程序结构时需要保护现场,从而增加了系统的开销,因此,在代码较短且需要传递的参数较多时,可以使用宏指令代替子程序。

包含在 MACRO 和 MEND 之间的指令序列称为宏定义体,在宏定义体的第一行应声明宏的原型(包含宏名、所需的参数),然后就可以在汇编程序中通过宏名来调用该指令序列。在源程序被编译时,汇编器将宏调用展开,用宏定义中的指令序列代替程序中的宏调用,并将实际参数的值传递给宏定义中的形式参数。

MACRO、MEND 伪指令可以嵌套使用。

4) MEXIT

语法格式

MEXIT

MEXIT 用于从宏定义中跳转出去。

5.4.4 其他常用的伪指令

还有一些其他的伪指令,在汇编程序中经常会被使用,包括以下几条。

1) AREA

语法格式:

AREA 段名 属性 1 ,属性 2,……

AREA 伪指令用于定义一个代码段或数据段。其中，段名若以数字开头，则该段名需用“|”括起来，如：|1_test|。

属性字段表示该代码段（或数据段）的相关属性，多个属性用逗号分隔。常用的属性如下：

CODE 属性：用于定义代码段，默认为 READONLY。

DATA 属性：用于定义数据段，默认为 READWRITE。

READONLY 属性：指定本段为只读，代码段默认为 READONLY。

READWRITE 属性：指定本段为可读可写，数据段的默认属性为 READWRITE。

ALIGN 属性：使用方式为 ALIGN 表达式。在默认时，ELF（可执行连接文件）的代码段和数据段是按字对齐的，表达式的取值范围为 0 ~ 31，相应的对齐方式为 2 的表达式次方。

COMMON 属性：该属性定义一个通用的段，不包含任何的用户代码和数据。各源文件中同名的 COMMON 段共享同一段存储单元。

一个汇编语言程序至少要包含一个段，当程序太长时，也可以将程序分为多个代码段和数据段。

使用示例：

AREA Init，CODE，READONLY；该伪指令定义了一个代码段，段名为 Init，属性为只读

2）ALIGN

语法格式：

ALIGN{表达式{，偏移量}}

ALIGN 伪指令可通过添加填充字节的方式，使当前位置满足一定的对齐方式。其中，表达式的值用于指定对齐方式，可能的取值为 2 的幂，如 1、2、4、8、16 等。若未指定表达式，则将当前位置对齐到下一个字的位置。偏移量也为一个数字表达式，若使用该字段，则当前位置的对齐方式为：2 的表达式次幂 + 偏移量。

使用示例：

AREA Init，CODE，READONLY，ALIEN = 3；指定后面的指令为 8 字节对齐

　　指令序列

END

3）CODE16、CODE32

语法格式：

CODE16（或 CODE32）

CODE16 伪指令通知编译器，其后的指令序列为 16 位的 Thumb 指令。

CODE32 伪指令通知编译器，其后的指令序列为 32 位的 ARM 指令。

若在汇编源程序中同时包含 ARM 指令和 Thumb 指令时，可用 CODE16 伪指令通知编译器其后的指令序列为 16 位的 Thumb 指令，CODE32 伪指令通知编译器其后的指令序列为 32 位的 ARM 指令。因此，在使用 ARM 指令和 Thumb 指令混合编程的代码里，可用这两条伪指令进行切换，但注意他们只通知编译器其后指令的类型，并不能对处理器进行状态的切换。

使用示例：

AREA Init，CODE，READONLY　　　　……

CODE32；　通知编译器其后的指令为 32 位的 ARM 指令

LDR R0, = NEXT + 1;将跳转地址放入寄存器 R0

BX R0;程序跳转到新的位置执行,并将处理器切换到 Thumb 工作状态

……

CODE16;通知编译器其后的指令为 16 位的 Thumb 指令

NEXT LDR R3, = 0x3FF

……

END;

4) ENTRY

语法格式:

ENTRY

ENTRY 伪指令用于指定汇编程序的入口点。在一个完整的汇编程序中至少要有一个 ENTRY(也可以有多个,当有多个 ENTRY 时,程序的真正入口点由链接器指定),但在一个源文件里最多只能有一个 ENTRY(可以没有)。

使用示例:

AREA Init,CODE,READONLY

ENTRY;指定应用程序的入口点

……

5) END

语法格式:

END

END 伪指令用于通知编译器已经到了源程序的结尾。

使用示例:

AREA Init,CODE,READONLY

……

END;指定应用程序的结尾

6) EQU

语法格式:

名称 EQU 表达式{,类型}

EQU 伪指令用于为程序中的常量、标号等定义一个等效的字符名称,类似于 C 语言中的 #define。其中 EQU 可用“ * ”代替。名称为 EQU 伪指令定义的字符名称,当表达式为 32 位的常量时,可以指定表达式的数据类型,可以有以下 3 种类型:CODE16、CODE32 和 DATA。

使用示例:

Test EQU 50;定义标号 Test 的值为 50

Addr EQU 0x55,CODE32;定义 Addr 的值为 0x55,且该处为 32 位的 ARM 指令

7) EXPORT(或 GLOBAL)

语法格式:

EXPORT 标号{[WEAK]}

EXPORT 伪指令用于在程序中声明一个全局的标号,该标号可在其他的文件中引用。EXPORT 可用 GLOBAL 代替。标号在程序中区分大小写,[WEAK]选项声明其他的同名标号

优先于该标号被引用。

使用示例：

```
AREA Init,CODE,READONLY
EXPORT Stest;声明一个可全局引用的标号 Stest
END
```

8) IMPORT

语法格式：

IMPORT 标号{[WEAK]}

IMPORT 伪指令用于通知编译器要使用的标号在其他的源文件中定义，但要在当前源文件中引用，而且无论当前源文件是否引用该标号，该标号均会被加入到当前源文件的符号表中。标号在程序中区分大小写，[WEAK]选项表示当所有的源文件都没有定义这样一个标号时，编译器也不给出错误信息，在多数情况下将该标号置为 0，若该标号为 B 或 BL 指令引用，则将 B 或 BL 指令置为 NOP 操作。

使用示例：

```
AREA Init,CODE,READONLY
IMPORT Main;通知编译器当前文件要引用标号 Main,但 Main 在其他源文件中定义
END
```

9) EXTERN

语法格式：

EXTERN 标号{[WEAK]}

EXTERN 伪指令用于通知编译器要使用的标号在其他的源文件中定义，但要在当前源文件中引用，如果当前源文件实际并未引用该标号，则该标号就不会被加入当前源文件的符号表中。标号在程序中区分大小写，[WEAK]选项表示当所有的源文件都没有定义这样一个标号时，编译器也不给出错误信息，在多数情况下将该标号置为 0，若该标号为 B 或 BL 指令引用，则将 B 或 BL 指令置为 NOP 操作。

使用示例：

```
AREA Init,CODE,READONLY
EXTERN Main;通知编译器当前文件要引用标号 Main,但 Main 在其他源文件中定义
END
```

10) GET(或 INCLUDE)

语法格式：

GET 文件名

GET 伪指令用于将一个源文件包含到当前的源文件中，并将被包含的源文件在当前位置进行汇编处理。可以使用 INCLUDE 代替 GET。

汇编程序中常用的方法是在某源文件中定义一些宏指令，用 EQU 定义常量的符号名称，用 MAP 和 FIELD 定义结构化的数据类型，然后用 GET 伪指令将这个源文件包含到其他的源文件中。使用方法与 C 语言中的“include”相似。

GET 伪指令只能用于包含源文件，包含目标文件需要使用 INCBIN 伪指令。

使用示例：

```
AREA Init,CODE,READONLY
GET a1.s;         通知编译器当前源文件包含源文件 a1.s
GET C:\a2.s;      通知编译器当前源文件包含源文件 C:\a2.s
END
```

11)I NCBIN

语法格式:

INCBIN 文件名

INCBIN 伪指令用于将一个目标文件或数据文件包含到当前的源文件中,被包含的文件不作任何变动的存放在当前文件中,编译器从其后开始继续处理。

使用示例:

```
AREA Init,CODE,READONLY
INCBIN a1.dat;        通知编译器当前源文件包含文件 a1.dat
INCBIN C:\a2.txt;     通知编译器当前源文件包含文件 C:\a2.txt
END
```

12)RN

语法格式:

名称 RN 表达式

RN 伪指令用于给一个寄存器定义一个别名。采用这种方式可以方便程序员记忆该寄存器的功能。其中,名称为给寄存器定义的别名,表达式为寄存器的编码。

使用示例:

```
Temp RN R0;将 R0 定义一个别名 Temp
```

13)ROUT

语法格式:

{名称}ROUT

ROUT 伪指令用于给一个局部变量定义作用范围。在程序中未使用该伪指令时,局部变量的作用范围为所在的 AREA,而使用 ROUT 后,局部变量的作为范围为当前 ROUT 和下一个 ROUT 之间。

5.5 ARM 汇编与 C 语言混合编程

在嵌入式系统开发中,目前使用的主要编程语言是 C 和汇编,C++已经有相应的编译器,但是现在使用还是比较少的。在稍大规模的嵌入式软件中,例如含有 OS,大部分的代码都是用 C 编写的,主要是因为 C 语言的结构比较好,便于人的理解,而且有大量的支持库。

尽管如此,很多地方还是要用到汇编语言,例如开机时硬件系统的初始化,包括 CPU 状态的设定、中断的使能、主频的设定,以及 RAM 的控制参数及初始化,一些中断处理方面也可能涉及汇编。另外一个使用汇编的地方就是一些对性能非常敏感的代码块,这是不能依靠 C 编译器的生成代码,而要手工编写汇编达到优化的目的。而且,汇编语言是和 CPU 的指令集紧密相连的,作为涉及底层的嵌入式系统开发,熟练对应汇编语言的使用也是必须的。

单纯的 C 或者汇编编程请参考相关的书籍或者手册，这里主要讨论 C 和汇编的混合编程，包括相互之间的函数调用。C 与汇编的函数调用时涉及参数传递问题，需要按照 ATPCS（ARM Thumb Procedure Call Standard）的规定来进行。ATPCS 规定，如果函数有不多于 4 个参数，则对应的用 R0 ~ R3 来进行传递，多于 4 个时借助栈。函数的返回值通过 R0 来返回。ATPCS 规则体现了一种模块化设计的思想，其基本内容是 C 模块（函数）和汇编模块（函数）相互调用的一套规则。ATPCS 规则内容如下。

（1）寄存器的使用规则

①子程序之间通过寄存器 r0 ~ r3 来传递参数，当参数个数多于 4 个时，使用堆栈来传递参数。此时 r0 ~ r3 可记作 A1 ~ A4。

②在子程序中，使用寄存器 r4 ~ r11 保存局部变量。因此当进行子程序调用时要注意寄存器的保存和恢复。此时 r4 ~ r11 可记作 V1 ~ V8。

③寄存器 r12 用于保存堆栈指针 SP，当子程序返回时使用该寄存器出栈，记作 IP。

④寄存器 r13 用作堆栈指针，记作 SP。寄存器 r14 称为链接寄存器，记作 LR。该寄存器用于保存子程序的返回地址。

⑤寄存器 r15 称为程序计数器，记作 PC。

（2）堆栈的使用规则

ATPCS 规定堆栈采用满递减类型（FD，Full Descending），即堆栈通过减小存储器地址而向下增长，堆栈指针指向内含有效数据项的最低地址。

（3）参数的传递规则

①整数参数的前 4 个使用 r0 ~ r3 传递，其他参数使用堆栈传递；浮点参数使用编号最小且能够满足需要的一组连续的 FP 寄存器传递参数。

②子程序的返回结果为一个 32 位整数时，通过 r0 返回；返回结果为一个 64 位整数时，通过 r0 和 r1 返回；依此类推。结果为浮点数时，通过浮点运算部件的寄存器 F0、D0 或者 S0 返回。

下面分 4 种情况来讨论 C 与汇编的混合编程。

5.5.1　在 C 语言中内嵌汇编

在 C 中内嵌的汇编指令包含大部分的 ARM 和 Thumb 指令，不过其使用与汇编文件中的指令有些不同，存在一些限制，主要有以下几个方面。

①不能直接向 PC 寄存器赋值，程序跳转要使用 B 或者 BL 指令。

②在使用物理寄存器时，不要使用过于复杂的 C 表达式，避免物理寄存器冲突。

③R12 和 R13 可能被编译器用来存放中间编译结果，计算表达式值时可能将 R0 ~ R3、R12 及 R14 用于子程序调用，因此要避免直接使用这些物理寄存器。

④一般不要直接指定物理寄存器，而让编译器进行分配。

内嵌汇编使用的标记是_asm 或者 asm 关键字，用法如下：

```
_asm
{
    instruction[ ;instruction]
    …
```

```
[instruction]
}
asm("instruction[;instruction]");
```

下面通过一个例子来说明如何在 C 中内嵌汇编语言,

```
#include < stdio. h >
void my_strcpy(const char *src, char *dest)
{
    char ch;
    _asm;两个下划线
    {
        loop
        ldrb ch,[src],#1
        strb ch,[dest],#1
        cmp ch,#0
        bne loop
    }
}
int main()
{
    char *a = "forget it and move on!";
    char b[64];
    my_strcpy(a, b);
    printf("original: %s", a);
    printf("copyed: %s", b);
    return 0;
}
```

在这里 C 和汇编之间的值传递是用 C 的指针来实现的,因为指针对应的是地址,所以汇编中也可以访问。

5.5.2 在汇编中使用 C 定义的全局变量

内嵌汇编不用单独编辑汇编语言文件,比较简洁,但是有诸多限制。当汇编的代码较多时一般放在单独的汇编文件中,这时就需要在汇编和 C 之间进行一些数据的传递,最简便的办法就是使用全局变量。

```
/* cfile. c
    定义全局变量,并作为主调程序
 */
#include < stdio. h >
int gVar_1 = 12;
extern asmDouble(void);
```

```
int main( )
{
    printf( "original value of gVar_1 is: %d", gVar_1 );
    asmDouble( );
    printf( "modified value of gVar_1 is: %d", gVar_1 );
    return 0;
}
```

对应的汇编语言文件

```
    ;called by main(in C),to double an integer,a global var defined in C is used
    AREA asmfile, CODE, READONLY
    EXPORT asmDouble
    IMPORT gVar_1
asmDouble
    ldr   r0,  =gVar_1
    ldr   r1,  [r0]
    mov r2, #2
    mul r3,   r1, r2
    str   r3,  [r0]
    mov pc, lr
    END
```

5.5.3　在 C 中调用汇编的函数

在 C 中调用汇编文件中的函数,要做的主要工作有两个,一是在 C 中声明函数原型,并加 extern 关键字;二是在汇编中用 EXPORT 导出函数名,并用该函数名作为汇编代码段的标识,最后用 mov pc,lr 返回。然后,就可以在 C 中使用该函数了。从 C 的角度,并不知道该函数的实现是用 C 还是汇编。更深的原因是因为 C 的函数名起到表明函数代码起始地址的作用,这个和汇编的 label 是一致的。

```
/* cfile.c
    in C,call an asm function,asm_strcpy
 */
#include <stdio.h>
extern void asm_strcpy(const char *src, char *dest);
int main( )
{
    const char *s = "seasons in the sun";
    char d[32];
    asm_strcpy(s, d);
    printf("source: %s", s);
    printf(" destination: %s",d);
    return 0;
```

```
    }
    ;asm function implementation
    AREA asmfile, CODE, READONLY
    EXPORT asm_strcpy
asm_strcpy
    loop
    ldrb r4,[r0],#1;address increment after read
    cmp r4,#0
    beq over
    strb r4,[r1],#1
    b loop
    over
    mov pc,lr
    END
```

在这里,C 和汇编之间的参数传递是通过 ATPCS 的规定来进行的。简单说来就是如果函数有不多于 4 个参数,则对应的用 R0 ~ R3 来进行传递,多于 4 个时借助栈。函数的返回值通过 R0 来返回。

5.5.4 在汇编中调用 C 的函数

在汇编中调用 C 的函数,需要在汇编中 IMPORT 对应的 C 函数名,然后将 C 的代码放在一个独立的 C 文件中进行编译,剩下的工作由连接器来处理。

```
;the details of parameters transfer comes from ATPCS
;if there are more than 4 args, stack will be used
EXPORT asmfile
AREA asmfile, CODE, READONLY
IMPORT cFun
ENTRY
mov r0, #11
mov r1, #22
mov r2, #33
BL cFun
END
/* C file, called by asmfile */
int cFun(int a, int b, int c)
{
    return a + b + c;
}
```

在汇编中调用 C 的函数,参数的传递也是通过 ATPCS 来实现的。需要指出的是,当函数的参数个数大于 4 时,要借助 stack,具体见 ATPCS 规范。

第6章 STM32的功能部件与应用

6.1 STM32寄存器概述

Cortex-M3 采用的是基于 RISC 的哈佛结构，为了减少 CPU 访问存储器，提高处理速度，Cortex-M3 内部集成了更多的寄存器。Cortex-M3 寄存器分为内核寄存器、片上外设用寄存器、专用外设用寄存器等。

6.1.1 Cortex-M3 内核寄存器

内核寄存器是 CPU 的组成部分，它们没有地址，可以通过寄存器名字来操作内核寄存器。Cortex-M3 处理器拥有 R0 ~ R15 的寄存器组，如图 6.1 所示。

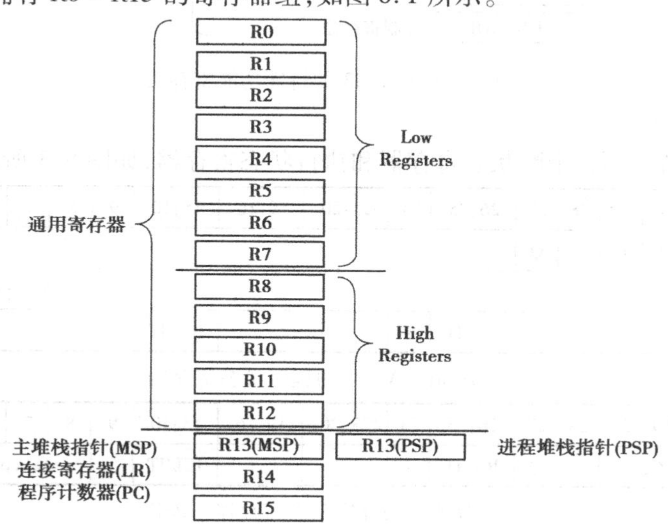

图 6.1　R0 ~ R15 寄存器组

R0 ~ R12：通用寄存器。

R0 ~ R12 都是 32 位通用寄存器，用于数据操作。绝大多数 16 位 Thumb 指令只能访问 R0 ~ R7，而 32 位 Thumb-2 指令可以访问所有寄存器。

R13:两个堆栈指针。

一个 R13 对应两个物理寄存器,即主堆栈指针(MSP)和进程堆栈指针(PSP)。某个时刻只能访问某一个(MSP 或者 PSP),通过控制寄存器的 CONTROL[1]位来选择使用哪一个。如果 CONTROL[1]=0,则选择 MSP,此时操作 R13(SP)就是操作 MSP;如果 CONTROL[1]=1,则选择 PSP,此时操作 R13(SP)就是操作 PSP。一般 MSP 用作操作系统内核栈区管理,复位后缺省使用的是主堆栈指针;PSP 用作用户程序栈区管理,这样区分可以有效保护操作系统不被破坏。

堆栈指针的最低两位永远是 0,这意味着堆栈总是 4 字节对齐的,参见第 1 章的堆栈指示器。

R14:连接寄存器。

当呼叫一个子程序时,由 R14 存储返回地址,不像大多数其他处理器,ARM 为了减少访问内存的次数(访问内存的操作往往要 3 个以上指令周期,带 MMU 和 Cache 的就更加不确定了),把返回地址直接存储在寄存器中。这样足以使很多只有 1 级子程序调用的代码无需访问内存(堆栈内存),从而提高了子程序调用的效率。如果多于 1 级,则需要把前一级的 R14 值压到堆栈里。在 ARM 上编程时,应尽量只使用寄存器保存中间结果,迫不得已时才访问内存。

R15:程序计数寄存器。

指向当前的程序预取指令地址。如果修改它的值,就能改变程序的执行流。

除了上面的寄存器组,Cortex-M3 还在内核水平上搭载了若干特殊功能寄存器,包括程序状态字寄存器组(xPSR)、中断屏蔽寄存器组(PRIMASK、FAULTMASK、BASEPRI)和控制寄存器(CONTROL),如图 6.2 所示。

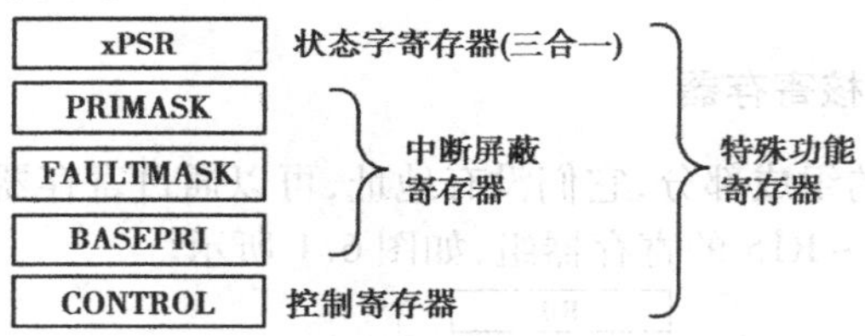

图 6.2　Cortex-M3 的特殊功能寄存器

1)状态字寄存器

包括应用状态寄存器、中断状态寄存器和执行状态寄存器,如图 6.3 所示。

	31	30	29	28	27	26:25	24	23:20	19:16	15:10	9	8	7	6	5	4:0
APSR	N	Z	C	V	Q											
IPSR												Exception Number				
EPSR						ICI/IT	T			ICI/IT						

(a)Cortex-M3 中的程序状态寄存器

	31	30	29	28	27	26:25	24	23:20	19:16	15:10	9	8	7	6	5	4:0
xPSR	N	Z	C	V	Q	ICI/IT	T			ICI/IT		Exception Number				

(b)合体后的程序状态寄存器(xPSR)

图 6.3　3 个状态寄存器及其合成

2)中断屏蔽寄存器

①PRIMASK:只有 1 位

=1:关掉所有可屏蔽中断,开放 NMI 和硬 fault,相当于将 BASEPRI 设为 0;

=0:允许中断。

②FAULTMASK:只有 1 位

=1:关掉所有中断,只开放 NMI,中断退出时自动清零;

=0:允许中断。

③BASEPRI:有 9 位,设置中断屏蔽阈值,优先级号大于等于阈值被屏蔽。若 BASEPRI 设为 0,则取消 BASEPRI 对中断的屏蔽。

这 3 个寄存器任何一个屏蔽了中断,则相应的中断被阻断,哪怕其他两个寄存器都是允许中断的。

3)控制寄存器 CONTROL

拥有两个控制位 CONTROL[1:0],分别用来设置特权级和选择堆栈指针。其中 CONTROL[0]设置特权级,CONTROL[1]选择堆栈指针。

CONTROL[0]=0:特权模式;

CONTROL[0]=1:用户模式;

CONTROL[1]=0:R13 选 MSP;

CONTROL[1]=1:R13 选 PSP。

需要注意这些系统寄存器只有在特权级下才可以修改其内容,在特权模式下可以修改 CONTROL[0]进入用户模式,但是要从用户模式进入特权模式就比较麻烦,因为此时不允许修改 CONTROL。这么做的目的是保护操作系统不被破坏,因为操作系统程序是工作在特权级模式下,用户程序是工作在用户模式下,所以这么做是为了提高系统的安全性。

6.1.2　片上外设用寄存器

还有一些寄存器管理着片上的/片外的各种设备,也就是说这些寄存器都有对应的设备,甚至可以理解为这些寄存器就是设备。通过修改这些寄存器的内容就可以修改相应存储器的内容,也可以修改相应设备的工作方式。CPU 访问存储器或者设备则是通过三总线,这些设备和存储器就需要有相应的地址。管理这些存储器和设备的寄存器和它们是对应的,所以这些寄存器不同于内核寄存器,它们都有相应的地址。为了搞清楚 CM3 核上非内核寄存器,就必须搞清楚下面这张图,如图 6.4 所示。

地址	大小	区域	说明
0x FFFF FFFF 0x E000 0000	512 MB	System Level	服务于CM3的私房外设，包括NVIC寄存器，MPU寄存器以及片上调试组件
0x DFFF FFFF 0x A000 0000	1 GB	Exteral Device	主要用于扩展片外的外设（如同8051配8522）
0x 9FFF FFFF 0x 6000 0000	1 GB	External RAM	用于扩展外部存储器
0x 5FFF FFFF 0x 4000 0000	512 MB	Peripherals	用于片上外设
0x 3FFF FFFF 0x 2000 0000	512 MB	SRAM	用于片上静态RAM
0x 1FFF FFFF 0x 0000 0000	512 MB	Code	代码区，也可以用于存储启动后缺省的中断向量表

图 6.4　Cortex-M3 的地址映射

从图 6.4 可以看出片上外设寄存器的地址范围是 0x40000000 ~ 0x5FFFFFFF,与位带区重叠意味着 0x40000000 ~ 0x400FFFFF 这个区域的寄存器可以通过位带别名来操作。这 512 M 的地址范围中包括 APB1 设备、APB2 设备和 AHB 设备,观察图 6.5 可以了解 APB1 总线、APB2 总线和 AHB 总线上都有哪些设备,每个设备所对应的寄存器组的地址范围可以查阅手册。

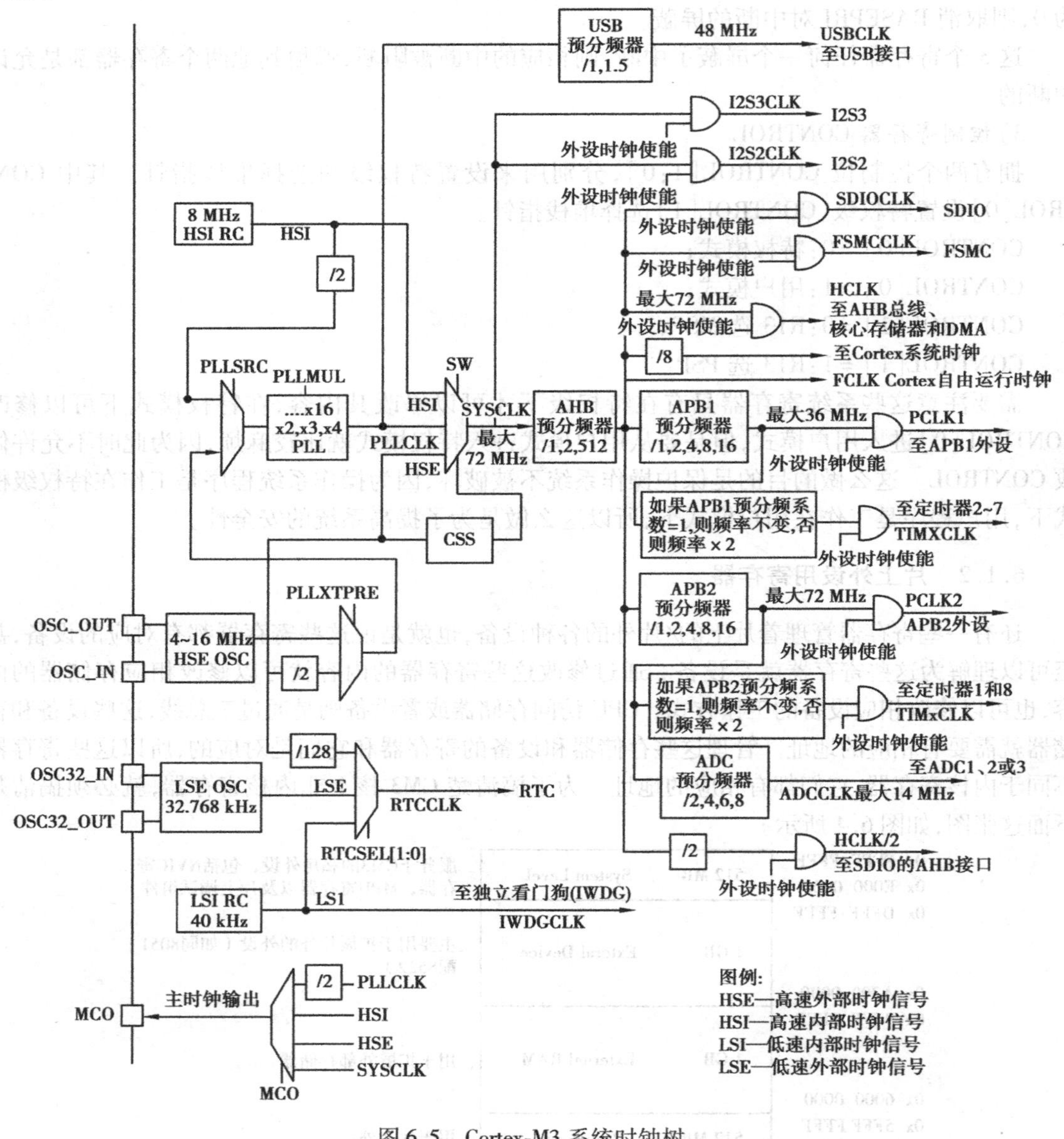

图 6.5　Cortex-M3 系统时钟树

6.1.3　专用外设用寄存器

图 6.4 中地址 0xE0000000 ~ 0xFFFFFFFF 范围内,包括片内外设专用设备、片内外设专用设备等,也可以查阅手册了解这些设备的具体地址范围。其中重要的中断管理寄存器组 NVIC 就属于片内专用设备。

6.1.4　典型寄存器介绍

1) 时钟控制寄存器组 RCC

为了很好地实现低功耗，Cortex-M3 通过一个强大的时钟管理系统来调度内部资源，开发人员可以及时降低工作频率，关闭或者暂停某个区域，从而保证 CM3 始终工作在节能状态，管理这个强大时钟系统的就是 RCC 寄存器组。

CM3 总共有 4 个时钟源，即外部高速时钟（HSE）、内部高速时钟（HSI）、低速外部时钟（LSE）和低速内部时钟（LSI）。此外内部还有一个锁相环 PLL 时钟，能够对 HSI 或 HSE 进行倍频。HSI、HSE 和 PLL 用来驱动系统时钟 SYSCLK；LSI 作为看门狗时钟或者 RTC，LSE 也可以选作 RTC。当不被使用时，任一个时钟源都可被独立地启动或关闭，由此优化系统功耗。整个系统时钟如图 6.5 所示。

时钟控制寄存器组主要包括时钟控制寄存器（RCC_CR）、时钟配置寄存器（RCC_CFGR）、APB2 外设时钟使能寄存器（RCC_APB2ENR）、APB1 外设时钟使能寄存器（RCC_APB1ENR）等，这些寄存器都是 32 位的。

（1）时钟控制寄存器（RCC_CR）

时钟控制寄存器用来控制时钟的打开和关闭，判断时钟是否就绪，以及对 HSI 的 RC 时钟进行校准。它的复位值为：0x0000xx83，其中 X 代表未定义，如图 6.6 所示。

31	30	29	28	27	26	25	24	23	22	21	20	19	18	17	16
保留						PLL RDY	PLL ON	保留				CSS ON	HSE BYP	HSE RDY	HSE ON
						r	rw					rw	rw	r	rw

15	14	13	12	11	10	9	8	7	6	5	4	3	2	1	0
HSICAL[7:0]								HISTRIM[4:0]					保留	HSI RDY	HSI ON
r	r	r	r	r	r	r	r	rw	rw	rw	rw	rw		r	rw

图 6.6　RCC_CR 寄存器结构

①时钟源开启：位[0]开启/关闭 HSI，位[16]开启/关闭 HSE，上电默认开启 HSI。

外部时钟源 HSE：　HSEON = 1（开）/0（关）

内部时钟源 HSI：　HSION = 1（开）/0（关）

例：要开启 HSE，只需要把 CR 寄存器位[16]置 1 即可，C 语言实现如下

```
RCC -> CR| = 1 << 16
```

②开启锁相环：置位位[24]开启，复位位[24]则关闭锁相环 PLL。

PLL：PLLON = 1（开）/0（关）

需要注意的是，配置锁相环之前应该先关闭锁相环（如何配置见后）。

例：开启锁相环 PLL

```
RCC -> CR| = 1 << 24
```

③时钟状态。

通过读取 HSIRDY（位[1]）、HSERDY（位[17]）、PLLRDY（位[25]），可以确定时钟是否正确打开，1——就绪；0——未就绪。

例：读取 HSIRDY

u32　temp =（RCC -> CR &2）

temp 非 0:时钟 HSI 就绪;0:未就绪

(2)时钟配置寄存器(RCC_CFGR)

时钟配置寄存器 CFGR 主要用来选择系统时钟 SYSCLK 的时钟源、选择锁相环时钟源、确定锁相环倍频,以及对各种局部时钟进行预分频等。配置 CFGR 寄存器要紧密结合时钟树,如图 6.7 所示。

31	30	29	28	27	26	25	24	23	22	21	20	19	18	17	16
保留					MCO[2:0]			保留	USB PRE	PLLMUL[3:0]				PLL XTPRE	PLL SRC
					rw	rw	rw		rw	rw	rw	rw	rw	rw	rw

15	14	13	12	11	10	9	8	7	6	5	4	3	2	1	0
ADCPRE[1:0]		PPRE2[2:0]			PPRE1[2:0]			HPRE[3:0]				SWS[1:0]		SW[1:0]	
rw	rw	rw	rw	rw	rw	rw	rw	rw	rw	rw	rw	r	r	rw	rw

图 6.7　RCC_CFGR 寄存器结构

位[1:0](SW[1:0]):

选择 SYSCLK 的时钟源,如下:

00:HSI 作为系统时钟;

01:HSE 作为系统时钟;

10:PLL 输出作为系统时钟;

11:不可用。

如果 SYSCLK 切换结束,可以通过读取 SWS[1:0]来判断是否切换就绪。

位[16](PLLSRC):

选择锁相环的时钟源,如下:

0:HSI 振荡器时钟经 2 分频后作为 PLL 输入时钟;

1:HSE 时钟作为 PLL 输入时钟。

位[17](PLLXTPRE):

HSE 分频器作为锁相环的时钟源,如下:

0:HSE 不分频;

1:HSE 2 分频。

位[20:18](PLLMUL):

PLL 倍频系数,0000 ~ 1110:分别对应 2 ~ 16 倍频。

ADCPRE 对 ADC 进行分频;PPRE1 对低速 APB 预分频(APB1);PPRE2 对高速 APB 预分频(APB2);HPRE 对低速 AHB 预分频;USBPRE 对低速 USB 预分频。在进行预分频或者倍频的时候需要注意,不同型号的芯片对最高频率有不同的限制,比如 STM32 的 F103VC 就要求倍频后的频率不能超过 72 MHz。

例:设置 SYSCLOCK 工作在 72 MHz。

```
void Stm32_Clock_Init(u8 PLL)          设 PLL =9,外部时钟 8 MHz
{
  unsigned char temp =0;
```

```
    MYRCC_DeInit( );                          //复位并配置向量表
    RCC -> CR| =0x00010000;                   //外部高速时钟使能 HSEON
    while( ! (RCC -> CR&(1 <<17)));           //等待外部时钟就绪
    RCC -> CFGR =0X00000400;                  //APB1 = DIV2;APB2 = DIV1;AHB = DIV1
    PLL - =2;                                 //抵消 2 个单位  9→7:0111—9 倍频
    RCC -> CFGR| = PLL << 18;                 //设置 PLL 值 2 ~ 16
    RCC -> CFGR| =1 <<16;                     //PLLSRC ON,使用外部时钟
    FLASH -> ACR| =0x32;                      //FLASH 2 个延时周期
    RCC -> CR| =0x01000000;                   //PLLON,开锁相环
    while( ! (RCC -> CR&(1 <<25)));           //等待 PLL 就绪
    RCC -> CFGR| =0x00000002;                 //PLL 作为系统时钟
    while(temp! =0x02)                        //等待系统时钟就绪
        {
            temp = RCC -> CFGR > >2;
            temp& =0x03;
        }
}
```

(3)APB2 外设时钟复位寄存器 RCC_APB2RSTR 和使能寄存器 RCC_APB2ENR

高速局部总线 APB2 上挂载的设备由 RCC_APB2RENR 和 RCC_APB2RSTR 两个寄存器来负责使能和复位,它们的结构完全一样,如图 6.8 所示。一个寄存器负责使能相应设备,一个寄存器则关闭相应设备。

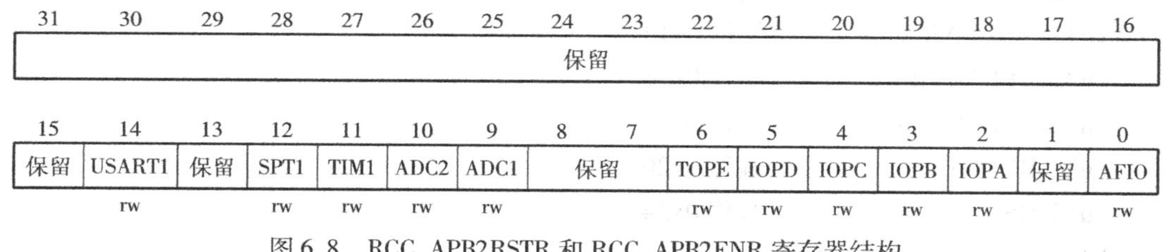

图 6.8　RCC_APB2RSTR 和 RCC_APB2ENR 寄存器结构

这一点与很多处理器的控制寄存器不同,一般都是通过置 1 来使能,置 0 来关闭。而 CM3 设计成两个寄存器,对于使能寄存器 APB2ENR,置 1 使能相应位,置 0 则不起作用,或者无效;对于复位寄存器 APB2RSTR,置 1 则复位相应位,而置 0 则不起作用。这样操作有一个好处,就是在对某些位置位或者复位时,不会影响到其他位的状态,减少开发人员误操作。如果既在 APB2ENR 进行了置位操作,又在 APB2RSTR 进行了复位,那么该关闭还是打开呢? 答案是:最后的操作起作用,如果后复位,复位起作用;如果后置位,则置位起作用。

在使用某个片上设备之前必须要先打开相应的时钟,比如使用 IOPA 口,先要使能 IOPA 口时钟,操作如下:

```
RCC -> APB2ENR  | =1 <<2;
```

复位 A 口时钟,则

```
RCC -> APB2RSTR  | =1 <<2;
```

当然也可以同时使能多个设备时钟,比如同时使能 ADC3、USART1、IOPC 和 AFIO,实现

如下：

RCC -> APB2ENR =0xC011；

(4)APB1 外设时钟复位寄存器 RCC_APB1RSTR 和使能寄存器 RCC_APB1ENR

功能和操作方式与 APB2 外设时钟控制寄存器类似，此处不再赘述，如图 6.9 所示。

31	30	29	28	27	26	25	24	23	22	21	20	19	18	17	16
保留		DACEN	PWP EN	BKP EN	CAN2 EN	CAN1 EN	保留		I2C2 EN	I2C1 EN	UART5 EN	UART4 EN	USART3 EN	USART2 EN	保留
		rw	rw	rw	rw	rw			rw	rw	rw	rw	rw	rw	

15	14	13	12	11	10	9	8	7	6	5	4	3	2	1	0
SPI3 EN	SPI2 EN	保留		WWDG EN	保留					TIM7 EN	TIM6 EN	TIM5 EN	TIM4 EN	TIM3 EN	TIM2 EN
rw	rw			rw						rw	rw	rw	rw	rw	rw

图 6.9 RCC_APB1RSTR 和 RCC_APB1ENR 寄存器结构

(5)时钟控制寄存器组 RCC 的数据结构

stm32f10x_map.h 文件中定义了下面的数据结构体来对应 RCC 寄存器组，偏移量就是寄存器相对于结构体基地址的偏移位置，RCC 的基地址是:0x40021000。

```
typedef struct
{
    vu32 CR;            //偏移 0x00
    vu32 CFGR;          //偏移 0x04
    vu32 CIR;           //偏移 0x08
    vu32 APB2RSTR;      //偏移 0x0C
    vu32 APB1RSTR;      //偏移 0x10
    vu32 AHBENR;        //偏移 0x14
    vu32 APB2ENR;       //偏移 0x18
    vu32 APB1ENR;       //偏移 0x1C
    vu32 BDCR;          //偏移 0x20
    vu32 CSR;           //偏移 0x24
} RCC_TypeDef;
```

对 RCC_TypeDef 指针又重新进行了定义，如下：

```
#define RCC   ((RCC_TypeDef *)RCC_BASE)
```

如要访问 CFGR 寄存器，则对应 C 语句为 RCC -> CFGR。

2)I/O 口寄存器组 GPIOx

CM3 有一组输入输出端口，称为通用输入输出口(GPIO)，一般编号为 A—G，根据型号不同减少或者增加。每个端口对应外部 16 位数据线，通过内部的一组寄存器可以操作相应的 I/O 数据线。我们用 GPIOx 来表示某输入输出口(其中 x = A—G)，每个 GPIO 口都有一组功能一样的寄存器，这些寄存器主要包括工作模式配置寄存器 CRH(用来配置高 8 位)和 CRL(用来配置低 8 位)，输入寄存器 IDR，输出寄存器 ODR，置位和复位寄存器 BSRR 以及复位寄存器 BRR 等。

(1)配置寄存器 CRH 和 CRL

每个 GPIOx 拥有 16 位数据线，每根数据线都可以在不同的工作模式和不同的速度下，操作非常灵活。通过GPIOx_CRH和GPIOx_CRL可以设置每一根数据的工作模式和速度,这两个寄存器都是32位的,如图6.10所示(只给出了CRL,CRH结构相同)。

31	30	29	28	27	26	25	24	23	22	21	20	19	18	17	16
CNF7[1:0]		MODE7[1:0]		CNF6[1:0]		MODE6[1:0]		CNF5[1:0]		MODE5[1:0]		CNF4[1:0]		MODE4[1:0]	
rw	rw	rw	rw	rw	rw	rw	rw	rw	rw	rw	rw	rw	rw	rw	rw

15	14	13	12	11	10	9	8	7	6	5	4	3	2	1	0
CNF3[1:0]		MODE3[1:0]		CNF2[1:0]		MODE2[1:0]		CNF1[1:0]		MODE1[1:0]		CNF0[1:0]		MODE0[1:0]	
rw	rw	rw	rw	rw	rw	rw	rw	rw	rw	rw	rw	rw	rw	rw	rw

位31:30 27:26 23:22 19:18 15:14 11:10 7:6 3:2	CNFx[1:0]:端口配置位(x=0…7) 软件通过这些位配置相应的I/O端口,参考端口位配置表 在输入模式(MODE[1:0]=00): 00:模拟输入模式 01:浮空输入模式(复位后的状态) 10:上拉/下拉输入模式 11:保留 在输出模式(MODE[1:0]>00): 00:通用推挽输出模式 01:通用开漏输出模式 10:复用功能推挽输出模式 11:复用功能开漏输出模式
位29:28 25:24 21:20 17:16 13:12 9:8 5:4 1:0	MODEx[1:0]:端口x的模式位(x=0…7) 软件通过这些位配置相应的I/O端口,参考端口位配置表 00:输入模式(复位后的状态) 01:输出模式,最大速度10 MHz 10:输出模式,最大速度2 MHz 11:输出模式,最大速度50 MHz

图6.10　GPIOx_CRL寄存器结构

从图6.10可以看出,每根数据线对应4位信息,2位设置速度和2位设置工作模式,这样32位的CRL寄存器只能设置8位I/O口;另外的高8位I/O位的设置则由CRH来胜任。

例:把GPIOE口16位全部设置成推挽式输出,速度是50 MHz。

```
GPIOE -> CRL = 0x33333333;
GPIOE -> CRH = 0x33333333;
```

例:把GPIOD口低8位推挽式输出,速度是50 MHz;高8位浮空输入。

```
GPIOD -> CRL = 0x33333333;
GPIOD -> CRH = 0x44444444;
```

(2)输入寄存器IDR和输出寄存器ODR

IDR寄存器用来读取外部引脚的状态,ODR寄存器把数据传送到外部引脚。虽然IDR和ODR寄存器都是32寄存器(CM3好像把所有的寄存器都设计成32位),但是每个I/O口外部引脚只有16根,所以IDR和ODR寄存器只有低16位有效,如图6.11所示。

31	30	29	28	27	26	25	24	23	22	21	20	19	18	17	16
保留															

15	14	13	12	11	10	9	8	7	6	5	4	3	2	1	0
ODR15	ODR14	ODR13	ODR12	ODR11	ODR10	ODR9	ODR8	ODR7	ODR6	ODR5	ODR4	ODR3	ODR2	ODR1	ODR0
rw	rw	rw	rw	rw	rw	rw	rw	rw	rw	rw	rw	rw	rw	rw	rw

(a)

31	30	29	28	27	26	25	24	23	22	21	20	19	18	17	16
保留															

15	14	13	12	11	10	9	8	7	6	5	4	3	2	1	0
IDR15	IDR14	IDR13	IDR12	IDR11	IDR10	IDR9	IDR8	IDR7	IDR6	IDR5	IDR4	IDR3	IDR2	IDR1	IDR0
r	r	r	r	r	r	r	r	r	r	r	r	r	r	r	r

(b)

图 6.11　GPIOx_ODR/IDR 寄存器结构

IDR 寄存器是只读的，往 IDR 里写内容是无效的；ODR 则是可读可写的。IDR 和 ODR 只能按字来进行操作，也就是说只能一次读出 IDR 的所有位信息，或一次把所有位信息写入 ODR。IDR 的读操作不会影响外部设备的工作状态；而 ODR 的写操作则不同，会改变连接在 GPIOx 口上设备的工作状态。每一次往 ODR 寄存器写入新的内容，所有位信息都会改变。假如 GPIOx 现在接了 16 个开关，那就意味着 16 个开关状态都要改变。很显然这样的操作是不方便的，工程实际中都是只改变相应的开关，不会改变所有开关。为了解决这个问题，CM3 提供了多个方案，一是可以通过位带别名区来操作，通过查阅手册会发现，ODR 寄存器正好就处于位带区；另外一个就是通过置位/复位寄存器来实现。

(3)置位复位寄存器 BSRR 和复位寄存器 BRR

置位复位寄存器的结构如图 6.12 所示，复位寄存器的结构如图 6.13 所示。

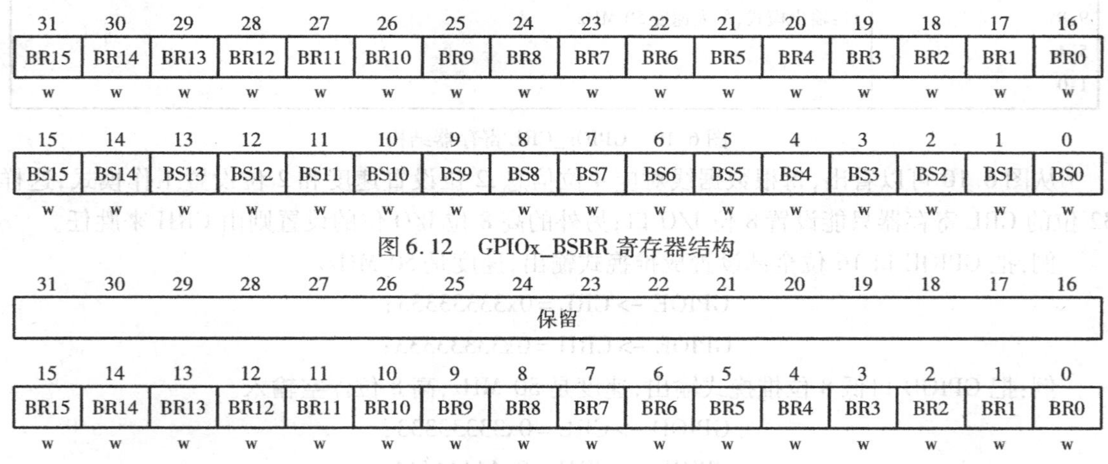

31	30	29	28	27	26	25	24	23	22	21	20	19	18	17	16
BR15	BR14	BR13	BR12	BR11	BR10	BR9	BR8	BR7	BR6	BR5	BR4	BR3	BR2	BR1	BR0
w	w	w	w	w	w	w	w	w	w	w	w	w	w	w	w

15	14	13	12	11	10	9	8	7	6	5	4	3	2	1	0
BS15	BS14	BS13	BS12	BS11	BS10	BS9	BS8	BS7	BS6	BS5	BS4	BS3	BS2	BS1	BS0
w	w	w	w	w	w	w	w	w	w	w	w	w	w	w	w

图 6.12　GPIOx_BSRR 寄存器结构

31	30	29	28	27	26	25	24	23	22	21	20	19	18	17	16
保留															

15	14	13	12	11	10	9	8	7	6	5	4	3	2	1	0
BR15	BR14	BR13	BR12	BR11	BR10	BR9	BR8	BR7	BR6	BR5	BR4	BR3	BR2	BR1	BR0
w	w	w	w	w	w	w	w	w	w	w	w	w	w	w	w

图 6.13　GPIOx_BRR 寄存器结构

比较图 6.12 和图 6.13，可以看出 BSRR 低 16 位用来置位 16 位端口信息，相应位置 1 则置位相应数据位，置 0 无效；高 16 位用来复位 16 位端口信息，相应位置 1 则复位相应数据位，置 0 无效。如果置位和复位同时都设置为 1，CM3 的解决办法是置位优先，也就是说出现了置位和复位冲突时，置位起作用，复位无效。因此 BSRR 寄存器在使用时要么只操作高 16 位（低

16 位全 0)，要么只操作低 16 位(高 16 位全 0)。

例：把 GPIOC 的 0 位和 3 位置 1，15 位和 14 位复位。

```
第一种操作：GPIOC -> BSRR = 0xC0000005;          //一次操作 32 位
第二种操作：GPIOC -> BSRR = 0x5;                 //先修改低 16 位
            GPIOC -> BSRR = 0xC0000000;          //后修改高 16 位
```

这样操作复位，只有高 16 位起作用，却要写一个 32 位数，于是 CM3 又提供了一个专用的复位寄存器 BRR。如图 6.13 所示，BRR 寄存器只有低 16 位，高 16 位无效。这样 BRR 寄存器用来复位，BSRR 寄存器用来置位，都只使用它们的低 16 位。上例中复位的第二种操作也可以使用 BRR 寄存器来实现，如下：

```
GPIOC -> BRR = 0xC000;
```

通常用 BRR 来复位，用 BSRR 低 16 位来置位。当然，用户要一次同时完成置位和复位，那就只能使用 BSRR 寄存器。要对 GPIOx 进行位操作可以通过以下方式实现：

①通过位带别名区来操作，缺点是一次只能操作一位；

②通过 BSRR 寄存器来操作，一次操作一个 32 位数；

③通过 BSRR + BRR 寄存器来操作，两次操作，一次操作一个 16 位数。

思考下面二者的区别：

```
GPIOB -> ODR = 0x3355;
GPIOB -> BSRR = 0x3355。
```

(4) GPIOx 寄存器组的数据结构

同样 stm32f10x_map.h 文件中也定义了 GPIOx 寄存器组结构体，偏移量就是寄存器相对于结构体基地址的偏移位置，GPIOA 的基地址是：0x40010800。

```
typedef struct
{
  vu32 CRL;
  vu32 CRH;
  vu32 IDR;
  vu32 ODR;
  vu32 BSRR;
  vu32 BRR;
  vu32 LCKR;
} GPIO_TypeDef;
#define GPIOA      ((GPIO_TypeDef * )GPIO_BASE)
```

3) 复用功能寄存器组 AFIO

如果要使用 GPIOx 的其他功能，不再用来输入输出 0 和 1，那么就要用到复用功能，这个时候 AFIO 寄存器就要工作了，AFIO 就是来实现 GPIOx 的复用功能的。如果把端口配置成复用输出功能，则引脚和输出寄存器断开，并和片上外设的输出信号连接。当然，要使用复用功能就必须要在时钟控制寄存器组中打开 AFIO 时钟。

(1) 事件控制寄存器(AFIO_EVCR)

事件控制寄存器就是内部事件输出到外部引脚，当内部事件发生就在外部相应引脚上输出一个时钟周期的脉冲。AFIO_EVCR 寄存器结构如图 6.14 所示。

31	30	29	28	27	26	25	24	23	22	21	20	19	18	17	16
保留															

15	14	13	12	11	10	9	8	7	6	5	4	3	2	1	0
保留								EVOE	PORT[2:0]			PIN[3:0]			
								rw	rw	rw	rw	rw	rw	rw	rw

位	说明
位31:8	保留
位7	EVOE:允许事件输出(Event output enable) 该位可由软件读写。当设置该位后,Cortex 的 EVENTOUT 将连接到由 PORT[2:0]和 PIN[3:0]选定的 I/O 口
位6:4	PORT[2:0]:端口选择(Port selection) 选择用于输出 Cortex 的 EVENTOUT 信号的端口: 000:选择 PA 001:选择 PB 010:选择 PC 011:选择 PD 100:选择 PE
位3:0	PIN[3:0]:引脚选择(x=A…E)(Pin selection) 选择用于输出 Cortex 的 EVENTOUT 信号的引脚: 0000:选择 Px0 0001:选择 Px1 0010:选择 Px2 0011:选择 Px3 0100:选择 Px4 0101:选择 Px5 0110:选择 Px6 0111:选择 Px7 1000:选择 Px8 1001:选择 Px9 1010:选择 Px10 1011:选择 Px11 1100:选择 Px12 1101:选择 Px13 1110:选择 Px14 1111:选择 Px15

图 6.14 AFIO_EVCR 寄存器内部结构及参数设置

(2)复用重映射和调试 I/O 配置寄存器(AFIO_MAPR)

为了优化 64 脚或 100 脚封装的外设数目,可以把一些复用功能重新映射到其他引脚上。设置复用重映射和调试 I/O 配置寄存器(AFIO_MAPR)实现引脚的重新映射。AFIO_MAPR 寄存器结构如图 6.15 所示。

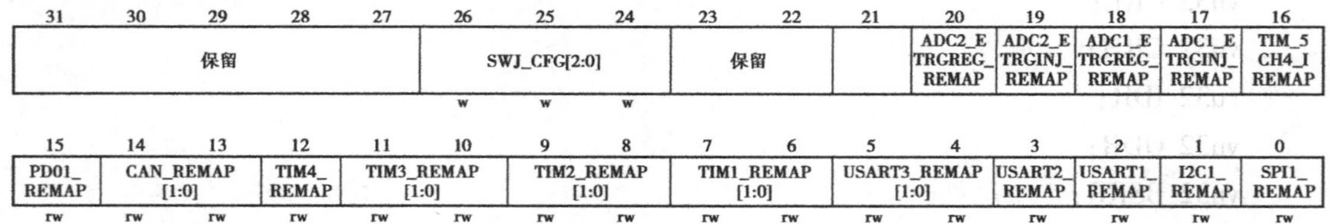

图 6.15 AFIO_MAPR 寄存器内部结构

这时,复用功能不再映射到它们的原始分配上。例如通过位 USART1_REMAP 修改串口通信 USART1 映射,如下:

0:PA9 作为发送端 TX,PA10 作为接收端 RX;//默认值

1:PB6 作为发送端 TX,PB7 作为接收端 RX;

把 USART1_REMAP 的值设置为 1,就把串口 1 的端子映射到 PB6 和 PB7 了。

再比如要关闭 JTAGT 调试端口,打开 SW 调试端口,操作如下:

```
AFIO -> MAPR & = 0XF8FFFFFF;      //清除 MAPR 的[26:24]
AFIO -> MAPR| = 0X02000000;       //010 关闭 JTAG,打开 SW
```

重映射在实践中很少使用,如果遇到其他位的定义,可以参考操作手册。

(3)外部中断配置寄存器(AFIO_EXTICR[4])

外部中断配置寄存器用来配置 GPIOx 的某个引脚作为外部中断信号输入,总共可以配置 16 个外部中断请求线,编号为 0—15。总共有 4 个 32 位寄存器,每个寄存器只有低 16 位有效,高 16 位无效,如图 6.16 所示。

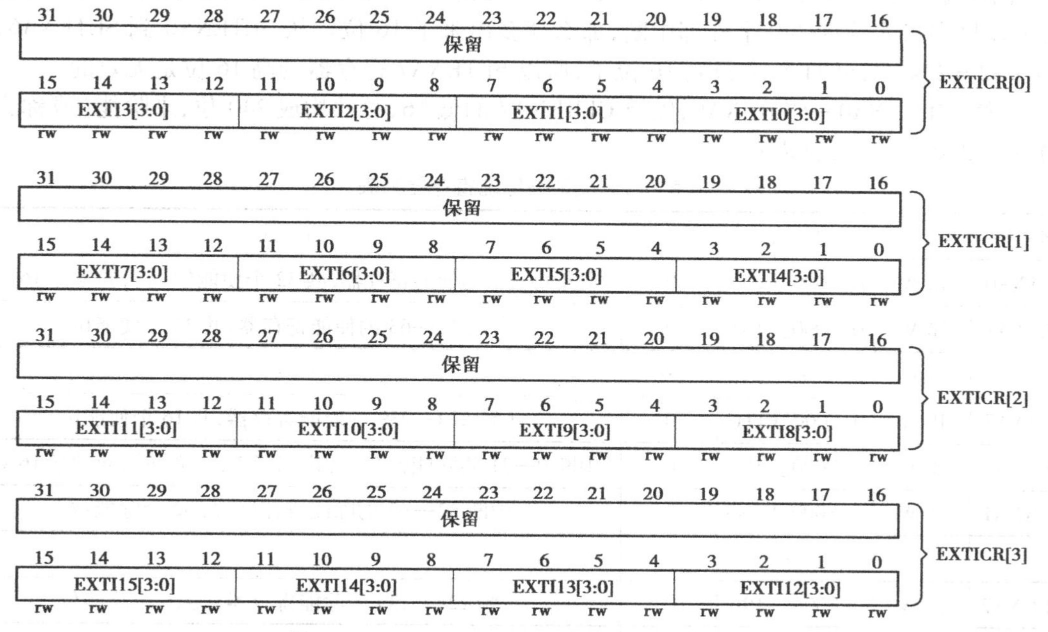

图 6.16　AFIO_EXTICR 四个寄存器内部结构

由图 6.16 可以看出,每个 EXTICR 寄存器的低 16 位管理 4 个外部中线的配置,EXTICR[0]管理 0—3 号;EXTICR[1]管理 4—7 号;EXTICR[2]管理 8—11 号;EXTICR[3]管理 11—15 号。每个号码对应一个四位信息[3:0],如果是 0000,则代表 A 口;如果是 0001,则代表 B 口;以此类推。

例如,要设置 PC13 作为外部中断请求输入线。先找到 EXTI13,然后让 EXTI13[3:0]=0010;EXTI13 代表 13 号,0010 代表 C 口;于是 C 口的 13 号引脚就被设置为外部中断请求线。C 语言实现如下:

```
AFIO -> EXTICR[3]  & =0xFF0F;     //清除 EXTI13[3:0]
AFIO -> EXTICR[3]  | =0x0020;     //设置 EXTI13[3:0]为 2
```

整个过程都保持其他位的信息不变。

4)中断控制寄存器组 NVIC

实现多任务操作,及时响应外部的各种突发事件,中断是计算机必不可少的技术。中断功能的实现由中断程序负责,中断程序的调用比子程序调用复杂很多。涉及中断使能和除能(允许中断或者禁止中断)、中断的挂起与解挂(中断请求标志与清除)、中断优先级和中断激活等概念和技术。

CM3 最多可以管理 240 个外部中断(根据厂家型号不同而不同,一般都少于 240 个),对应的 0—239 个外部中断源,中断编号为 16—255。

(1)中断使能寄存器 SETENA0—SETENA7 与除能寄存器 CLRENA0—CLRENA7

SETENAx 都是 3 位寄存器,每一位对应一个外部设备中断允许,这样的寄存器共有 8 个,共56位,理论上可以允许256个外设中断。实际情况不是这样的,CM3理论确实可以管理256个中断,但是有一些内部系统的中断是非常重要的,一旦内部出现异常情况,若不处理,CPU可能就无法工作了,所以这部分中断不允许用户使能和除能。这样的系统中断有16个,对应中断编号是0—15,那么外部中断最多不能超过240个。再回头看SETNENAx共有256位,现在最多只能管理240个外部中断,那么就多出来了16位。从SETENA0到SETENA6,共有7×32=224位,SETENA7只剩16位了,所以SETENA7寄存器的高16位是无效的。

同样,CLRENA0—CLRENA6,以及CLRENA7的低16,总共构成240位,来除能(或称为禁止)外部240个中断,见表6.1。

表6.1 使能与除能寄存器列表

名 称	类 型	地 址	复位值	描 述
SETNA0	R/W	0xE000_E100	0	中断0—31的使能寄存器,共32个使能位[n],异常号16+n
SETNA1	R/W	0xE000_E104	0	中断32—63的使能寄存器,共32个使能位
…	…	…	…	……
SETNA7	R/W	0xE000_E11C	0	中断224—239的使能寄存器,共16个使能位
CLRNA0	R/W	0xE000_E180	0	中断0—31的除能寄存器,共32个除能位[n],异常号16+n
CLRNA1	R/W	0xE000_E184	0	中断32—63的除能寄存器,共32个除能位
…	…	…	…	……
CLRNA7	R/W	0xE000_E19C	0	中断224—239的除能寄存器,共16个除能位

这里同样把使能和除能设计成两组寄存器,而不是用一组寄存器。如果用一组寄存器,相应位置1使能中断,置0除能中断;那么在往一个32位寄存器写数来使能某些位时其他位的数据就可能被误修改了。现在设计成两组寄存器,SETENAx只管使能,相应位设置1使能,置0则不起作用,这样就不怕因为误写0而改变别的位;CLRENAx也是一样的道理。

(2)中断挂起寄存器SETPEND0—SETPEND7与解挂寄存器CLRPEND0—CLRPEND7

挂起寄存器和解挂寄存器与中断使能寄存器和中断除能寄存器结构一样,每位代表的外设都一样。挂起寄存器就是当中断允许的情况,外部的某一个设备发出了中断请求,则挂起寄存器的相应位就会置1。例如,SETPEND1的第2位被置1了,代表34号外部中断有请求。当中断程序响应结束,解挂寄存器相应的位就会被置1,代表请求已经被响应。挂起与解挂寄存器地址范围见表6.2。

表6.2 挂起与除能解挂寄存器列表

名 称	类 型	地 址	复位值	描 述
SETPEND0	R/W	0xE000_E200	0	中断0—31的挂起寄存器,共32个挂起位[n],异常号16+n
SETPEND1	R/W	0xE000_E204	0	中断32—63的挂起寄存器,共32个挂起位
…	…	…	…	……
SETPEND7	R/W	0xE000_E21C	0	中断224—239的挂起寄存器,共16个挂起位
CLRPEND0	R/W	0xE000_E280	0	中断0—31的解挂寄存器,共32个解挂位[n],异常号16+n

续表

名　称	类　型	地　址	复位值	描　述
CLRPEND1	R/W	0xE000_E284	0	中断 32—63 的解挂寄存器,共 32 个解挂位
…	…	…	…	……
CLRPEND7	R/W	0xE000_E29C	0	中断 224—239 的解挂寄存器,共 16 个解挂位

(3)中断激活寄存器 ACTIVE0—ACTIVE7

当某个中断被响应,只要中断程序还没有结束,ACTIVEx 的相应位就会被置 1,即使此时中断被更高级别的中断打断了,激活位仍然保持为 1,并且新的高级别中断的相应位也会处于激活状态,被置 1,直到中断响应结束,才清除响应的激活状态,相应位被清零。如果 7 个激活寄存器里出现了多个位为 1,则代表有中断嵌套。激活寄存器地址范围见表 6.3。

表 6.3　激活寄存器列表

名　称	类　型	地　址	复位值	描　述
ACTIVE0	RO	0xE000_E300	0	中断 0—31 的活动状态寄存器,共 32 个状态位[n],中断#n 活动状态(异常号 16 + n)
ACTIVE1	RO	0xE000_E304	0	中断 32—63 的活动状态寄存器,共 32 个状态位
…	…	…	…	……
ACTIVE7	RO	0xE000_E31C	0	中断 224—239 的活动状态寄存器,共 16 个状态位

(4)中断优先级寄存器 PRI0—PRI239

PRI0—PRI239 对应的地址范围是 0xE000E400 ~ 0xE000E4EF。每个外部中断都有一个对应的优先级寄存器,每个寄存器占用 8 位,但是允许最少只使用最高 3 位。4 个相邻的优先级寄存器拼成一个 32 位寄存器。根据优先级组设置,优先级可以被分为高低两个位段,分别是抢占优先级和亚优先级。到底抢占优先级和亚优先级分别占几位,则由 AIRCR 的 PRIGROUP 决定。AIRCR 寄存器结构见表 6.4。

表 6.4　AIRCR 寄存器结构

位　段	名　称	类　型	复位值	描　述
31:16	VECTKEY	R/W	—	访问钥匙:任何对该寄存器的写操作,都必须同时把 0x05FA 写入此段,否则写操作被忽略。若读取此半字,则返回 0xFA05
15	ENDIANESS	R	—	指示端设置。1 = 大端(BE8),0 = 小端。此值是在复位时确定的,不能更改
10:8	PRIGROUP	R/W	0	优先级分组
2	SYSRESETREQ	W	—	请求芯片控制逻辑产生一次复位
1	VECTCLRACTIVE	W	—	清零所有异常的活动状态信息。通常只在调试时用,或者在 OS 从错误中恢复时用
0	VECTRESET	W	—	复位 CM3 处理器内核(调试逻辑除外),但是此复位不影响芯片上在内核以外的电路

从表6.4可以看到,AIRCR的[10:8]这三位来对优先级分组,具体分组情况跟芯片厂家和型号有关。比如STM32芯片,只使用了8位当中的高4位(低4位无效),AIRCR的[10:8]如果是111,则代表0位抢占优先级,4位响应优先级;如果是110,则代表1位抢占优先级,3位响应优先级;以此类推。数值越小,则优先级越高。

6.2 STM32 GPIO口的应用

每个I/O口都是16位的,图6.17给出了一个I/O端口位的基本结构,也就是说每个I/O端口都有16个这样的端口位。从图6.17可以看出每个I/O端口位具有多种功能,本节只讨论没有开启复用功能时的基本输入输出功能。

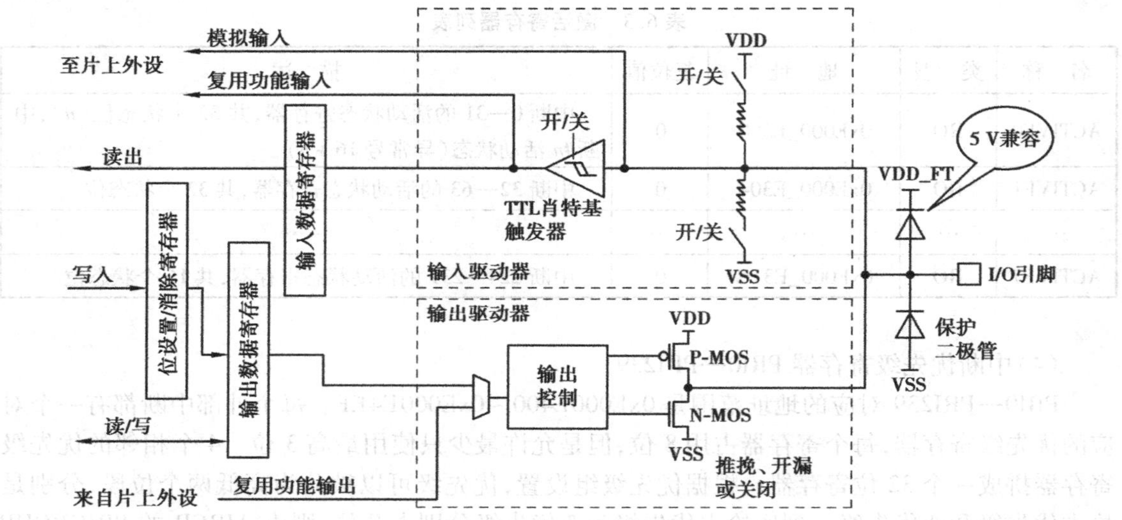

图6.17 I/O端口位的基本结构

每个I/O端口都可以自由编程,单I/O端口寄存器必须要按32位字来访问。STM32的很多I/O端口都是5 V兼容的,这些I/O端口在与5 V电平的外设连接的时候很有优势,具体哪些I/O端口是5 V兼容的,可以从该芯片的数据手册管脚描述章节查到(I/O Level标FT的就是5 V电平兼容的)。

STM32的I/O端口可以由软件配置成以下8种模式:

①输入浮空;

②输入上拉;

③输入下拉;

④模拟输入;

⑤开漏输出;

⑥推挽输出;

⑦推挽式复用功能;

⑧开漏复用功能。

STM32 的每个 I/O 端口都有 7 个寄存器。它们分别是配置模式的 32 位端口配置寄存器 CRL 和 CRH;32 位的数据寄存器 IDR 和 ODR;1 个 32 位的置位/复位寄存器 BSRR;1 个 16 位的复位寄存器 BRR;1 个 32 位的锁存寄存器 LCKR(一旦锁定则不能修改,很少使用)。我们常用的 I/O 端口寄存器只有 4 个:CRL、CRH、IDR 和 ODR;有时也会使用 BSRR 和 BRR 来实现多位操作。CRL 和 CRH 控制着每个 I/O 端口的模式及输出速率,参看配置表 6.5 和表 6.6。

表 6.5　STM32 的 I/O 端口位配置表

<table>
<tr><th colspan="2">配置模式</th><th>CNF1</th><th>CNF0</th><th>MODE1</th><th>MODE0</th><th>PxODR 寄存器</th></tr>
<tr><td rowspan="2">通用输出</td><td>推挽式(Push-Pull)</td><td rowspan="2">0</td><td>0</td><td colspan="2" rowspan="4">01
10
11</td><td>0 或 1</td></tr>
<tr><td>开漏(Open-Drain)</td><td>1</td><td>0 或 1</td></tr>
<tr><td rowspan="2">复用功能输出</td><td>推挽式(Push-Pull)</td><td rowspan="2">1</td><td>0</td><td>不使用</td></tr>
<tr><td>开漏(Open-Drain)</td><td>1</td><td>不使用</td></tr>
<tr><td rowspan="4">输入</td><td>模拟输入</td><td rowspan="2">0</td><td>0</td><td colspan="2" rowspan="4">00</td><td>不使用</td></tr>
<tr><td>浮空输入</td><td>1</td><td>不使用</td></tr>
<tr><td>下拉输入</td><td rowspan="2">1</td><td rowspan="2">0</td><td>0</td></tr>
<tr><td>上拉输入</td><td>1</td></tr>
</table>

表 6.6　STM32 输出模式配置表

MODE[1:0]	意　义
00	保留
01	最大输出速度:10 MHz
10	最大输出速度:2 MHz
11	最大输出速度:50 MHz

CRL 寄存器的复位值为 0x44444444,结合图 6.10 可以看到,复位值其实就是配置端口为浮空输入模式。STM32 的 CRL 控制着每个 I/O 端口(A—G)的低 8 位的模式。每个 I/O 端口的位占用 CRL 的 4 个位,高两位为 CNF,低两位为 MODE。这里我们可以记住几个常用的配置,比如 0x0 表示模拟输入模式(ADC 用)、0x3 表示推挽输出模式(作输出口用,50 M 速率)、0x8 表示上/下拉输入模式(作输入口用)、0xB 表示复用输出(使用 I/O 端口的第二功能,50 M 速率)。

CRH 的作用和 CRL 完全一样,只是 CRL 控制的是低 8 位输出口,而 CRH 控制的是高 8 位输出口。这里我们就不对 CRH 做详细介绍了。

例如,我们要设置 PORTC 的 11 位为上拉输入,12 位为推挽输出。代码如下:

```
GPIOC -> CRH & =0xFFF00FFF;//清掉原来的设置,同时不影响其他位的设置
GPIOC -> CRH | =0x00038000; //PC11 输入,PC12 输出
GPIOC -> ODR   =1 << 11;        //PC11 上拉
```

通过这 3 句话的配置,我们就设置了 PC11 为上拉输入,PC12 为推挽输出。在上拉输入时应该断开 N-MOS,下拉输入应该断开 P-MOS,如图 6.17 所示,通过配置 ODR 寄存器来实现。

IDR 是一个端口输入数据寄存器，只用了低 16 位。该寄存器为只读寄存器，并且只能以 16 位的形式读出。要想知道某个 I/O 端口的状态，你只要读这个寄存器，再看某个位的状态就可以了。

ODR 是一个端口输出数据寄存器，也只用了低 16 位。该寄存器虽然为可读写，但是从该寄存器读出来的数据都是 0。只有写是有效的，其作用就是控制端口的输出。

下面通过例子来搞清楚 GPIO 的具体使用。

例：PD 口高 8 位连接 8 个开关，PE 口低 8 位连接 8 个 LED，要求根据开关的状态来控制对应灯的显示。

①要使用 PD 口和 PE 口，首先应该开启这两个口的时钟，如下：

```
RCC -> APB2ENR| = 1 << 5;//使能 PORTD 时钟
RCC -> APB2ENR| = 1 << 6;//使能 PORTE 时钟
```

等价于下面的语句：

```
RCC -> APB2ENR| = 3 << 5;//同时使能 PORTD 和 PORTE 时钟
```

②配置 PD 口为上拉输入（下拉输入亦可），配置 PE 口为推挽式输出，50 MHz

```
GPIOD -> CRH & = 0x00000000;//清掉原来的设置
GPIOD -> CRH | = 0x88888888;//PD 高 8 位上拉或者下拉
GPIOD -> ODR | = 0xFF00;//PD 高 8 位上拉，若 FF→00，则为下拉
GPIOE -> CRL & = 0;//清掉原来设置
GPIOE -> CRL | = 0x33333333;//PE 低 8 位配置为推挽式输出，50 MHz
```

③读写操作

```
u8 temp;//定义一个 8 位变量
while(1)
{
    temp = GPIOD -> IDR > >8;//把读进来的 PD 高 8 位移到低 8 位给 temp
    GPIOE -> ODR = temp;//再赋给 PE 低 8 位
}
```

while(1)是个无限循环，只要开关变化，LED 就会随之变化。

6.3 中断

6.3.1 概述

Cortex-M3 有 16 个异常（也称内核中断，实际只用 15 个，对应中断号 1—15，0 号放栈顶地址），并提供 240 个外部中断（中断号 16—255），有 3 个优先级最高的不可屏蔽异常，即 1—3 号异常。

STM32F1x 中最多支持 68 个外部中断，对应 68 个中断源，如 STM32F107，而 STM32F103 只支持 60 个外中断源，中断号 16 对应了外中断源 0 号。STM32 的启动文件只给出了 16 + 43 = 59 个中断向量，参见中断向量表（表 6.7）。如 USART1 对应外中断号的 37，全部中断号

的 53。

有些中断源有复用入口现象，其中 EXTI 连接 19 个中断源，包括 16 个 GPIO 引脚连线中断源和 PVD、RTC 报警及 USB 唤醒 3 个中断源。

表 6.7　STM32F103 中断向量表(部分)

全部中断号	外部中断号	中断服务程序	说　明
0	/	_initial_sp	Top of Stack
1	/	Reset_Handler	Reset Handler
2	/	NMI_Handler	NMI Handler
3	/	HardFault_Handler	Hard Fault Handler
4	/	MemManage_Handler	MPU Fault Handler
5	/	BusFault_Handler	Bus Fault Handler
6	/	UsageFault_Handler	Usage Fault Handler
7	/	0	Reserved
8	/	0	Reserved
9	/	0	Reserved
10	/	0	Reserved
11	/	SVC_Handler	SVCall Handler
12	/	DebugMon_Handler	Debug Monitor Handler
13	/	0	Reserved
14	/	PendSV_Handler	PendSV Handler
15	/	SysTick_Handler	SysTick Handler
16	0	WWDG_IRQHandler	Window Watchdog
17	1	PVD_IRQHandler	PVD through EXTI Line detect
18	2	TAMPER_IRQHandler	Tamper
19	3	RTC_IRQHandler	RTC
20	4	FLASH_IRQHandler	Flash
21	5	RCC_IRQHandler	RCC
22	6	EXTI0_IRQHandler	EXTI Line 0
23	7	EXTI1_IRQHandler	EXTI Line 1
24	8	EXTI2_IRQHandler	EXTI Line 2
25	9	EXTI3_IRQHandler	EXTI Line 3
26	10	EXTI4_IRQHandler	EXTI Line 4
27	11	DMAChannel1_IRQHandler	DMA Channel 1
34	18	ADC_IRQHandler	ADC
39	23	EXTI9_5_IRQHandler	EXTI Line 9..5
44	28	TIM2_IRQHandler	TIM2
45	29	TIM3_IRQHandler	TIM3
53	37	USART1_IRQHandler	USART1
56	40	EXTI15_10_IRQHandler	EXTI Line 15..10
57	41	RTCAlarm_IRQHandler	RTC Alarm through EXTI Line
58	42	USBWakeUp_IRQHandler	USB Wakeup from suspend

STM32 中断设置需要用 6 组寄存器，分别为：

ISER[8]：中断使能寄存器组，8 个 32 位的寄存器对应 STM32 中支持的 256 个中断源，虽然 STM32F1x 没有使用这么多，但也把地址空间留出来以备后续器件扩展，以下寄存器组相同。要使能某个中断，必须设置相应的 ISER 位为 1，使该中断被使能（这里仅仅是使能，后续还需中断分组、屏蔽、优先组设置、I/O 口映射等设置才算是一个完整的中断设置）。

ICER[8]：中断除能寄存器组。该寄存器组与 ISER 的作用恰好相反，是用来清除某个中断的使能的。专门设置一个 ICER 来清除中断位，而不是向 ISER 写 0 来清除，是因为 NVIC 的这些寄存器都是写 1 有效，写 0 无效。这是因为通过这种方式，使能/除能中断时只需把"当事位"写成 1，其他的位可以全部为零。再也不用像以前那样，害怕有些位被写入 0 而破坏其对应的中断设置（写 0 没有效果），从而实现每个中断都可以自顾地设置而互不侵犯——只需单一地写指令，不再需要读—改—写。

ISPR[8]：中断挂起控制寄存器组，可以将正在进行的中断挂起，而执行同级或更高级别的中断，写 0 无效。

ICPR[8]：中断解挂控制寄存器组。其作用与 ISPR 相反，对应位和 ISER 是一样的。通过设置 1，可以将挂起的中断解挂，写 0 无效。

IABR[8]：中断激活标志位寄存器组。如果为 1，则表示该位所对应的中断正在被执行。它是只读寄存器，通过它可以知道当前在执行的中断是哪一个。在中断执行完了由硬件自动清零。

IPR[240]：中断优先级控制的寄存器组。IP 寄存器组由 240 个 8 bit 的寄存器组成，每个可屏蔽中断占用 8 bit（只用到高 4 位），同样总共可以表示 240 个可屏蔽中断，STM32F10x 中只用到 68 个。

由于 STM32F103 只用到 60 个外中断源，其控制寄存器只需要 2 个。以 ISER 寄存器为例，使用最初 2 个，共 64 位。ISER[0]的 0—31 位作为外中断 0—31 的使能控制，对应中断号的 16—47；ISER[1]的 0—27 位作为外中断 32—59 的使能控制，对应中断号的 48—75。其余寄存器具有类似情况。MDK 环境中，对寄存器的结构体定义如下，该结构体地址位于 0xE000E100：

```
typedef struct
{
  vu32 ISER[2];
  u32  RESERVED0[30];
  vu32 ICER[2];
  u32  RSERVED1[30];
  vu32 ISPR[2];
  u32  RESERVED2[30];
  vu32 ICPR[2];
  u32  RESERVED3[30];
  vu32 IABR[2];
  u32  RESERVED4[62];
```

```
    vu32 IPR[15];
} NVIC_TypeDef;
```

其中中断优先级寄存器组 IPR 使用 15 个,共 60 字节,每一个字节用高 4 位控制 1 个外中断源的优先级。

6.3.2　软件触发中断

软件中断指通过编程触发的中断,包括手工产生的普通中断,能以多种方式产生。

①使用中断挂起寄存器 ISPR;

②使用软件触发中断寄存器 STIR;

③SVC 命令方式。

ISPR 对应了 ARM 的 SETPEND 寄存器,将某位写 1 表示悬起对应的中断源,触发了对应的中断。

例如:NVIC -> ISPR[0] | =1 << 7 表示外中断 7 即 EXTI Line 1 中断悬起;NVIC -> ISPR[1] | =1 << 5 表示外中断 37,即 USART1 中断悬起。

STIR:软件触发中断寄存器,向此寄存器写入中断号,使该中断号呈挂起状态,在符合条件的情况下执行该中断,见表 6.8。STIR 修改的效果也通过影响 ISPR 体现,二者功能相同。

表 6.8　软件触发中断寄存器(0xE000EF00)

位　段	名　称	类　型	复位值	描　述
8:0	INTID	W	—	影响编号为 INTID 的外部中断,例如,写入 8,则悬起 IRQ#8

SVC(Supervisor Call)指令称为系统服务调用,用于产生一个 SVC 异常。它是用户模式代码中的主进程,用于创造对特权操作系统代码的调用。SVC 是用于呼叫操作系统所提供 API 的正道。用户程序只需知道传递给操作系统的参数,而不必知道各 API 函数的地址。

SVC 指令带一个 8 位的立即数,可以视为是它的参数,被封装在指令自身,如:SVC　3;呼叫 3 号系统服务。

SVC 用于产生系统函数的调用请求。例如,操作系统不让用户程序直接访问硬件,而是通过提供一些系统服务函数,用户程序使用 SVC 发出对系统服务函数的呼叫请求,以这种方法调用它们来间接访问硬件。因此,当用户程序想要控制特定的硬件时,它就会产生一个 SVC 异常,然后操作系统提供的 SVC 异常服务例程得到执行,它再调用相关的操作系统函数,后者完成用户程序请求的服务。

SVC 常和另一个相关的异常 PendSV(可悬起的系统调用)协同使用。一方面,SVC 异常是必须立即得到响应的,应用程序执行 SVC 时都是希望所需的请求立即得到响应;另一方面,PendSV 则不同,它是可以像普通的中断一样被悬起的。OS 可以利用它"缓期执行"一个异常,直到其他重要的任务完成后才执行动作。悬起 PendSV 的方法是:手工往 NVIC 的 PendSV 悬起寄存器中写 1。悬起后,如果优先级不够高,则将缓期等待执行。

PendSV 的典型使用场合是在上下文切换时(在不同任务之间切换)。例如,一个系统中有两个就绪的任务,上下文切换被触发的场合可以是:

①执行一个 SVC 系统调用;

②系统滴答定时器(SYSTICK)中断,实现轮转调度。

以一个简单的例子来辅助理解:假设有一个系统,里面有两个就绪的任务,并且通过 SysTick 异常启动上下文切换,如图 6.18 所示。

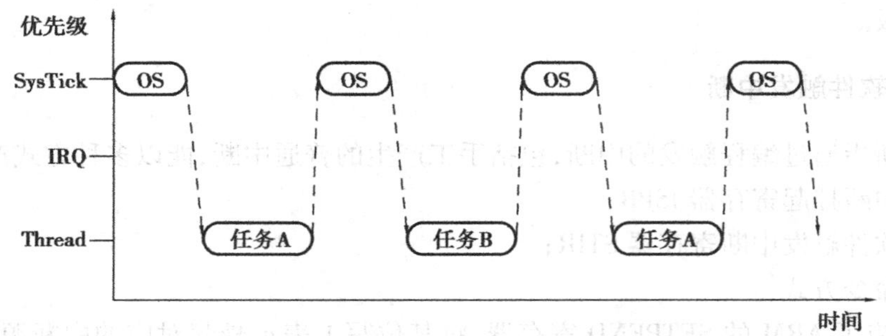

图 6.18　两个任务间通过 SysTick 进行轮转调度的简单模式

图 6.18 是两个任务轮转调度的示意图。但若在产生 SysTick 异常时正在响应一个中断,则 SysTick 异常会抢占其 ISR。在这种情况下,OS 不得执行上下文切换,否则将使中断请求被延迟,而且在真实系统中延迟时间还往往不可预知,影响系统的实时性。如果 OS 在某中断活跃时尝试切入线程模式,将触发用法 fault 异常,如图 6.19 所示。

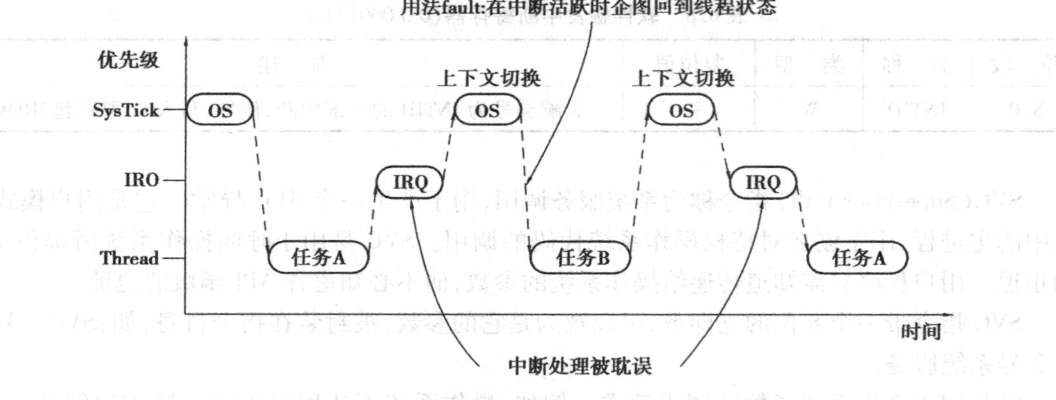

图 6.19　发生 IRQ 时上下文切换的问题

为解决此问题,早期的 OS 大多会检测当前是否有中断在活跃中,只有在无任何中断需要响应时,才执行上下文切换(切换期间无法响应中断)。然而,这种方法的弊端在于,它可以把任务切换动作拖延很久(因为如果抢占了 IRQ,则本次 SysTick 在执行后不得作上下文切换,只能等待下一次 SysTick 异常),尤其是当某中断源的频率和 SysTick 异常的频率比较接近时,会发生“共振”,使上下文切换迟迟不能进行。

CM3 通过 PendSV 来解决这个问题。PendSV 异常会自动延迟上下文切换的请求,直到其他的 ISR 都完成了处理后才放行。为实现这个机制,需要把 PendSV 编程为最低优先级的异常。如果 OS 检测到某 IRQ 正在活动并且被 SysTick 抢占,它将悬起一个 PendSV 异常,以便“缓期执行”上下文切换,如图 6.20 所示。

在图 6.20 中,由 PendSV 充当 SysTick 完成上下文切换,具体过程如下:

①任务 A 呼叫 SVC 来请求任务切换(例如,等待某些工作完成)。

②OS 接收到请求,做好上下文切换的准备,并且悬起一个 PendSV 异常。

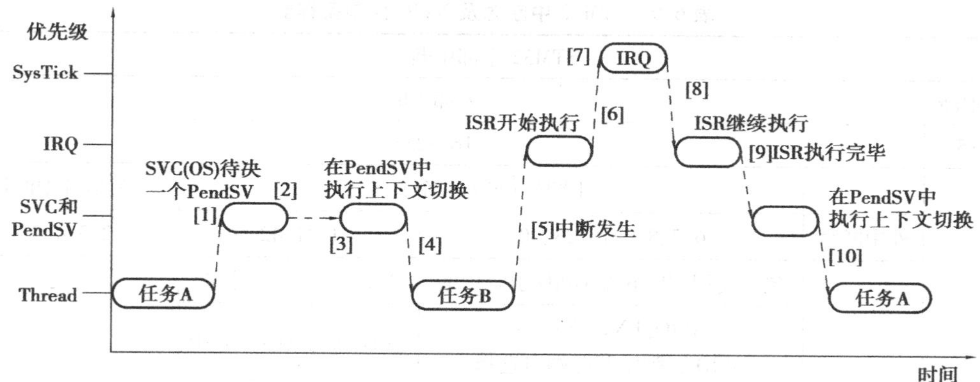

图 6.20　使用 PendSV 控制上下文切换

③当 CPU 退出 SVC 后,它立即进入 PendSV,从而执行上下文切换。

④当 PendSV 执行完毕后,将返回到任务 B,同时进入线程模式。

⑤发生了一个中断,并且中断服务程序开始执行。

⑥在 ISR 执行过程中,发生 SysTick 异常,并且抢占该 ISR。

⑦OS 执行必要的操作,然后悬起 PendSV 异常以做好上下文切换的准备。

⑧当 SysTick 退出后,回到先前被抢占的 ISR 中,ISR 继续执行。

⑨ISR 执行完毕并退出后,PendSV 服务例程开始执行,并且在该执行过程中执行上下文切换。

⑩当 PendSV 执行完毕后,回到任务 A,同时系统再次进入线程模式。

6.3.3　中断控制

1)STM32 中断控制寄存器

Cortex-M3 系列控制器内部集成了嵌套向量中断控制器 NVIC,它与 CM3 内核紧密耦合,通过寄存器组实现中断管理,降低中断延迟时间并且能更加高效地处理中断。NVIC 的寄存器以存储器映射的方式来访问,除了包含控制寄存器和中断处理的控制逻辑之外,NVIC 还包含了 MPU、SysTick 定时器以及调试控制相关的寄存器。

NVIC 共支持 1—240 个外部中断输入(通常外部中断写作 IRQs)。具体的数值由芯片厂商在设计芯片时决定。此外,NVIC 还支持一个不可屏蔽中断(NMI)输入。

NVIC 的访问地址是 0xE000_E000。所有 NVIC 的中断控制/状态寄存器都只能在特权级下访问。不过有一个例外——软件触发中断寄存器可以在用户级下访问以产生软件中断。所有的中断控制/状态寄存器均可按字/半字/字节的方式访问。NVIC 中断控制寄存器与中断源关系见表 6.9。

CM3 内核支持 256 个中断,其中包含了 16 个内核中断和 240 个外部中断,并且具有 256 级的可编程中断优先级设置。但 STM32 并没有使用 CM3 内核的全部东西,而是只用了它的一部分。STM32 有 84 个中断,包括 16 个内核中断和 68 个可屏蔽中断,具有 16 级可编程的中断优先级。而我们常用的就是这 68 个可屏蔽中断,但是 STM32 的 68 个可屏蔽中断,在 STM32F103 系列上面又只有 60 个(在 107 系列才有 68 个)。

表 6.9　STM32 中断源及 NVIC 控制寄存器

<table>
<tr><td colspan="5">STM32 全部中断</td></tr>
<tr><td>内部中断</td><td colspan="4">外部中断</td></tr>
<tr><td>0—15</td><td colspan="4">16—255</td></tr>
<tr><td rowspan="6"></td><td></td><td colspan="2">EXTI 中断(19 个)</td><td>其他外中断源</td></tr>
<tr><td>外中断号</td><td>6、7、8、9、10、23、40</td><td>1、41、42</td><td>2、3、4、5…</td></tr>
<tr><td rowspan="3"></td><td>包括复用,共 16 个 GPIO 引脚中断</td><td>3 个其他 EXTI 中断</td><td rowspan="3">定时器、串口、ADC、RTC 等</td></tr>
<tr><td>AFIO_EXTICR1 ~4
GPIO 引脚中断源端口选择</td><td>PVD、RTC Alarm、USB</td></tr>
<tr><td colspan="2">EXTI_IMR　中断屏蔽 19 位
EXTI_EMR　事件屏蔽 19 位
EXTI_RTSR　上升沿触发 19 位
EXTI_FTSR　下降沿触发 19 位
EXTI_PR　中断挂起寄存器,写 1 清除中断标志 19 位</td></tr>
<tr><td colspan="4">AIRCR[10:8]优先级分组:同时影响全部外中断源
IPR[15]:优先级设置,控制 4 × 15 = 60 个外中断源
ISER[2]:中断使能,控制 32 + 28 = 60 个外中断源(SETENAx)
此外还有一些平时编程少用的寄存器:
ICER[2]:中断除能,控制 32 + 28 = 60 个外中断源(CLRENAx)
ISPR[2]:中断悬起,控制 32 + 28 = 60 个外中断源(SETPENDx)
ICPR[2]:中断解悬,控制 32 + 28 = 60 个外中断源(CLRPENDx)
IABR[2]:正在服务的中断,控制 32 + 28 = 60 个外中断源(ACTIVEx)</td></tr>
<tr><td colspan="5">PRIMASK、FAULT_MASK、BASEPRI(BASEPRI_MAX)内核寄存器,控制全体中断;
STIR 软件触发中断寄存器,设置软件中断号地址 E000EF00,它可以在用户级下访问;
对内部异常 4、5、6、11、12、14、15,即除去 RESET、NMI、HARDFAULT 也是可以编程设置优先级的,只是优先级不在 IPR[15]中定义,而是在 SCB 块中的 SHPR【3】中定义,地址为 E000ED18,E000ED19…,SHPR 含义为 System Handlers Priority Registers</td></tr>
</table>

2)STM32 中断建立过程

(1)设置优先级分组寄存器

优先级分组寄存器位于 AIRCR 0xE000EDOC 的 8—10 位,称为 PRIGROUP。

若为 0 时选组 0,7 位抢占优先级,1 位响应优先级;

若为 7 时选组 7,0 位抢占优先级,8 位响应优先级;

缺省情况下使用组 0(7 位抢占优先级,1 位响应优先级)。

注意:CM3 选用 8 位优先级寄存器 PRI_N,但 STM32 只使用 PRI_N 的高 4 位,如图 6.21 所示。

若为 3 时选组 3,4 位抢占优先级,0 位响应优先级;

若为 4 时选组 4,3 位抢占优先级,1 位响应优先级;

若为 5 时选组 5,2 位抢占优先级,2 位响应优先级;

若为 6 时选组 6,1 位抢占优先级,3 位响应优先级;

若为 7 时选组 7,0 为抢占优先级,4 位响应优先级。

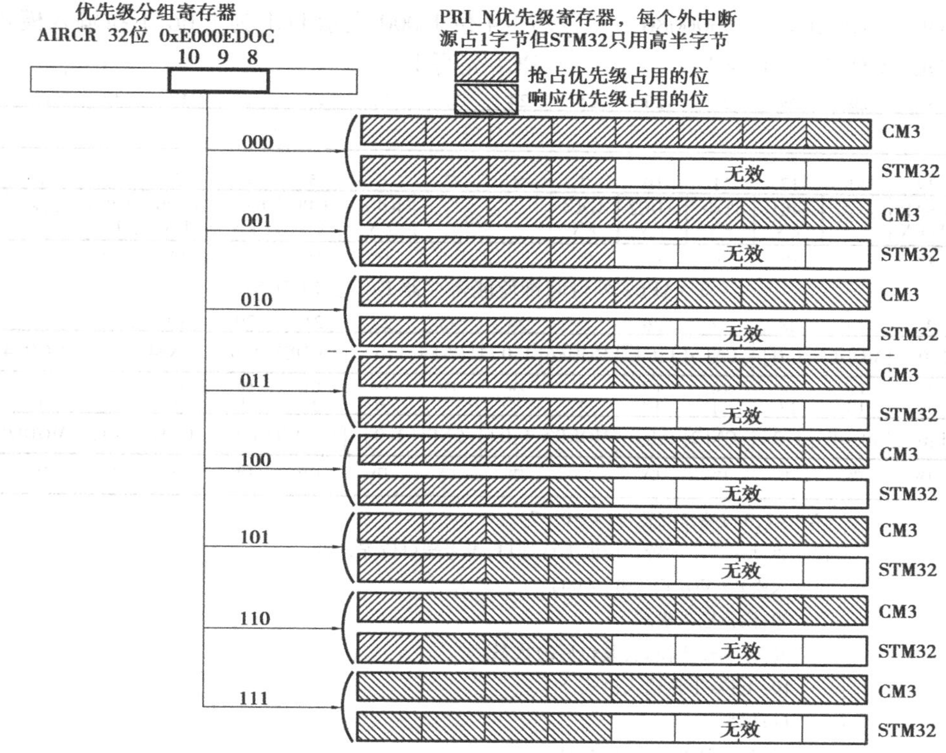

图 6.21　优先级分组设置

(2)重定位向量表

如果需要重定位中断向量表,先把硬 fault 和 NMI 服务例程的入口地址写到新表项所在的地址中。配置向量表偏移量寄存器,使之指向新的向量表(如果有重定位的话),为该中断建立中断向量。因为向量表可能已经重定位了,保险起见需要先读取向量表偏移量寄存器的值,再根据该中断在表中的位置,计算出对应的表项,再把服务例程的入口地址填写进去。如果一直使用 ROM 中的向量表,则无需此步骤。

(3)设置优先级寄存器 IPR

详细内容见下文。

(4)使能该中断

详细内容见下文。

3)外部中断程序设计方法

本节以将 PC1 作为外中断源产生中断为例,介绍外部中断程序的设计方法。

(1)设置中断引脚的输入输出状态

要将 GPIO 引脚作为外部中断输入引脚,需要将其设为输入状态。首先要是使能 PORTC 口的时钟,然后将 PC1 设为上拉输入模式,然后给 PC1 端口写 1,以开通 PC1 中断输入的内部通道,PC1 的模式设置参见图 6.22 的相关寄存器定义。

程序如下:

```
RCC -> APB2ENR| =1 <<4;              //使能 PORTC 时钟
GPIOC -> CRL& =0xFFFFFF0F;
GPIOC -> CRL| =0x00000080;           //7 ~4 位 1 000 表示 PC1 为上拉/下拉输入模式
GPIOC -> ODR| =1 <<1;                //PC1 先写 1
```

31	30	29	28	27	26	25	24	23	22	21	20	19	18	17	16
保留															

15	14	13	12	11	10	9	8	7	6	5	4	3	2	1	0
保留	USART1EN	保留	SPI1EN	TIM1EN	ADC2EN	ADC1EN	保留		IOPEEN	IOPDEN	IOPCEN	IOPBEN	IOPAEN	保留	AFIOEN
	rw		rw	rw	rw	rw			rw	rw	rw	rw	rw		rw

(a)APB2 外设时钟使能寄存器 RCC_APB2ENR

31	30	29	28	27	26	25	24	23	22	21	20	19	18	17	16
CNF7[1:0]		MODE7[1:0]		CNF6[1:0]		MODE6[1:0]		CNF5[1:0]		MODE5[1:0]		CNF4[1:0]		MODE4[1:0]	
rw	rw	rw	rw	rw	rw	rw	rw	rw	rw	rw	rw	rw	rw	rw	rw

15	14	13	12	11	10	9	8	7	6	5	4	3	2	1	0
CNF3[1:0]		MODE3[1:0]		CNF2[1:0]		MODE2[1:0]		CNF1[1:0]		MODE1[1:0]		CNF0[1:0]		MODE0[1:0]	
rw	rw	rw	rw	rw	rw	rw	rw	rw	rw	rw	rw	rw	rw	rw	rw

位 31:30 27:26 23:22 19:18 15:14 11:10 7:6 3:2	CNFx[1:0]:端口配置位(x=0…7) 软件通过这些位配置相应的 I/O 端口,参考端口位配置表。 在输入模式(MODE[1:0]=00): 00:模拟输入模式 01:浮空输入模式(复位后的状态) 10:上拉/下拉输入模式 11:保留 在输出模式(MODE[1:0]>00): 00:通用推挽输出模式 01:通用开漏输出模式 10:复用功能推挽输出模式 11:复用功能开漏输出模式
位 29:28 25:24 21:20 17:16 13:12 9:8 5:4 1:0	MODEx[1:0]:端口 x 的模式位(x=0…7) 软件通过这些位配置相应的 I/O 端口,参考端口位配置表。 00:输入模式(复位后的状态) 01:输出模式,最大速度 10 MHz 10:输出模式,最大速度 2 MHz 11:输出模式,最大速度 50 MHz

(b)GPIOx_CRL 寄存器定义

31	30	29	28	27	26	25	24	23	22	21	20	19	18	17	16
保留															

15	14	13	12	11	10	9	8	7	6	5	4	3	2	1	0
ODR15	ODR14	ODR13	ODR12	ODR11	ODR10	ODR9	ODR8	ODR7	ODR6	ODR5	ODR4	ODR3	ODR2	ODR1	ODR0
rw	rw	rw	rw	rw	rw	rw	rw	rw	rw	rw	rw	rw	rw	rw	rw

(c)端口输出数据寄存器 GPIOx_ODR(x=A…E)

图 6.22　相关寄存器定义

(2)选择需要的 GPIO 口作为中断输入

CM3 支持从 16—255 的 240 个外中断源,但 STM32F1x 只支持 68 个,其中 16 个分配给 GPIOx 的引脚输入,作为 EXTI Line 中断。任何一个 GPIO 口的低 16 位都可以作为外中断源,但 0 号引脚只能是 EXTI Line 0 中断,15 号引脚只能是 EXTI Line 15 中断。需要注意的是,EXTI Line 5—9 复用外中断 23 号,EXTI Line 15—10 复用外中断 40 号。某个 EXTI Line 线究竟选哪个 GPIO 口的引脚作为输入源由 4 个寄存器 AFIO_EXTICR1—4 控制,如图 6.23 所示。

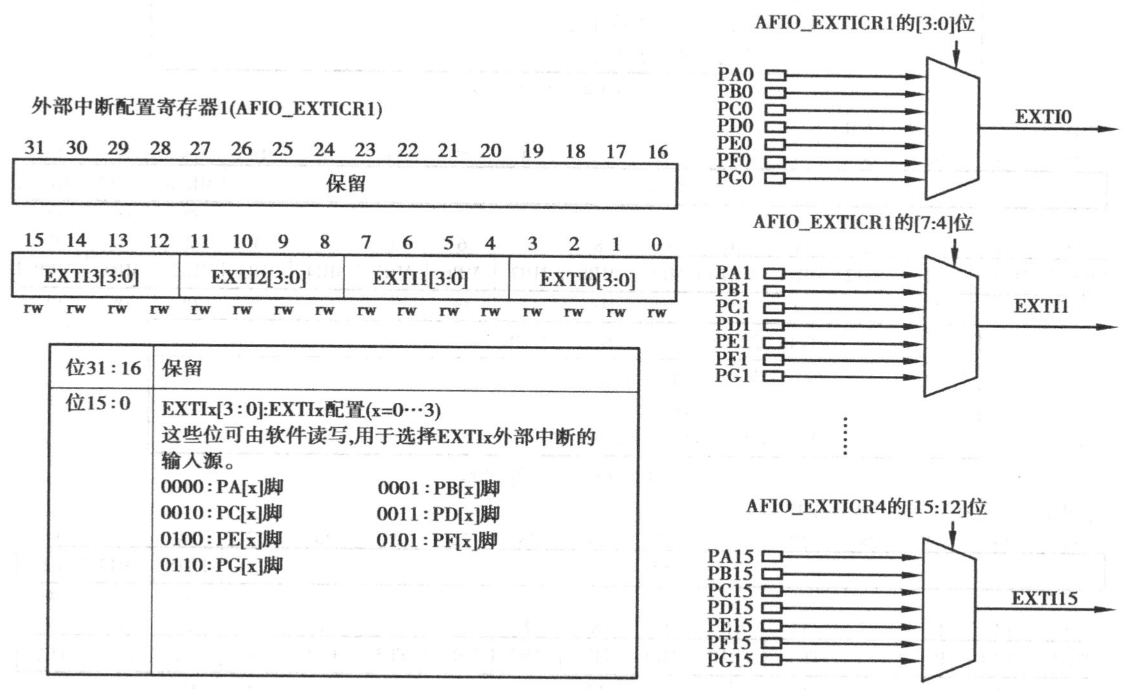

图 6.23　AFIO_EXTICR 寄存器控制 GPIO 口的选择

AFIO_EXTICR 寄存器共 4 个,每个寄存器使用低 16 位作控制位。将这 16 位按 4 位一组分成 4 组,每组控制一个 EXTI Line 源的端口选择。端口选择由这组的 4 位二进制值决定。4 个寄存器共 16 组,用于控制 EXTI Line0—15 共 16 个中断源的引脚输入。要使用 PC1 作为中断源,需要设置 AFIO_EXTICR1 的 4—7 位控制 EXTI1,由于是 GPIOC 口作中断源,其值应设为 2,即二进制 0010。

程序如下:

```
RCC -> APB2ENR| =0x01;  //使能 AFIO,即 IO 复用时钟
AFIO -> EXTICR[0]& = —(0x000F <<4);//7—4 位清零,清除原来设置
AFIO -> EXTICR[0]| =2 <<4;//7—4 位设为 0010,将 PC1 设为中断源
```

(3)定义中断触发方式

需要根据设计要求,用 EXTI 的 IMR、EMR、FTSR、RTSR 设置某位的中断允许、事件允许、上升沿触发或下降沿触发,参见相关寄存器定义,如图 6.24 所示。

中断屏蔽寄存器(EXTI_IMR)

31	30	29	28	27	26	25	24	23	22	21	20	19	18	17	16
						保留							MR18	MR17	MR16
													rw	rw	rw

15	14	13	12	11	10	9	8	7	6	5	4	3	2	1	0
MR15	MR14	MR13	MR12	MR11	MR10	MR9	MR8	MR7	MR6	MR5	MR4	MR3	MR2	MR1	MR0
rw	rw	rw	rw	rw	rw	rw	rw	rw	rw	rw	rw	rw	rw	rw	rw

位	说明
位 31:19	保留,必须始终保持为复位状态(0)
位 18:0	MRx:线 x 上的中断屏蔽 0:线 x 上的中断请求被屏蔽 1:线 x 上的中断请求不被屏蔽

(a)中断屏蔽寄存器

事件屏蔽寄存器(EXTI_EMR)

31	30	29	28	27	26	25	24	23	22	21	20	19	18	17	16
						保留							MR18	MR17	MR16
													rw	rw	rw

15	14	13	12	11	10	9	8	7	6	5	4	3	2	1	0
MR15	MR14	MR13	MR12	MR11	MR10	MR9	MR8	MR7	MR6	MR5	MR4	MR3	MR2	MR1	MR0
rw	rw	rw	rw	rw	rw	rw	rw	rw	rw	rw	rw	rw	rw	rw	rw

位	说明
位 31:19	保留,必须始终保持为复位状态(0)
位 18:0	MRx:线 x 上的事件屏蔽 0:线 x 上的事件请求被屏蔽 1:线 x 上的事件请求不被屏蔽

(b)事件屏蔽寄存器

上升沿触发选择寄存器(EXTI_RTSR)

31	30	29	28	27	26	25	24	23	22	21	20	19	18	17	16
						保留							TR18	TR17	TR16
													rw	rw	rw

15	14	13	12	11	10	9	8	7	6	5	4	3	2	1	0
TR15	TR14	TR13	TR12	TR11	TR10	TR9	TR8	TR7	TR6	TR5	TR4	TR3	TR2	TR1	TR0
rw	rw	rw	rw	rw	rw	rw	rw	rw	rw	rw	rw	rw	rw	rw	rw

位	说明
位 31:19	保留,必须始终保持为复位状态(0)
位 18:0	TRx:线 x 上的上升沿触发事件配置位 0:禁止输入线 x 上的上升沿触发(中断和事件) 1:允许输入线 x 上的上升沿触发(中断和事件)

(c)上升沿触发选择寄存器

下降沿触发选择寄存器(EXTI_FTSR)

31	30	29	28	27	26	25	24	23	22	21	20	19	18	17	16
						保留							TR18	TR17	TR16
													rw	rw	rw

15	14	13	12	11	10	9	8	7	6	5	4	3	2	1	0
TR15	TR14	TR13	TR12	TR11	TR10	TR9	TR8	TR7	TR6	TR5	TR4	TR3	TR2	TR1	TR0
rw	rw	rw	rw	rw	rw	rw	rw	rw	rw	rw	rw	rw	rw	rw	rw

位	说明
位 31:19	保留,必须始终保持为复位状态(0)
位 18:0	TRx:线 x 上的下降沿触发事件配置位 0:禁止输入线 x 上的下降沿触发(中断和事件) 1:允许输入线 x 上的下降沿触发(中断和事件)

(d)下降沿触发选择寄存器

图 6.24　EXTI 中断触发相关寄存器定义

下面是工程环境中相关寄存器的结构体定义,该结构体地址位于 0x40010400

```
typedef struct
{
  vu32 IMR;
  vu32 EMR;
  vu32 RTSR;
  vu32 FTSR;
  vu32 SWIER;
  vu32 PR;
} EXTI_TypeDef;(地址 40010400)
```

定义中断触发方式的程序代码如下:

```
EXTI -> IMR| = 1 << 1;  //开启 line 1 上的中断
//下面二选一
EXTI -> FTSR| = 1 << 1; //line 1 上事件下降沿触发
EXTI -> RTSR| = 1 << 1; //line 1 上事件上升沿触发
```

(4)设置优先级分组

参见图 6.21,优先级分组需要设置 AIRCR 寄存器的 8—10 位,在设置时需要将其高 15 位设为 0x05FA,作为分组信息写入的钥匙。对于 STM32,优先级寄存器只有高 4 位有效,因而分组信息只能是 3—7。本例中写为 5,表示抢占优先级和响应优先级各占 2 位。

程序代码如下:

```
temp = SCB -> AIRCR;      //读取先前的设置
temp& = 0x0000F8FF;       //清空先前分组,清除 8、9、10 位
temp| = 0x05FA0000;       //高 16 位必须为钥匙 0000 0101 1111 1010
temp| = 0x00000500;
SCB -> AIRCR = temp;      //设置分组 8、9、10 位设为 101,2 位抢占优先级,2 位子优先级
```

(5)设置优先级

IPR 寄存器为每个中断号设优先级,每个 1 字节,定义了 16 个 32 位寄存器可以为 64 个外中断号设优先级,满足 STM32 使用,如图 6.25 所示。

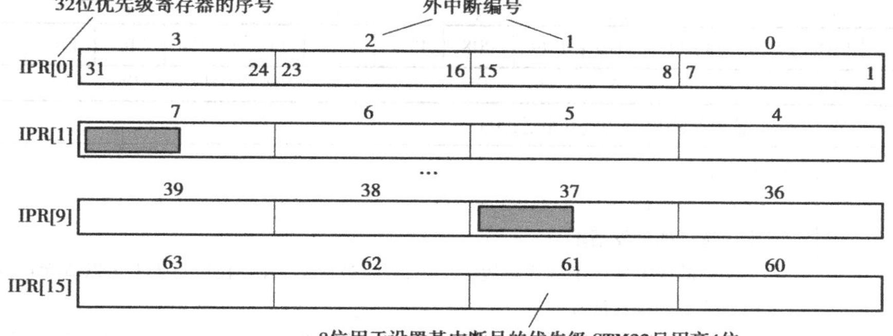

图 6.25　中断优先级寄存器设置

本例中 PC1 产生中断,对应外中断源 7 号,所以设在第 2 个(位置为 1)寄存器的 28—31 位,由于前面已设优先级分组 5,抢占优先级和响应优先级各占 2 位,这里都设为 11B,故两个优先级均为 3,即最低优先级。代码如下:

NVIC -> IPR[1]| = 0xF0000000;//设置响应优先级 3 和抢断优先级 3

(6)外中断源使能

STM32 用 60 个外中断,用 32 位寄存器 ISER[0]、ISER[1]顺序控制 60 个外中断源的使能,ISER[1]只用 28 位。当将某位置 1 时,表示使能对应的中断号。

本例以 PC1 产生外部中断为例,描述中断编程,PC1 的外部中断源为外部中断线的 1 号,对应外部中断源的 7 号,整个中断源位置的 23 号,如图 6.26 所示。

```
         DCD     SysTick_Handler                ; SysTick Handler

         ; External Interrupts
16  0    DCD     WWDG_IRQHandler                ; Window Watchdog
17  1    DCD     PVD_IRQHandler                 ; PVD through EXTI Line detect
18  2    DCD     TAMPER_IRQHandler              ; Tamper
19  3    DCD     TRC_IRQHandler                 ; RTC
20  4    DCD     FLASH_IRQHandler               ; Flash
21  5    DCD     RCC_IRQHandler                 ; RCC
22  6    DCD     EXTI0_IRQHandler               ; EXTI Line 0
23  7    DCD     EXTI1_IRQHandler               ; EXTI Line 1
         DCD     EXTI2_IRQHandler               ; EXTI Line 2
         DCD     EXTI3_IRQHandler               ; EXTI Line 3
         DCD     EXTI4_IRQHandler               ; EXTI Line 4
         DCD     DMAChannel1_IRQHandler         ; DMA Channel 1
```

图 6.26 EXTI Line 1 中断源的位置

NVIC -> ISER[0]| = 1 << 7;//ISER[0]的第 7 位置 1,表示外中断源 7 号使能。

(7)编写中断程序

至此,中断初始化结束,只需编写中断程序即可。在进入中断后,需要清除相应位的中断标志,以保证下次能再次进入中断。其方法是对 EXTI 挂起寄存器 EXTI_PR 相应位写 1,以清除该位上的中断标志。这里针对外部中断线请求 1,需要将 EXTI_PR 寄存器的 1 位置 1,如图 6.27 所示。

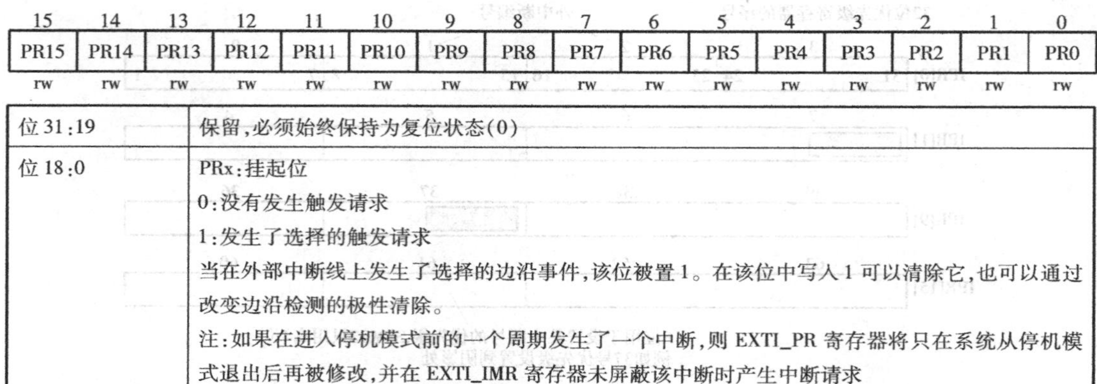

挂起寄存器(EXTI_PR)

31–19	18	17	16
保留	PR18	PR17	PR16
	rw	rw	rw

15	14	13	12	11	10	9	8	7	6	5	4	3	2	1	0
PR15	PR14	PR13	PR12	PR11	PR10	PR9	PR8	PR7	PR6	PR5	PR4	PR3	PR2	PR1	PR0
rw	rw	rw	rw	rw	rw	rw	rw	rw	rw	rw	rw	rw	rw	rw	rw

位	说明
位 31:19	保留,必须始终保持为复位状态(0)
位 18:0	PRx:挂起位 0:没有发生触发请求 1:发生了选择的触发请求 当在外部中断线上发生了选择的边沿事件,该位被置 1。在该位中写入 1 可以清除它,也可以通过改变边沿检测的极性清除。 注:如果在进入停机模式前的一个周期发生了一个中断,则 EXTI_PR 寄存器将只在系统从停机模式退出后再被修改,并在 EXTI_IMR 寄存器未屏蔽该中断时产生中断请求

图 6.27 EXTI 挂起寄存器

作为 EXTI Line 1 的入口地址,EXTI1_IRQHandler 已放入中断向量表中。程序代码如下:

```
void EXTI1_IRQHandler(void)
{
    …
    EXTI -> PR = 1 << 1;   //写 EXTI 的挂起寄存器 PR 某位为 1,清除该位上的中断标
志,这里针对外部中断线请求,所以位置为 1 而非 7
}
```

6.4 定时器

6.4.1 STM32 定时器简介

STM32F1 单片机共拥有 11 个定时器,其中含 2 个高级定时器(TIM1、TIM8)、4 个通用定时器(TIM2、TIM3、TIM4、TIM5)、2 个基本定时器(TIM6、TIM7)、2 个看门狗定时器和 1 个系统嘀嗒定时器(SysTick)。本节重点讲述通用定时器和高级定时器。

TIM1—8 这 8 个定时器都是 16 位的,它们的计数器类型除了基本定时器 TIM6 和 TIM7 都支持向上、向下、向上/向下这 3 种计数模式。

TIM1、TIM8 是能够产生 3 对 PWM 互补输出的高级定时器,常用于电动机的控制。

通用定时器(TIM2、TIM3、TIM4、TIM5)具有输入捕获和输出比较功能,输入捕获可用于测量输入信号的脉冲宽度和频率,输出比较可以用于输出 PWM 波。

基本定时器(TIM6、TIM7)用于产生 DAC 触发信号。

系统嘀嗒定时器 SysTick:24 位递减计数器,自动重加载初值,常用于产生 μs 级、ms 级延时,其工作频率计算公式为

$$CK\_CNT = \frac{\text{定时器时钟}}{TIMx\_PSC + 1}$$

其中 CK_CNT 表示定时器工作频率,TIMx_PSC 表示分频系数。

高级定时器的内部时钟由 APB2 产生,基本定时器和通用定时器内部时钟由 APB1 产生,如图 6.28 所示。

从图 6.28 中可以看出,定时器的时钟不是直接来自 APB1 或 APB2,而是来自输入为 APB1 或 APB2 的一个倍频器,这个倍频器的作用是:当 APB1 的预分频系数为 1 时,倍频器不起作用,定时器的时钟频率等于 APB1 的频率;当 APB1 的预分频系数为其他数值(即预分频系数为 2、4、8 或 16)时,这个倍频器起作用,定时器的时钟频率等于 APB1 的频率两倍。

下面举一个例子说明。假定 AHB = 36 MHz,因为 APB1 允许的最大频率为 36 MHz,所以 APB1 的预分频系数可以取任意数值;当预分频系数等于 1 时,APB1 = 36 MHz,TIM2—7 的时钟频率 = 36 MHz(倍频器不起作用);当预分频系数等于 2 时,APB1 = 18 MHz,在倍频器的作用下,TIM2—7 的时钟频率 = 36 MHz。

既然需要 TIM2—7 的时钟频率 = 36 MHz,为什么不直接取 APB1 的预分频系数等于 1?

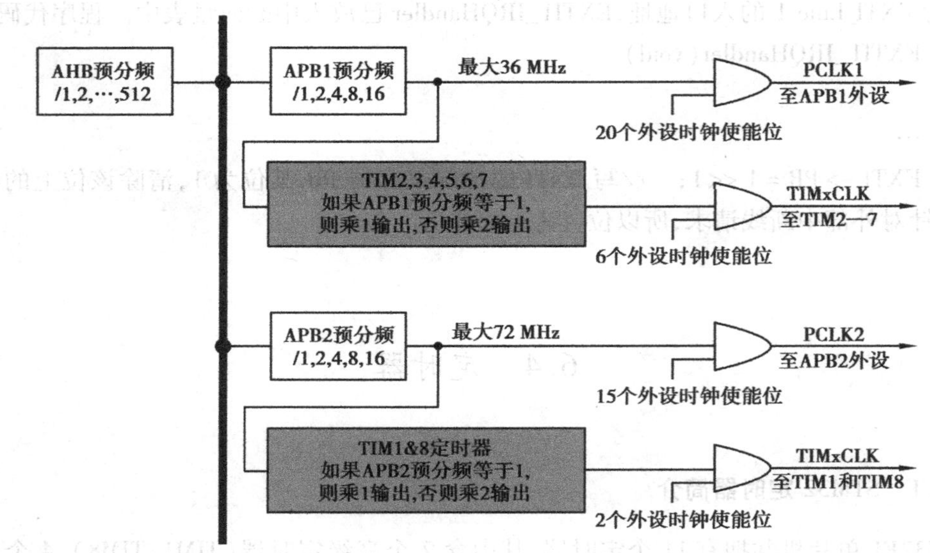

图 6.28　TIM 定时器的时钟来源

原因是:APB1 不但要为 TIM2—7 提供时钟,而且还要为其他外设提供时钟;设置这个倍频器可以在保证其他外设使用较低时钟频率时,TIM2—7 仍能得到较高的时钟频率。

1)通用定时器

通用定时器是一个通过可编程预分频器驱动的 16 位自动装载计数器,它适用于多种场合,包括测量输入信号的脉冲宽度(输入捕获)或者产生输出波形(输出比较和 PWM),使用定时器预分频器和 RCC 时钟控制器预分频器,脉冲宽度和波形周期可以在几微秒到几毫秒间调整。每个定时器都是完全独立的,没有共享任何资源,可以同步操作。

通用定时器(TIM2、TIM3、TIM4、TIM5)的主要功能如下:

①16 位向上、向下、向上/向下自动装载计数器;

②16 位可编程(可实时修改)初值用于分频,分频系数 1—65 536;

③有 4 个独立通道支持输入捕获、输出比较、PWM 生成、脉冲模式输出;

④使用外部信号控制定时器和定时器互连的同步电路;

⑤可以通过事件产生中断,中断类型丰富;

⑥具备 DMA 功能。

通用定时器框图如图 6.29 所示。

通用定时器的引脚配置见表 6.10。

2)高级定时器

高级定时器由一个 16 位自动装载计数器组成,并通过一个可编程预分频器驱动,它适用于多种用途,包括测量输入信号的脉冲宽度(输入捕获)或者产生输出波形(输出比较、WPM、嵌入死区时间的互补 PWM),使用定时器预分频器和 RCC 时钟控制器预分频器,脉冲宽度和波形周期可以在几微秒到几毫秒间调整。每个定时器都是完全独立的,没有共享任何资源,可以同步操作。

高级定时器(TIM1、TIM8)的主要功能如下:

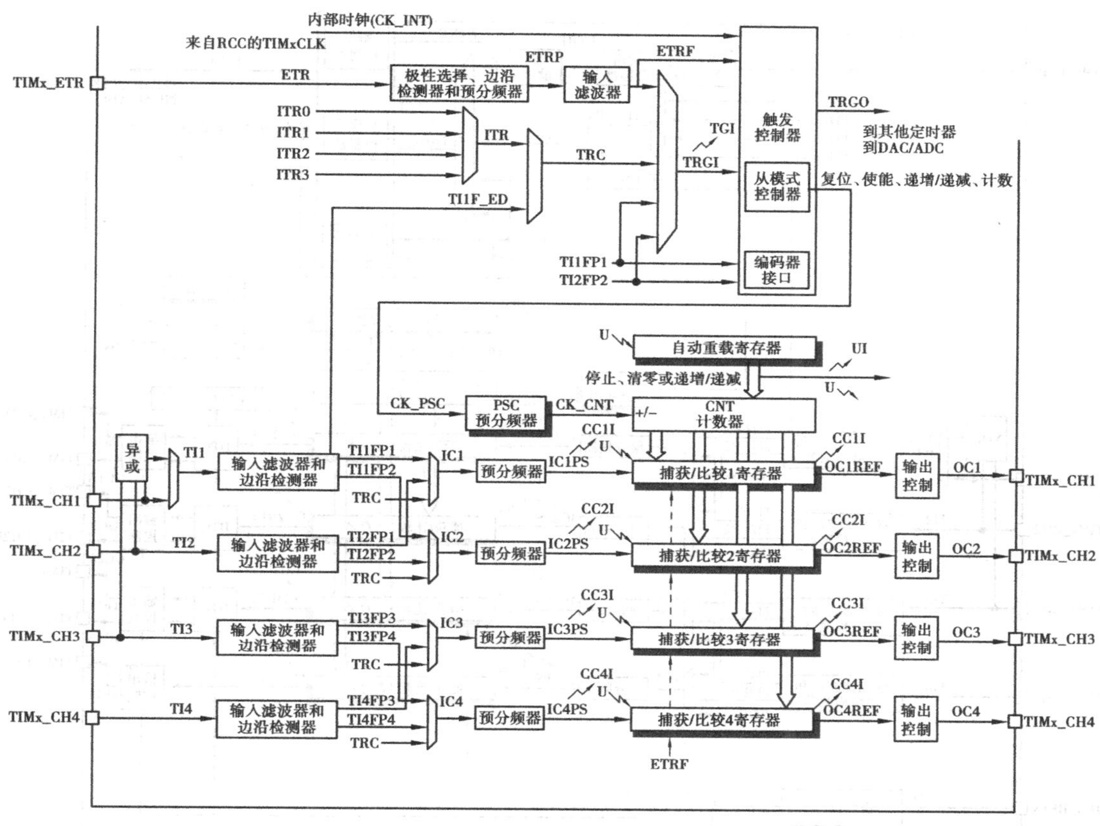

图 6.29　通用定时器框图

表 6.10　通用定时器的引脚配置

TIM2/3/4/5 引脚	配　置	GPIO 配置
TIM2/3/4/5_CHx	输入捕获通道 x	浮空输入
	输出比较通道 x	推挽复用输出
TIM2/3/4/5_ETR	外部触发时钟输入	浮空输入

①16 位向上、向下、向上/向下自动装载计数器；

②16 位可编程(可实时修改)初值用于分频，分频系数 1—65 536；

③有 4 个独立通道支持输入捕获、输出比较、PWM 生成、脉冲模式输出；

④使用外部信号控制定时器和定时器互连的同步电路；

⑤可以通过事件产生中断，中断类型丰富；

⑥具备 DMA 功能；

⑦支持刹车信号输入。

高级定时器框图如图 6.30 所示。

高级定时器的引脚配置见表 6.11。

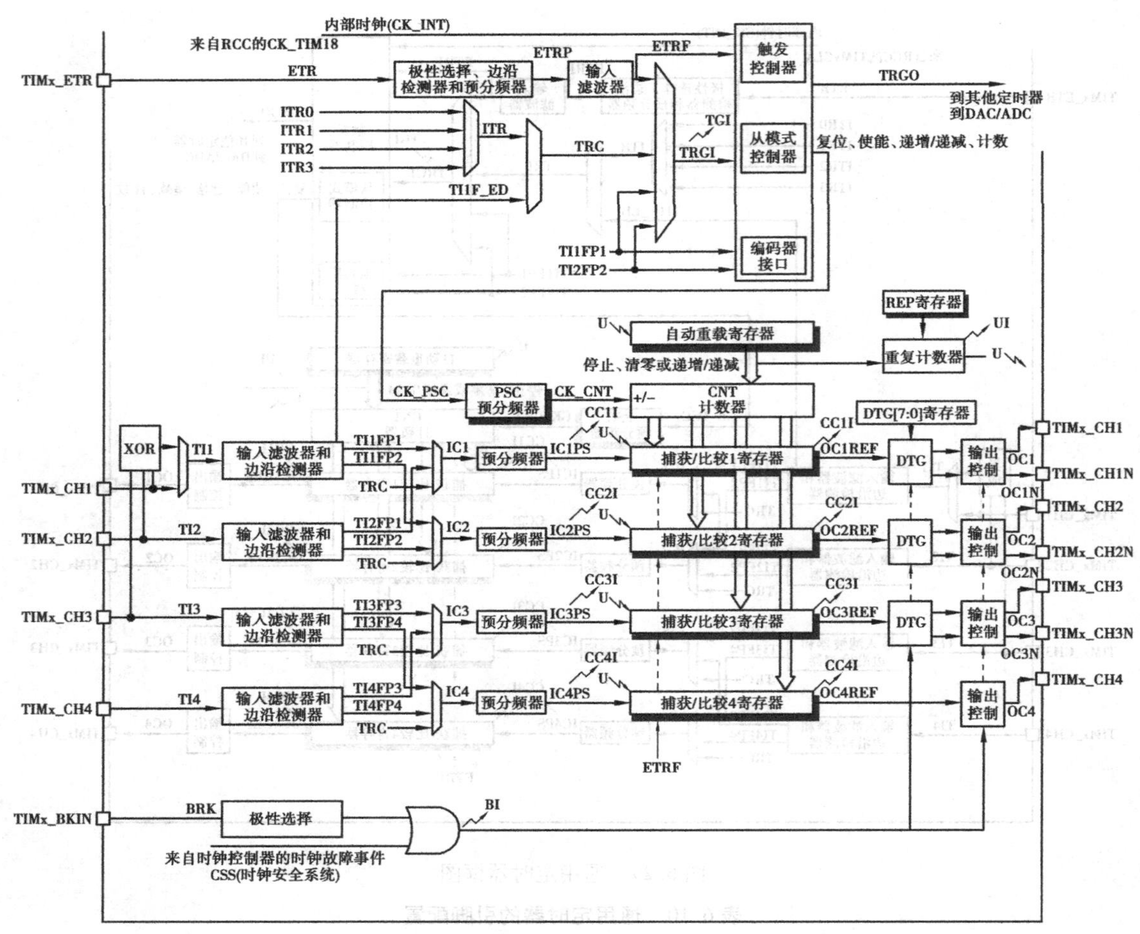

图 6.30　高级定时器框图

表 6.11　高级定时器的引脚配置

TIM1/TIM8 引脚	配　置	GPIO 配置
TIM1/8_CHx	输入捕获通道 x	浮空输入
	输出比较通道 x	推挽复用输出
TIM1/8_CHxN	互补输出通道 x	推挽复用输出
TIM1/8_BKIN	刹车输入	浮空输入
TIM1/8_ETR	外部触发时钟输入	浮空输入

6.4.2　STM32 定时器功能描述

1) 时钟选择

计数器时钟可以由下列时钟源提供：

内部时钟(CK_INT)；

外部时钟模式 1：外部输入脚(TIx)；

外部时钟模式 2:外部触发输入(ETR);

内部触发输入(ITRx),用于级联:使用一个定时器作为另一个定时器的预分频器,如可以配置一个定时器 Timer1 而作为另一个定时器 Timer2 的预分频器。

定时器级联的引脚对应方式不是任意的,其关联方式见表 6.12。

表 6.12　定时器级联时主从定时器引脚的关联方式

从定时器	ITR0(TS=000)	ITR1(TS=001)	ITR2(TS=010)	ITR3(TS=011)
TIM2	TIM1	TIM8	TIM3	TIM4
TIM3	TIM1	TIM2	TIM5	TIM4
TIM4	TIM1	TIM2	TIM3	TIM8
TIM5	TIM2	TIM3	TIM4	TIM8

定时器级联时的连接示例如图 6.31 所示。

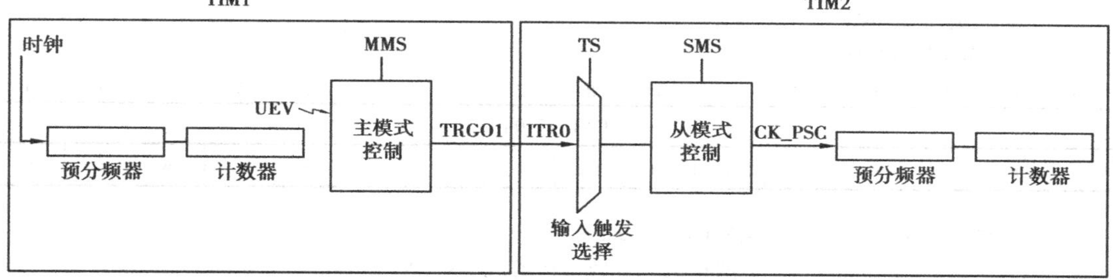

图 6.31　定时器级联的连接示例

配置定时器 1 为主模式,它可以在每一个更新事件 UEV 时输出一个周期性的触发信号。在 TIM1_CR2 寄存器的 MMS=010 时,每当产生一个更新事件时在 TRGO1 上输出一个上升沿信号。

连接定时器 1 的 TRGO1 输出至定时器 2,设置 TIM2_SMCR 寄存器的 TS=000,配置定时器 2 为使用 ITR1 作为内部触发的从模式。

然后把从模式控制器置于外部时钟模式 1(TIM2_SMCR 寄存器的 SMS=111):这样定时器 2 即可由定时器 1 周期性的上升沿(即定时器 1 的计数器溢出)信号驱动。

最后,必须设置相应(TIMX_CR1 寄存器)的 CEN 位并分别启动两个定时器。其实就是主定时器产生一个触发信号让从定时器去接收这个触发信号,通过这个触发信号来让从定时器工作。

2)计数器工作模式

计数器的基本工作方式见表 6.13。

表 6.13　定时器的基本工作方式

定时器	计数器分辨率	计数器类型	预分频系数	产生 DMA 请求	捕获/比较通道	互补输出
TIM1 TIM8	16 位	向上,向下,向上/向下	1~65 536 的任意数	可以	4	有

续表

定时器	计数器分辨率	计数器类型	预分频系数	产生 DMA 请求	捕获/比较通道	互补输出
TIM2 TIM3 TIM4 TIM5	16 位	向上,向下,向上/向下	1—65 536 的任意数	可以	4	没有
TIM6 TIM7	16 位	向上	1—65 536 的任意数	可以	0	没有

通用寄存器工作依赖于 3 个时基单元,它们是:计数器寄存器(TIMx_CNT)、预分频器寄存器(TIMx_PSC)、自动装载寄存器(TIMx_ARR)。

(1)计数器寄存器:TIMx_CNT

计数寄存器是一个 16 位的寄存器,其定义方式如图 6.32 所示。

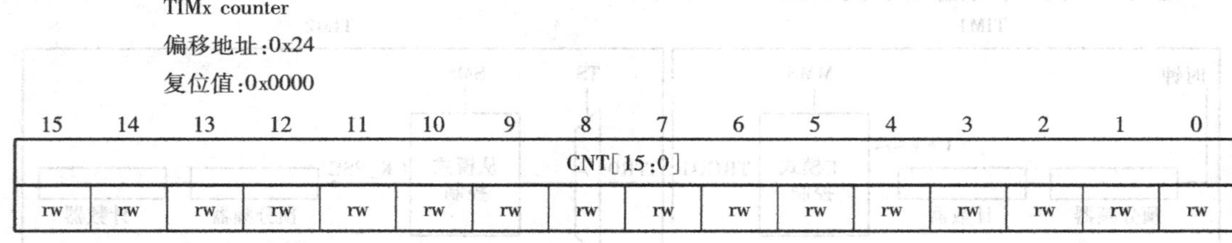

图 6.32　计数寄存器(TIMx_CNT)

①向上计数模式。计数器从 0 计数到设定的数值,然后重新从 0 开始计数并且产生一个计数器溢出事件,如图 6.33 所示。

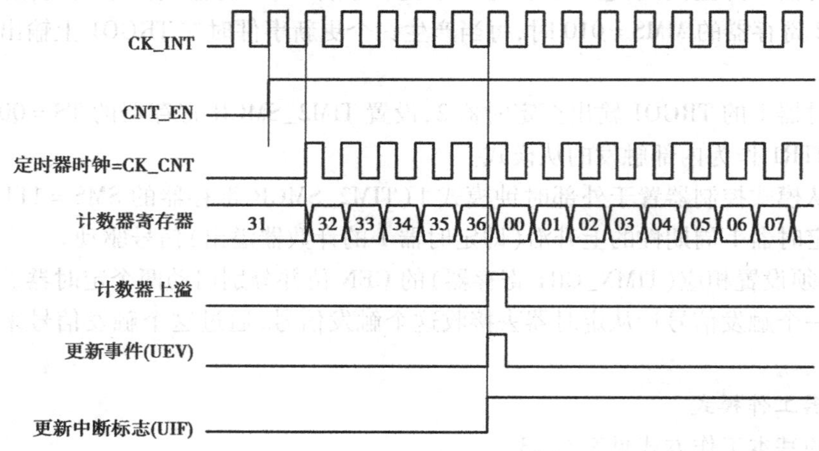

图 6.33　计数器时序图(内部时钟分频因子为 1)

②向下计数模式。计数器从设定的数值开始向下计数到 0,然后自动从设定的数值重新向下计数,并产生一个向下溢出事件,如图 6.34 所示。

③中央对齐模式(向上/向下计数)。计数器从 0 开始计数到设定的数值 -1,产生一个计数器溢出事件,然后向下计数到 1 并且产生一个计数器下溢事件;再从 0 开始重新计数,如图

6.35 所示。

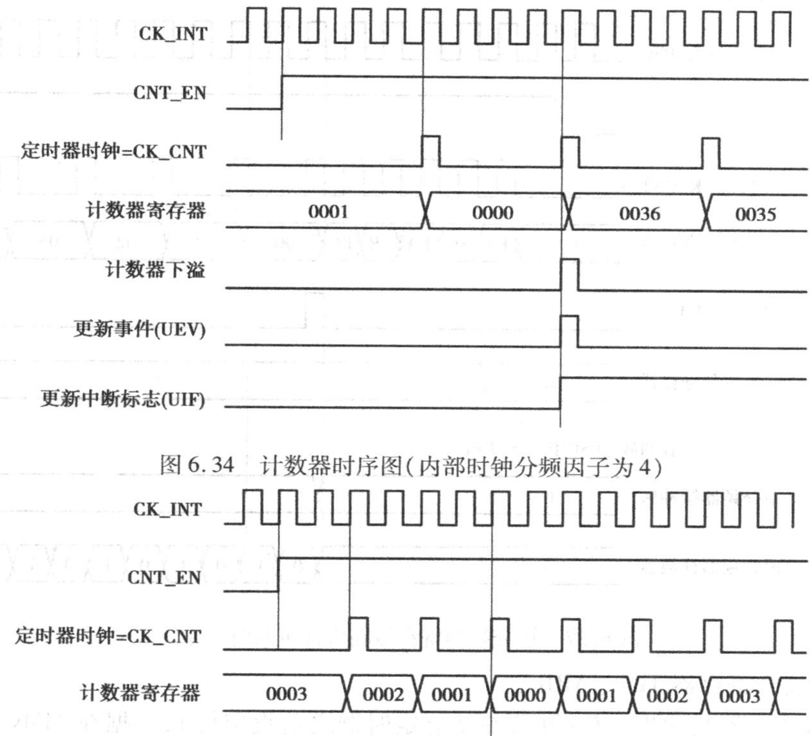

图 6.34　计数器时序图(内部时钟分频因子为 4)

图 6.35　计数器时序图(内部时钟分频因子为 2,TIMx_ARR = 0x6)

(2)预分频器 TIMx_PSC

预分频器可以将计数器的时钟频率按 1—65 536 的任意值分频,它是一个 16 位寄存器。这个寄存器带有缓冲区,它能够在工作时被改变。新的预分频器参数在下一次更新事件到来时被采用。其定义方式如图 6.36 所示。

TIMx_Prescaler

偏移地址:0x28

复位值:0x0000

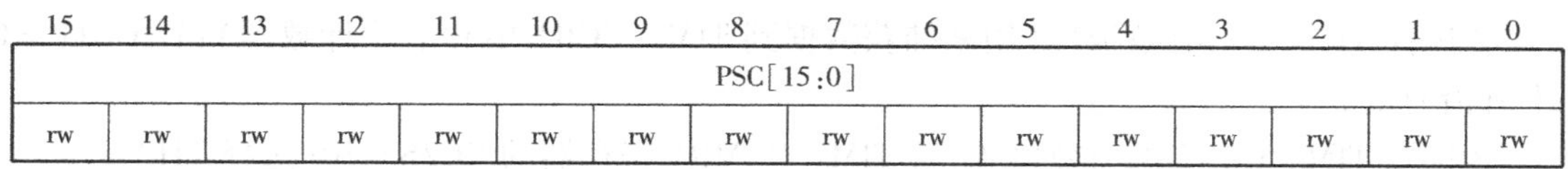

15	14	13	12	11	10	9	8	7	6	5	4	3	2	1	0
PSC[15:0]															
rw	rw	rw	rw	rw	rw	rw	rw	rw	rw	rw	rw	rw	rw	rw	rw

位 15:0　PSC[15:0]:预分频器值(Prescaler value)

计数器时钟频率 CK_CNT 等于 $f_{CK\_PSC}/(PSC[15:0]+1)$。

PSC 包含在每次发生更新事件时要装载到实际预分频器寄存器的值。

图 6.36　预分频器 TIMx_PSC 定义

在计数器工作过程中，改变预分频器值的生效时序如图 6.37 所示。

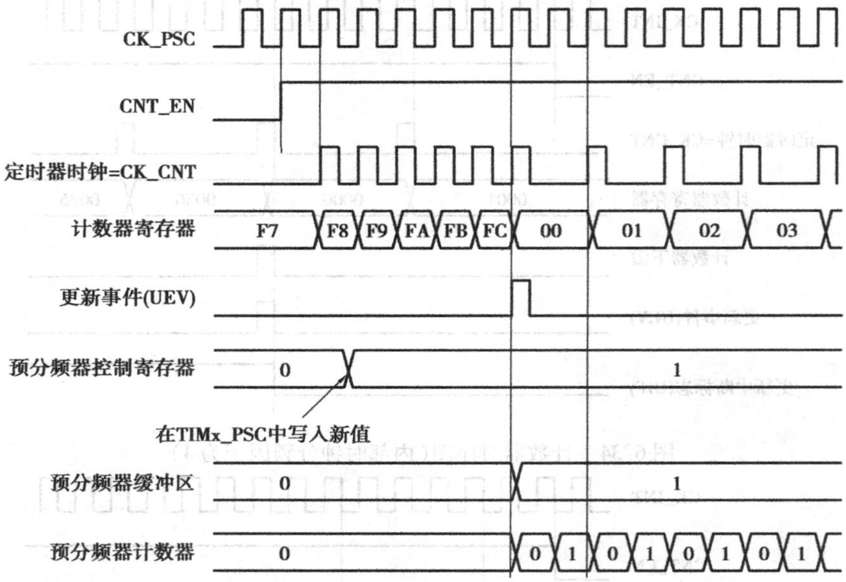

图 6.37　预分频器寄存器在事件更新时采用

(3)自动装载寄存器 TIMx_ARR

自动装载寄存器是预先装载的(要在使能定时器之前设定好)，根据在 TIMx_CR1 寄存器中自动装载使能位(ARPE)的设置，立即或者在每次更新事件时传送到计数器，如图 6.38 所示。

3)通用寄存器的特殊工作模式

(1)输入捕获模式

在输入捕获模式下，当检测到 ICx 信号上相应的边沿后，计数器的当前值被锁存到捕获/比较寄存器(TIMx_CCRx)中。当捕获事件发生时，相应的 CCxIF 标志(TIMx_SR 寄存器)被置 1，如果使能中断或者 DMA 操作，则将产生中断或者 DMA 操作。

在捕获模式下，捕获发生在影子寄存器上，然后再复制到预装载寄存器中。

(2)PWM 输入模式

PWM 输入模式可用来测量输入到 TI1 上的 PWM 信号的长度(TIMx_CCR1 寄存器)和占空比(TIMx_CCR2 寄存器)，具体步骤如下(取决于 CK_INT 的频率和预分频器的值)：

①选择 TIMx_CCR1 的有效输入：置 TIMx_CCMR1 寄存器的 CC1S = 01(选择 TI1)。

②选择 TI1FP1 的有效极性(用来捕获数据到 TIMx_CCR1 中和清除计数器)：置 CC1P = 0 (上升沿有效)。

③选择 TIMx_CCR2 的有效输入：置 TIMx_CCMR1 寄存器的 CC2S = 10(选择 TI1)。

④选择 TI2FP2 的有效极性(捕获数据到 TIMx_CCR2)：置 CC2P = 1(下降沿有效)。

⑤选择有效的触发输入信号：置 TIMx_SMCR 寄存器中的 TS = 101(选择 TI1FP1)。

⑥配置从模式控制器为复位模式：置 TIMx_SMCR 中的 SMS = 100。

⑦使能捕获：置 TIMx_CCER 寄存器中 CC1E = 1 且 CC2E = 1。

由于只有 TI1FP1 和 TI2FP2 连到了从模式控制器,因此 PWM 输入模式只能使用 TIMx_CH1 /TIMx_CH2 信号。

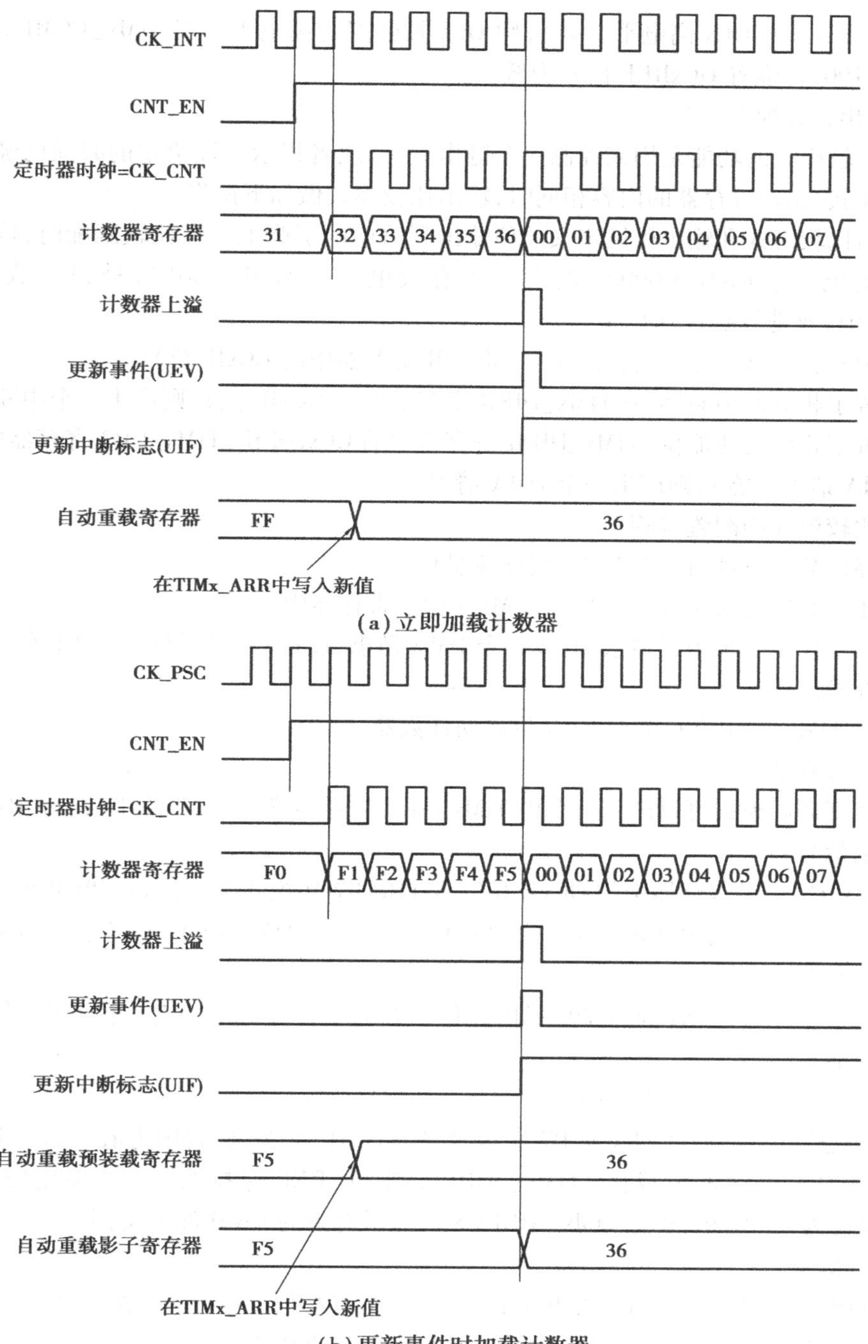

图 6.38　自动装载寄存器的生效时序图

(3)输出模式

在输出模式(TIMx_CCMRx 寄存器中 CCxS = 00)下,输出比较信号(OCxREF 和相应的

OCx)能够直接由软件强置为有效或无效状态，而不依赖于输出比较寄存器和计数器间的比较结果。

例如：CCxP = 0(OCx 高电平有效)，则 OCx 被强置为高电平。置 TIMx_CCMRx 寄存器中的 OCxM = 100，可强置 OCxREF 信号为低。

(4)输出比较模式

输出比较模式的功能是用来控制一个输出波形，或者指示一段给定的时间已经到时。当计数器与捕获/比较寄存器的内容相同时，输出比较模式做如下操作：

将输出比较模式和输出极性定义的值输出到对应的引脚上。在比较匹配时，输出引脚可以保持它的电平(OCxM = 000)、被设置成有效电平(OCxM = 001)、被设置成无效电平(OCxM = 010)或进行翻转(OCxM = 011)。

设置中断状态寄存器中的标志位(TIMx_SR 寄存器中的 CCxIF 位)。

若设置了相应的中断屏蔽(TIMx_DIER 寄存器中的 CCxIE 位)，则产生一个中断。

若设置了相应的使能位(TIMx_DIER 寄存器中的 CCxDE 位，TIMx_CR2 寄存器中的 CCDS 位选择 DMA 请求功能)，则产生一个 DMA 请求。

输出比较模式的配置步骤：

①选择计数器时钟(内部、外部、预分频器)。

②将相应数据写入 TIMx_ARR 和 TIMx_CCRx 寄存器中。

③如果要产生一个中断请求和/或一个 DMA 请求，设置 CCxIE 位和 CCxDE 位。

④选择输出模式。

⑤设置 TIMx_CR1 寄存器的 CEN 位启动计数器。

(5)PWM 模式

脉冲宽度调制模式可以产生一个由 TIMx_ARR 寄存器确定频率、由 TIMx_CCRx 寄存器确定占空比的信号。

在 TIMx_CCMRx 寄存器中的 OCxM 位写入 110(PWM 模式 1)或 111(PWM 模式 2)，能够独立地设置每个 OCx 输出通道产生一路 PWM。必须设置 TIMx_CCMRx 寄存器 OCxPE 位以使能相应的预装载寄存器。

最后要设置 TIMx_CR1 寄存器的 ARPE 位，(在向上计数或中心对称模式中)使能自动重装载的预装载寄存器。

下面是一个 PWM 模式 1 的例子。

当 TIMx_CNT < TIMx_CCRx 时 PWM 信号参考 OCxREF 为高，否则为低。如果 TIMx_CCRx 中的比较值大于自动重装载值(TIMx_ARR)，则 OCxREF 保持为 1。如果比较值为 0，则 OCxREF 保持为 0。图 6.39 为 TIMx_ARR = 8 时边沿对齐的 PWM 波形实例。

(6)单脉冲模式

单脉冲模式(OPM)是前述众多模式的一个特例。这种模式允许计数器响应一个激励，并在一个程序可控的延时之后，产生一个脉宽可程序控制的脉冲。

可以通过从模式控制器启动计数器，在输出比较模式或者 PWM 模式下产生波形。设置 TIMx_CR1 寄存器中的 OPM 位将选择单脉冲模式，这样可以让计数器自动地在产生下一个更新事件 UEV 时停止。

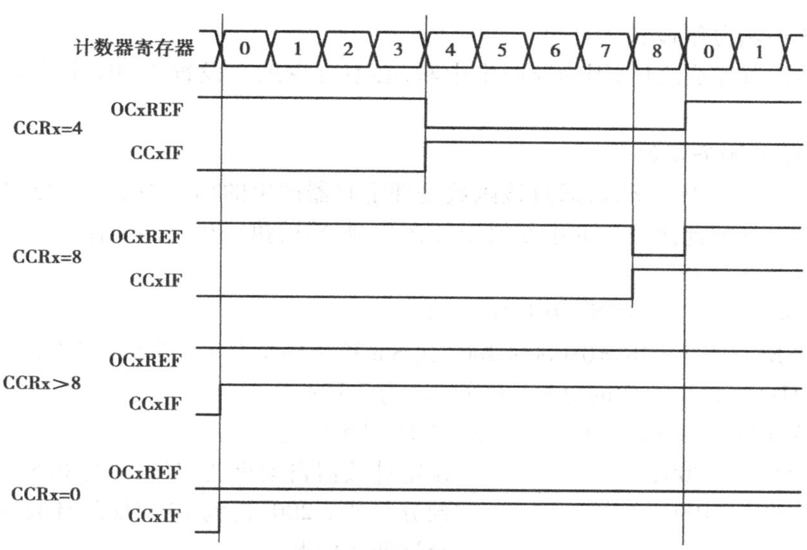

图 6.39 PWM 模式 1 的例子

6.4.3 定时器控制编程

1）通用定时器配置步骤

(1) TIM3 时钟使能

通过 APB1ENR 的第 1 位来设置 TIM3 的时钟，因为在 Stm32_Clock_Init 函数里面把 APB1 的分频设置为 2 了，所以 TIM3 时钟就是 APB1 时钟的 2 倍，等于系统时钟(72 MHz)。

(2) 设置 TIM3_ARR 和 TIM3_PSC 的值

通过这两个寄存器，设置自动重装的值及分频系数。这两个参数加上时钟频率就决定了定时器的溢出时间。

定时器的工作频率计算公式为：

$$\text{CK\_CNT} = \frac{\text{定时器时钟}}{\text{TIMx\_PSC} + 1}$$

其中 CK_CNT 表示定时器工作频率；TIMx_PSC 表示分频系数。

例如通用定时器的时钟为 72 MHz，分频比为 7 199，如果想要得到一个 1 s 的定时，定时计数器的值需要设定为

$$\text{TIMx\_ARR} = 10000$$

因为 720 00 000/7 200 = 10 kHz

时钟周期 $T = 1/10\ \text{kHz} = 100\ \mu\text{s}$

$100\ \mu\text{s} \times 10\ 000 = 1\ \text{s}$

结论：分频比为 7 199 的定时计数器的值 10 000。

(3) 设置 TIM3_DIER 允许更新中断

因为要使用 TIM3 的更新中断，所以设置 DIER 的 UIE 位，并使能触发中断。

(4) 允许 TIM3 工作

在配置完后要开启定时器，通过 TIM3_CR1 的 CEN 位来设置。

(5)TIM3 中断分组设置

在定时器配置完成之后,因为要产生中断,必不可少地要设置 NVIC 相关寄存器,以使能 TIM3 中断。

(6)编写中断服务函数

编写定时器中断服务函数,通过该函数处理定时器产生的相关中断。中断产生后,通过状态寄存器的值来判断此次产生的中断属于什么类型,然后执行相关的操作。

2)定时器程序设计

以 TIM3 定时器的工作频率 10 kHz 为例:

由于设置 RCC -> CFGR = 0x00000400(在 Stm32_Clock_Init 函数中),则输入时钟为 APB1 的 2 倍(72 MHz)。根据前面的分析,预分频设为 7 199。

```
RCC -> APB1ENR| = 1 <<1;        //TIM3 时钟使能
TIM3 -> ARR = 5000;             //设定计数器自动重装初值,刚好 0.5 s
TIM3 -> PSC = 7199;             //预分频器 7 200,得到 10 kHz 的计数时钟
                                //允许使用中断
TIM3 -> DIER| = 1 <<0;          //允许更新中断
TIM3 -> DIER| = 1 <<6;          //允许触发中断
TIM3 -> CR1| = 0x01;            //使能定时器 3
```

寄存器的设置参见图 6.40 的寄存器定义。

时钟配置寄存器(RCC_ CFGR)

偏移地址:04h 复位值:0000 0000h

31	30	29	28	27	26	25	24	23	22	21	20	19	18	17	16
保留					MCO[2:0]			保留	USB PRE	PLLMUL[3:0]				PLL XTPRE	PLL SRC
					rw	rw	rw		rw	rw	rw	rw	rw	rw	rw

15	14	13	12	11	10	9	8	7	6	5	4	3	2	1	0
ADCPRE[1:0]		PPRE2[2:0]			PPRE1[2:0]			HPRE[3:0]				SWS[1:0]		SW[1:0]	
rw	rw	rw	rw	rw	rw	rw	rw	rw	rw	rw	rw	rw	rw	rw	rw

位 10:8	PPRE1:低速 APB 预分频(APB1) 由软件设置来控制低速 APB1 预分频系数。软件必须保证 APB1 时钟频率不超过 36 MHz。 0xx:HCLK 不分频 100:HCLK 2 分频 101:HCLK 4 分频 110:HCLK 8 分频 111:HCLK 16 分频

APB1 外设时钟使能寄存器(RCC_APB1ENR)

31	30	29	28	27	26	25	24	23	22	21	20	19	18	17	16
保留			PWR EN	BKP EN	保留	CAN EN	保留	USB EN	I2C2 EN	I2C1 EN	保留		USART3 EN	USART2 EN	保留
			rw	rw		rw		rw	rw	rw			rw	rw	

15	14	13	12	11	10	9	8	7	6	5	4	3	2	1	0
保留	SPI2 EN	保留		WWDG EN	保留								TIM4 EN	TIM3 EN	TIM2 EN
	rw			rw									rw	rw	rw

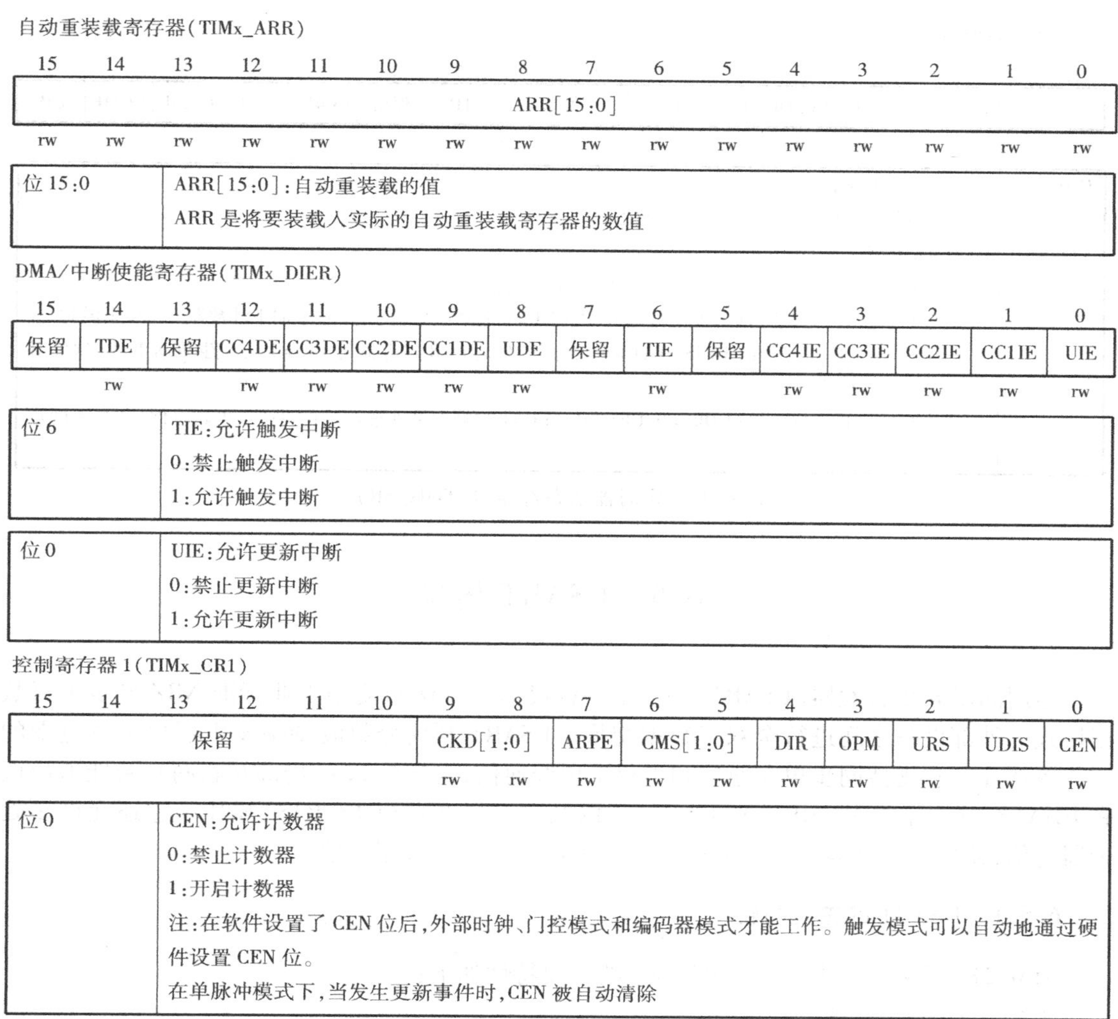

自动重装载寄存器(TIMx_ARR)

15	14	13	12	11	10	9	8	7	6	5	4	3	2	1	0
ARR[15:0]															
rw	rw	rw	rw	rw	rw	rw	rw	rw	rw	rw	rw	rw	rw	rw	rw

位 15:0	ARR[15:0]:自动重装载的值 ARR 是将要装载入实际的自动重装载寄存器的数值

DMA/中断使能寄存器(TIMx_DIER)

15	14	13	12	11	10	9	8	7	6	5	4	3	2	1	0
保留	TDE	保留	CC4DE	CC3DE	CC2DE	CC1DE	UDE	保留	TIE	保留	CC4IE	CC3IE	CC2IE	CC1IE	UIE
	rw		rw	rw	rw	rw	rw		rw		rw	rw	rw	rw	rw

位 6	TIE:允许触发中断 0:禁止触发中断 1:允许触发中断

位 0	UIE:允许更新中断 0:禁止更新中断 1:允许更新中断

控制寄存器 1(TIMx_CR1)

15	14	13	12	11	10	9	8	7	6	5	4	3	2	1	0
保留						CKD[1:0]		ARPE	CMS[1:0]		DIR	OPM	URS	UDIS	CEN
						rw	rw	rw	rw	rw	rw	rw	rw	rw	rw

位 0	CEN:允许计数器 0:禁止计数器 1:开启计数器 注:在软件设置了 CEN 位后,外部时钟、门控模式和编码器模式才能工作。触发模式可以自动地通过硬件设置 CEN 位。 在单脉冲模式下,当发生更新事件时,CEN 被自动清除

图 6.40　定时器编程的相关寄存器介绍

上面已对 TIM3 编程,0.5 s 产生一次中断。

若要编写中断程序,需要对 TIM3 进行中断设置,参见中断一节。中断设置好后,可编写定时器中断服务程序:

```
void TIM3_IRQHandler(void)
{
    if(TIM3 ->SR&0X0001)//溢出中断
    {
        定时中断程序
    }
    TIM3 ->SR& = ~(1 <<0);//清除中断标志位
}
```

清除中断标志需要对定时器的状态寄存器进行操作。定时器状态寄存器定义如图 6.41 所示。

状态寄存器(TIMx_SR)

15	14	13	12	11	10	9	8	7	6	5	4	3	2	1	0
保留			CC4OF	CC3OF	CC2OF	CC1OF	保留		TIF	保留	CC4IF	CC3IF	CC2IF	CC1IF	UIF
			rc	rc	rc	rc			rc		rc	rc	rc	rc	rc

位 0	UIF:更新中断标记 当产生更新事件时该位由硬件置 1。它由软件清零。 0:无更新事件产生: 1:更新事件等待响应。当寄存器被更新时该位由硬件置 1: —若 TIMx_CR1 寄存器的 UDIS = 0,当 REP_CNT = 0 时产生更新事件(重复向下计数器上溢或下溢时); —若 TIMx_CR1 寄存器的 UDIS = 0、URS = 0,当 TIMx_EGR 寄存器的 UG = 1 时产生更新事件(软件对 CNT 重新初始化); —若 TIMx_CR1 寄存器的 UDIS = 0、URS = 0,当 CNT 被触发事件重初始化时产生更新事件。(参考同步控制寄存器的说明)

图 6.41　定时器状态寄存器(TIMx_SR)

6.5　USART 接口

通用同步异步收发器(USART)提供了一种灵活的方法与使用工业标准 NRZ 异步串行数据格式的外部设备之间进行全双工数据交换。USART 利用分数波特率发生器提供宽范围的波特率选择。它支持同步单向通信和半双工单线通信,也支持 LIN(局部互联网),智能卡协议和 IrDA(红外数据组织)SIR ENDEC 规范,以及调制解调器(CTS/RTS)操作。它还允许多处理器通信,使用多缓冲器配置的 DMA 方式,可以实现高速数据通信。

6.5.1　USART 的主要特性

STM32F1 系列微控制器 USART 接口的主要特性如下:

①全双工的,异步通信;

②NRZ 标准格式;

③分数波特率发生器系统;

④发送和接收共用的可编程波特率,最高达 4.5 MB/s;

⑤可编程数据字长度(8 位或 9 位);

⑥可配置的停止位,支持 1 或 2 个停止位;

⑦LIN 主发送同步断开符的能力以及 LIN 从检测断开符的能力;

⑧当 USART 硬件配置成 LIN 时,生成 13 位断开符,检测 10/11 位断开符;

⑨发送方为同步传输提供时钟;

⑩IRDA SIR 编码器解码器;

⑪在正常模式下支持 3/16 位的持续时间;

⑫智能卡模拟功能;

⑬智能卡接口支持 ISO 7816-3 标准里定义的异步智能卡协议;

⑭智能卡用到的 0.5 和 1.5 个停止位;

⑮单线半双工通信;

⑯可配置的使用DMA的多缓冲器通信；
⑰在SRAM里利用集中式DMA缓冲接收/发送字节；
⑱单独的发送器和接收器使能位；
⑲检测标志；
⑳接收缓冲器满；
㉑发送缓冲器空；
㉒传输结束标志；
㉓校验控制；
㉔发送校验位；
㉕对接收数据进行校验；
㉖4个错误检测标志；
㉗溢出错误；
㉘噪声错误；
㉙帧错误；
㉚校验错误；
㉛10个带标志的中断源；
㉜CTS改变；
㉝LIN断开符检测；
㉞发送数据寄存器空；
㉟发送完成；
㊱接收数据寄存器满；
㊲检测到总线为空闲；
㊳溢出错误；
㊴帧错误；
㊵噪声错误；
㊶校验错误；
㊷多处理器通信。如果地址不匹配，则进入静默模式；
㊸从静默模式中唤醒（通过空闲总线检测或地址标志检测）；
㊹两种唤醒接收器的方式：地址位（MSB，第9位），总线空闲。

6.5.2　USART功能概述

STM32F1系列微控制器USART接口的结构框图如图6.42所示。USART接口通过3个引脚与其他设备连接在一起。任何USART双向通信至少需要2个脚：接收数据输入（RX）和发送数据输出（TX）。

RX：接收数据输入。通过过采样技术来区别数据和噪声，从而恢复数据。

TX：发送数据输出。当发送器被禁止时，输出引脚恢复到它的I/O端口配置。当发送器被激活，并且不发送数据时，TX引脚处于高电平。在单线和智能卡模式里，此I/O端口被同时用于数据的发送和接收。

关于以下寄存器中每个位的具体定义，请参考USART寄存器描述。

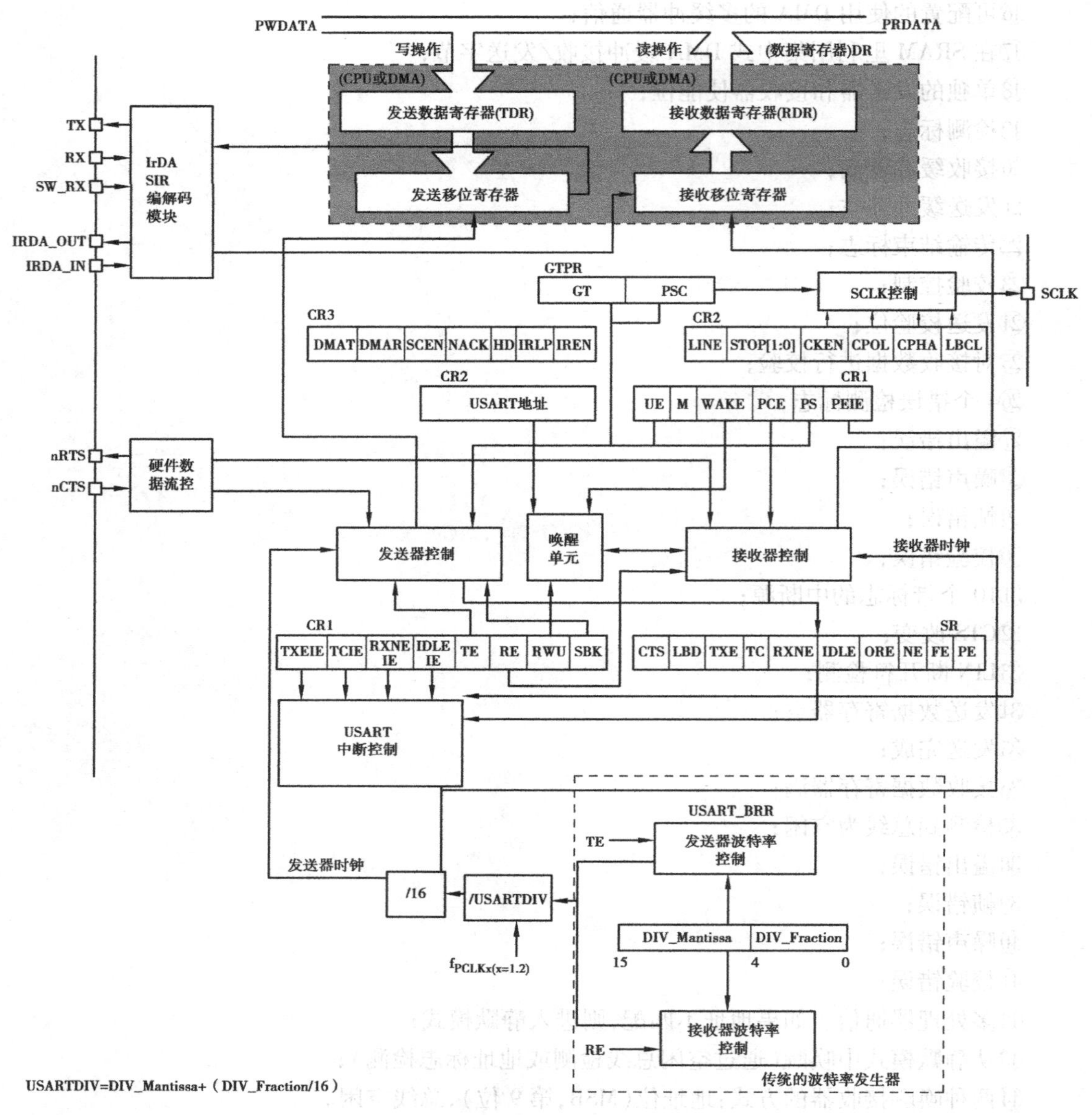

图 6.42　USART 结构框图

总线在发送或接收前应处于空闲状态；

一个起始位；

一个数据字(8 或 9 位)，最低有效位在前；

0.5、1.5、2 个停止位，用以表明数据帧的结束；

使用分数波特率发生器——12 位整数和 4 位小数的表示方法；

一个状态寄存器(USART_SR)；

数据寄存器(USART_DR)；

一个波特率寄存器(USART_BRR)，12 位的整数和 4 位小数；

一个智能卡模式下的保护时间寄存器(USART_GTPR)。

在同步模式中需要下列引脚：

CK：发送器时钟输出。此引脚输出用于同步传输的时钟（在Start位和Stop位上没有时钟脉冲，软件可选地，可以在最后一个数据位送出一个时钟脉冲）。数据可以在RX上同步被接收。这可以用来控制带有移位寄存器的外部设备（例如LCD驱动器）。时钟相位和极性都是软件可编程的。在智能卡模式里，CK可以为智能卡提供时钟。

在IrDA模式里需要下列引脚：

IrDA_RDI：IrDA模式下的数据输入；

IrDA_TDO：IrDA模式下的数据输出。

下列引脚在硬件流控模式中需要：

nCTS：清除发送，若是高电平，在当前数据传输结束时阻断下一次的数据发送。

nRTS：发送请求，若是低电平，表明USART准备好接收数据。

1）USART特性描述

USART通信的数据字长可以通过编程USART_CR1寄存器中的M位，选择成8位或9位。在起始位期间，TX脚处于低电平，在停止位期间处于高电平。

空闲符号被视为完全由1组成的一个完整的数据帧，后面跟着包含了数据的下一帧的开始位（1的位数也包括了停止位的位数）。

断开符号被视为在一个帧周期内全部收到0（包括停止位期间，也是0）。在断开帧结束时，发送器再插入1或2个停止位（1）来应答起始位。

发送和接收由一共用的波特率发生器驱动，当发送器和接收器的使能位分别置位时，分别为其产生时钟。

字长设置如图6.43所示。

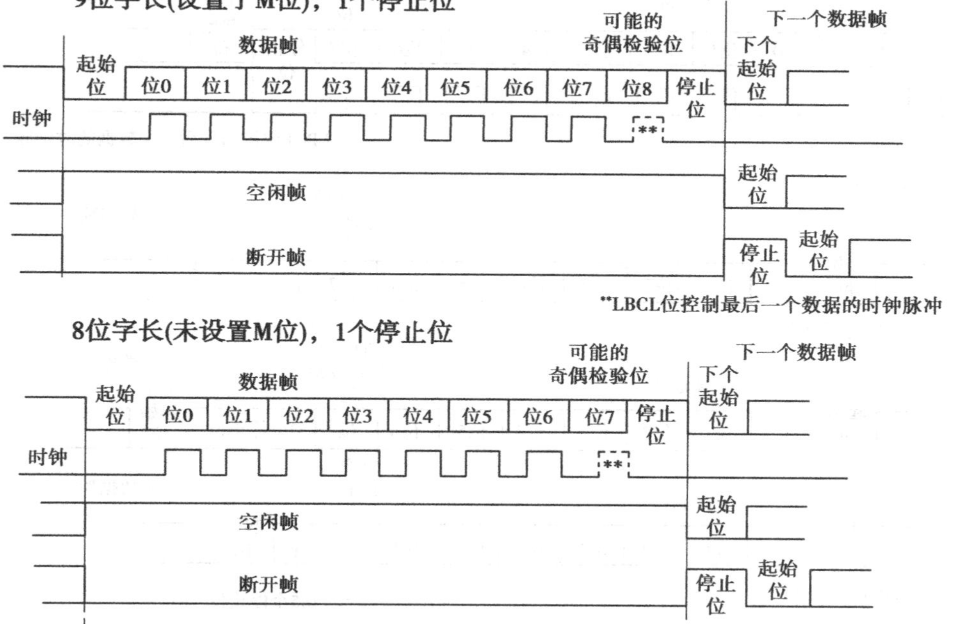

图6.43　字长设置

2)发送器

发送器根据 M 位的状态发送 8 位或 9 位的数据字。当发送使能位(TE)被设置时,发送移位寄存器中的数据在 TX 脚上输出,相应的时钟脉冲在 CK 脚上输出。

(1)字符发送

在 USART 发送期间,在 TX 引脚上首先移出数据的最低有效位。在此模式里,USART_DR 寄存器包含了一个内部总线和发送移位寄存器之间的缓冲器(图 6.42)。每个字符之前都有一个低电平的起始位,之后跟着的停止位,停止位的数目可配置。USART 支持 0.5、1、1.5 和 2 个停止位可配置。

TE 位被激活后将发送一个空闲帧。在数据传输期间不能复位 TE 位,否则将破坏 TX 脚上的数据,因为波特率计数器停止计数,正在传输的当前数据将丢失。

(2)可配置的停止位

随每个字符发送的停止位的位数可以通过控制寄存器 2 的位 13、12 进行编程。

1 个停止位:停止位位数的默认值;

2 个停止位:可用于常规 USART 模式、单线模式以及调制解调器模式;

0.5 个停止位:在智能卡模式下接收数据时使用;

1.5 个停止位:在智能卡模式下发送和接收数据时使用。

空闲帧包括了停止位。断开帧是 10 位低电平,后跟停止位(当 M=0 时);或者 11 位低电平,后跟停止位(M=1 时)。不可能传输更长的断开帧(长度大于 10 位或者 11 位)。

配置停止位如图 6.44 所示。

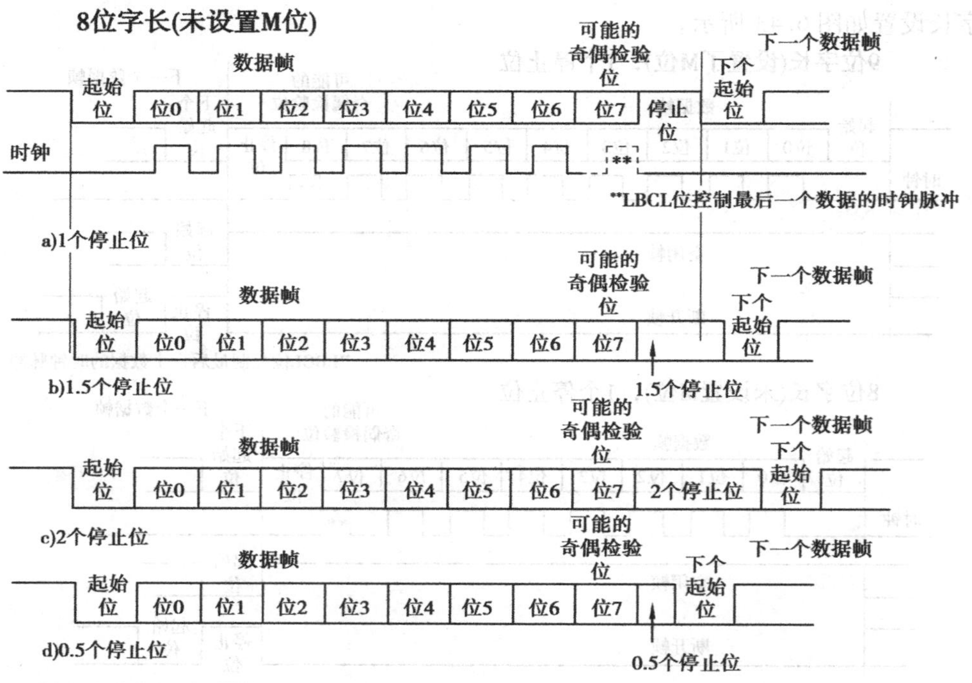

图 6.44　配置停止位

发送的配置步骤:

①通过在 USART_CR1 寄存器上置位 UE 位来激活 USART。

②编程 USART_CR1 的 M 位来定义字长。

③在 USART_CR2 中编程停止位的位数。

④如果采用多缓冲器通信,配置 USART_CR3 中的 DMA 使能位(DMAT)。按多缓冲器通信中的描述配置 DMA 寄存器。

⑤利用 USART_BRR 寄存器选择要求的波特率。

⑥设置 USART_CR1 中的 TE 位,发送一个空闲帧作为第一次数据发送。

⑦把要发送的数据写进 USART_DR 寄存器(此动作清除 TXE 位)。

⑧在只有一个缓冲器的情况下,对每个待发送的数据重复步骤⑦。

⑨在 USART_DR 寄存器中写入最后一个数据字后,要等待 TC = 1,它表示最后一个数据帧的传输结束。当需要关闭 USART 或需要进入停机模式之前,需要确认传输结束,避免破坏最后一次传输。

(3)单字节通信

清零 TXE 位总是通过对数据寄存器的写操作来完成的。TXE 位由硬件来设置,它表明:

①数据已经从 TDR 移送到移位寄存器,数据发送已经开始;

②TDR 寄存器被清空;

③下一个数据可以被写进 USART_DR 寄存器而不会覆盖先前的数据。

如果 TXEIE 位被设置,此标志将产生一个中断。如果此时 USART 正在发送数据,对 USART_DR 寄存器的写操作把数据存进 TDR 寄存器,并在当前传输结束时把该数据复制进移位寄存器。如果此时 USART 没有发送数据,处于空闲状态,则对 USART_DR 寄存器的写操作直接把数据放进移位寄存器,数据传输开始,TXE 位立即被置 1。当一帧发送完成时(停止位发送后),如果 TXE 位为 1,则 TC 位被置 1;如果 USART_CR1 寄存器中的 TCIE 位被置 1 时,则会产生中断。

在 USART_DR 寄存器中写入了最后一个数据字后,在关闭 USART 模块之前或设置微控制器进入低功耗模式之前,必须先等待 TC = 1,如图 6.45 所示。使用下列软件过程清除 TC 位:

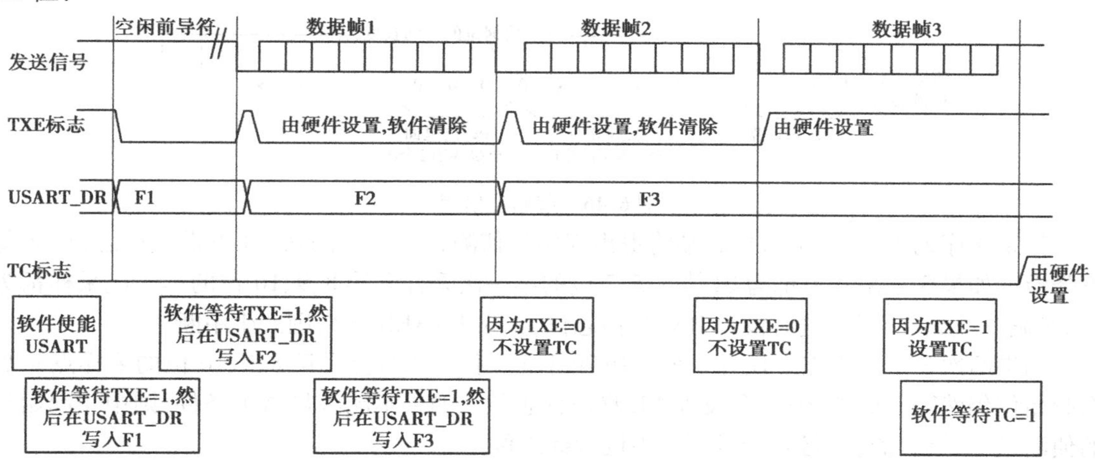

图 6.45　发送时 TC/TXE 的变化情况

①读一次 USART_SR 寄存器；

②写一次 USART_DR 寄存器。

TC 位也可以通过软件对它写 0 来清除。此清零方式只推荐在多缓冲器通信模式下使用。

(4)断开符号

设置 SBK 可发送一个断开符号。断开帧长度取决 M 位，如图 6.2 所示。如果设置 SBK=1，则在完成当前数据发送后，将在 TX 线上发送一个断开符号。断开符号发送完成时（在断开符号的停止位时）SBK 被硬件复位。USART 在最后一个断开帧的结束处插入一逻辑 1，以保证能识别下一帧的起始位。

如果在开始发送断开帧之前，软件又复位了 SBK 位，断开符号将不被发送。如果要发送两个连续的断开帧，SBK 位应该在前一个断开符号的停止位之后置 1。

(5)空闲符号

置位 TE 将使得 USART 在第一个数据帧前发送一空闲帧。

3）接收器

USART 可以根据 USART_CR1 的 M 位接收 8 位或 9 位的数据字。

(1)起始位侦测

在 USART 中，如果辨认出一个特殊的采样序列，那么就认为侦测到一个起始位。该序列为“1110x0x0x0000”，如图 6.46 所示。

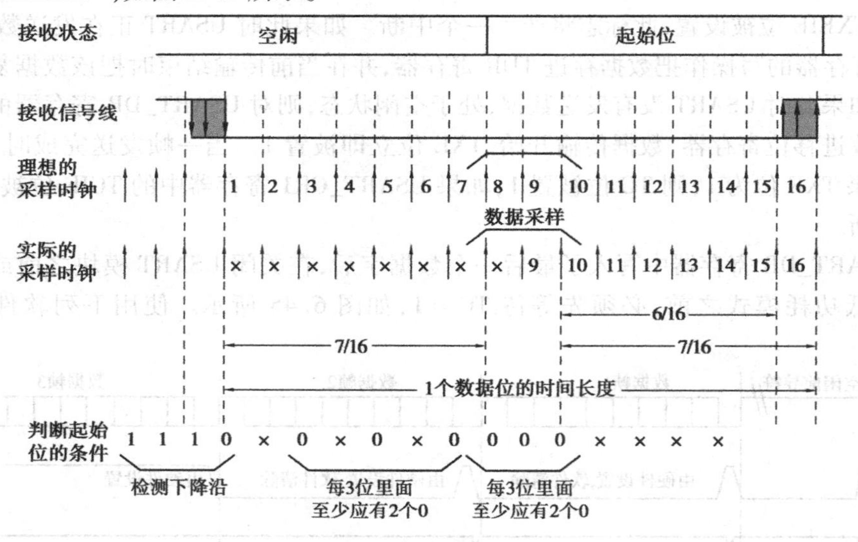

图 6.46 起始位侦测

如果该序列不完整，那么接收端将退出起始位侦测并回到空闲状态（不设置标志位）等待下降沿。如果 3 个采样点都为 0（第 3、5、7 位的第一次采样和第 8、9、10 位的第二次采样都为 0），则确认收到起始位，这时设置 RXNE 标志位，如果 RXNEIE=1，则产生中断。

如果两次 3 个采样点上仅有 2 个是 0（第 3、5、7 位的采样点和第 8、9、10 位的采样点），那么起始位仍然是有效的，但是会设置 NE 噪声标志位。如果不能满足这个条件，则中止起始位的侦测过程，接收器会回到空闲状态（不设置标志位）。

如果有一次 3 个采样点上仅有 2 个是 0（第 3、5、7 位的采样点或第 8、9、10 位的采样点），那么起始位仍然是有效的，但是会设置 NE 噪声标志位。

(2)字符接收

在 USART 接收期间,数据的最低有效位首先从 RX 脚移进。在此模式里,USART_DR 寄存器包含的缓冲器位于内部总线和接收移位寄存器之间。

接收的配置步骤如下:

①将 USART_CR1 寄存器的 UE 置 1 来激活 USART。

②编程 USART_CR1 的 M 位定义字长。

③在 USART_CR2 中编写停止位的个数。

④如果需多缓冲器通信,选择 USART_CR3 中的 DMA 使能位(DMAR)。按多缓冲器通信所要求的配置 DMA 寄存器。

⑤利用波特率寄存器 USART_BRR 选择希望的波特率。

⑥设置 USART_CR1 的 RE 位。激活接收器,使它开始寻找起始位。

当一字符被接收到时:

RXNE 位被置位,它表明移位寄存器的内容被转移到 RDR。换句话说,数据已经被接收并且可以被读出(包括与之有关的错误标志);

如果 RXNEIE 位被设置,产生中断;

在接收期间如果检测到帧错误、噪声或溢出错误,错误标志将被置 1;

在多缓冲器通信时,RXNE 在每个字节接收后被置 1,并由 DMA 对数据寄存器的读操作而清零;

在单缓冲器模式里,由软件读 USART_DR 寄存器完成对 RXNE 位清除。RXNE 标志也可以通过对它写 0 来清除。RXNE 位必须在下一字符接收结束前被清零,以避免溢出错误。

(3)断开符号

当接收到一个断开帧时,USART 像处理帧错误一样处理它。

(4)空闲符号

当一空闲帧被检测到时,其处理步骤和接收到普通数据帧一样,但如果 IDLEIE 位被设置,将产生一个中断。

(5)溢出错误

如果 RXNE 还没有被复位,又接收到一个字符,则发生溢出错误。数据只有当 RXNE 位被清零后才能从移位寄存器转移到 RDR 寄存器。RXNE 标记是接收到每个字节后被置位的。如果下一个数据已被收到或先前 DMA 请求还没被服务时,RXNE 标志仍是置 1 的,溢出错误产生。

当溢出错误产生时:

①ORE 位被置位;

②RDR 内容将不会丢失,读 USART_DR 寄存器仍能得到先前的数据;

③移位寄存器中以前的内容将被覆盖,随后接收到的数据都将丢失;

④如果 RXNEIE 位被设置或 EIE 和 DMAR 位都被设置,中断产生;

⑤顺序执行对 USART_SR 和 USART_DR 寄存器的读操作,可复位 ORE 位。

当 ORE 位置位时,表明至少有 1 个数据已经丢失。有两种可能性:

①如果 RXNE = 1,上一个有效数据还在接收寄存器 RDR 上,可以被读出;

②如果 RXNE = 0,这意味着上一个有效数据已经被读走,RDR 已经没有东西可读。当上

一个有效数据在 RDR 中被读取的同时又接收到新的(也就是丢失的)数据时,此种情况可能发生。在读序列期间(在 USART_SR 寄存器读访问和 USART_DR 读访问之间)接收到新的数据,此种情况也可能发生。

(6)噪声错误

使用过采样技术(同步模式除外),通过区别有效输入数据和噪声来进行数据恢复。

检测噪声的数据采样如图 6.47 及表 6.14 所示。

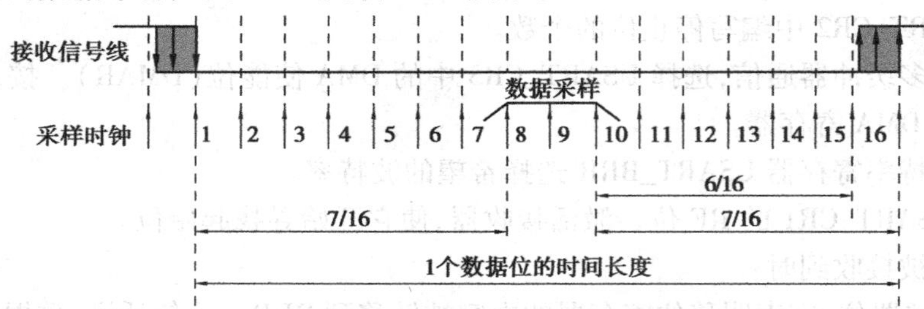

图 6.47　检测噪声的数据采样

表 6.14　检测噪声的数据采样

采样值	NE 状态	接收的位	数据有效性
000	0	0	有效
001	1	0	无效
010	1	0	无效
011	1	1	无效
100	1	0	无效
101	1	1	无效
110	1	1	无效
111	0	1	有效

当在接收帧中检测到噪声时:

①在 RXNE 位的上升沿设置 NE 标志。

②无效数据从移位寄存器传送到 USART_DR 寄存器。

③在单个字节通信情况下,没有中断产生。然而,因为 NE 标志位和 RXNE 标志位是同时被设置,RXNE 将产生中断。在多缓冲器通信情况下,如果已经设置了 USART_CR3 寄存器中 EIE 位,将产生一个中断。

④先读出 USART_SR,再读出 USART_DR 寄存器,将清除 NE 标志位。

(7)帧错误

当以下情况发生时检测到帧错误:由于没有同步上或大量噪声的原因,停止位没有在预期的时间上将接和收识别出来。

当帧错误被检测到时:

①FE 位被硬件置 1。

②无效数据从移位寄存器传送到 USART_DR 寄存器。

③在单字节通信时，没有中断产生。然而，这个位和 RXNE 位同时置起，后者将产生中断。在多缓冲器通信情况下，如果 USART_CR3 寄存器中 EIE 位被置位的话，将产生中断。

④顺序执行对 USART_SR 和 USART_DR 寄存器的读操作，可复位 FE 位。

(8)接收期间的可配置的停止位

被接收的停止位的个数可以通过控制寄存器 2 的控制位来配置，在正常模式时，可以是 1 或 2 个，在智能卡模式里可能是 0.5 或 1.5 个。

0.5 个停止位(智能卡模式中的接收)：不对 0.5 个停止位进行采样。因此，如果选择 0.5 个停止位则不能检测帧错误和断开帧。

1 个停止位：对 1 个停止位的采样在第 8、第 9 和第 10 位采样点上进行。

1.5 个停止位(智能卡模式)：当以智能卡模式发送时，器件必须检查数据是否被正确地发送出去。所以接收器功能块必须被激活(USART_CR1 寄存器中的 RE = 1)，并且在停止位的发送期间采样数据线上的信号。如果出现校验错误，智能卡会在发送方采样 NACK 信号时，即总线上停止位对应的时间内时，拉低数据线，以此表示出现了帧错误。FE 在 1.5 个停止位结束时和 RXNE 一起被置 1。对 1.5 个停止位的采样是在第 16、第 17 和第 18 采样点进行的。1.5 个的停止位可以被分成 2 部分：一个是 0.5 个时钟周期，其间不做任何事情；随后是 1 个时钟周期的停止位，在这段时间的中点处采样。

2 个停止位：对 2 个停止位的采样是在第一停止位的第 8、第 9 和第 10 个采样点完成的。如果第一个停止位期间检测到一个帧错误，帧错误标志将被设置。第二个停止位不再检查帧错误。在第一个停止位结束时 RXNE 标志将被设置。

4)接收器分数波特率的产生

接收器和发送器的波特率应设置为一致，即应将 USARTDIV 的整数和小数部分的值设置为相同。

$$\text{Tx/Rx 波特率} = \frac{f_{CK}}{16 \times \text{USARTDIV}}$$

由上式可知，接收器和发送器的波特率是通过 USARTDIV 对 f_{CK} 分频得到，这里的 f_{CK} 是给外设的时钟(PCLK1 用于 USART2、3、4、5，PCLK2 用于 USART1)，USARTDIV 是一个无符号的定点数，通过对寄存器 USART_BRR 的设置得到。在写入 USART_BRR 之后，波特率计数器会被波特率寄存器的新值替换。因此，不要在通信进行中改变波特率寄存器的数值。

(1)如何从 USART_BRR 寄存器值得到 USARTDIV

例：已知 USART_BRR = 0x1BC，即 DIV_Mantissa = 0x1B，DIV_Fraction = 0xC

则　　USARTDIV 整数部分 = 27

USARTDIV 小数部分 = 12/16 = 0.75

可得 USARTDIV = 27.75

(2)如何由 USARTDIV 得到 USART_BRR 寄存器的值

例：已知 USARTDIV = 25.62

则　　DIV_Fraction = 16 × 0.62 = 9.92 ≈ 10 = 0x0A

DIV_Mantissa = 25 = 0x19

可得　USART_BRR = 0x19A

例：已知 USARTDIV = 50.99

则 DIV_Fraction = 16 × 0.99 = 15.84 ≈ 16 = 0x10 = > DIV_frac[3:0]溢出 = > 进位加到整数部分

DIV_Mantissa = 50 + 进位 = 51 = 0x33

可得 USART_BRR = 0x330

只有 USART1 使用 PCLK2(最高 72 MHz)。其他 USART 使用 PCLK1(最高 36 MHz)。不同时钟频率能达到的波特率上限可由表 6.15 得到。

表 6.15 设置波特率时的误差计算

波特率		f_{PCLK} = 36 MHz			f_{PCLK} = 72 MHz		
序号	KB/s	实际	置于波特率寄存器中的值	误差/%	实际	置于波特率寄存器中的值	误差/%
1	2.4	2.4	937.5	0	2.4	1 875	0
2	9.6	9.6	234.375	0	9.6	468.75	0
3	19.2	19.2	117.187 5	0	19.2	234.375	0
4	57.6	57.6	39.062 5	0	57.6	78.125	0
5	115.2	115.384	19.5	0.15	115.2	39.062 5	0
6	230.4	230.769	9.75	0.16	230.769	19.5	0.16
7	460.8	461.538	4.875	0.16	461.538	9.75	0.16
8	921.6	923.076	2.437 5	0.16	923.076	4.875	0.16
9	2 250	2 250	1	0	2 250	2	0
10	4 500	不可能	不可能	不可能	4 500	1	0%

5) USART 接收器容忍时钟的变化

只有当整体的时钟系统的变化处于 USART 异步接收器能够容忍的范围时，USART 异步接收器才能正常地工作。影响这些变化的因素有：

DTRA：由于发送器误差而产生的变化(包括发送器端振荡器的变化)；

DQUANT：接收器端波特率取整所产生的误差；

DREC：接收器端振荡器的变化；

DTCL：由于传输线路产生的变化(通常是由于收发器在由低变高的转换时序与由高变低转换时序之间的不一致造成的)。

需要满足：DTRA + DQUANT + DREC + DTCL < USART 接收器的容忍度。

对于正常接收数据，USART 接收器的容忍度等于最大能容忍的变化，它依赖于下述选择：

由 USART_CR1 寄存器的 M 位定义的 10 或 11 位字符长度；

是否使用分数波特率产生。

在特殊的情况下，即当收到的帧包含一些 M = 0 时，正好是 10 位(M = 1 时是 11 位)的空闲帧，表 6.16、表 6.17 中的数据可能会有少许出入。

表 6.16　当 DIV_Fraction = 0 时，USART 接收器的容忍度

M 位	认为 NF 是错误	不认为 NF 是错误
0	3.75%	4.375%
1	3.41%	3.97%

表 6.17　当 DIV_Fraction! = 0 时，USART 接收器的容忍度

M 位	认为 NF 是错误	不认为 NF 是错误
0	3.33%	3.88%
1	3.03%	3.53%

6) 多处理器通信

通过 USART 可以实现多处理器通信(将几个 USART 连在一个网络里)。例如某个 USART 设备可以是主，它的 TX 输出与其他 USART 从设备的 RX 输入相连接；USART 从设备各自的 TX 输出逻辑地与在一起，并且和主设备的 RX 输入相连接。

在多处理器配置中，通常希望只有被寻址的接收者才被激活，来接收随后的数据，这样就可以减少由未被寻址的接收器的参与带来的多余的 USART 服务开销。未被寻址的设备可启用其静默功能处于静默模式。在静默模式里：

任何接收状态位都不会被设置；

所有接收中断被禁止；

USART_CR1 寄存器中的 RWU 位被置 1。RWU 可以被硬件自动控制或在某个条件下由软件写入。

根据 USART_CR1 寄存器中的 WAKE 位状态，USART 可以用以下两种方法进入或退出静默模式：

如果 WAKE 位被复位：进行空闲总线检测；

如果 WAKE 位被设置：进行地址标记检测。

(1) 空闲总线检测(WAKE = 0)

当 RWU 位被写 1 时，USART 进入静默模式。当检测到一空闲帧时，它被唤醒。然后 RWU 被硬件清零，但是 USART_SR 寄存器中的 IDLE 位并不置 1。RWU 还可以被软件写 0。图 6.48 给出了利用空闲总线检测来唤醒和进入静默模式的一个例子。

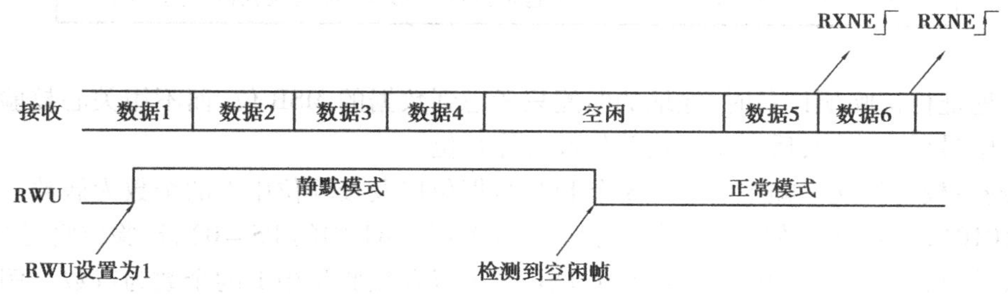

图 6.48　利用空闲总线检测的静默模式

(2)地址标记检测(WAKE=1)

在此模式里,如果MSB是1,则该字节被认为是地址,否则被认为是数据。在一个地址字节中,目标接收器的地址被放在4个LSB中。这个4位地址被接收器同它自己的地址做比较,接收器的地址被编程在USART_CR2寄存器的ADD。

当接收到的字节与它的编程地址不匹配时,USART进入静默模式。此时,硬件设置RWU位。接收该字节既不会设置RXNE标志也不会产生中断或发出DMA请求,因为USART已经在静默模式;当接收到的字节与接收器内编程地址匹配时,USART退出静默模式,然后RWU位被清零,随后的字节被正常接收。收到这个匹配的地址字节时将设置RXNE位,因为RWU位已被清零。

当接收缓冲器不包含数据时(USART_SR的RXNE=0),RWU位可以被写0或1。否则,该次写操作被忽略。图6.49给出了利用地址标记检测来唤醒和进入静默模式的例子。

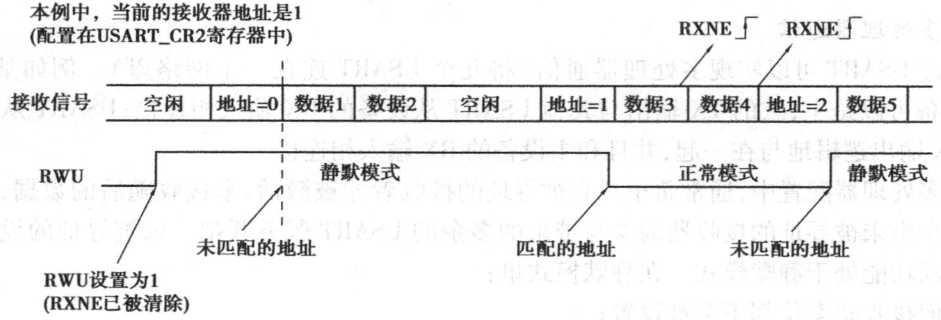

图6.49 利用地址标记检测的静默模式

7)校验控制

设置USART_CR1寄存器上的PCE位,可以使能奇偶控制(发送时生成一个奇偶位,接收时进行奇偶校验)。根据M位定义的帧长度,可能的USART帧格式列在表6.18中。

表6.18 帧格式

M位	PCE位	USART帧
0	0	|起始位|8位数据|停止位|
0	1	|起始位|7位数据|奇偶检验位|停止位|
1	0	|起始位|9位数据|停止位|
1	1	|起始位|8位数据|奇偶检验位|停止位|

在用地址标记唤醒设备时,地址的匹配只考虑到数据的MSB位,而不用关心校验位,MSB是数据位中最后发出的,后面紧跟校验位或者停止位。

偶校验:校验位使一帧中的7或8个LSB数据位以及校验位中1的个数为偶数。例如:数据=00110101,有4个1,如果选择偶校验(在USART_CR1中的PS=0),校验位将是0。

奇校验:校验位使一帧中的7或8个LSB数据以及校验位中1的个数为奇数。例如:数据=00110101,有4个1,如果选择奇校验(在USART_CR1中的PS=1),校验位将是1。

传输模式:如果USART_CR1的PCE位被置位,写进数据寄存器的数据的MSB位被校验位替换后发送出去(如果选择偶校验有偶数个1,如果选择奇校验有奇数个1)。如果奇偶校验失败,USART_SR寄存器中的PE标志被置1,并且如果USART_CR1寄存器的PEIE再被预先设置的话,中断产生。

8)LIN(局域互联网)模式

LIN模式是通过设置USART_CR2寄存器的LINEN位选择。在LIN模式下,下列位必须保持为0:

USART_CR2寄存器的CLKEN位;

USART_CR3寄存器的STOP[1:0]、SCEN、HDSEL和IREN。

(1)LIN发送

前述"2)"里所描述的发送步骤同样适用于LIN主发送,但和正常USART发送有以下区别:

清零M位以配置8位字长;

置位LINEN位以进入LIN模式。这时,置位SBK将发送13位0作为断开符号,然后发一位1,以允许对下一个开始位的检测。

(2)LIN接收

当LIN模式被使能时,断开符号检测电路被激活。该检测完全独立于USART接收器。断开符号只要一出现就能检测到,不管是在总线空闲时,还是在发送某数据帧期间,数据帧还未完成,又插入了断开符号的发送。

当接收器被激活时(USART_CR1的RE=1),电路监测RX上的起始信号。监测起始位的方法同检测断开符号或数据是一样的。当起始位被检测到后,电路对每个接下来的数据位,在每个位的第8、9、10个采样时钟点上进行采样。如果10个(当USART_CR2的LBDL=0)或11个(当USART_CR2的LBDL=1)连续位都是0,并且又跟着一个定界符,USART_SR的LBD标志被设置。如果LBDIE位=1,则中断产生。在确认断开符号前,要检查定界符,因为它意味RX线已经回到高电平。

如果在第10或11个数据位之前采样到了1,检测电路取消当前检测并重新寻找起始位。如果LIN模式被禁止,接收器继续如正常USART那样工作,不需要考虑检测断开符号。

如果LIN模式没有被激活(LINEN=0),接收器仍然正常工作于USART模式,不会进行断开检测。

如果LIN模式被激活(LINEN=1),只要一发生帧错误(也就是停止位检测到0,这种情况出现在断开帧),接收器就停止,直到断开符号检测电路接收到一个1(这种情况发生于断开符号没有完整地发出来),或一个定界符(这种情况发生于已经检测到一个完整的断开符号),LIN模式下的断开检测如图6.50所示,LIN模式下的断开检测与帧错误的检测如图6.51所示。

9)USART同步模式

通过在USART_CR2寄存器上写CLKEN位选择同步模式。在同步模式里,下列位必须保持清零状态:

USART_CR2寄存器中的LINEN位;

USART_CR3寄存器中的SCEN、HDSEL和IREN位。

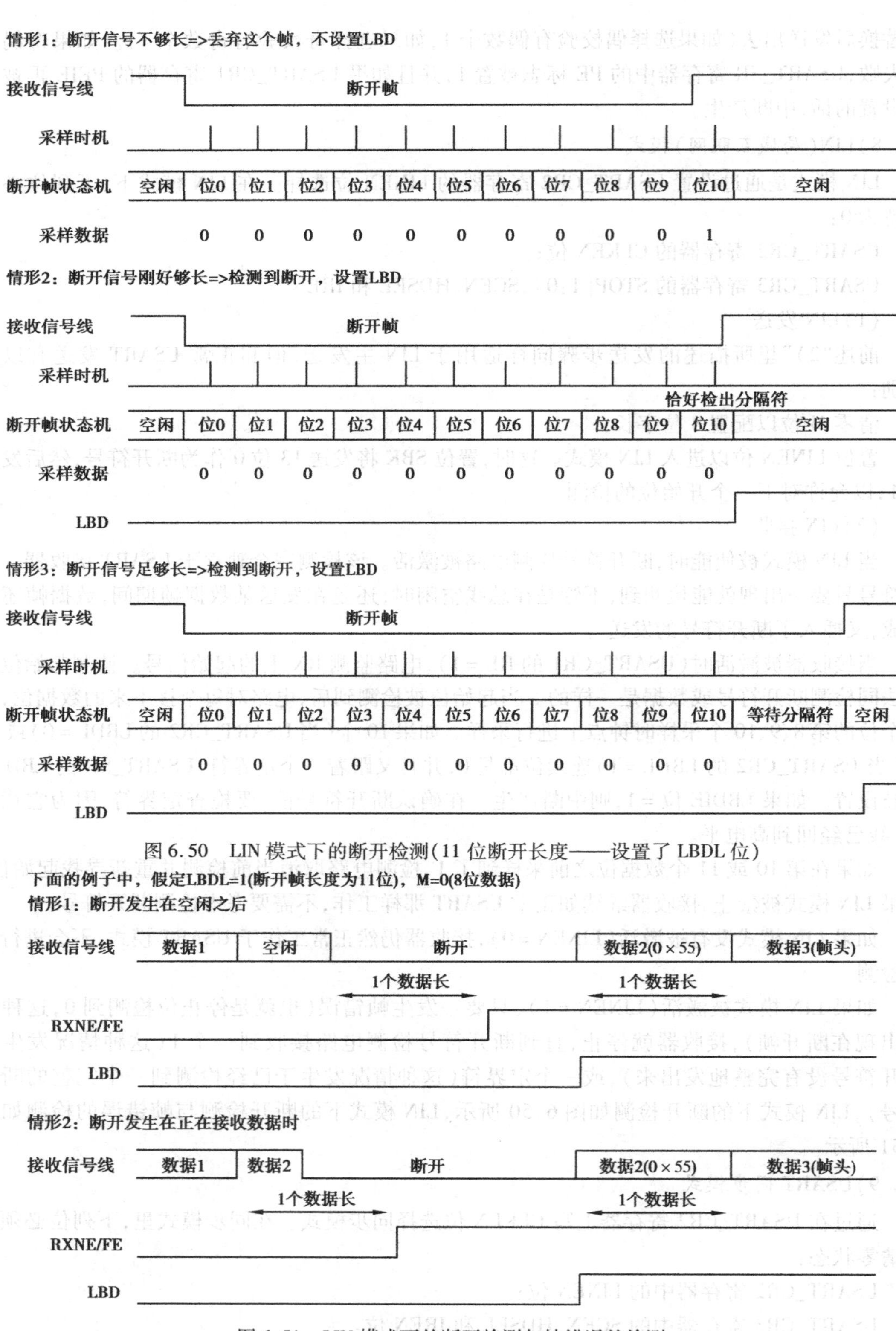

图 6.50　LIN 模式下的断开检测(11 位断开长度——设置了 LBDL 位)

图 6.51　LIN 模式下的断开检测与帧错误的检测

USART 允许用户以主模式方式控制双向同步串行通信。CK 脚是 USART 发送器时钟的输出。在起始位和停止位期间,CK 脚上没有时钟脉冲。根据 USART_CR2 寄存器中 LBCL 位的状态,决定在最后一个有效数据位期间产生或不产生时钟脉冲。USART_CR2 寄存器的 CPOL 位允许用户选择时钟极性,USART_CR2 寄存器上的 CPHA 位允许用户选择外部时钟的相位,如图 6.52—图 6.54 所示。在总线空闲期间,实际数据到来之前以及发送断开符号的时候,外部 CK 时钟不被激活。

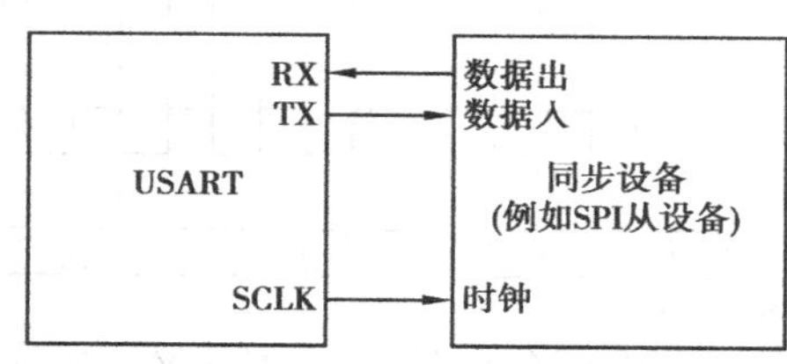

图 6.52　USART 同步传输的例子

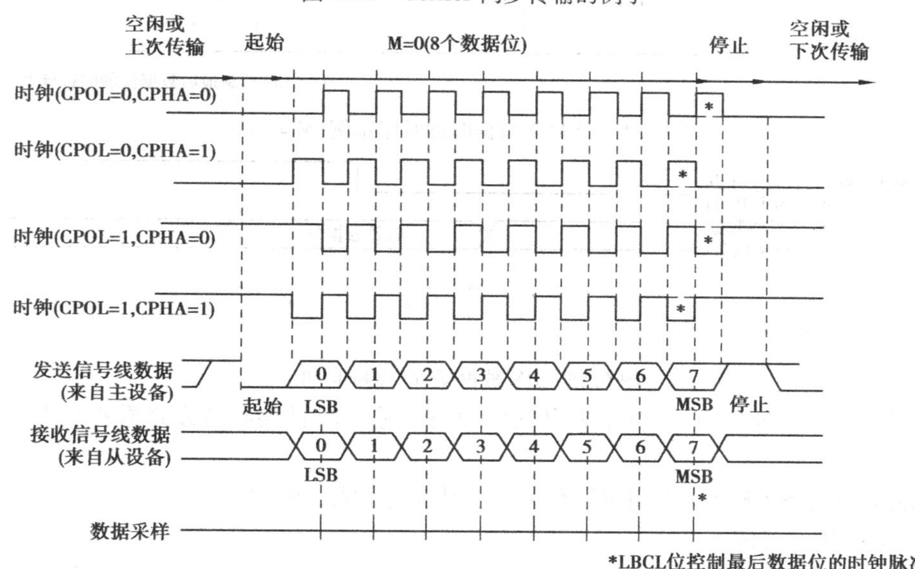

图 6.53　USART 数据时钟时序示例(M = 0)

同步模式时,USART 发送器和异步模式里工作相同。但是因为 CK 是与 TX 同步的(根据 CPOL 和 CPHA),所以 TX 上的数据是随 CK 同步发出的。

同步模式的 USART 接收器工作方式与异步模式不同。如果 RE = 1,则数据在 CK 上采样(根据 CPOL 和 CPHA 决定在上升沿还是在下降沿),不需要任何的过采样。但必须考虑建立时间和持续时间(取决于波特率,1/16 位时间)。RX 数据采样/保持时间如图 6.55 所示。

在使用同步模式时应注意:

CK 脚同 TX 脚一起联合工作。因此,只有在使能了发送器(TE = 1),并且发送数据时(写入数据至 USART_DR 寄存器)才提供时钟。这意味着在没有发送数据时是不可能接收一个同步数据的(有别于异步模式)。

LBCL、CPOL 和 CPHA 位的正确配置,应该在发送器和接收器都被禁止时,当使能了发送器或接收器时,这些位不能被改变。

最好在同一条指令中设置 TE 和 RE,以减少接收器的建立时间和保持时间。

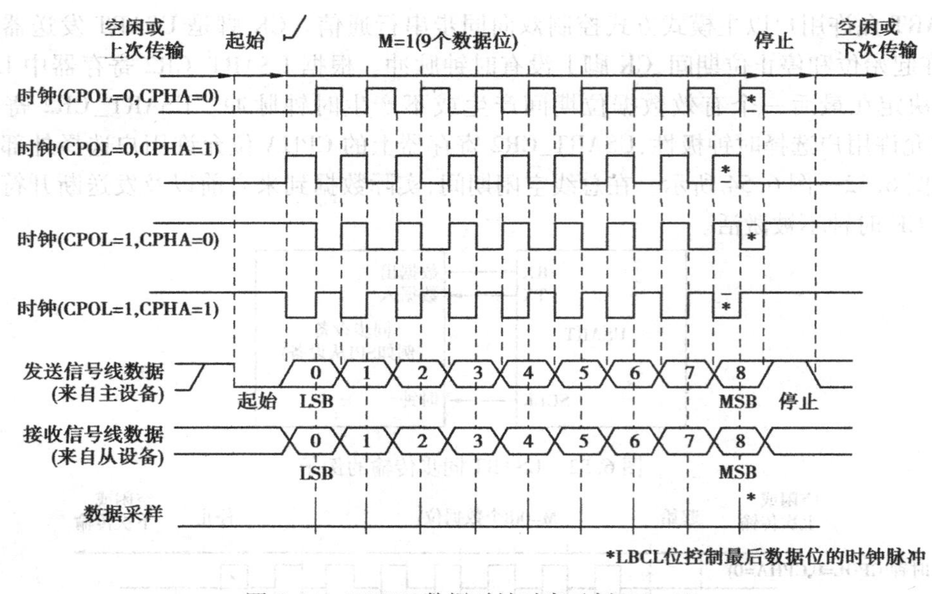

图 6.54　USART 数据时钟时序示例(M=1)

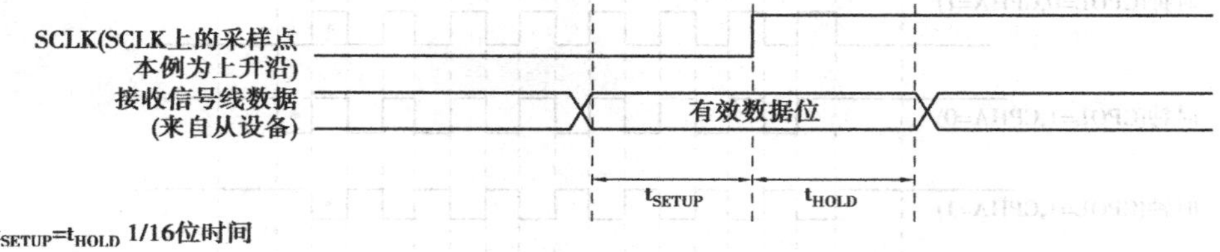

图 6.55　RX 数据采样/保持时间

USART 只支持主模式:它不能用来自其他设备的输入时钟接收或发送数据(CK 永远是输出)。

在智能卡模式下 CK 的功能不同,有关细节请参考智能卡模式部分。

10)单线半双工通信

单线半双工模式通过设置 USART_CR3 寄存器的 HDSEL 位选择。在这个模式里,下面的位必须保持清零状态:

USART_CR2 寄存器的 LINEN 和 CLKEN 位;

USART_CR3 寄存器的 SCEN 和 IREN 位。

USART 可以配置成遵循单线半双工协议。在单线半双工模式下,TX 和 RX 引脚在芯片内部互连。使用控制位“HALF DUPLEX SEL”(USART_CR3 中的 HDSEL 位)选择半双工和全双工通信。当 HDSEL 为 1 时:

RX 不再被使用;

当没有数据传输时,TX 总是被释放。因此,它在空闲状态的或接收状态时表现为一个标准 I/O 端口。这就意味该 I/O 端口在不被 USART 驱动时,必须配置成悬空输入(或开漏的输出高)。

除此以外,通信与正常 USART 模式类似。由软件来管理线上的冲突(例如通过使用一个中央仲裁器)。特别的是,发送从不会被硬件所阻碍。当 TE 位被设置时,只要数据一写到数据寄存器上,发送就继续。

11）智能卡

设置 USART_CR3 寄存器的 SCEN 位选择智能卡模式。在智能卡模式下，下列位必须保持清零：

USART_CR2 寄存器的 LINEN 位；

USART_CR3 寄存器的 HDSEL 位和 IREN 位。

此外，CLKEN 位可以被设置，以提供时钟给智能卡。

智能卡接口符合 ISO 7816-3 标准，支持智能卡异步协议，如图 6.56 所示。USART 应该被设置为：

8 位数据位加校验位，此时 USART_CR1 寄存器中 M = 1、PCE = 1；

发送和接收时为 1.5 个停止位，即 USART_CR2 寄存器的 STOP = 11。

也可以在接收时选择 0.5 个停止位，但为了避免在 2 种配置间转换，建议在发送和接收时使用 1.5 个停止位。

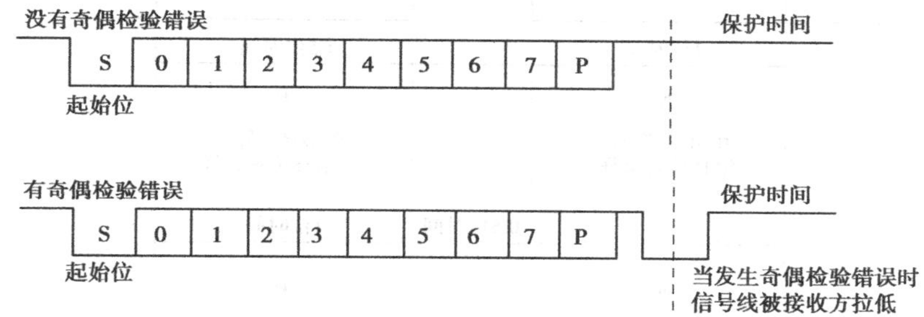

图 6.56　ISO 7816-3 异步协议

当与智能卡相连接时，USART 的 TX 与智能卡均驱动一根双向线。为了做到这点，SW_RX 必须和 TX 连接到相同的 I/O 端口。在发送开始位和数据字节期间，发送器的输出使能位 TX_EN 被置位，在发送停止位期间被释放（弱上拉），因此在发现校验错误的情况下接收器可以将数据线拉低。如果 TX_EN 不被使用，则在停止位期间 TX 被拉到高电平，这样的话，只要 TX 配置成开漏，接收器也可以驱动这根线。

智能卡是一个单线半双工通信协议：

①从发送移位寄存器把数据发送出去，要被延时最小 1/2 波特时钟。在正常操作时，一个满的发送移位寄存器将在下一个波特时钟沿开始向外移出数据。在智能卡模式里，此发送被延迟 1/2 波特时钟。

②如果在接收一个设置为 0.5 或 1.5 个停止位的数据帧期间，检测到一奇偶校验错误，在完成接收该帧后（即停止位结束时），发送线被拉低一个波特时钟周期。这是告诉智能卡发送到 USART 的数据没有被正确地接收到。此 NACK 信号（拉低发送线一个波特时钟周期）在发送端将产生一个帧错误（发送端被配置成 1.5 个停止位）。应用程序可以根据协议处理重新发送数据。如果设置了 NACK 控制位，发生校验错误时接收器会给出一个 NACK 信号，否则就不会发送 NACK。

③TC 标志的置位可以通过编程保护时间寄存器得以延时。在正常操作时，当发送移位寄存器变空并且没有新的发送请求出现时，TC 被置位。在智能卡模式里，空的发送移位寄存器将触发保护时间计数器开始向上计数，直到保护时间寄存器中的值。TC 在这段时间被强制拉低。当保护时间计数器达到保护时间寄存器中的值时，TC 被置高。

④TC 标志的撤销不受智能卡模式的影响。

⑤如果发送器检测到一个帧错误(收到接收器的 NACK 信号),发送器的接收功能模块不会把 NACK 当作起始位检测。根据 ISO 协议,接收到的 NACK 的持续时间可以是 1 或 2 波特时钟周期。

⑥在接收器这边,如果一个校验错误被检测到,并且 NACK 被发送,接收器不会把 NACK 检测成起始位。

断开符号在智能卡模式里没有意义。一个带帧错误的 00h 数据将被当成数据而不是断开符号。当来回切换 TE 位时,没有 IDLE 帧被发送,ISO 协议没有定义 IDLE 帧。图 6.57 详述了 USART 是如何采样 NACK 信号的,在这个例子里,USART 正在发送数据,并且被配置成 1.5 个停止位。为了检查数据的完整性和 NACK 信号,USART 的接收功能块被激活。

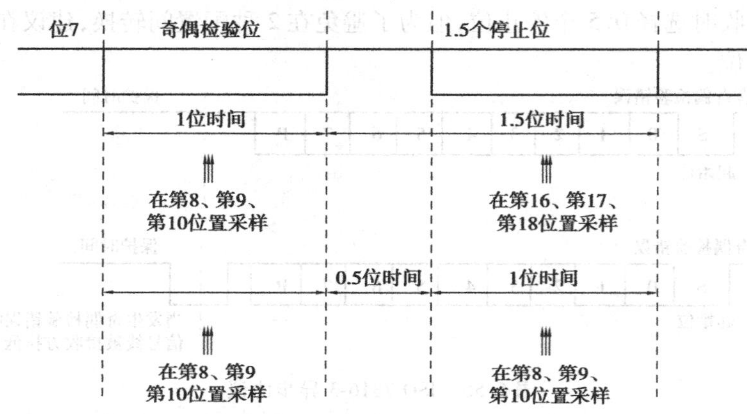

图 6.57　使用 1.5 个停止位检测奇偶检验错

USART 可以通过 CK 输出为智能卡提供时钟。在智能卡模式里,CK 不和通信直接关联,而是先通过一个 5 位预分频器简单地用内部的外设输入时钟来驱动智能卡的时钟。分频率在预分频寄存器 USART_GTPR 中配置。CK 频率可以从 $f_{CK}/2$ 到 $f_{CK}/62$,这里的 f_{CK} 是外设输入时钟。

12) IrDA SIR ENDEC 功能模块

通过设置 USART_CR3 寄存器的 IREN 位选择 IrDA 模式。在 IrDA 模式里,下列位必须保持清零:

USART_CR2 寄存器的 LINEN、STOP 和 CLKEN 位;

USART_CR3 寄存器的 SCEN 和 HDSEL 位。

IrDA SIR 物理层规定使用反相归零调制方案(RZI),该方案用一个红外光脉冲代表逻辑 0,如图 6.58 所示。SIR 发送编码器对从 USART 输出的 NRZ(非归零)比特流进行调制。输出脉冲流被传送到一个外部输出驱动器和红外 LED。USART 为 SIR ENDEC 最高只支持到 115.2 kb/s 速率。在正常模式里,脉冲宽度规定为一个位周期的 3/16。

SIR 接收解码器对来自红外接收器的归零位比特流进行解调,并将接收到的 NRZ 串行比特流输出到 USART。在空闲状态里,解码器输入通常是高(标记状态)。发送编码器输出的极性和解码器的输入相反。当解码器输入低时,检测到一个起始位。

IrDA 是一个半双工通信协议。如果发送器忙(也就是 USART 正在送数据给 IrDA 编码器),IrDA 接收线上的任何数据将被 IrDA 解码器忽视。如果接收器忙(也就是 USART 正在接收从 IrDA 解码器来的解码数据),从 USART 到 IrDA 的 TX 上的数据将不会被 IrDA 编码。当接收数据时，应该避免发送，因为将被发送的数据可能被破坏。

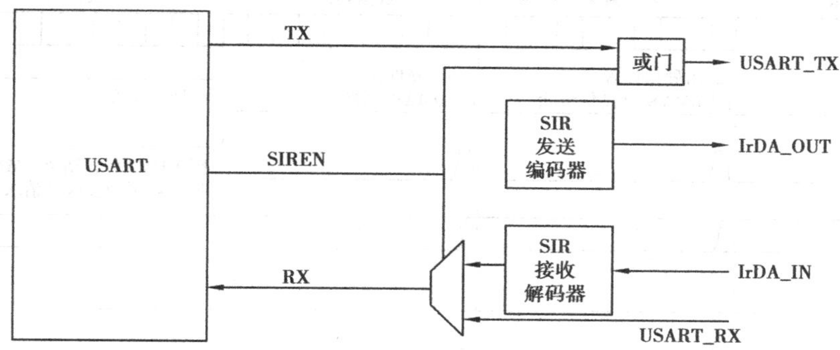

图6.58 IrDA SIR ENDEC框图

SIR发送逻辑把0作为高脉冲发送，把1作为低电平发送。脉冲的宽度规定为正常模式时位周期的3/16，如图6.59所示。

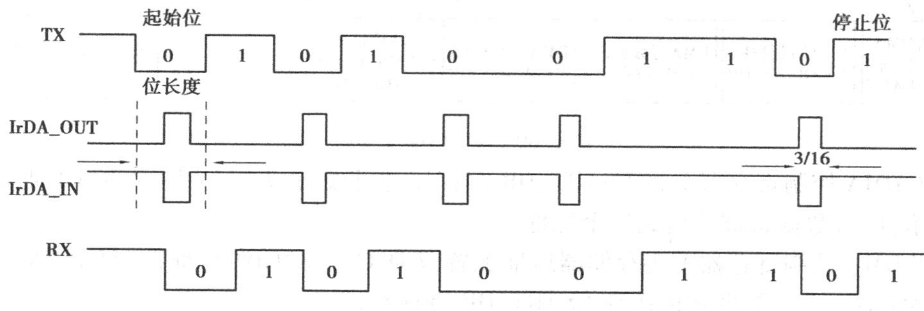

图6.59 IrDA数据调制(3/16)——普通模式

SIR接收逻辑把高电平状态解释为1，把低脉冲解释为0。

发送编码器输出与解码器输入有着相反的极性。当空闲时，SIR输出处于低状态。

SIR解码器把IrDA兼容的接收信号转变成给USART的比特流。

IrDA规范要求脉冲要宽于1.41 μs。脉冲宽度是可编程的。接收器端的尖峰脉冲检测逻辑滤除宽度小于2个PSC周期的脉冲(PSC是在IrDA低功耗波特率寄存器USART_GTPR中编程的预分频值)。宽度小于1个PSC周期的脉冲一定被滤除掉，但是那些宽度大于1个而小于2个PSC周期的脉冲可能被接收或滤除，那些宽度大于2个周期的将被视为一个有效的脉冲。当PSC=0时，IrDA编码器/解码器不工作。

接收器可以与一低功耗发送器通信。

在IrDA模式里，USART_CR2寄存器上的STOP位必须配置成1个停止位。

13)利用DMA连续通信

USART可以利用DMA连续通信。Rx缓冲器和Tx缓冲器的DMA请求是分别产生的。如果所用产品无DMA功能，应按前面章节所描述的发送和接收方法使用USART。在USART2_SR寄存器里，可以清零TXE/RXNE标志来实现连续通信。

(1)利用DMA发送

使用DMA进行发送，如图6.60所示，可以通过设置USART_CR3寄存器上的DMAT位激活。当TXE位被置为1时，DMA就从指定的SRAM区传送数据到USART_DR寄存器。为USART的发送分配一个DMA通道的步骤如下(x表示通道号)：

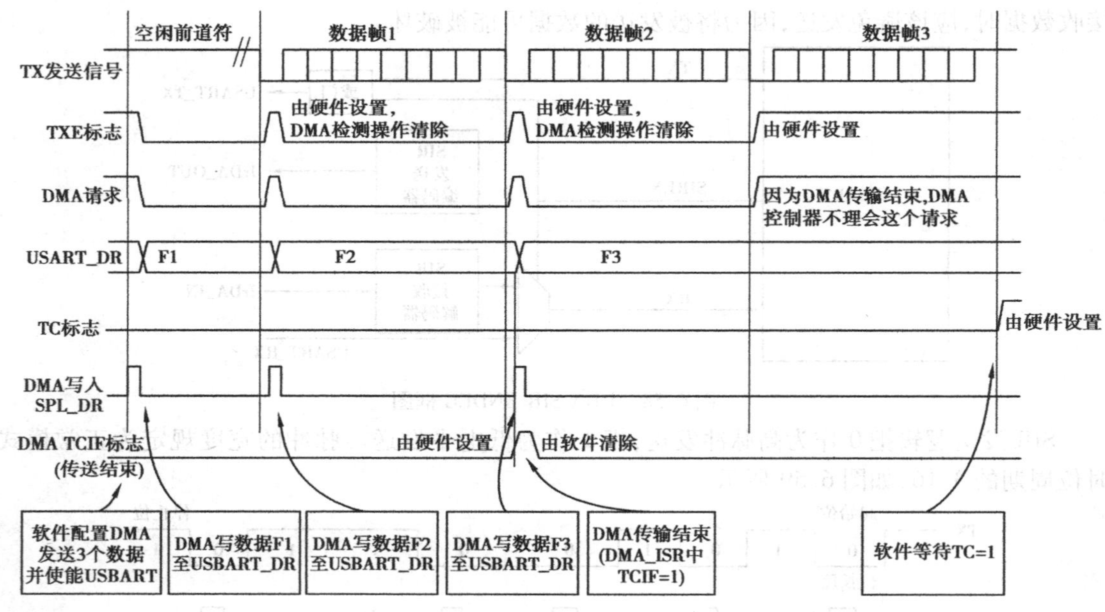

图 6.60　利用 DMA 发送

①在 DMA 控制寄存器上将 USART_DR 寄存器地址配置成 DMA 传输的目的地址。在每个 TXE 事件后,数据将被传送到这个地址;

②在 DMA 控制寄存器上将存储器地址配置成 DMA 传输的源地址,在每个 TXE 事件后,将从此存储器区读出数据并传送到 USART_DR 寄存器;

③在 DMA 控制寄存器中配置要传输的总的字节数;

④在 DMA 寄存器上配置通道优先级;

⑤根据应用程序的要求,配置在传输完成一半还是全部完成时产生 DMA 中断;

⑥在 DMA 寄存器上激活该通道。

当传输完成 DMA 控制器指定的数据量时,DMA 控制器在该 DMA 通道的中断向量上产生一中断。在发送模式下,当 DMA 传输完所有要发送的数据时,DMA 控制器设置 DMA_ISR 寄存器的 TCIF 标志;监视 USART_SR 寄存器的 TC 标志可以确认 USART 通信是否结束,这样可以在关闭 USART 或进入停机模式之前避免破坏最后一次传输的数据;软件需要先等待 TXE = 1,再等待 TC = 1。

(2)利用 DMA 接收

如图 6.61 所示,可以通过设置 USART_CR3 寄存器的 DMAR 位激活使用 DMA 进行接收,每次接收到一个字节,DMA 控制器就把数据从 USART_DR 寄存器传送到指定的 SRAM 区。为 USART 的接收分配一个 DMA 通道的步骤如下(x 表示通道号):

通过 DMA 控制寄存器把 USART_DR 寄存器地址配置成传输的源地址,在每个 RXNE 事件后,将从此地址读出数据并传输到存储器;

通过 DMA 控制寄存器把存储器地址配置成传输的目的地址,在每个 RXNE 事件后,数据将从 USART_DR 传输到此存储器区;

在 DMA 控制寄存器中配置要传输的总的字节数;

在 DMA 寄存器上配置通道优先级;

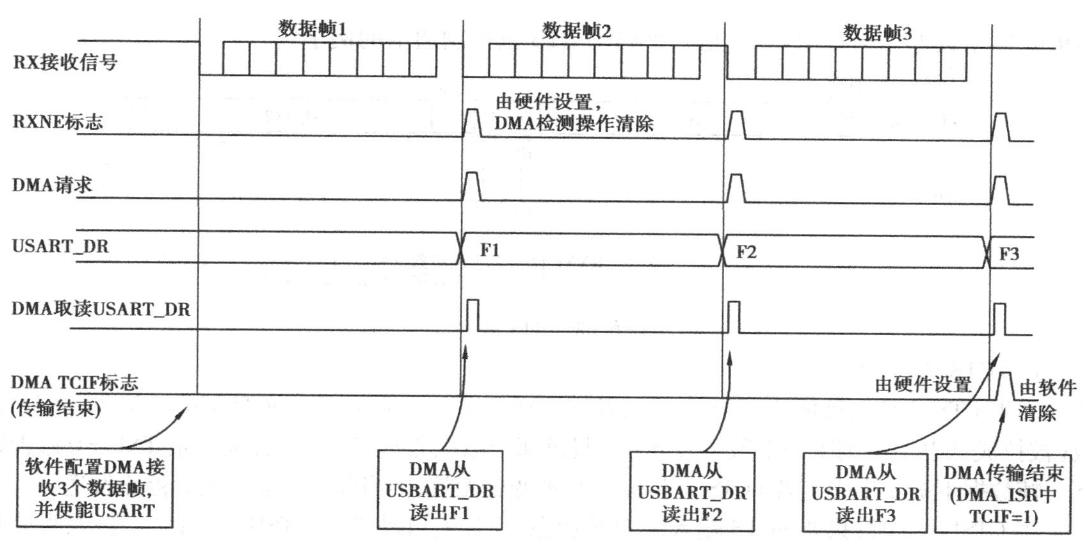

图 6.61　利用 DMA 接收

根据应用程序的要求配置在传输完成一半还是全部完成时产生 DMA 中断；

在 DMA 控制寄存器上激活该通道；

当接收完成 DMA 控制器指定的传输量时，DMA 控制器在该 DMA 通道的中断矢量上产生一中断。

(3)多缓冲器通信中的错误标志和中断产生

在多缓冲器通信的情况下，通信期间如果发生任何错误，在当前字节传输后将置起错误标志。如果中断使能位被设置，将产生中断。在单个字节接收的情况下，和 RXNE 一起被置起的帧错误、溢出错误和噪声标志，有单独的错误标志中断使能位；如果设置了，会在当前字节传输结束后产生中断。

14)硬件流控制

利用 nCTS 输入和 nRTS 输出可以控制 2 个设备间的串行数据流。图 6.62 表明在这个模式里如何连接 2 个设备。

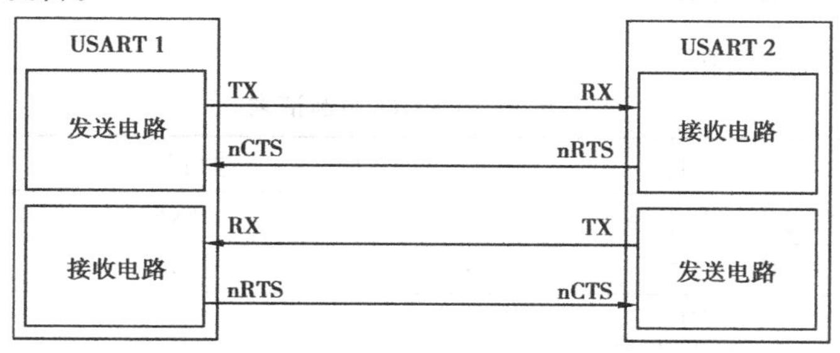

图 6.62　两个 USART 间的硬件流控制

通过将 UASRT_CR3 中的 RTSE 和 CTSE 置位，可以分别独立地使能 RTS 流控制和 CTS 流控制。

(1)RTS 流控制

如果 RTS 流控制被使能(RTSE = 1)，只要 USART 接收器准备好接收新的数据，nRTS 就变成有效(接低电平)。当接收寄存器内有数据到达时，nRTS 被释放，由此表明希望在当前帧结束时停止数据传输。图 6.63 是一个启用 RTS 流控制通信的例子。

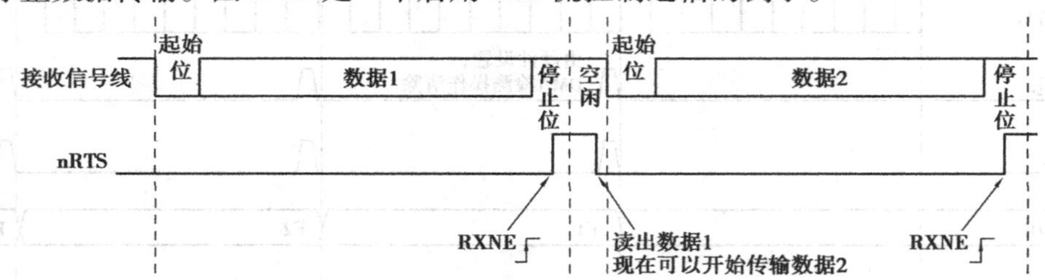

图 6.63　RTS 流控制

(2)CTS 流控制

如果 CTS 流控制被使能(CTSE = 1),发送器在发送下一帧前检查 nCTS 输入。如果 nCTS 有效(被拉成低电平),则下一个数据被发送(假设那个数据是准备发送的,也就是 TXE = 0),否则下一帧数据不被发出去。若 nCTS 在传输期间被变成无效,则当前的传输完成后停止发送。

当 CTSE = 1 时,只要 nCTS 输入一变换状态,硬件就自动设置 CTSIF 状态位。它表明接收器是否准备好进行通信。如果设置了 USART_CT3 寄存器的 CTSIE 位,则产生中断。图 6.64 是一个启用 CTS 流控制通信的例子。

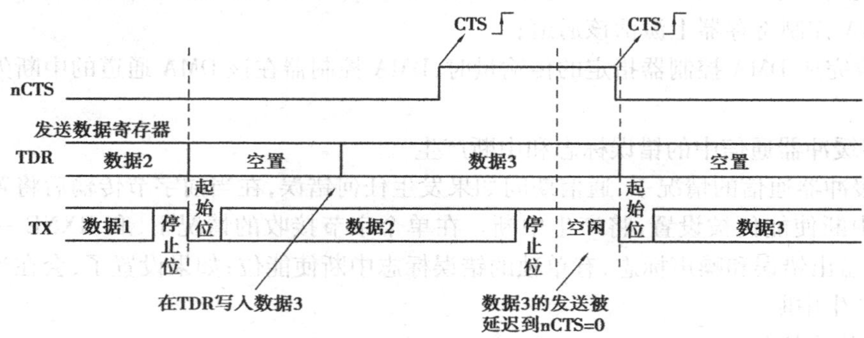

图 6.64　CTS 流控制

6.5.3　USART 中断请求

USART 中断请求见表 6.19。

表 6.19　USART 中断请求

中断事件	事件标志	使能位
发送数据寄存器空	TXE	TXEIE
CTS 标志	CTS	CTSIE
发送完成	TC	TCIE
接收数据就绪可读	TXNE	TXNEIE
检测到数据溢出	ORE	
检测到空闲线路	IDLE	IDLEIE
奇偶检验错	PE	PEIE
断开标志	LBD	LBDIE
噪声标志,多缓冲通信中的溢出错误和帧错误	NE 或 ORT 或 FE	EIE

USART 的各种中断事件被连接到同一个中断向量，如图 6.65 所示，有以下各种中断事件：

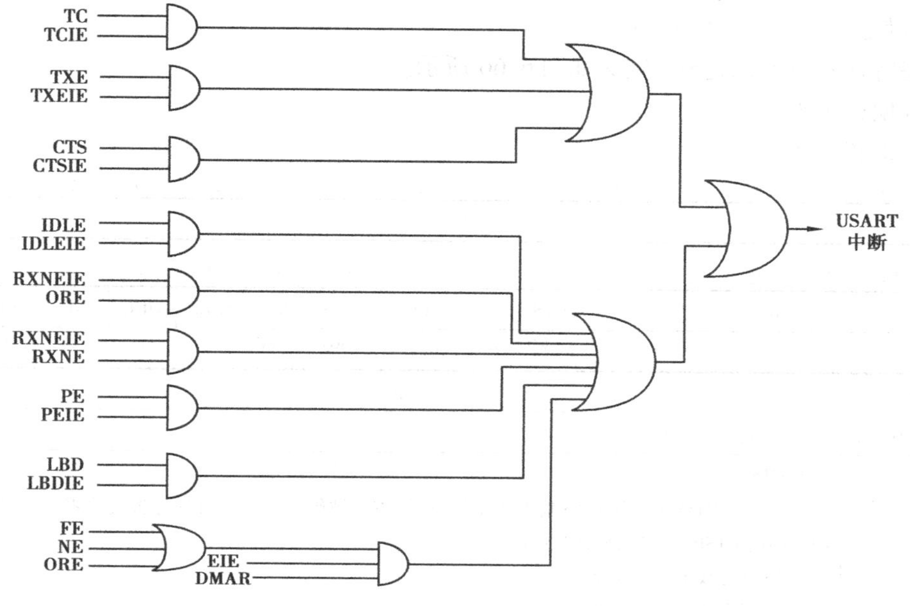

图 6.65　USART 中断映像图

发送期间：发送完成、清除发送、发送数据寄存器空；

接收期间：空闲总线检测、溢出错误、接收数据寄存器非空、校验错误、LIN 断开符号检测、噪声标志（仅在多缓冲器通信）和帧错误（仅在多缓冲器通信）。

如果设置了对应的使能控制位，这些事件就可以产生各自的中断。

6.5.4　USART 模式配置

USART 模式配置见表 6.20。

表 6.20　USART 模式设置

USART 模式	USART1	USART2	USART3	UART4	UART5
异步模式	√	√	√	√	√
硬件流控制	√	√	√	×	×
多缓存通信（DMA）	√	√	√	√	√
多处理器通信	√	√	√	√	√
同步模式	√	√	√	×	×
智能卡	√	√	√	×	×
半双工（单线模式）	√	√	√	√	√
IrDA	√	√	√	√	√
LIN	√	√	√	√	√

6.5.5 USART 寄存器描述

(1)状态寄存器(USART_SR)

状态寄存器(USART_SR)定义如图 6.66 所示。

地址偏移:0x00

复位值:0x00C0

31	30	29	28	27	26	25	24	23	22	21	20	19	18	17	16
保留															

15	14	13	12	11	10	9	8	7	6	5	4	3	2	1	0
保留						CTS	LBD	TXE	TC	RXNE	IDLE	ORE	NE	FE	PE
						rc w0	rc w0	r	rc w0	rc w0	r	r	r	r	r

位	说　明
31:10	保留,硬件强制为 0
9	CTS:CTS 标志 如果设置了 CTSE 位,当 nCTS 输入变化状态时,该位被硬件置高。由软件将其清零。如果 USART_CR3 中的 CTSIE 为“1”,则产生中断。 0:nCTS 状态线上没有变化; 1:nCTS 状态线上发生变化。 注:UART4 和 UART5 上不存在这一位
8	LBD:LIN 断开检测标志 当探测到 LIN 断开时,该位由硬件置“1”,由软件清零(向该位写 0)。如果 USART_CR3 中的 LBDIE = 1,则产生中断。 0:没有检测到 LIN 断开; 1:检测到 LIN 断开。 注:若 LBDIE = 1,当 LBD 为“1”时产生中断
7	TXE:发送数据寄存器空 当 TDR 寄存器中的数据被硬件转移到移位寄存器时,该位被硬件置位。如果 USART_CR1 寄存器中的 TXEIE 为 1,则产生中断。对 USART_DR 的写操作,将该位清零。 0:数据还没有被转移到移位寄存器; 1:数据已经被转移到移位寄存器。 注:单缓冲器传输中使用该位
6	TC:发送完成 当包含有数据的一帧发送完成后,并且 TXE = 1 时,由硬件将该位置“1”。如果 USART_CR1 中的 TCIE 为“1”,则产生中断。由软件序列清除该位(先读 USART_SR,然后写入 USART_DR)。TC 位也可以通过写入“0”来清除,只有在多缓存通信中才推荐这种清除程序。 0:发送还未完成; 1:发送完成
5	RXNE:读数据寄存器非空 当 RDR 移位寄存器中的数据被转移到 USART_DR 寄存器中,该位被硬件置位。如果 USART_CR1 寄存器中的 RXNEIE 为“1”,则产生中断。对 USART_DR 的读操作可以将该位清零。RXNE 位也可以通过写入“0”来清除,只有在多缓存通信中才推荐这种清除程序。 0:没有收到数据; 1:收到数据,可以读出

4	IDLE:监测到总线空闲 当检测到总线空闲时,该位被硬件置位。如果 USART_CR1 中的 IDLEIE 为"1",则产生中断。由软件序列清除该位(先读 USART_SR,然后读 USART_DR)。 0:没有检测到空闲总线; 1:检测到空闲总线。 注:IDLE 位不会再次被置高直到 RXNE 位被置起(即又检测到一次空闲总线)
3	ORE:过载错误 当 RXNE 仍然是"1"时,当前被接收在移位寄存器中的数据,需要传送至 RDR 寄存器时,硬件将该位置位。如果 USART_CR1 中的 RXNEIE 为"1"的话,则产生中断。由软件序列将其清零(先读 USART_SR,然后读 USART_CR)。 0:没有过载错误; 1:检测到过载错误。 注:该位被置位时,RDR 寄存器中的值不会丢失,但是移位寄存器中的数据会被覆盖。如果设置了 EIE 位,在多缓冲器通信模式下,ORE 标志置位会产生中断
2	NE:噪声错误标志 在接收到的帧检测到噪声时,由硬件对该位置位。由软件序列对其清零(先读 USART_SR,再读 USART_DR)。 0:没有检测到噪声; 1:检测到噪声。 注:该位不会产生中断,因为它和 RXNE 一起出现,硬件会在设置 RXNE 标志时产生中断。在多缓冲区通信模式下,如果设置了 EIE 位,则设置 NE 标志时会产生中断
1	FE:帧错误 当检测到同步错位,过多的噪声或者检测到断开符,该位被硬件置位。由软件序列将其清零(先读 USART_SR,再读 USART_DR)。 0:没有检测到帧错误; 1:检测到帧错误或者断开符。 注:该位不会产生中断,因为它和 RXNE 一起出现,硬件会在设置 RXNE 标志时产生中断。如果当前传输的数据既产生了帧错误,又产生了过载错误,硬件还是会继续该数据的传输,并且只设置 ORE 标志位。在多缓冲区通信模式下,如果设置了 EIE 位,则设置 FE 标志时会产生中断
0	PE:校验错误 在接收模式下,如果出现奇偶校验错误,硬件对该位置位。由软件序列对其清零(依次读 USART_SR 和 USART_DR)。在清除 PE 位前,软件必须等待 RXNE 标志位被置"1"。如果 USART_CR1 中的 PEIE 为"1",则产生中断。 0:没有奇偶校验错误; 1:奇偶校验错误

图 6.66　状态寄存器(USART_SR)定义

(2)数据寄存器(USART_DR)

地址偏移:0x04

复位值:不确定

数据寄存器(USART_DR)定义如图 6.67 所示。

31	30	29	28	27	26	25	24	23	22	21	20	19	18	17	16
保留															

15	14	13	12	11	10	9	8	7	6	5	4	3	2	1	0
保留							DR[8:0]								
							rw	rw	rw	rw	rw	rw	rw	rw	rw

位	说　明
31:9	保留，硬件强制为0
8:0	DR[8:0]：数据值 包含了发送或接收的数据。它是由两个寄存器组成的，一个给发送用（TDR），一个给接收用（RDR），该寄存器兼具读和写的功能。TDR寄存器提供了内部总线和输出移位寄存器之间的并行接口（参见USART框图）。RDR寄存器提供了输入移位寄存器和内部总线之间的并行接口。 当使能校验位（USART_CR1中PCE位被置位）进行发送时，写到MSB的值（根据数据的长度不同，MSB是第7位或者第8位）会被后来的校验位取代。 当使能校验位进行接收时，读到的MSB位是接收到的校验位

图6.67　数据寄存器（USART_DR）定义

（3）波特比率寄存器（USART_BRR）

地址偏移：0x08

复位值：0x0000

如果TE或RE被分别禁止，则波特计数器停止计数。

波特比率寄存器（USART_BRR）定义如图6.68所示。

31	30	29	28	27	26	25	24	23	22	21	20	19	18	17	16
保留															
15	**14**	**13**	**12**	**11**	**10**	**9**	**8**	**7**	**6**	**5**	**4**	**3**	**2**	**1**	**0**
DIV_Mantissa[11:0]												DIV_Fraction[3:0]			
rw	rw	rw	rw	rw	rw	rw	rw	rw	rw	rw	rw	rw	rw	rw	rw

位	说　明
31:16	保留，硬件强制为0
15:4	DIV_Mantissa[11:0]：USARTDIV的整数部分 这12位定义了USART分频器除法因子（USARTDIV）的整数部分
3:0	DIV_Fraction[3:0]：USARTDIV的小数部分 这4位定义了USART分频器除法因子（USARTDIV）的小数部分

图6.68　波特比率寄存器（USART_BRR）定义

（4）控制寄存器1（USART_CR1）

地址偏移：0x0C

复位值：0x0000

控制寄存器1（USART_CR1）定义如图6.69所示。

31	30	29	28	27	26	25	24	23	22	21	20	19	18	17	16
保留															
15	**14**	**13**	**12**	**11**	**10**	**9**	**8**	**7**	**6**	**5**	**4**	**3**	**2**	**1**	**0**
保留		UE	M	WAKE	PCE	PS	PEIE	TXEIE	TCIE	RXNEIE	IDLEIE	TE	RE	RWU	SBK
		rw	rw	rw	rw	rw	rw	rw	rw	rw	rw	rw	rw	rw	rw

位	说　明
31:14	保留，硬件强制为0

13	UE:USART 使能 当该位被清零,在当前字节传输完成后 USART 的分频器和输出停止工作,以减少功耗。该位由软件设置和清零。 0:USART 分频器和输出被禁止; 1:USART 模块使能
12	M:字长 该位定义了数据字的长度,由软件对其设置和清零 0:一个起始位,8 个数据位,n 个停止位; 1:一个起始位,9 个数据位,n 个停止位。 注:在数据传输过程中(发送或者接收时),不能修改这个位
11	WAKE:唤醒的方法 该位决定了将 USART 唤醒的方法,由软件对该位进行设置和清零。 0:被空闲总线唤醒; 1:被地址标记唤醒
10	PCE:检验控制使能 用该位选择是否进行硬件校验控制(对于发送来说就是校验位的产生;对于接收来说就是校验位的检测)。当使能了该位,在发送数据的最高位(如果 M=1,最高位就是第 9 位;如果 M=0,最高位就是第 8 位)插入校验位;对接收到的数据检查其校验位。软件对它置"1"或清零。一旦设置了该位,当前字节传输完成后,校验控制才生效。 0:禁止校验控制; 1:使能校验控制
9	PS:校验选择 当校验控制使能后,该位用来选择是采用偶校验还是奇校验。软件对它置"1"或清零。当前字节传输完成后,该选择生效。 0:偶校验; 1:奇校验
8	PEIE:PE 中断使能 该位由软件设置或清除。 0:禁止产生中断; 1:当 USART_SR 中的 PE 为"1"时,产生 USART 中断
7	TXEIE:发送缓冲区空中断使能 该位由软件设置或清除。 0:禁止产生中断; 1:当 USART_SR 中的 TXE 为"1"时,产生 USART 中断
6	TCIE:发送完成中断使能 该位由软件设置或清除。 0:禁止产生中断; 1:当 USART_SR 中的 TC 为"1"时,产生 USART 中断
5	RXNEIE:接收缓冲区非空中断使能 该位由软件设置或清除。 0:禁止产生中断; 1:当 USART_SR 中的 ORE 或者 RXNE 为"1"时,产生 USART 中断
4	IDLEIE:IDLE 中断使能 该位由软件设置或清除。 0:禁止产生中断; 1:当 USART_SR 中的 IDLE 为"1"时,产生 USART 中断

3	TE:发送使能 该位使能发送器。该位由软件设置或清除。 0:禁止发送; 1:使能发送。 注: ①在数据传输过程中,除了在智能卡模式下,如果 TE 位上有个 0 脉冲(即设置为“0”之后再设置为“1”),会在当前数据字传输完成后,发送一个“前导符”(空闲总线); ②当 TE 被设置后,在真正发送开始之前,有一个比特时间的延迟
2	RE:接收使能 该位由软件设置或清除。 0:禁止接收; 1:使能接收,并开始搜寻 RX 引脚上的起始位
1	RWU:接收唤醒 该位用来决定是否把 USART 置于静默模式。该位由软件设置或清除。当唤醒序列到来时,硬件也会将其清零。 0:接收器处于正常工作模式; 1:接收器处于静默模式。 注: ①在把 USART 置于静默模式(设置 RWU 位)之前,USART 要已经先接收了一个数据字节。否则在静默模式下,不能被空闲总线检测唤醒; ②当配置成地址标记检测唤醒(WAKE 位 =1),在 RXNE 位被置位时,不能用软件修改 RWU 位
0	SBK:发送断开帧 使用该位来发送断开字符。该位可以由软件设置或清除。操作过程应该是软件置位,然后在断开帧的停止位时,由硬件将该位复位。 0:没有发送断开字符; 1:将要发送断开字符

图 6.69 控制寄存器 1(USART_CR1)定义

(5)控制寄存器 2(USART_CR2)

地址偏移:0x10

复位值:0x0000

控制寄存器 2(USART_CR2)定义如图 6.70 所示。

31	30	29	28	27	26	25	24	23	22	21	20	19	18	17	16
保留															

15	14	13	12	11	10	9	8	7	6	5	4	3	2	1	0
保留	LINEN	STOP[1:0]		CLKEN	CPOL	CPHA	LBCL	保留	LBDIE	LBDL	保留	ADD[3:0]			
	rw	rw	rw	rw	rw	rw	rw	rw	rw	rw	rw	rw	rw	rw	rw

位	说　明
31:15	保留,硬件强制为 0
14	LINEN:LIN 模式使能 该位由软件设置或清除。 0:禁止 LIN 模式; 1:使能 LIN 模式。 在 LIN 模式下,可以用 USART_CR1 寄存器中的 SBK 位发送 LIN 同步断开符(低 13 位),以及检测 LIN 同步断开符

13:12	STOP:停止位 这两位用来设置停止位的位数。 00:1 个停止位; 01:0.5 个停止位; 10:2 个停止位; 11:1.5 个停止位; 注:UART4 和 UART5 不能用 0.5 停止位和 1.5 停止位
11	CLKEN:时钟使能 该位用来使能 CK 引脚。 0:禁止 CK 引脚; 1:使能 CK 引脚。 注:UART4 和 UART5 上不存在这一位
10	CPOL:时钟极性 在同步模式下,可以用该位选择 SLCK 引脚上时钟输出的极性。和 CPHA 位一起配合来产生需要的时钟/数据的采样关系。 0:总线空闲时 CK 引脚上保持低电平; 1:总线空闲时 CK 引脚上保持高电平。 注:UART4 和 UART5 上不存在这一位
9	CPHA:时钟相位 在同步模式下,可以用该位选择 SLCK 引脚上时钟输出的相位。和 CPOL 位一起配合来产生需要的时钟/数据的采样关系(参见同步模式章节的内容)。 0:在时钟的第一个边沿进行数据捕获; 1:在时钟的第二个边沿进行数据捕获。 注:UART4 和 UART5 上不存在这一位
8	LBCL:最后一位时钟脉冲 在同步模式下,使用该位来控制是否在 CK 引脚上输出最后发送的那个数据字节(MSB)对应的时钟脉冲。 0:最后一位数据的时钟脉冲不从 CK 输出; 1:最后一位数据的时钟脉冲会从 CK 输出。 注: ①最后一个数据位就是第 8 或者第 9 个发送的位(根据 USART_CR1 寄存器中的 M 位所定义的 8 或者 9 位数据帧格式); ②UART4 和 UART5 上不存在这一位
7	保留,硬件强制为 0
6	LBDIE:LIN 断开符检测中断使能 断开符中断屏蔽(使用断开分隔符来检测断开符) 0:禁止中断; 1:只要 USART_SR 寄存器中的 LBD 为"1"就产生中断
5	LBDL:LIN 断开符检测长度 该位用来选择是 11 位还是 10 位的断开符检测。 0:10 位的断开符检测; 1:11 位的断开符检测
4	保留,硬件强制为 0
3:0	ADD[3:0]:本设备的 USART 节点地址 该位域给出本设备 USART 节点的地址。 这是在多处理器通信下的静默模式中使用的,使用地址标记来唤醒某个 USART 设备

图 6.70　控制寄存器 2(USART_CR2)定义

(6)控制寄存器3(USART_CR3)

地址偏移:0x14

复位值:0x0000

控制寄存器3(USART_CR3)定义如图6.71所示。

31	30	29	28	27	26	25	24	23	22	21	20	19	18	17	16
保留															

15	14	13	12	11	10	9	8	7	6	5	4	3	2	1	0
保留					CTSIE	CTSE	RTSE	DMAT	DMAR	SCEN	NACK	HDSEL	IRLP	IREN	EIE
					rw	rw	rw	rw	rw	rw	rw	rw	rw	rw	rw

位	说明
31:11	保留,硬件强制为0
10	CTSIE:CTS中断使能 0:禁止中断; 1:USART_SR寄存器中的CTS为"1"时产生中断。 注:UART4和UART5上不存在这一位
9	CTSE:CTS使能 0:禁止CTS硬件流控制; 1:CTS模式使能,只有nCTS输入信号有效(拉成低电平)时才能发送数据。如果在数据传输的过程中,nCTS信号变成无效,那么发完这个数据后,传输就停止下来。如果nCTS为无效时,往数据寄存器里写数据,则要等到nCTS有效时才会发送这个数据。 注:UART4和UART5上不存在这一位
8	RTSE:RTS使能 0:禁止RTS硬件流控制; 1:RTS中断使能,只有接收缓冲区内有空余的空间时才请求下一个数据。当前数据发送完成后,发送操作就需要暂停下来。如果可以接收数据了,将nRTS输出置为有效(拉至低电平)。 注:UART4和UART5上不存在这一位
7	DMAT:DMA使能发送 该位由软件设置或清除。 0:禁止发送时的DMA模式; 1:使能发送时的DMA模式。 注:UART4和UART5上不存在这一位
6	DMAR:DMA使能接收 该位由软件设置或清除。 0:禁止接收时的DMA模式; 1:使能接收时的DMA模式。 注:UART4和UART5上不存在这一位
5	SCEN:智能卡模式使能 该位用来使能智能卡模式。 0:禁止智能卡模式; 1:使能智能卡模式。 注:UART4和UART5上不存在这一位

4	NACK:智能卡 NACK 使能 0:校验错误出现时,不发送 NACK; 1:校验错误出现时,发送 NACK。 注:UART4 和 UART5 上不存在这一位
3	HDSEL:半双工选择 选择单线半双工模式。 0:不选择半双工模式; 1:选择半双工模式
2	IRLP:红外低功耗 该位用来选择普通模式还是低功耗红外模式。 0:通常模式; 1:低功耗模式
1	IREN:红外模式使能 该位由软件设置或清除。 0:不使能红外模式; 1:使能红外模式
0	EIE:错误中断使能 在多缓冲区通信模式下,当有帧错误、过载或者噪声错误时(USART_SR 中的 FE = 1,或者 ORE = 1,或者 NE = 1)产生中断。 0:禁止中断; 1:只要 USART_CR3 中的 DMAR = 1,并且 USART_SR 中的 FE = 1,或者 ORE = 1,或者 NE = 1,则产生中断

图 6.71　控制寄存器 3(USART_CR3)定义

(7)保护时间和预分频寄存器(USART_GTPR)

地址偏移:0x18

复位值:0x0000

保护时间和预分频寄存器(USART_GTPR)定义如图 6.72 所示。

31	30	29	28	27	26	25	24	23	22	21	20	19	18	17	16
保留															

15	14	13	12	11	10	9	8	7	6	5	4	3	2	1	0
GT[7:0]								PSC[7:0]							
rw	rw	rw	rw	rw	rw	rw	rw	rw	rw	rw	rw	rw	rw	rw	rw

位	说　明
31:16	保留,硬件强制为 0
15:8	GT[7:0]:保护时间值 该位域规定了以波特时钟为单位的保护时间。在智能卡模式下,需要这个功能。当保护时间过去后,才会设置发送完成标志。 注:UART4 和 UART5 上不存在这一位

7:0	PSC[7:0]:预分频器值 在红外(IrDA)低功耗模式下: PSC[7:0]对系统时钟分频以获得低功耗模式下的频率,源时钟被寄存器中的值(仅有8位有效)分频 00000000:保留,不要写入该值; 00000001:对源时钟1分频; 00000010:对源时钟2分频; … 在红外(IrDA)的正常模式下:PSC只能设置为00000001 在智能卡模式下: PSC[4:0]对系统时钟进行分频,给智能卡提供时钟,寄存器中给出的值(低5位有效)乘以2后,作为对源时钟的分频因子 00000:保留,不要写入该值; 00001:对源时钟进行2分频; 00010:对源时钟进行4分频; 00011:对源时钟进行6分频; … 注: ①位[7:5]在智能卡模式下没有意义; ②UART4和UART5上不存在这一位

图6.72　保护时间和预分频寄存器(USART_GTPR)定义

(8)USART寄存器地址映象

USART寄存器列表及其复位值如图6.73所示。

偏移	寄存器	31	30	29	28	27	26	25	24	23	22	21	20	19	18	17	16	15	14	13	12	11	10	9	8	7	6	5	4	3	2	1	0
000h	USART_SR	保留																						CTS	LBD	TXEIE	TC	RXNE	IDLE	ORE	NE	FE	PE
	复位值																							0	0	1	1	0	0	0	0	0	0
004h	USART_DR	保留																							DR[8:0]								
	复位值																								0	0	0	0	0	0	0	0	0
008h	USART_BRR	保留																DIV_Mantissa[15:4]												DIV_Fraction[3:0]			
	复位值																	0	0	0	0	0	0	0	0	0	0	0	0	0	0	0	0
00Ch	USART_CR1	保留																		UE	M	WAKE	PCE	PS	PEIE	TXEIE	TCIE	RXNEIE	IDLEIE	TE	RE	RWU	SBK
	复位值																			0	0	0	0	0	0	0	0	0	0	0	0	0	0
010h	USART_CR2	保留																	LIEN	STOP[1:0]		CLKEN	CPOL	CPHA	LBCL	保留	LBDIE	LBDL	保留	ADD[3:0]			
	复位值																		0	0	0	0	0	0	0		0	0		0	0	0	0
014h	USART_CR3	保留																					CTSIE	CTSE	RTSE	DMAT	DMAR	SCEN	NACK	HDSEL	IRLP	IREN	EIE
	复位值																						0	0	0	0	0	0	0	0	0	0	0
018h	USART_GTPR	保留																GT[7:0]								PSC[7:0]							
	复位值																	0	0	0	0	0	0	0	0	0	0	0	0	0	0	0	0

图6.73　USART寄存器列表及其复位值

6.6　模拟/数字转换 ADC

STM32F1 系列微控制器拥有 1 ~ 3 个 ADC,其中 STM32F101/102 系列拥有 1 个 ADC,而 STM32F103 系列至少拥有 2 个 ADC,这些 ADC 可以独立使用,也可以使用双重模式(提高采样率)。STM32 的 ADC 是 12 位逐次逼近型的模拟数字转换器。它有多达 18 个通道,可测量 16 个外部和 2 个内部信号源(内部温度传感器和参照电压 V_{REFINT})。各通道的 A/D 转换可以单次、连续、扫描或间断模式执行。ADC 的结果可以左对齐或右对齐方式存储在 16 位数据寄存器中。ADC 拥有模拟看门狗,模拟看门狗的特性允许应用程序检测输入电压是否超出用户定义的高/低阀值。另外,ADC 的输入时钟由 PCLK2 经分频产生,不得超过 14 MHz。

6.6.1　ADC 的主要特性

STM32F1 系列微控制器 ADC 模块的主要特性如下:

①12 位分辨率;
②转换结束、注入转换结束和发生模拟看门狗事件时产生中断;
③单次和连续转换模式;
④从通道 0 到通道 n 的自动扫描模式;
⑤自校准;
⑥带内嵌数据一致性的数据对齐;
⑦采样间隔可以按通道分别编程;
⑧规则转换和注入转换均有外部触发选项;
⑨间断模式;
⑩双重模式(带 2 个或以上 ADC 的器件)。

ADC 转换时间:
STM32F103xx 增强型产品:时钟 56 MHz 时为 1 μs(时钟 72 MHz 时为 1.17 μs);
STM32F101xx 基本型产品:时钟 28 MHz 时为 1 μs(时钟 36 MHz 时为 1.55 μs);
STM32F102xxUSB 型产品:时钟 48 MHz 时为 1.2 μs;
STM32F105xx 和 STM32F107xx 产品:时钟 56 MHz 时为 1 μs(时钟 72 MHz 时为 1.17 μs);
ADC 供电要求:2.4 ~ 3.6 V;
ADC 输入范围:VREF - ≤VIN≤VREF + ;
规则通道转换期间有 DMA 请求产生。

6.6.2　ADC 功能描述

STM32F1 系列微控制器 ADC 模块的结构框图如图 6.74 所示。
表 6.21 为 ADC 引脚的说明。

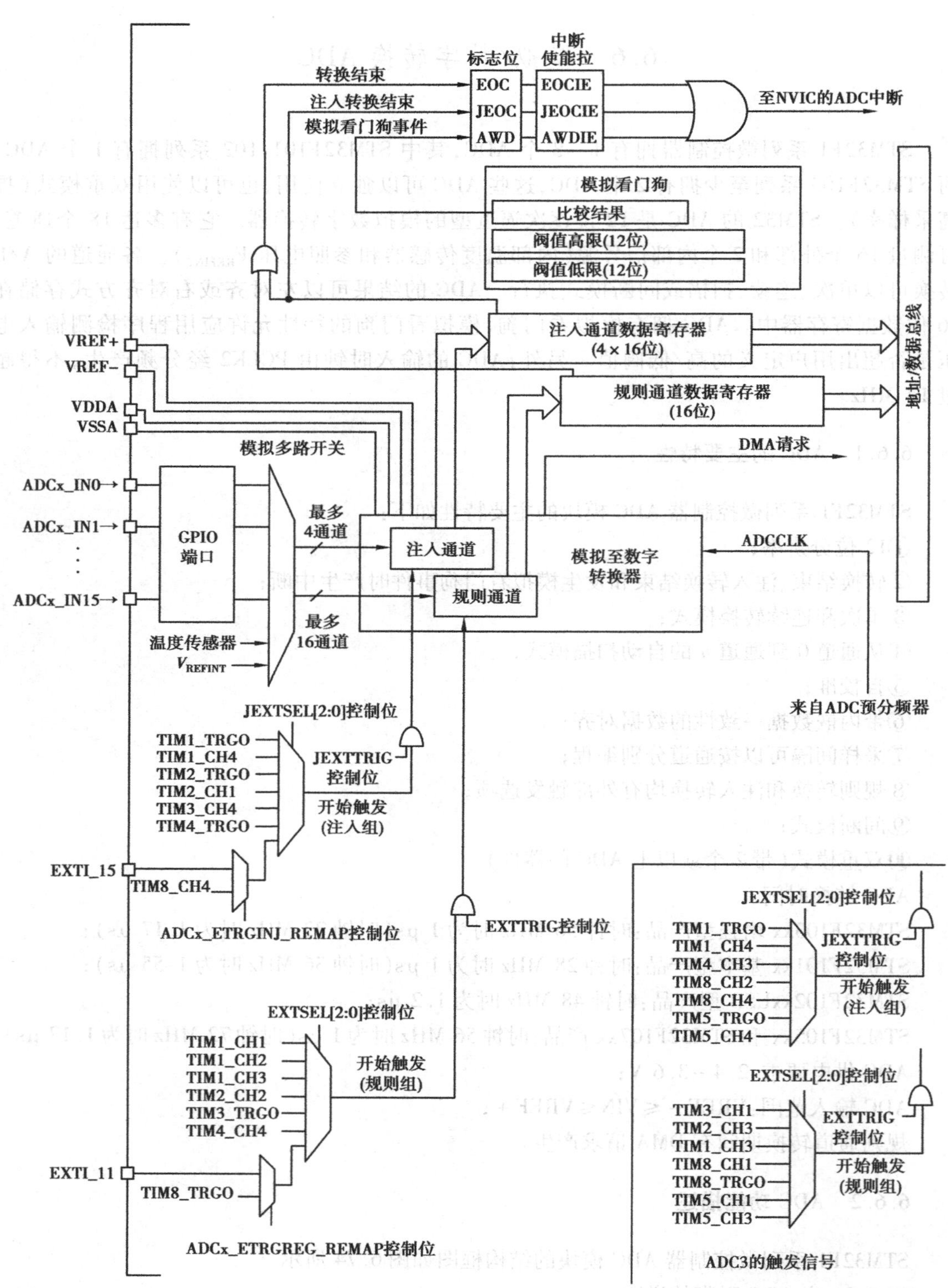

图 6.74　单个 ADC 结构框图

表6.21　ADC引脚说明

名　称	信号类型	说　明
VREF +	输入,模拟参考正极	ADC使用的高端/正极参考电压,2.4 V≤VREF+≤VDDA
VDDA	输入,模拟电源	等效于VDD的模拟电源且:2.4 V≤VDDA≤VDD(3.6 V)
VREF -	输入,模拟参考负极	ADC使用的低端/负极参考电压,VREF - =VSSA
VSSA	输入,模拟电源地	等效于VSS的模拟电源地
ADCx_IN[15:0]	模拟输入信号	16个模拟输入通道

ADC模拟输入通道与GPIO口引脚的映射关系见表6.22。

表6.22　ADC模拟输入通道与GPIO口引脚的映射关系

通道	ADC1	ADC2	ADC3
通道0	PA0	PA0	PA0
通道1	PA1	PA1	PA1
通道2	PA2	PA2	PA2
通道3	PA3	PA3	PA3
通道4	PA4	PA4	PF6
通道5	PA5	PA5	PF7
通道6	PA6	PA6	PF8
通道7	PA7	PA7	PF9
通道8	PB0	PB0	PF10
通道9	PB1	PB1	连接内部VSS
通道10	PC0	PC0	PC0
通道11	PC1	PC1	PC1
通道12	PC2	PC2	PC2
通道13	PC3	PC3	PC3
通道14	PC4	PC4	连接内部VSS
通道15	PC5	PC5	连接内部VSS
通道16	片内温度传感器	连接内部VSS	连接内部VSS
通道17	内部参考电压	连接内部VSS	连接内部VSS

1)ADC开关控制

通过设置ADC_CR2寄存器的ADON位可给ADC上电。当第一次设置ADON位时,它将ADC从断电状态下唤醒。ADC上电延迟一段时间后(t_{STAB}),再次设置ADON位时开始进行转换。

通过清除ADON位可以停止转换,并将ADC置于断电模式。在这个模式中,ADC几乎不耗电(仅几微安)。

2)ADC 时钟

由时钟控制器提供的 ADCCLK 时钟和 PCLK2(APB2 时钟)同步。RCC 控制器为 ADC 时钟提供一个专用的可编程预分频器。

3)通道选择

STM32 将 ADC 的转换分为 2 个通道组:规则通道组和注入通道组。在拥有的通道转换范围内,可以在任意多个通道上以任意顺序进行一系列转换构成成组转换。例如,可以如下顺序完成转换:通道 3、通道 8、通道 2、通道 2、通道 0、通道 2、通道 2、通道 15。

规则组由多达 16 个转换组成。规则通道和它们的转换顺序在 ADC_SQRx 寄存器中选择。规则组中转换的总数应写入 ADC_SQR1 寄存器的 L[3:0]位中。

注入组由多达 4 个转换组成。注入通道和它们的转换顺序在 ADC_JSQR 寄存器中选择。注入组里的转换总数目应写入 ADC_JSQR 寄存器的 L[1:0]位中。

如果在 AD 转换期间 ADC_SQRx 或 ADC_JSQR 寄存器的值被更改,当前的转换将被清除,一个新的启动脉冲将发送到 ADC 以转换新选择的组。

另外,内部温度传感器和通道 ADC1_IN16 相连接,内部参照电压 V_{REFINT}和 ADC1_IN17 相连接。可以按注入或规则通道对这两个内部通道进行转换。应注意,内部温度传感器和内部参照电压 V_{REFINT}只能出现在主 ADC1 中。

规则通道相当于正常运行的程序,而注入通道呢,就相当于中断。在程序正常执行的时候,中断是可以打断程序执行的。同这个类似,注入通道的转换可以打断规则通道的转换,在注入通道被转换完成之后,规则通道才能继续转换。在工业应用领域中有很多检测和监视传感器数据需要较快地处理,通过对 AD 转换的分组(规则通道组和注入通道组),将简化事件处理的程序并提高事件处理的速度。

通过一个变电站综合自动化的例子可以说明:比如监控装置需要监测母线的三相电压、出线的三相电流以及主变压器的油温。对于电压、电流需要时刻监测,而主变压器油温由于是较慢的变化量偶尔监测即可,因此就可以使用规则通道组循环扫描三相电压、电流互感器输出的数据,并得到 AD 转换结果。当需要测量主变压器油温时,通过启动注入转换组采集并得到主变压器油温的 AD 转换结果,然后系统又会回到规则通道组继续监测三相电压、电流数据。在系统设计上,测量主变压器油温的过程中断了电压、电流数据的监测过程,但程序设计上可以在初始化阶段分别设置好不同的转换组,系统运行中不必再变更循环转换的配置,从而达到两个任务互不干扰和快速切换的结果。可以设想一下,如果没有规则组和注入组的划分,当转换测量数据时,需要重新配置 AD 循环扫描的通道,在完成数据测量后还需再次配置 AD 循环扫描的通道。

4)单次转换模式

单次转换模式下,ADC 只执行一次转换。该模式既可通过设置 ADC_CR2 寄存器的 ADON 位(只适用于规则通道)启动也可通过外部触发启动(适用于规则通道或注入通道),此时 CONT 位为 0。

①如果一个规则通道被转换:

转换数据被储存在 16 位 ADC_DR 寄存器中;

EOC(转换结束)标志被设置;

如果设置了 EOCIE,则产生中断。

②如果一个注入通道被转换:

转换数据被储存在 16 位的 ADC_JDR1 寄存器中;

JEOC(注入转换结束)标志被设置;

如果设置了 JEOCIE 位,则产生中断。

③然后 ADC 停止。

5)连续转换模式

在连续转换模式中,当前面 ADC 转换一结束马上就启动另一次转换。该模式可通过外部触发启动或通过设置 ADC_CR2 寄存器上的 ADON 位启动,此时 CONT 位是 1。

①如果一个规则通道被转换:

转换数据被储存在 16 位的 ADC_DR 寄存器中;

EOC(转换结束)标志被设置;

如果设置了 EOCIE,则产生中断。

②如果一个注入通道被转换:

转换数据被储存在 16 位的 ADC_JDR1 寄存器中;

JEOC(注入转换结束)标志被设置;

如果设置了 JEOCIE 位,则产生中断。

6)时序图

如图 6.75 所示,ADC 在开始精确转换前需要一个稳定时间 t_{STAB}。在开始 ADC 转换和 14 个时钟周期后,EOC 标志被设置,16 位 ADC 数据寄存器包含转换的结果。

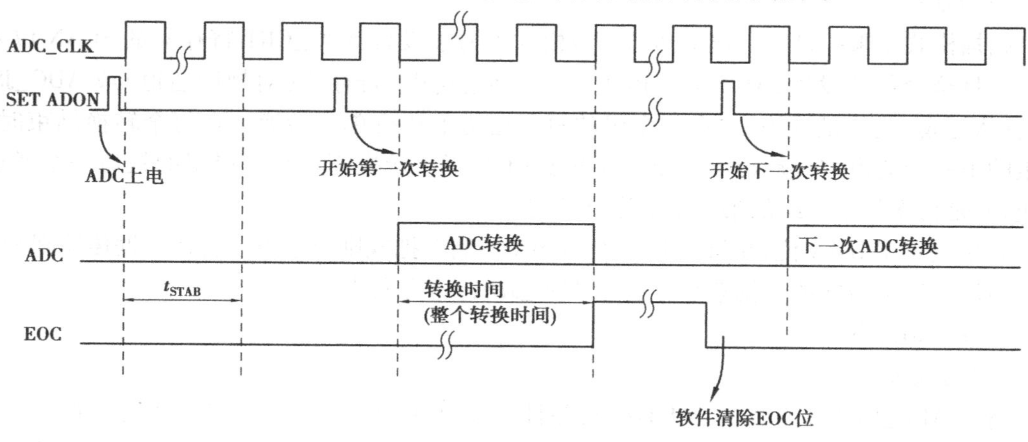

图 6.75　时序图

7)模拟看门狗

如果被 ADC 转换的模拟电压低于低阀值或高于高阀值,AWD 模拟看门狗状态位被设置。模拟看门狗的警戒区域如图 6.76 所示,阀值位于 ADC_HTR 和 ADC_LTR 寄存器的最低 12 个有效位中。通过设置 ADC_CR1 寄存器的 AWDIE 位以允许产生相应中断。阀值独立于由 ADC_CR2 寄存器上的 ALIGN 位选择的数据对齐模式。比较是在对齐之前完成的。

通过配置 ADC_CR1 寄存器,模拟看门狗可以作用于 1 个或多个通道,见表 6.23。

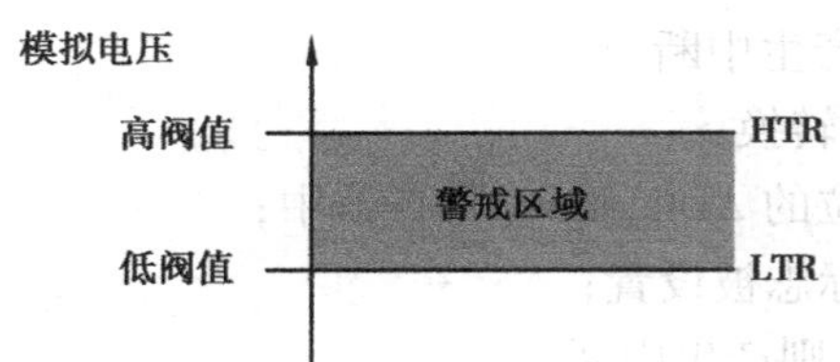

图 6.76　模拟看门狗警戒区

表 6.23　模拟看门狗通道选择

模拟看门狗警戒的通道	ADC_CR1 寄存器控制位		
	AWDSGL 位 0	AWDEN 位	JAWDEN 位
无	任意值	0	0
所有注入通道	0	0	1
所有规则通道	0	1	0
所有注入和规则通道	0	1	1
单一的注入通道	1	0	1
单一的规则通道	1	1	0
单一的注入或规则通道	1	1	1

具体的单一通道由 AWDCH[4:0]位选择。

8）扫描模式

扫描模式用来扫描一组模拟通道。该模式可通过设置 ADC_CR1 寄存器的 SCAN 位来选择。一旦这个位被设置，ADC 会扫描所有被 ADC_SQRX 寄存器（对规则通道）或 ADC_JSQR（对注入通道）选中的通道，并在每个组的每个通道上执行单次转换。在每个转换结束时，同一组的下一个通道被自动转换。如果设置了 CONT 位，转换不会在选择组的最后一个通道上停止，而是再次从选择组的第一个通道继续转换。

如果设置了 DMA 位，在每次 EOC 后，DMA 控制器把规则组通道的转换数据传输到 SRAM 中。而注入通道转换的数据总是存储在 ADC_JDRx 寄存器中。

9）注入通道管理

（1）触发注入

清除 ADC_CR1 寄存器的 JAUTO 位，并且设置 SCAN 位，即可使用触发注入功能。

利用外部触发或通过设置 ADC_CR2 寄存器的 ADON 位，启动一组规则通道的转换。

如果在规则通道转换期间产生一外部注入触发，则当前转换被复位，注入通道序列被以单次扫描方式进行转换。

然后，恢复上次被中断的规则组通道转换。如果在注入转换期间产生一规则事件，则注入转换不会被中断，但是规则序列将在注入序列结束后被执行。

使用触发的注入转换时，必须保证触发事件的间隔长于注入序列。例如：序列长度为 28 个 ADC 时钟周期（即 2 个具有 1.5 个时钟间隔采样时间的转换），触发之间最小的间隔必须是 29 个 ADC 时钟周期。注入转换的延时如图 6.77 所示。

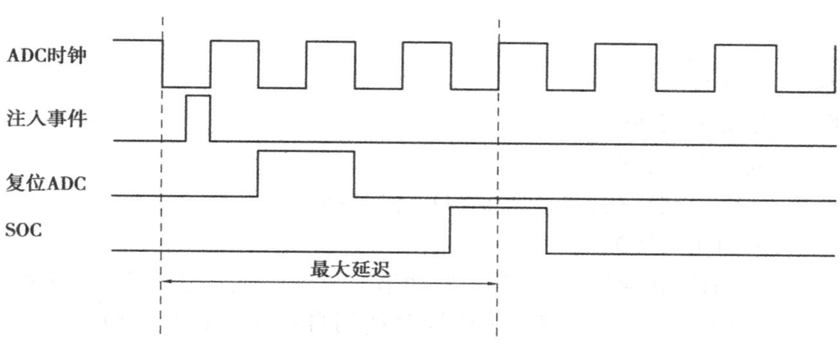

图 6.77　注入转换延时

(2)自动注入

如果设置了 JAUTO 位,在规则组通道之后,注入组通道被自动转换。这可以用来转换在 ADC_SQRx 和 ADC_JSQR 寄存器中设置的多至 20 个转换序列。在此模式里,必须禁止注入通道的外部触发。如果除 JAUTO 位外还设置了 CONT 位,则规则通道至注入通道的转换序列被连续执行。

对于 ADC 时钟预分频系数为 4 ~ 8 时,当从规则转换切换到注入序列或从注入转换切换到规则序列时,会自动插入 1 个 ADC 时钟间隔;当 ADC 时钟预分频系数为 2 时,则有 2 个 ADC 时钟间隔的延迟。

10)间断模式

(1)规则组

规则组模式通过设置 ADC_CR1 寄存器上的 DISCEN 位激活。它可以用来执行一个短序列的 n 次转换($n \leqslant 8$),此转换是 ADC_SQRx 寄存器所选择的转换序列的一部分。数值 n 由 ADC_CR1 寄存器的 DISCNUM[2:0]位给出。

一个外部触发信号可以启动 ADC_SQRx 寄存器中描述的下一轮 n 次转换,直到此序列所有的转换完成为止。总的序列长度由 ADC_SQR1 寄存器的 L[3:0]位定义。

例如:

$n=3$,被转换的通道 =0、1、2、3、6、7、9、10

第一次触发:转换的序列为 0、1、2

第二次触发:转换的序列为 3、6、7

第三次触发:转换的序列为 9、10,并产生 EOC 事件

第四次触发:转换的序列为 0、1、2

当以间断模式转换一个规则组时,转换序列结束后不自动从头开始。当所有子组被转换完成后,下一次触发启动第一个子组的转换。在上面的例子中,第四次触发重新转换第一子组的通道 0、1 和 2。

(2)注入组

注入组模式通过设置 ADC_CR1 寄存器的 JDISCEN 位激活。在一个外部触发事件后,该模式按通道顺序逐个转换 ADC_JSQR 寄存器中选择的序列。

一个外部触发信号可以启动 ADC_JSQR 寄存器选择的下一个通道序列的转换,直到序列中所有的转换完成为止。总的序列长度由 ADC_JSQR 寄存器的 JL[1:0]位定义。

例如：

$n=1$，被转换的通道 =1、2、3

第一次触发：通道 1 被转换

第二次触发：通道 2 被转换

第三次触发：通道 3 被转换，并且产生 EOC 和 JEOC 事件

第四次触发：通道 1 被转换

当完成所有注入通道转换后，下个触发启动第 1 个注入通道的转换。在上面的例子中，第四次触发重新转换第 1 个注入通道 1。不能同时使用自动注入和间断模式。另外，必须避免同时为规则组和注入组设置间断模式，间断模式只能作用于同一组转换。

6.6.3 校准

ADC 有一个内置自校准模式。校准可大幅减小因内部电容器组的变化而造成的准精度误差。在校准期间，每个电容器上都会计算出一个误差修正码（数字值），这个码用于消除在随后的转换中每个电容器上产生的误差。

通过设置 ADC_CR2 寄存器的 CAL 位启动校准。一旦校准结束，CAL 位被硬件复位，就可以开始正常转换。建议在上电时执行一次 ADC 校准。校准阶段结束后，校准码储存在 ADC_DR 中。建议在每次上电后执行一次校准。启动校准前，ADC 必须处于关电状态（ADON = “0”）超过至少两个 ADC 时钟周期。

校准时序图如图 6.78 所示。

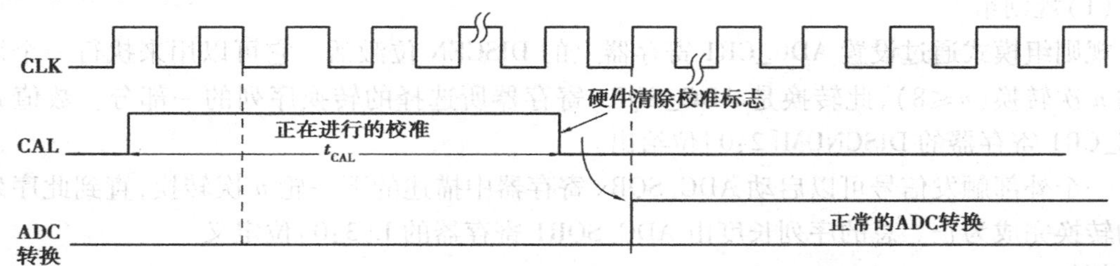

图 6.78 校准时序图

6.6.4 数据对齐

ADC_CR2 寄存器的 ALIGN 位选择转换后数据储存的对齐方式。数据可以左对齐或右对齐，如图 6.79、图 6.80 所示。注入组通道转换的数据值已经减去了在 ADC_JOFRx 寄存器中定义的偏移量，因此结果可以是一个负值。SEXT 位是扩展的符号值。对于规则组通道，不需减去偏移值，因此只有 12 个位有效。

注入组

SEXT	SEXT	SEXT	SEXT	D11	D10	D9	D8	D7	D6	D5	D4	D3	D2	D1	D0

规则组

0	0	0	0	D11	D10	D9	D8	D7	D6	D5	D4	D3	D2	D1	D0

图 6.79 数据右对齐

注入组

SEXT	D11	D10	D9	D8	D7	D6	D5	D4	D3	D2	D1	D0	0	0	0

规则组

D11	D10	D9	D8	D7	D6	D5	D4	D3	D2	D1	D0	0	0	0	0

图 6.80　数据左对齐

6.6.5　可编程的通道采样时间

ADC 使用若干个 ADC_CLK 周期对输入电压采样，采样周期数目可以通过 ADC_SMPR1 和 ADC_SMPR2 寄存器中的 SMP[2:0]位更改。每个通道可以分别用不同的时间采样。总转换时间如下计算：

$$T_{\text{CONV}} = \text{采样时间} + 12.5 \text{ 个周期}$$

例如：

当 ADCCLK = 14 MHz，采样时间为 1.5 个周期

$$T_{\text{CONV}} = 1.5 + 12.5 = 14 \text{ 个周期} = 1\ \mu\text{s}$$

6.6.6　外部触发转换

转换可以由外部事件触发（例如定时器捕获、EXTI 线）。如果设置了 EXTTRIG 控制位，则外部事件就能够触发转换。EXTSEL[2:0]和 JEXTSEL[2:0]控制位允许应用程序选择 8 个可能事件中的某一个，可以触发规则组和注入组的采样，见表 6.24。当外部触发信号被选为 ADC 规则或注入转换的触发信号时，只有它的上升沿可以启动转换。

表 6.24　ADC1 和 ADC2 用于规则通道的外部触发

触发源	类　型	EXTSEL[2:0]
TIM1_CC1 事件	来自片上定时器的内部信号	000
TIM1_CC2 事件		001
TIM1_CC3 事件		010
TIM2_CC2 事件		011
TIM3_TRGO 事件		100
TIM4_CC4 事件		101
EXTI 线 11/TIM8_TRGO 事件	外部引脚/来自片上定时器的内部信号	110
SWSTART	软件控制位	111

对于规则通道，选中 EXTI 线路 11 或 TIM8_TRGO 作为外部触发事件，可以分别通过设置 ADC1 和 ADC2 的 ADC1_ETRGREG_REMAP 位和 ADC2_ETRGREG_REMAP 位实现，见表 6.25。TIM8_TRGO 事件只存在于大容量的 STM32 产品中。

对于注入通道，选中 EXTI 线路 15 和 TIM8_CC4 作为外部触发事件，可以分别通过设置 ADC1 和 ADC2 的 ADC1_ETRGINJ_REMAP 位和 ADC2_ETRGINJ_REMAP 位实现，见表 6.26、

表6.27。TIM8_CC4 事件只存在于大容量的 STM32 产品中。

表 6.25　ADC1 和 ADC2 用于注入通道的外部触发

触发源	类　型	JEXTSEL[2:0]
TIM1_TRGO 事件	来自片上定时器的内部信号	000
TIM1_CC4 事件		001
TIM2_TRGO 事件		010
TIM2_CC1 事件		011
TIM3_CC4 事件		100
TIM4_TRGO 事件		101
EXTI 线 15/TIM8_CC4 事件	外部引脚/来自片上定时器的内部信号	110
JSWSTART	软件控制位	111

表 6.26　ADC3 用于规则通道的外部触发

触发源	类　型	EXTSEL[2:0]
TIM3_CC1 事件	来自片上定时器的内部信号	000
TIM2_CC3 事件		001
TIM1_CC3 事件		010
TIM8_CC1 事件		011
TIM8_TRGO 事件		100
TIM5_CC1 事件		101
TIM5_CC3 事件		110
SWSTART	软件控制位	111

表 6.27　ADC3 用于注入通道的外部触发

触发源	类　型	JEXTSEL[2:0]
TIM1_TRGO 事件	来自片上定时器的内部信号	000
TIM1_CC4 事件		001
TIM4_CC3 事件		010
TIM8_CC2 事件		011
TIM8_CC4 事件		100
TIM5_TRGO 事件		101
TIM5_CC4 事件		110
JSWSTART	软件控制位	111

软件触发事件可以通过对寄存器 ADC_CR2 的 SWSTART 或 JSWSTART 位置"1"产生。规则组的转换可以被注入触发打断。

6.6.7　DMA 请求

因为规则通道转换的值储存在一个仅有的数据寄存器中,所以当转换多个规则通道时需要使用 DMA,这可以避免丢失已经存储在 ADC_DR 寄存器中的数据。只有在规则通道的转换结束时才产生 DMA 请求,并将转换的数据从 ADC_DR 寄存器传输到用户指定的目的地址。

只有 ADC1 和 ADC3 拥有 DMA 功能。由 ADC2 转化的数据可以通过双 ADC 模式,利用 ADC1 的 DMA 功能传输。

6.6.8　双 ADC 模式

在有 2 个或以上 ADC 模块的产品中,可以使用双 ADC 模式,双 ADC 框图如图 6.81 所示。

在双 ADC 模式里,根据 ADC1_CR1 寄存器中 DUALMOD[2:0]位所选的模式,转换的启动可以是 ADC1 主和 ADC2 从的交替触发或同步触发。

在双 ADC 模式里,当转换配置成由外部事件触发时,用户必须将其设置成仅触发主 ADC,从 ADC 设置成软件触发,这样可以防止意外地触发从转换。但是,主和从 ADC 的外部触发必须同时被激活。

双 ADC 共有 6 种可能的模式:同步注入模式、同步规则模式、快速交叉模式、慢速交叉模式、交替触发模式、独立模式。

还可以用下列方式组合使用上面的模式:

同步注入模式 + 同步规则模式

同步规则模式 + 交替触发模式

同步注入模式 + 交叉模式

在双 ADC 模式里,为了在主数据寄存器上读取从转换数据,即使不使用 DMA 传输规则通道数据,也必须使能 DMA 位。

1)同步注入模式

同步注入模式转换一个注入通道组。外部触发来自 ADC1 的注入组多路开关(由 ADC1_CR2 寄存器的 JEXTSEL[2:0]选择),它同时给 ADC2 提供同步触发。不要在 2 个 ADC 上转换相同的通道(两个 ADC 在同一个通道上的采样时间不能重叠)。

在 ADC1 或 ADC2 的转换结束时:

①转换的数据存储在每个 ADC 接口的 ADC_JDRx 寄存器中。

②当所有 ADC1/ADC2 注入通道都被转换时,产生 JEOC 中断(若任一 ADC 接口开放了中断)。

③在同步模式中,必须转换具有相同时间长度的序列,或保证触发的间隔比 2 个序列中较长的序列长,否则当较长序列的转换还未完成时,具有较短序列的 ADC 转换可能会被重启。

在 4 个通道上的同步注入模式如图 6.82 所示。

2)同步规则模式

同步规则模式在规则通道组上执行。外部触发来自 ADC1 的规则组多路开关(由 ADC1_

CR2 寄存器的 EXTSEL[2:0]选择),它同时给 ADC2 提供同步触发。不要在 2 个 ADC 上转换相同的通道(两个 ADC 在同一个通道上的采样时间不能重叠)。

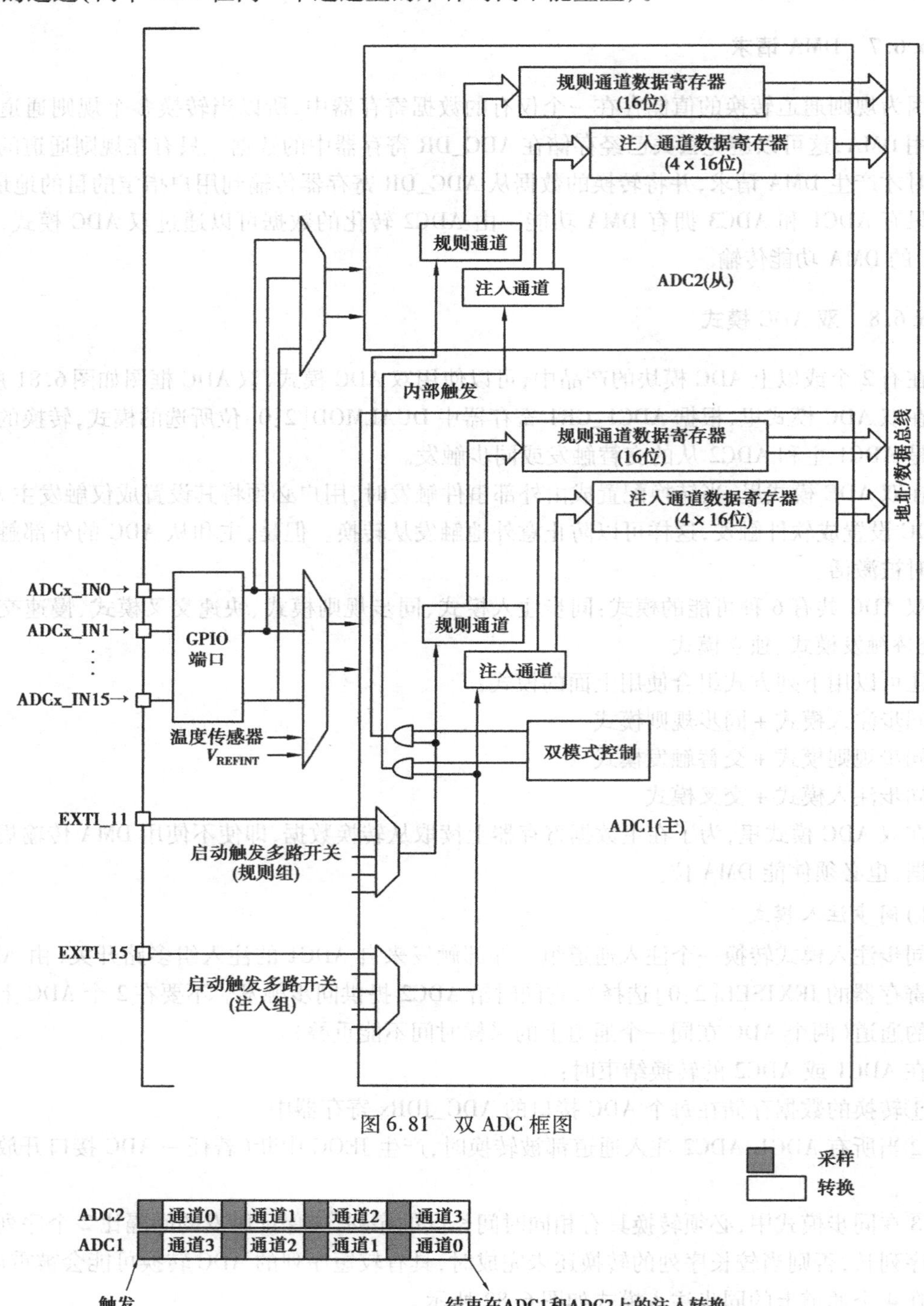

图 6.81　双 ADC 框图

图 6.82　在 4 个通道上的同步注入模式

在 ADC1 或 ADC2 的转换结束时：

①产生一个 32 位 DMA 传输请求(如果设置了 DMA 位)，32 位的 ADC1_DR 寄存器内容传输到 SRAM 中，它上半个字包含 ADC2 的转换数据，低半个字包含 ADC1 的转换数据。

②当所有 ADC1/ADC2 规则通道都被转换完时，产生 EOC 中断(若任一 ADC 接口开放了中断)。

③在同步规则模式中，必须转换具有相同时间长度的序列，或保证触发的间隔比 2 个序列中较长的序列长，否则当较长序列的转换还未完成时，具有较短序列的 ADC 转换可能会被重启。

在 16 个通道上的同步规则模式如图 6.83 所示。

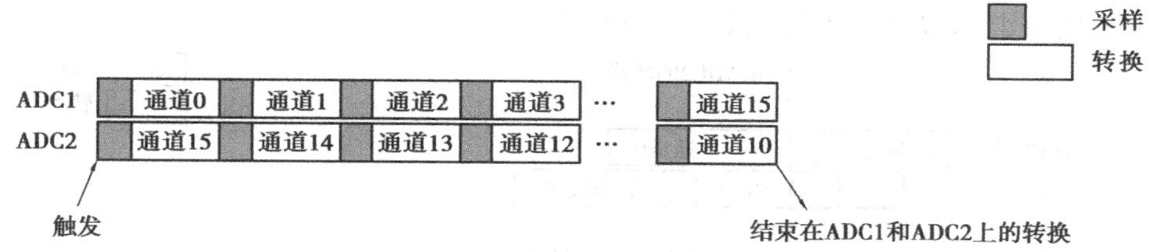

图 6.83　在 16 个通道上的同步规则模式

3)快速交叉模式

快速交叉模式只适用于规则通道组(通常为一个通道)。外部触发来自 ADC1 的规则通道多路开关。外部触发产生后：

ADC2 立即启动；

ADC1 在延迟 7 个 ADC 时钟周期后启动。

如果同时设置了 ADC1 和 ADC2 的 CONT 位，所选的两个 ADC 规则通道将被连续地转换。

ADC1 产生一个 EOC 中断后(由 EOCIE 使能)，产生一个 32 位的 DMA 传输请求(如果设置了 DMA 位)，ADC1_DR 寄存器的 32 位数据被传输到 SRAM，ADC1_DR 的上半个字包含 ADC2 的转换数据，低半个字包含 ADC1 的转换数据。

慢速交叉模式下，最大允许采样时间小于 7 个 ADCCLK 周期，避免 ADC1 和 ADC2 转换相同通道时发生两个采样周期的重叠。

在 1 个通道上连续转换模式下的快速交叉模式如图 6.84 所示。

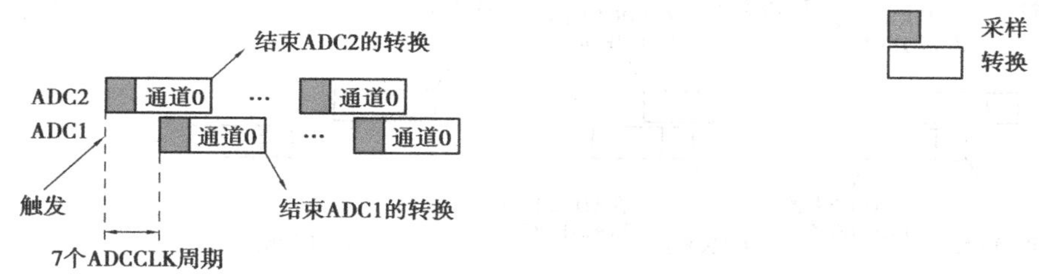

图 6.84　在 1 个通道上连续转换模式下的快速交叉模式

4)慢速交叉模式

慢速交叉模式只适用于规则通道组(只能为一个通道)。外部触发来自 ADC1 的规则通道多路开关。外部触发产生后：

ADC2 立即启动；

ADC1 在延迟 14 个 ADC 时钟周期后启动；

ADC2 在延迟第二次 14 个 ADC 周期后再次启动，如此循环。

ADC1 产生一个 EOC 中断后（由 EOCIE 使能），产生一个 32 位的 DMA 传输请求（如果设置了 DMA 位），ADC1_DR 寄存器的 32 位数据被传输到 SRAM，ADC1_DR 的上半个字包含 ADC2 的转换数据，低半个字包含 ADC1 的转换数据。在 28 个 ADC 时钟周期后自动启动新的 ADC2 转换。

慢速交叉模式下，最大允许采样时间小于 14 个 ADCCLK 周期，避免 ADC1 和 ADC2 转换相同通道时发生两个采样周期的重叠。应用程序必须确保当使用交叉模式时，不能有注入通道的外部触发产生。

在 1 个通道上的慢速交叉模式如图 6.85 所示。

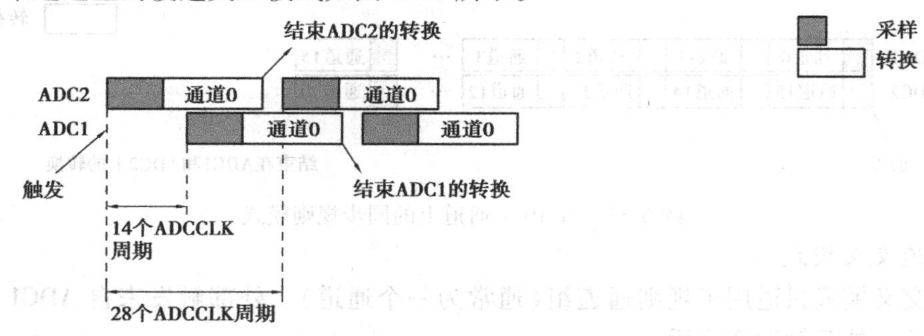

图 6.85　在 1 个通道上的慢速交叉模式

5）交替触发模式

交替触发模式只适用于注入通道组。外部触发源来自 ADC1 的注入通道多路开关。

当第一个触发产生时，ADC1 上的所有注入组通道被转换；

当第二个触发到达时，ADC2 上的所有注入组通道被转换；

按此循环。

如果允许产生 JEOC 中断，在所有 ADC1 注入组通道转换后产生一个 JEOC 中断，在所有 ADC2 注入组通道转换后也会产生一个 JEOC 中断。当所有注入组通道都转换完后，如果又有另一个外部触发，则重新开始交替触发过程，如图 6.86 所示。

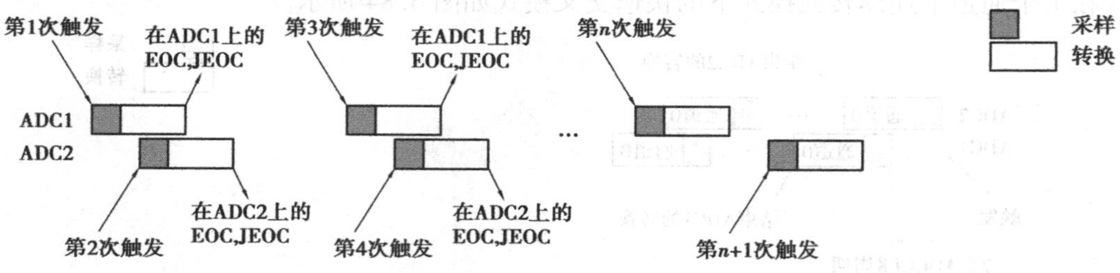

图 6.86　交替触发模式

如果 ADC1 和 ADC2 上同时使用了注入间断模式：

当第一个触发产生时，ADC1 上的第一个注入通道被转换；

当第二个触发到达时，ADC2 上的第一个注入通道被转换；

按此循环。

如果允许产生 JEOC 中断，在所有 ADC1 注入组通道转换后产生一个 JEOC 中断，在所有

ADC2 注入组通道转换后亦会产生一个 JEOC 中断。当所有注入组通道都转换完后，如果又有另一个外部触发，则重新开始交替触发过程，如图 6.87 所示。

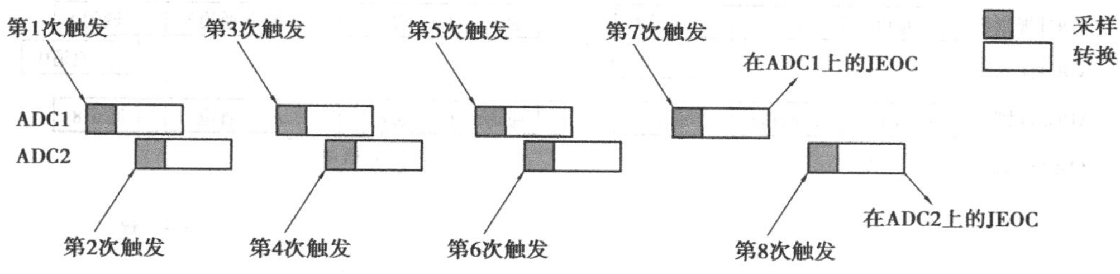

图 6.87　使用了注入间断模式的交替触发

6）独立模式

此模式里，双 ADC 同步不工作，每个 ADC 接口独立工作。

7）混合的规则/注入同步模式

规则组同步转换可以被中断，以启动注入组的同步转换。在混合的规则/注入同步模式中，必须转换具有相同时间长度的序列，或保证触发的间隔比 2 个序列中较长的序列长，否则当较长序列的转换还未完成时，具有较短序列的 ADC 转换可能会被重启。

8）混合的同步规则 + 交替触发模式

规则组同步转换可以被中断，以启动注入组交替触发转换。注入交替转换在注入事件到达后立即启动。如果规则转换已经在运行，为了在注入转换后确保同步，所有的 ADC（主和从）规则转换被停止，并在注入转换结束时同步恢复，如图 6.88 所示。

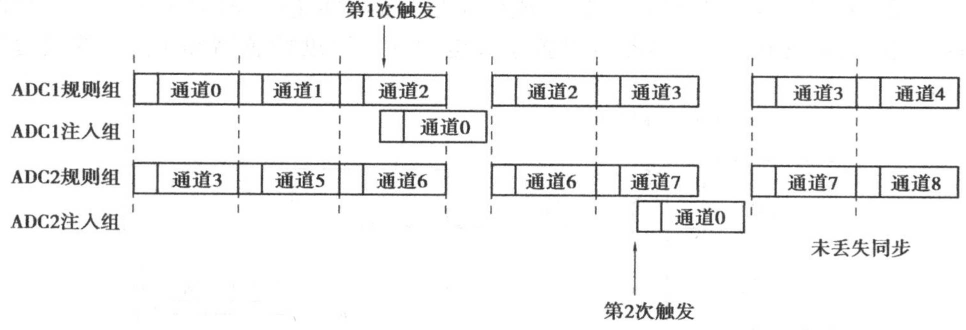

图 6.88　同步规则 + 交替触发模式

在混合的同步规则 + 交替触发模式中，必须转换具有相同时间长度的序列，或保证触发的间隔比 2 个序列中较长的序列长，否则当较长序列的转换还未完成时，具有较短序列的 ADC 转换可能会被重启。

如果触发事件发生在一个中断了规则转换的注入转换期间，这个触发事件将被忽略。图 6.89 展示了这种情况的操作（第 2 个触发被忽略）。

9）混合同步注入 + 交叉模式

一个注入事件可以中断一个交叉转换。这种情况下，交叉转换被中断，注入转换被启动，在注入序列转换结束时，交叉转换被恢复。图 6.90 是这种情况的一个例子。

应注意：当 ADC 时钟预分频系数设置为 4 时，交叉模式恢复后不会均匀地分配采样时间，采样间隔是 8 个 ADC 时钟周期与 6 个 ADC 时钟周期轮替，而不是均匀的 7 个 ADC 时钟周期。

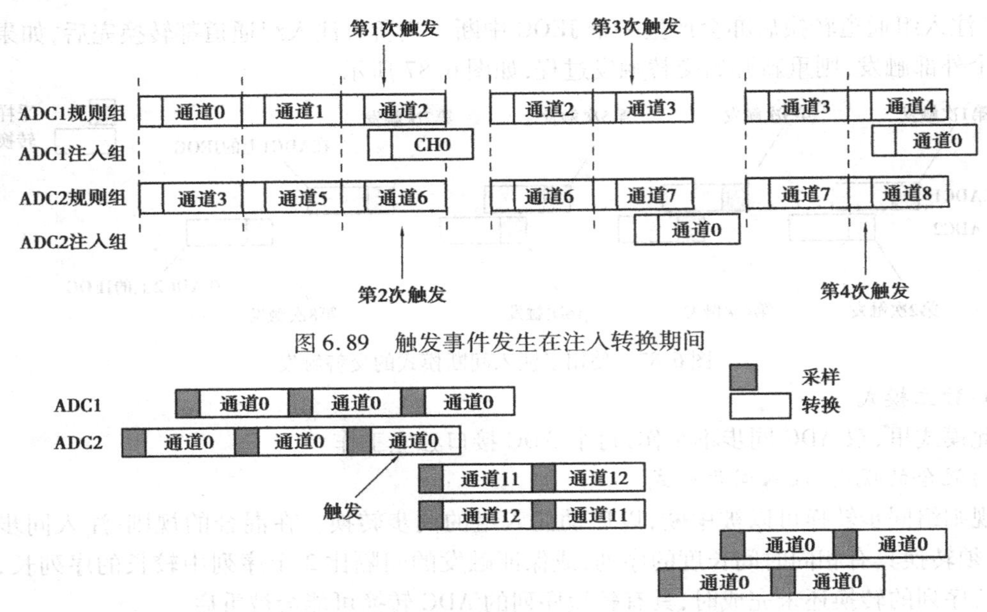

图 6.89　触发事件发生在注入转换期间

图 6.90　交叉的单通道转换被注入序列 CH11 和 CH12 中断

6.6.9　温度传感器

温度传感器可以用来测量器件周围的温度。温度传感器在内部和 ADC1_IN16 输入通道相连接，此通道把传感器输出的电压转换成数字值。温度传感器模拟输入推荐采样时间是 17.1 μs。当没有被使用时，传感器可以置于关电模式。温度传感器和 V_{REFINT} 的通道框图如 6.91所示。

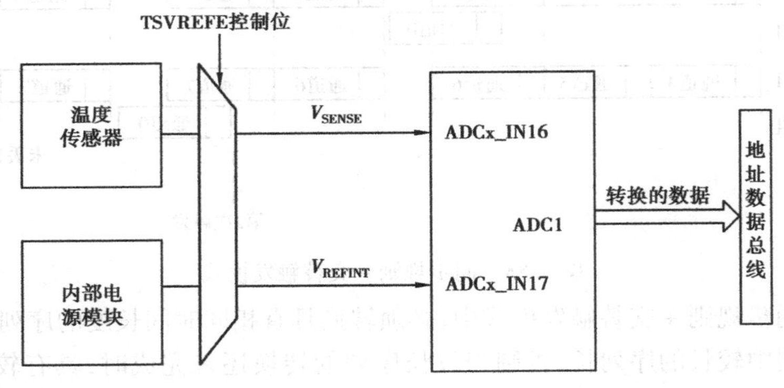

图 6.91　温度传感器和 V_{REFINT} 通道框图

如果要使用 ADC1_IN16（温度传感器）和 ADC1_IN17（V_{REFINT}），必须设置 TSVREFE 位激活内部通道。

温度传感器输出电压随温度线性变化，由于生产过程的变化，温度变化曲线的偏移在不同芯片上会有不同，最多相差 45 ℃。因此内部温度传感器更适合检测温度的变化，而不是测量绝对的温度。如果需要测量精确的温度，应该使用一个外置的温度传感器。

内部温度传感器的使用步骤：

选择 ADC1_IN16 输入通道；

选择采样时间为 17.1 μs；

设置 ADC 控制寄存器 2(ADC_CR2)的 TSVREFE 位，以唤醒关电模式下的温度传感器；

通过设置 ADON 位启动 ADC 转换(或用外部触发)；

读 ADC 数据寄存器上的 V_{SENSE} 数据结果。

利用下列公式得出温度：

$$温度(℃) = \frac{V_{25} - V_{SENSE}}{Avg\_Slope} + 25$$

上式中，V_{25} 为 V_{SENSE} 在 25 ℃时的数值，Avg_Slope 为温度与 V_{SENSE} 曲线的平均斜率(单位为 mV/℃或 μV/℃)。以 STM32F103 为例：V_{25} = 1.43 V，Avg_Slope = 4.3 mV/℃

传感器从关电模式唤醒后到可以输出正确水平的 V_{SENSE} 前，有一个建立时间。ADC 在上电后也有一个建立时间，因此为了缩短延时，应该同时设置 ADON 和 TSVREFE 位。

6.6.10　ADC 中断

规则组和注入组转换结束时能产生中断，当模拟看门狗状态位被设置时也能产生中断，它们都有独立的中断使能位，在 ADC_SR 寄存器中有对应的事件标志位，见表 6.28。另外，ADC1 和 ADC2 的中断共享同一个中断向量上，而 ADC3 的中断拥有独立的中断向量。

表 6.28　ADC 中断

中断事件	事件标	中断使能控制位
规则组转换结束	EOC	EOCIE
注入组转换结束	JEOC	JEOCIE
设置了模拟看门狗状态位	AWD	AWDIE

6.6.11　ADC 寄存器

必须以字(32 位)的方式操作这些外设寄存器。

(1) ADC 状态寄存器(ADC_SR)

地址偏移：0x00

复位值：0x0000 0000

ADC 状态寄存器(ADC_SR)定义如图 6.92 所示。

31	30	29	28	27	26	25	24	23	22	21	20	19	18	17	16
保留															

15	14	13	12	11	10	9	8	7	6	5	4	3	2	1	0
保留											STRT	JSTRT	JEOC	EOC	AWD
											rc w0	rc w0	rc w0	rc w0	rc w0

位	说　明
31:5	保留，必须保持为 0
4	STRT：规则通道开始位 该位由硬件在规则通道转换开始时设置，由软件清除。 0：规则通道转换未开始； 1：规则通道转换已开始

3	JSTRT:注入通道开始位 该位由硬件在注入通道组转换开始时设置,由软件清除。 0:注入通道组转换未开始; 1:注入通道组转换已开始
2	JEOC:注入通道转换结束位 该位由硬件在所有注入通道组转换结束时设置,由软件清除。 0:转换未完成; 1:转换完成
1	EOC:转换结束位 该位由硬件在(规则或注入)通道组转换结束时设置,由软件清除或由读取 ADC_DR 时清除。 0:转换未完成; 1:转换完成
0	AWD:模拟看门狗标志位 该位由硬件在转换的电压值超出了 ADC_LTR 和 ADC_HTR 寄存器定义的范围时设置,由软件清除。 0:没有发生模拟看门狗事件; 1:发生模拟看门狗事件

图 6.92 ADC 状态寄存器(ADC_SR)定义

(2)ADC 控制寄存器 1(ADC_CR1)

地址偏移:0x04

复位值:0x0000 0000

ADC 控制寄存器 1(ADC_CR1)定义如图 6.93 所示。

31	30	29	28	27	26	25	24	23	22	21	20	19	18	17	16
保留								AWD EN	JAWD EN	保留		DUALMOD[3:0]			
								rw	rw			rw			

15	14	13	12	11	10	9	8	7	6	5	4	3	2	1	0
DISCNUM[2:0]			JDISC EN	DISC EN	JAUTO	AWD SGL	SCAN	JEOC IE	AWD IE	EOC IE	AWDCH[4:0]				
rw			rw	rw	rw	rw	rw	rw	rw	rw	rw				

位	说 明
31:24	保留,必须保持为 0
23	AWDEN:在规则通道上开启模拟看门狗 该位由软件设置和清除。 0:在规则通道上禁用模拟看门狗; 1:在规则通道上使用模拟看门狗
22	JAWDEN:在注入通道上开启模拟看门狗 该位由软件设置和清除。 0:在注入通道上禁用模拟看门狗; 1:在注入通道上使用模拟看门狗
21:20	保留,必须保持为 0

19:16	DUALMOD[3:0]:双模式选择 软件使用这些位选择操作模式。 0000:独立模式 0001:混合的同步规则 + 注入同步模式 0010:混合的同步规则 + 交替触发模式 0011:混合同步注入 + 快速交叉模式 0100:混合同步注入 + 慢速交叉模式 0101:注入同步模式 0110:规则同步模式 0111:快速交叉模式 1000:慢速交叉模式 1001:交替触发模式 注:在 ADC2 和 ADC3 中这些位为保留位 在双模式中,改变通道的配置会产生一个重新开始的条件,这将导致同步丢失。建议在进行任何配置改变前关闭双模式
15:13	DISCNUM[2:0]:间断模式通道计数 软件通过这些位定义在间断模式下,收到外部触发后转换规则通道的数目。 000:1 个通道 001:2 个通道 … 111:8 个通道
12	JDISCEN:在注入通道上的间断模式 该位由软件设置和清除,用于开启或关闭注入通道组上的间断模式。 0:注入通道组上禁用间断模式; 1:注入通道组上使用间断模式
11	DISCEN:在规则通道上的间断模式 该位由软件设置和清除,用于开启或关闭规则通道组上的间断模式。 0:规则通道组上禁用间断模式; 1:规则通道组上使用间断模式
10	JAUTO:自动的注入通道组转换 该位由软件设置和清除,用于开启或关闭规则通道组转换结束后自动的注入通道组转换。 0:关闭自动的注入通道组转换; 1:开启自动的注入通道组转换
9	AWDSGL:扫描模式中在一个单一的通道上使用看门狗 该位由软件设置和清除,用于开启或关闭由 AWDCH[4:0]位指定的通道上的模拟看门狗功能。 0:在所有的通道上使用模拟看门狗; 1:在单一通道上使用模拟看门狗
8	SCAN:扫描模式 该位由软件设置和清除,用于开启或关闭扫描模式。在扫描模式中,转换由 ADC_SQRx 或 ADC_JSQRx 寄存器选中的通道。 0:关闭扫描模式; 1:使用扫描模式。 注:如果分别设置了 EOCIE 或 JEOCIE 位,只在最后一个通道转换完毕后才会产生 EOC 或 JEOC 中断
7	JEOCIE:允许产生注入通道转换结束中断 该位由软件设置和清除,用于禁止或允许所有注入通道转换结束后产生中断。 0:禁止 JEOC 中断; 1:允许 JEOC 中断。当硬件设置 JEOC 位时产生中断

6	AWDIE:允许产生模拟看门狗中断 该位由软件设置和清除,用于禁止或允许模拟看门狗产生中断。在扫描模式下,如果看门狗检测到超范围的数值时,只有在设置了该位时扫描才会中止。 0:禁止模拟看门狗中断; 1:允许模拟看门狗中断
5	EOCIE:允许产生 EOC 中断 该位由软件设置和清除,用于禁止或允许转换结束后产生中断。 0:禁止 EOC 中断; 1:允许 EOC 中断。当硬件设置 EOC 位时产生中断
4:0	AWDCH[4:0]:模拟看门狗通道选择位 这些位由软件设置和清除,用于选择模拟看门狗保护的输入通道。 00000:ADC 模拟输入通道 0 00001:ADC 模拟输入通道 1 … 01111:ADC 模拟输入通道 15 10000:ADC 模拟输入通道 16 10001:ADC 模拟输入通道 17 保留所有其他数值。 注: ADC1 的模拟输入通道 16 和通道 17 在芯片内部分别连到了温度传感器和 V_{REFINT}。 ADC2 的模拟输入通道 16 和通道 17 在芯片内部连到了 VSS。 ADC3 模拟输入通道 9、14、15、16、17 与 VSS 相连

图 6.93　ADC 控制寄存器(ADC_CR1)定义

(3)ADC 控制寄存器 2(ADC_CR2)

地址偏移:0x08

复位值:0x0000 0000

ADC 控制寄存器 2(ADC_CR2)定义如图 6.94 所示。

31	30	29	28	27	26	25	24	23	22	21	20	19	18	17	16
保留								TSVREFE	SWSTART	JSWSTART	EXTTRIG	EXTSEL[2:0]			保留
								rw	rw	rw	rw	rw	rw	rw	

15	14	13	12	11	10	9	8	7	6	5	4	3	2	1	0
JEXTTRIG	JEXTSEL[2:0]			ALIGN	保留		DMA	保留				RSTCAL	CAL	CONT	ADON
rw	rw	rw	rw	rw			rw					rw	rw	rw	rw

位	说　明
31:24	保留,必须保持为 0
23	TSVREFE:温度传感器和 V_{REFINT} 使能 该位由软件设置和清除,用于开启或禁止温度传感器和 V_{REFINT} 通道。在多于 1 个 ADC 的器件中,该位仅出现在 ADC1 中。 0:禁止温度传感器和 V_{REFINT}; 1:启用温度传感器和 V_{REFINT}
22	SWSTART:开始转换规则通道 由软件设置该位以启动转换,转换开始后硬件马上清除此位。如果在 EXTSEL[2:0]位中选择了 SWSTART 为触发事件,则该位用于启动一组规则通道的转换。 0:复位状态; 1:开始转换规则通道

21	JSWSTART:开始转换注入通道 由软件设置该位以启动转换,软件可清除此位或在转换开始后硬件马上清除此位。如果在 JEXTSEL[2:0]位中选择了 JSWSTART 为触发事件,则该位用于启动一组注入通道的转换 0:复位状态; 1:开始转换注入通道
20	EXTTRIG:规则通道的外部触发转换模式 该位由软件设置和清除,用于开启或禁止可以启动规则通道组转换的外部触发事件。 0:不用外部事件启动转换; 1:使用外部事件启动转换
19:17	EXTSEL[2:0]:选择启动规则通道组转换的外部事件 这些位选择用于启动规则通道组转换的外部事件 ADC1 和 ADC2 的触发配置如下: 000:定时器 1 的 CC1 事件　100:定时器 3 的 TRGO 事件 001:定时器 1 的 CC2 事件　101:定时器 4 的 CC4 事件 010:定时器 1 的 CC3 事件　110:EXTI 线 11/TIM8_TRGO 事件,仅大容量产品具有 TIM8_TRGO 功能 011:定时器 2 的 CC2 事件　111:SWSTART ADC3 的触发配置如下: 000:定时器 3 的 CC1 事件　100:定时器 8 的 TRGO 事件 001:定时器 2 的 CC3 事件　101:定时器 5 的 CC1 事件 010:定时器 1 的 CC3 事件　110:定时器 5 的 CC3 事件 011:定时器 8 的 CC1 事件　111:SWSTART
16	保留,必须保持为 0
15	JEXTTRIG:注入通道的外部触发转换模式 该位由软件设置和清除,用于开启或禁止可以启动注入通道组转换的外部触发事件。 0:不用外部事件启动转换; 1:使用外部事件启动转换
14:12	JEXTSEL[2:0]:选择启动注入通道组转换的外部事件 这些位选择用于启动注入通道组转换的外部事件。 ADC1 和 ADC2 的触发配置如下: 000:定时器 1 的 TRGO 事件　100:定时器 3 的 CC4 事件 001:定时器 1 的 CC4 事件　101:定时器 4 的 TRGO 事件 010:定时器 2 的 TRGO 事件　110:EXTI 线 15/TIM8_CC4 事件,仅大容量产品具有 TIM8_CC4 011:定时器 2 的 CC1 事件　111:JSWSTART ADC3 的触发配置如下: 000:定时器 1 的 TRGO 事件　100:定时器 8 的 CC4 事件 001:定时器 1 的 CC4 事件　101:定时器 5 的 TRGO 事件 010:定时器 4 的 CC3 事件　110:定时器 5 的 CC4 事件 011:定时器 8 的 CC2 事件　111:JSWSTART
11	ALIGN:数据对齐 该位由软件设置和清除。 0:右对齐; 1:左对齐
10:9	保留,必须保持为 0
8	DMA:直接存储器访问模式 该位由软件设置和清除。 0:不使用 DMA 模式; 1:使用 DMA 模式。 注:只有 ADC1 和 ADC3 能产生 DMA 请求

7:4	保留,必须保持为0
3	RSTCAL:复位校准 该位由软件设置并由硬件清除。在校准寄存器被初始化后该位将被清除。 0:校准寄存器已初始化; 1:初始化校准寄存器。 注:如果正在进行转换时设置 RSTCAL,则清除校准寄存器需要额外的周期
2	CAL:A/D 校准 该位由软件设置以开始校准,并在校准结束时由硬件清除。 0:校准完成; 1:开始校准
1	CONT:连续转换 该位由软件设置和清除。如果设置了此位,则转换将连续进行直到该位被清除。 0:单次转换模式; 1:连续转换模式
0	ADON:开/关 A/D 转换器 该位由软件设置和清除。当该位为“0”时,写入“1”将把 ADC 从断电模式下唤醒。当该位为“1”时,写入“1”将启动转换。应用程序需注意,在转换器上电至转换开始有一个延迟 t_{STAB}。 0:关闭 ADC 转换/校准,并进入断电模式; 1:开启 ADC 并启动转换。 注:如果在这个寄存器中与 ADON 一起还有其他位被改变,则转换不被触发,这是为了防止触发错误的转换

图 6.94　ADC 控制寄存器 2(ADC_CR2)定义

(4)ADC 采样时间寄存器 1(ADC_SMPR1)

地址偏移:0x0C

复位值:0x0000 0000

ADC 采样时间寄存器 1(ADC_SMPR1)定义如图 6.95 所示。

31	30	29	28	27	26	25	24	23	22	21	20	19	18	17	16
保留								SMP17[2:0]			SMP16[2:0]			SMP15[2:1]	
								rw	rw	rw	rw	rw	rw	rw	rw

15	14	13	12	11	10	9	8	7	6	5	4	3	2	1	0
SMP 15 0	SMP14[2:0]			SMP13[2:0]			SMP12[2:0]			SMP11[2:0]			SMP10[2:0]		
rw	rw	rw	rw	rw	rw	rw	rw	rw	rw	rw	rw	rw	rw	rw	rw

位	说　明
31:24	保留,必须保持为0
23:0	SMPx[2:0]:选择通道 x 的采样时间 这些位用于独立地选择每个通道的采样时间。在采样周期中通道选择位必须保持不变。 000:1.5 周期　100:41.5 周期 001:7.5 周期　101:55.5 周期 010:13.5 周期　110:71.5 周期 011:28.5 周期　111:239.5 周期 注:ADC1 的模拟输入通道 16 和通道 17 在芯片内部分别连到了温度传感器和 V_{REFINT}; ADC2 的模拟输入通道 16 和通道 17 在芯片内部连到了 VSS; ADC3 模拟输入通道 14、15、16、17 与 VSS 相连

图 6.95　ADC 采样时间寄存器 1(ADC_SMPR1)定义

(5)ADC 采样时间寄存器2(ADC_SMPR2)

地址偏移:0x10

复位值:0x0000 0000

ADC 采样时间寄存器2(ADC_SMPR2)定义如图6.96所示。

31	30	29	28	27	26	25	24	23	22	21	20	19	18	17	16
保留		SMP[2:0]		SMP7[2:0]			SMP7[2:0]			SMP6[2:0]			SMP5[2:1]		
		rw	rw	rw	rw	rw	rw	rw	rw	rw	rw	rw	rw	rw	rw

15	14	13	12	11	10	9	8	7	6	5	4	3	2	1	0
SMP5 0	SMP4[2:0]			SMP3[2:0]			SMP2[2:0]			SMP1[2:0]			SMP0[2:0]		
rw	rw	rw	rw	rw	rw	rw	rw	rw	rw	rw	rw	rw	rw	rw	rw

位	说　明
31:30	保留,必须保持为0
29:0	SMPx[2:0]:选择通道x的采样时间 这些位用于独立地选择每个通道的采样时间。在采样周期中通道选择位必须保持不变。 000:1.5周期　100:41.5周期 001:7.5周期　101:55.5周期 010:13.5周期　110:71.5周期 011:28.5周期　111:239.5周期 注:ADC3模拟输入通道9与VSS相连

图6.96　ADC 采样时间寄存器2(ADC_SMPR2)定义

(6)ADC 注入通道数据偏移寄存器x(ADC_JOFRx)(x=1…4)

地址偏移:0x14-0x20

复位值:0x0000 0000

ADC 注入通道数据偏移寄存器x(ADC_JOFRx)(x=1…4)定义如图6.97所示。

31	30	29	28	27	26	25	24	23	22	21	20	19	18	17	16
保留															

15	14	13	12	11	10	9	8	7	6	5	4	3	2	1	0
保留				JOFFSETx[11:0]											
				rw	rw	rw	rw	rw	rw	rw	rw	rw	rw	rw	rw

位	说　明
31:12	保留,必须保持为0
11:0	JOFFSETx[11:0]:注入通道x的数据偏移 当转换注入通道时,这些位定义了用于从原始转换数据中减去的数值。转换的结果可以在ADC_JDRx寄存器中读出

图6.97　ADC 注入通道数据偏移寄存器x(ADC_JOFRx)(x=1…4)定义

(7)ADC 看门狗高阀值寄存器(ADC_HTR)

地址偏移:0x24

复位值:0x0000 0000

ADC 看门狗高阀值寄存器(ADC_HTR)定义如图6.98所示。

31	30	29	28	27	26	25	24	23	22	21	20	19	18	17	16
保留															

15	14	13	12	11	10	9	8	7	6	5	4	3	2	1	0
保留				HT[11:0]											
				rw	rw	rw	rw	rw	rw	rw	rw	rw	rw	rw	rw

位	说　明
31:12	保留,必须保持为0
11:0	HT[11:0]:模拟看门狗高阀值 这些位定义了模拟看门狗的阀值高限

图6.98　ADC看门狗高阀值寄存器(ADC_HTR)定义

(8)ADC看门狗低阀值寄存器(ADC_LRT)

地址偏移:0x28

复位值:0x0000 0000

ADC看门狗低阀值寄存器(ADC_LRT)定义如图6.99所示。

31	30	29	28	27	26	25	24	23	22	21	20	19	18	17	16
保留															

15	14	13	12	11	10	9	8	7	6	5	4	3	2	1	0
保留				LT[11:0]											
				rw	rw	rw	rw	rw	rw	rw	rw	rw	rw	rw	rw

位	说　明
31:12	保留,必须保持为0
11:0	LT[11:0]:模拟看门狗低阀值 这些位定义了模拟看门狗的阀值低限

图6.99　ADC看门狗低阀值寄存器(ADC_LRT)定义

(9)ADC规则序列寄存器1(ADC_SQR1)

地址偏移:0x2C

复位值:0x0000 0000

ADC规则序列寄存器1(ADC_SQR1)定义如图6.100所示。

31	30	29	28	27	26	25	24	23	22	21	20	19	18	17	16
保留								L[3:0]				SQ16[4:1]			
								rw	rw	rw	rw	rw	rw	rw	rw

15	14	13	12	11	10	9	8	7	6	5	4	3	2	1	0
SQ16 0	SQ15[4:0]					SQ14[4:0]					SQ13[4:0]				
rw	rw	rw	rw	rw	rw	rw	rw	rw	rw	rw	rw	rw	rw	rw	rw

位	说　明
31:24	保留,必须保持为0

23:20	L[3:0]:规则通道序列长度 这些位由软件定义在规则通道转换序列中的通道数目。 0000:1 个转换 0001:2 个转换 … 1111:16 个转换
19:15	SQ16[4:0]:规则序列中的第 16 个转换 这些位由软件定义转换序列中的第 16 个转换通道的编号(0~17)
14:10	SQ15[4:0]:规则序列中的第 15 个转换 这些位由软件定义转换序列中的第 15 个转换通道的编号(0~17)
9:5	SQ14[4:0]:规则序列中的第 14 个转换 这些位由软件定义转换序列中的第 14 个转换通道的编号(0~17)
4:0	SQ13[4:0]:规则序列中的第 13 个转换 这些位由软件定义转换序列中的第 13 个转换通道的编号(0~17)

图 6.100　ADC 规则序列寄存器 1(ADC_SQR1)定义

(10)ADC 规则序列寄存器 2(ADC_SQR2)

地址偏移:0x30

复位值:0x0000 0000

ADC 规则序列寄存器 2(ADC_SQR2)定义如图 6.101 所示。

31	30	29	28	27	26	25	24	23	22	21	20	19	18	17	16
保留		SQ12[4:0]					SQ11[4:0]					SQ10[4:1]			
		rw	rw	rw	rw	rw	rw	rw	rw	rw	rw	rw	rw	rw	rw

15	14	13	12	11	10	9	8	7	6	5	4	3	2	1	0
SQ10 0	SQ9[4:0]					SQ8[4:0]					SQ7[4:0]				
rw	rw	rw	rw	rw	rw	rw	rw	rw	rw	rw	rw	rw	rw	rw	rw

位	说　明
31:30	保留,必须保持为 0
29:25	SQ12[4:0]:规则序列中的第 12 个转换 这些位由软件定义转换序列中的第 12 个转换通道的编号(0~17)
24:20	SQ11[4:0]:规则序列中的第 11 个转换 这些位由软件定义转换序列中的第 11 个转换通道的编号(0~17)
19:15	SQ10[4:0]:规则序列中的第 10 个转换 这些位由软件定义转换序列中的第 10 个转换通道的编号(0~17)
14:10	SQ9[4:0]:规则序列中的第 9 个转换 这些位由软件定义转换序列中的第 9 个转换通道的编号(0~17)
9:5	SQ8[4:0]:规则序列中的第 8 个转换 这些位由软件定义转换序列中的第 8 个转换通道的编号(0~17)
4:0	SQ7[4:0]:规则序列中的第 7 个转换 这些位由软件定义转换序列中的第 7 个转换通道的编号(0~17)

图 6.101　ADC 规则序列寄存器 2(ADC_SQR2)定义

(11)ADC 规则序列寄存器 3(ADC_SQR3)

地址偏移:0x34

复位值:0x0000 0000

ADC 规则序列寄存器 3(ADC_SQR3)定义如图 6.102 所示。

31	30	29	28	27	26	25	24	23	22	21	20	19	18	17	16
保留		SQ6[4:0]					SQ5[4:0]					SQ4[4:1]			
		rw	rw	rw	rw	rw	rw	rw	rw	rw	rw	rw	rw	rw	rw

15	14	13	12	11	10	9	8	7	6	5	4	3	2	1	0
SQ4_0	SQ3[4:0]					SQ2[4:0]					SQ1[4:0]				
rw	rw	rw	rw	rw	rw	rw	rw	rw	rw	rw	rw	rw	rw	rw	rw

位	说 明
31:30	保留,必须保持为0
29:25	SQ6[4:0]:规则序列中的第6个转换 这些位由软件定义转换序列中的第6个转换通道的编号(0~17)
24:20	SQ5[4:0]:规则序列中的第5个转换 这些位由软件定义转换序列中的第5个转换通道的编号(0~17)
19:15	SQ4[4:0]:规则序列中的第4个转换 这些位由软件定义转换序列中的第4个转换通道的编号(0~17)
14:10	SQ3[4:0]:规则序列中的第3个转换 这些位由软件定义转换序列中的第3个转换通道的编号(0~17)
9:5	SQ2[4:0]:规则序列中的第2个转换 这些位由软件定义转换序列中的第2个转换通道的编号(0~17)
4:0	SQ1[4:0]:规则序列中的第1个转换 这些位由软件定义转换序列中的第1个转换通道的编号(0~17)

图6.102 ADC规则序列寄存器3(ADC_SQR3)定义

(12)ADC注入序列寄存器(ADC_JSQR)

地址偏移:0x38

复位值:0x0000 0000

ADC注入序列寄存器(ADC_JSQR)定义如图6.103所示。

31	30	29	28	27	26	25	24	23	22	21	20	19	18	17	16
保留										JL[1:0]		JSQ4[4:1]			
										rw	rw	rw	rw	rw	rw

15	14	13	12	11	10	9	8	7	6	5	4	3	2	1	0
JSQ4_0	JSQ3[4:0]					JSQ2[4:0]					JSQ1[4:0]				
rw	rw	rw	rw	rw	rw	rw	rw	rw	rw	rw	rw	rw	rw	rw	rw

位	说 明
31:22	保留,必须保持为0
21:20	JL[1:0]:注入通道序列长度 这些位由软件定义在规则通道转换序列中的通道数目。 00:1个转换 01:2个转换 10:3个转换 11:4个转换
19:15	JSQ4[4:0]:注入序列中的第4个转换 这些位由软件定义转换序列中的第4个转换通道的编号(0~17)。 注:不同于规则转换序列,如果JL[1:0]的长度小于4,则转换的序列顺序是从(4-JL)开始。例如:ADC_JSQR[21:0]=10 00011 00011 00111 00010,意味着扫描转换将按下列通道顺序转换:7、3、3,而不是2、7、3

14:10	JSQ3[4:0]:注入序列中的第 3 个转换 这些位由软件定义转换序列中的第 3 个转换通道的编号(0~17)
9:5	JSQ2[4:0]:注入序列中的第 2 个转换 这些位由软件定义转换序列中的第 2 个转换通道的编号(0~17)
4:0	JSQ1[4:0]:注入序列中的第 1 个转换 这些位由软件定义转换序列中的第 1 个转换通道的编号(0~17)

图 6.103　ADC 注入序列寄存器(ADC_JSQR)定义

(13)ADC 注入数据寄存器 x(ADC_JDRx)(x=1…4)

地址偏移:0x3C-0x48

复位值:0x0000 0000

ADC 注入数据寄存器 x(ADC_JDRx)(x=1…4)定义如图 1.104 所示。

31	30	29	28	27	26	25	24	23	22	21	20	19	18	17	16
保留															

15	14	13	12	11	10	9	8	7	6	5	4	3	2	1	0
JDATA[15:0]															
r	r	r	r	r	r	r	r	r	r	r	r	r	r	r	r

位	说　明
31:16	保留,必须保持为 0
15:0	JDATA[15:0]:注入转换的数据 这些位为只读,包含了注入通道的转换结果。数据是左对齐或右对齐

图 6.104　ADC 注入数据寄存器 x(ADC_JDRx)(x=1…4)定义

(14)ADC 规则数据寄存器(ADC_DR)

地址偏移:0x4C

复位值:0x0000 0000

ADC 规则数据寄存器(ADC_DR)定义如图 6.105 所示。

31	30	29	28	27	26	25	24	23	22	21	20	19	18	17	16
ADC2DATA[15:0]															
r	r	r	r	r	r	r	r	r	r	r	r	r	r	r	r

15	14	13	12	11	10	9	8	7	6	5	4	3	2	1	0
DATA[15:0]															
r	r	r	r	r	r	r	r	r	r	r	r	r	r	r	r

位	说　明
31:16	ADC2DATA[15:0]:ADC2 转换的数据 在 ADC1 中:双模式下,这些位包含了 ADC2 转换的规则通道数据。见双 ADC 模式。 在 ADC2 和 ADC3 中:不使用这些位
15:0	DATA[15:0]:规则转换的数据 这些位为只读,包含了规则通道的转换结果。数据是左对齐或右对齐

图 6.105　ADC 规则数据寄存器(ADC_DR)定义

(15) ADC 寄存器地址映像

表 6.29 列出了所有的 ADC 寄存器。

表 6.29　ADC 寄存器映像和复位值

<table>
<tr><th>偏移</th><th>寄存器</th><th>31</th><th>30</th><th>29</th><th>28</th><th>27</th><th>26</th><th>25</th><th>24</th><th>23</th><th>22</th><th>21</th><th>20</th><th>19</th><th>18</th><th>17</th><th>16</th><th>15</th><th>14</th><th>13</th><th>12</th><th>11</th><th>10</th><th>9</th><th>8</th><th>7</th><th>6</th><th>5</th><th>4</th><th>3</th><th>2</th><th>1</th><th>0</th></tr>
<tr><td rowspan="2">00h</td><td>ADC_SR</td><td colspan="27">保留</td><td>STRT</td><td>JSTRT</td><td>JEOC</td><td>EOC</td><td>AWD</td></tr>
<tr><td>复位值</td><td colspan="27"></td><td>0</td><td>0</td><td>0</td><td>0</td><td>0</td></tr>
<tr><td rowspan="2">04h</td><td>ADC_CR1</td><td colspan="8">保留</td><td>AWDEN</td><td>JAWDEN</td><td colspan="2">保留</td><td colspan="4">DUALMOD [3:0]</td><td colspan="3">DISC NUM [2:0]</td><td>JDISCEN</td><td>DISCEN</td><td>JAUTO</td><td>AWDSGL</td><td>SCAN</td><td>JEOCIE</td><td>AWDIE</td><td>EOCIE</td><td colspan="5">AWDCH[4:0]</td></tr>
<tr><td>复位值</td><td colspan="8"></td><td>0</td><td>0</td><td colspan="2"></td><td>0</td><td>0</td><td>0</td><td>0</td><td>0</td><td>0</td><td>0</td><td>0</td><td>0</td><td>0</td><td>0</td><td>0</td><td>0</td><td>0</td><td>0</td><td>0</td><td>0</td><td>0</td><td>0</td><td>0</td></tr>
<tr><td rowspan="2">08h</td><td>ADC_CR2</td><td colspan="8">保留</td><td>TSVREFE</td><td>SWSTART</td><td>JSWSTART</td><td>EXTTRIG</td><td colspan="3">EXTSEL [2:0]</td><td>保留</td><td>JEXTTRIG</td><td colspan="3">JEXTSEL [2:0]</td><td>ALIGN</td><td colspan="2">保留</td><td>DMA</td><td colspan="4">保留</td><td>RSTCAL</td><td>CAL</td><td>CONT</td><td>ADON</td></tr>
<tr><td>复位值</td><td colspan="8"></td><td>0</td><td>0</td><td>0</td><td>0</td><td>0</td><td>0</td><td>0</td><td>0</td><td>0</td><td>0</td><td>0</td><td>0</td><td>0</td><td colspan="2"></td><td>0</td><td colspan="4"></td><td>0</td><td>0</td><td>0</td><td>0</td></tr>
<tr><td rowspan="2">0Ch</td><td>ADC_SMPR1</td><td colspan="32">采样时间位SMPx_x</td></tr>
<tr><td>复位值</td><td>0</td><td>0</td><td>0</td><td>0</td><td>0</td><td>0</td><td>0</td><td>0</td><td>0</td><td>0</td><td>0</td><td>0</td><td>0</td><td>0</td><td>0</td><td>0</td><td>0</td><td>0</td><td>0</td><td>0</td><td>0</td><td>0</td><td>0</td><td>0</td><td>0</td><td>0</td><td>0</td><td>0</td><td>0</td><td>0</td><td>0</td><td>0</td></tr>
<tr><td rowspan="2">10h</td><td>ADC_SMPR2</td><td colspan="32">采样时间位SMPx_x</td></tr>
<tr><td>复位值</td><td>0</td><td>0</td><td>0</td><td>0</td><td>0</td><td>0</td><td>0</td><td>0</td><td>0</td><td>0</td><td>0</td><td>0</td><td>0</td><td>0</td><td>0</td><td>0</td><td>0</td><td>0</td><td>0</td><td>0</td><td>0</td><td>0</td><td>0</td><td>0</td><td>0</td><td>0</td><td>0</td><td>0</td><td>0</td><td>0</td><td>0</td><td>0</td></tr>
<tr><td rowspan="2">14h</td><td>ADC_JOFR1</td><td colspan="20">保留</td><td colspan="12">JOFFSET1[11:0]</td></tr>
<tr><td>复位值</td><td colspan="20"></td><td>0</td><td>0</td><td>0</td><td>0</td><td>0</td><td>0</td><td>0</td><td>0</td><td>0</td><td>0</td><td>0</td><td>0</td></tr>
<tr><td rowspan="2">18h</td><td>ADC_JOFR2</td><td colspan="20">保留</td><td colspan="12">JOFFSET2[11:0]</td></tr>
<tr><td>复位值</td><td colspan="20"></td><td>0</td><td>0</td><td>0</td><td>0</td><td>0</td><td>0</td><td>0</td><td>0</td><td>0</td><td>0</td><td>0</td><td>0</td></tr>
<tr><td rowspan="2">1Ch</td><td>ADC_JOFR3</td><td colspan="20">保留</td><td colspan="12">JOFFSET3[11:0]</td></tr>
<tr><td>复位值</td><td colspan="20"></td><td>0</td><td>0</td><td>0</td><td>0</td><td>0</td><td>0</td><td>0</td><td>0</td><td>0</td><td>0</td><td>0</td><td>0</td></tr>
<tr><td rowspan="2">20h</td><td>ADC_JOFR4</td><td colspan="20">保留</td><td colspan="12">JOFFSET4[11:0]</td></tr>
<tr><td>复位值</td><td colspan="20"></td><td>0</td><td>0</td><td>0</td><td>0</td><td>0</td><td>0</td><td>0</td><td>0</td><td>0</td><td>0</td><td>0</td><td>0</td></tr>
<tr><td rowspan="2">1Ch</td><td>ADC_HTR</td><td colspan="20">保留</td><td colspan="12">HT[11:0]</td></tr>
<tr><td>复位值</td><td colspan="20"></td><td>0</td><td>0</td><td>0</td><td>0</td><td>0</td><td>0</td><td>0</td><td>0</td><td>0</td><td>0</td><td>0</td><td>0</td></tr>
<tr><td rowspan="2">20h</td><td>ADC_LTR</td><td colspan="20">保留</td><td colspan="12">LT[11:0]</td></tr>
<tr><td>复位值</td><td colspan="20"></td><td>0</td><td>0</td><td>0</td><td>0</td><td>0</td><td>0</td><td>0</td><td>0</td><td>0</td><td>0</td><td>0</td><td>0</td></tr>
<tr><td rowspan="2">2Ch</td><td>ADC_SQR1</td><td colspan="8">保留</td><td colspan="4">L[3:0]</td><td colspan="20">规则通道序列SQx_x位</td></tr>
<tr><td>复位值</td><td colspan="8"></td><td>0</td><td>0</td><td>0</td><td>0</td><td>0</td><td>0</td><td>0</td><td>0</td><td>0</td><td>0</td><td>0</td><td>0</td><td>0</td><td>0</td><td>0</td><td>0</td><td>0</td><td>0</td><td>0</td><td>0</td><td>0</td><td>0</td><td>0</td><td>0</td></tr>
<tr><td rowspan="2">30h</td><td>ADC_SQR2</td><td colspan="2">保留</td><td colspan="30">规则通道序列SQx_x位</td></tr>
<tr><td>复位值</td><td colspan="2"></td><td>0</td><td>0</td><td>0</td><td>0</td><td>0</td><td>0</td><td>0</td><td>0</td><td>0</td><td>0</td><td>0</td><td>0</td><td>0</td><td>0</td><td>0</td><td>0</td><td>0</td><td>0</td><td>0</td><td>0</td><td>0</td><td>0</td><td>0</td><td>0</td><td>0</td><td>0</td><td>0</td><td>0</td><td>0</td><td>0</td></tr>
<tr><td rowspan="2">34h</td><td>ADC_SQR3</td><td colspan="2">保留</td><td colspan="30">规则通道序列SQx_x位</td></tr>
<tr><td>复位值</td><td colspan="2"></td><td>0</td><td>0</td><td>0</td><td>0</td><td>0</td><td>0</td><td>0</td><td>0</td><td>0</td><td>0</td><td>0</td><td>0</td><td>0</td><td>0</td><td>0</td><td>0</td><td>0</td><td>0</td><td>0</td><td>0</td><td>0</td><td>0</td><td>0</td><td>0</td><td>0</td><td>0</td><td>0</td><td>0</td><td>0</td><td>0</td></tr>
<tr><td rowspan="2">38h</td><td>ADC_JSQR</td><td colspan="10">保留</td><td colspan="2">JL [1:0]</td><td colspan="20">注入通道序列JSQx_x位</td></tr>
<tr><td>复位值</td><td colspan="10"></td><td>0</td><td>0</td><td>0</td><td>0</td><td>0</td><td>0</td><td>0</td><td>0</td><td>0</td><td>0</td><td>0</td><td>0</td><td>0</td><td>0</td><td>0</td><td>0</td><td>0</td><td>0</td><td>0</td><td>0</td><td>0</td><td>0</td></tr>
</table>

续表

偏移	寄存器	31	30	29	28	27	26	25	24	23	22	21	20	19	18	17	16	15	14	13	12	11	10	9	8	7	6	5	4	3	2	1	0
3Ch	ADC_JDR1	保留																JDATA[15:0]															
	复位值																	0	0	0	0	0	0	0	0	0	0	0	0	0	0	0	0
40h	ADC_JDR2	保留																JDATA[15:0]															
	复位值																	0	0	0	0	0	0	0	0	0	0	0	0	0	0	0	0
44h	ADC_JDR3	保留																JDATA[15:0]															
	复位值																	0	0	0	0	0	0	0	0	0	0	0	0	0	0	0	0
48h	ADC_JDR4	保留																JDATA[15:0]															
	复位值																	0	0	0	0	0	0	0	0	0	0	0	0	0	0	0	0
4Ch	ADC_DR	ADC2DATA[15:0]																规则DATA[15:0]															
	复位值	0	0	0	0	0	0	0	0	0	0	0	0	0	0	0	0	0	0	0	0	0	0	0	0	0	0	0	0	0	0	0	0

第 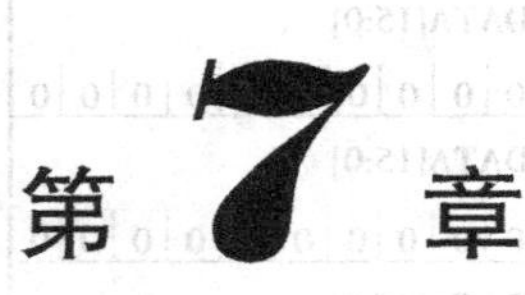 章
STM32 的接口与扩展应用

7.1 开发环境使用与 GPIO 操作

7.1.1 设计说明

本节通过设计实例，掌握 GPIO 口的基础知识，练习其控制编程方法。学会根据电路图，寻求思路解决实际问题。电路连接如图 7.1 所示，用 E 口高 8 位连接 LED 灯，编程使灯从左到右再从右到左循环点亮，再重复进行。

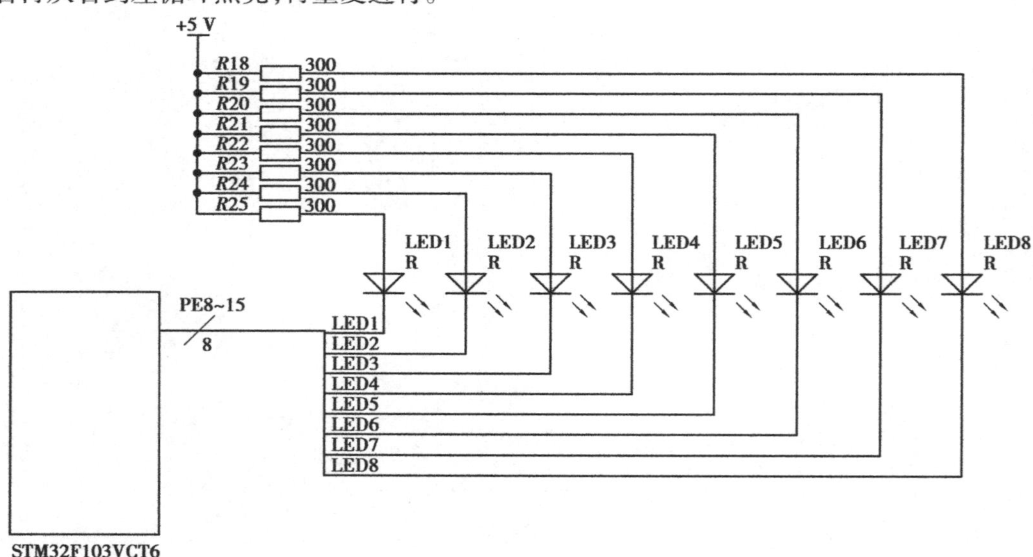

图 7.1 GPIO 电路连接图

7.1.2 设计内容分析

根据电路连接和设计要求，E 口高 8 位为推挽输出模式，用于驱动 LED 灯点亮。

程序设计过程如下。

(1)使能 E 口时钟

首先要了解 RCC -> APB2ENR 寄存器地址和各位的功能。

RCC 为时钟的选择、复位、分频等功能寄存器总称,基地址为 0x40021000。

APB2ENR 为 RCC 的系列寄存器之一,为 APB2 外设的时钟使能寄存器,如图 7.2 所示。

31	30	29	28	27	26	25	24	23	22	21	20	19	18	17	16
保留															

15	14	13	12	11	10	9	8	7	6	5	4	3	2	1	0
保留	USART1 EN	保留	SPI1 EN	TIM1 EN	ADC2 EN	ADC1 EN	保留		IOPE EN	IOPD EN	IOPC EN	IOPB EN	IOPA EN	保留	AFIO EN
	rw		rw	rw	rw	rw			rw	rw	rw	rw	rw		rw

图 7.2　APB2 外设时钟使能寄存器(RCC_APB2ENR)

其次要理解例程工程中的一些定义,在以后编程中将会沿用。

在 stm32f10x_map.h 文件中已定义:

```
typedef struct
{
  vu32 CR;
  vu32 CFGR;
  vu32 CIR;
  vu32 APB2RSTR;
  vu32 APB1RSTR;
  vu32 AHBENR;
  vu32 APB2ENR;
  vu32 APB1ENR;
  vu32 BDCR;
  vu32 CSR;
} RCC_TypeDef;
```

在 stm32f10x_map.h 文件中还有下面宏定义:

```
#define PERIPH_BASE          ((u32)0x40000000)
#define AHBPERIPH_BASE       (PERIPH_BASE + 0x20000)
#define RCC_BASE             (AHBPERIPH_BASE + 0x1000)
#define RCC                  ((RCC_TypeDef * )RCC_BASE)
```

有了上面定义,就能保证 RCC -> APB2ENR 能够访问到寄存器 APB2ENR 的实际地址。

最后,由于要用到 GPIOE,首先要使能 GPIOE 的时钟,用两条语句:

```
RCC -> APB2ENR | = 1 << 6;        //使能 PORTE 时钟
```

(2)初始化 IO 口,设置输入/输出模式

GPIOE -> CRH& = 0X00000000;//PE 口的高 8 位清掉原来的设置,同时不影响其他位设置。

GPIOE -> CRH | = 0X33333333;//PE 口高 8 位推挽输出,如图 7.3 所示。

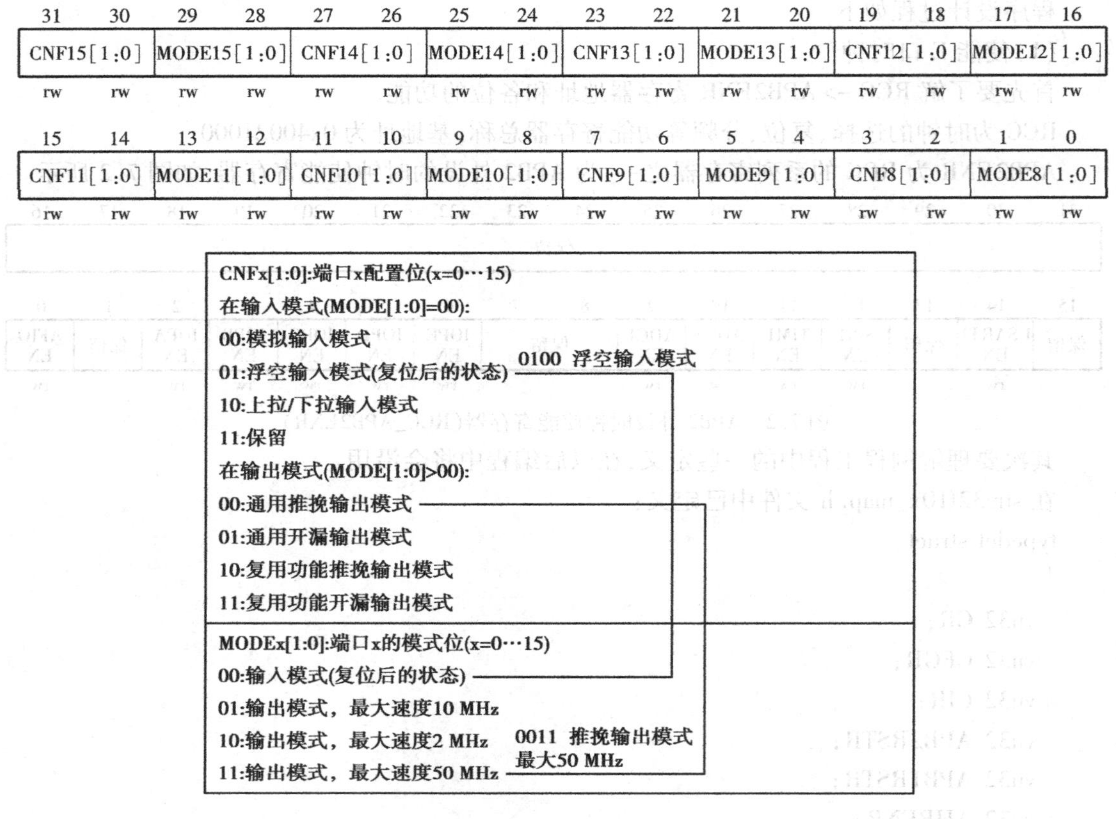

31 30 29 28 27 26 25 24 23 22 21 20 19 18 17 16
CNF15[1:0] MODE15[1:0] CNF14[1:0] MODE14[1:0] CNF13[1:0] MODE13[1:0] CNF12[1:0] MODE12[1:0]
rw rw rw rw rw rw rw rw rw rw rw rw rw rw rw rw
15 14 13 12 11 10 9 8 7 6 5 4 3 2 1 0
CNF11[1:0] MODE11[1:0] CNF10[1:0] MODE10[1:0] CNF9[1:0] MODE9[1:0] CNF8[1:0] MODE8[1:0]
rw rw rw rw rw rw rw rw rw rw rw rw rw rw rw rw
CNFx[1:0]:端口x配置位(x=0…15)
在输入模式(MODE[1:0]=00):
00:模拟输入模式
01:浮空输入模式(复位后的状态)
10:上拉/下拉输入模式
11:保留
在输出模式(MODE[1:0]>00):
00:通用推挽输出模式
01:通用开漏输出模式
10:复用功能推挽输出模式
11:复用功能开漏输出模式
MODEx[1:0]:端口x的模式位(x=0…15)
00:输入模式(复位后的状态)
01:输出模式，最大速度10 MHz
10:输出模式，最大速度2 MHz
11:输出模式，最大速度50 MHz
0100 浮空输入模式
0011 推挽输出模式
最大50 MHz

图 7.3　端口配置高寄存器(GPIOx_CRH)(x=A…E)

(3)编写程序实现相应功能

根据设计功能要求,编写程序。从程序结构上看,时钟使能和 GPIO 口的输入输出设置一般只执行一次,多写入初始化函数,在主程序中一次性调用。而功能实现代码一般会放入主程序的循环结构中。

7.1.3　设计程序解析

初始化函数如下:

```
void LED_Init(void)
{
    RCC ->APB2ENR| = 1 <<6;           //使能 PORTE 时钟
    GPIOE ->CRH& = 0X00000000;        //清掉原来的设置,同时不影响其他位设置。
    GPIOE ->CRH| = 0X33333333;        //PE 高 8 位推挽输出
    GPIOE ->ODR& = 0x00ff;            //PE 高 8 位输出 0
    GPIOE ->ODR| = 0xaa00;            //PE 高 8 位输出间隔
}
```

主程序如下:

```
int main(void)
```

```
{
    u8 j,i;
    Stm32_Clock_Init(9);                //系统时钟设置
    delay_init(72);                     //延时初始化
    LED_Init();                         //初始化与 LED 连接的硬件接口
    while(1)
    {   j=0xfe;                         //低电平点亮
        for(i=0;i<8;i++)
        {   GPIOE->ODR=j<<8;            //给 PE8～PE15 赋值    delay_ms(600);
            j=(j<<=1)+1;                //左移
        }
        j=0x7F;
        for(i=0;i<8;i++)
        {   GPIOE->ODR=j<<8;            //给 PE8～PE15 赋值    delay_ms(600);
            j=(j>>=1)+0x80;             //右移
        }
    }
}
```

7.2　开关检测与数码管显示编程实例

7.2.1　设计说明

参见图 7.4 所示的连接图,用 C 口低 8 位接数码管段信号,用 E 口低 0、1、2 连接位信号的译码电路输入,用 D 口高 8 位连接开关,检测开关中 1 的个数在第 4 个数码管上显示出来。

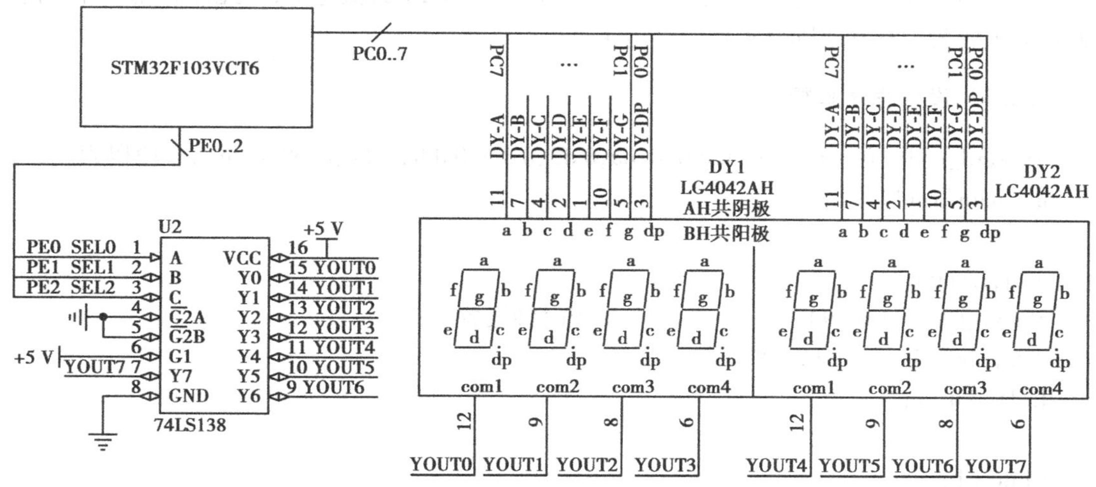

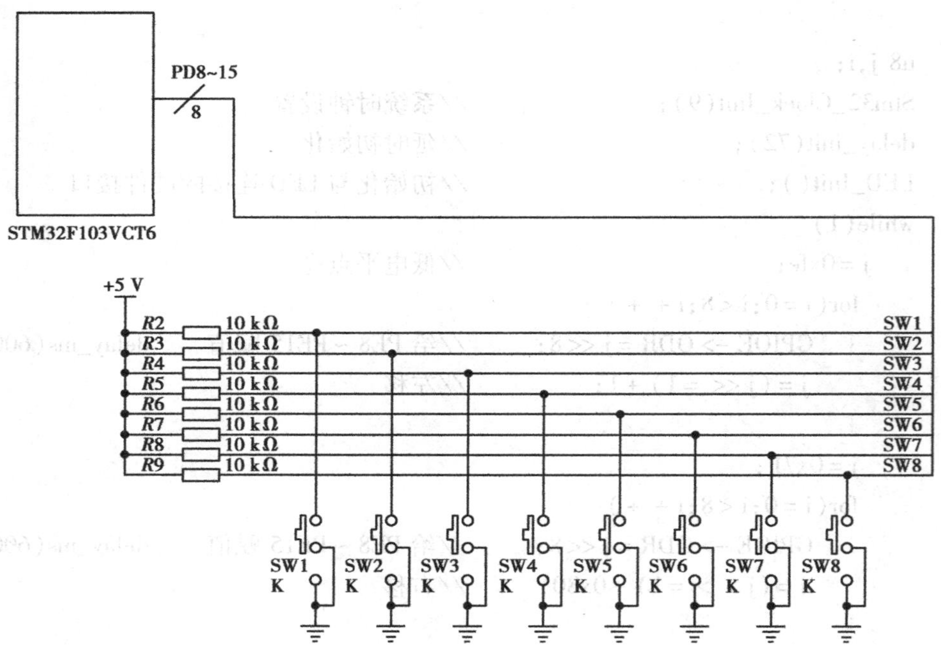

图 7.4　开关检测与数码管显示实验电路连接图

7.2.2　设计内容分析

首先,根据连接要求,应将 C 口低 8 位,E 口低 3 位设置为输出,D 口高 8 位设置为输入。

其次,要根据接线图及数码管特性得到段码表,即字形码表。从图 7.4 中可以看出,数码管共阴极,所以为高电平点亮。以字形“0”为例,其 a、b、c、d、e、f、g、dp 应分别为 1、1、1、1、1、1、0、0。由于图中 a 接的高位,dp 接的低位,所以其段码为 0xFC。注意在许多电路中,a 接低位,dp 接高位,则“0”的段码为 0x3F。

由于本设计中,开关为 8 个,则 1 的个数为 0 ~ 8,因此只需得到 0 ~ 8 的字形码即可,其字形码依次为 0xfc、0x60、0xda、0xf2、0x66、0xb6、0xbe、0xe0、0xfe。

最后,由于要显示在第 4 个数码管上,应使得的 YOUT4 为低电平,因此译码器芯片的输入脚 C、B、A 应为 1、0、0,因此 PE 口应输出 4。

7.2.3　设计程序解析

```
u8 word_code[10] = {0xfc,0x60,0xda,0xf2,0x66,0xb6,0xbe,0xe0,0xfe};//段码表
int main(void)
{
u8 j,i,count;
Stm32_Clock_Init(9);                //系统时钟设置
delay_init(72);//延时初始化
LED_init();

while (1)
```

```
    {
        j = GPIOD -> IDR > >8;
        count =0;
        for(i =0;i <8;i + + )
        {
            count + =j&1;//统计 1 的个数
            j > > =1;
        }
        GPIOC -> ODR = word_code[count];  //根据统计个数值从表中查出段码送去显示
    }
}
void LED_init(void)
{
    RCC -> APB2ENR| =1 <<6;           //使能 PORTE 时钟
    RCC -> APB2ENR| =1 <<5;           //使能 PORTD 时钟
    RCC -> APB2ENR| =1 <<4;           //使能 PORTC 时钟
    GPIOE -> CRL& =0Xfffff000;
    GPIOE -> CRL| =0X00000333;
    GPIOE -> ODR| =4;                 //PE0-PE2 输出位信号

    GPIOD -> CRH& =0X00000000;
    GPIOD -> CRH| =0X44444444;        //用 D 口高 8 位连接开关
    GPIOC -> CRL& =0X00000000;
    GPIOC -> CRL| =0X33333333;        //用 C 口低 8 位接段信号
}
```

7.3　外部中断编程实例

7.3.1　设计说明

本节通过设计实例，掌握外部中断的硬件连接及软件编程，理解优先级分组、优先级设置、中断嵌套等相关问题。电路连接如图 7.5 所示，STM32 单片机 GPIO D 口高 8 位连接 8 个 LED 灯，低电平点亮；E 口低 8 位连接按钮开关，使用 K1、K2 作为外部中断输入，E 口高 8 位连接 8 个切换开关。

设计要求：常规状态 8 个 LED 灯全亮全灭交替闪烁，按下 K1 键产生中断，使 8 个 LED 灯以 3 个一组从左到右循环点亮，循环 10 次后中断退出；按下 K2 键产生中断，将 8 个切换开关状态显示在 8 个 LED 灯上，高电平点亮，显示 1 s 后退出。K2 中断的优先级高，可以打断 K1 的中断。

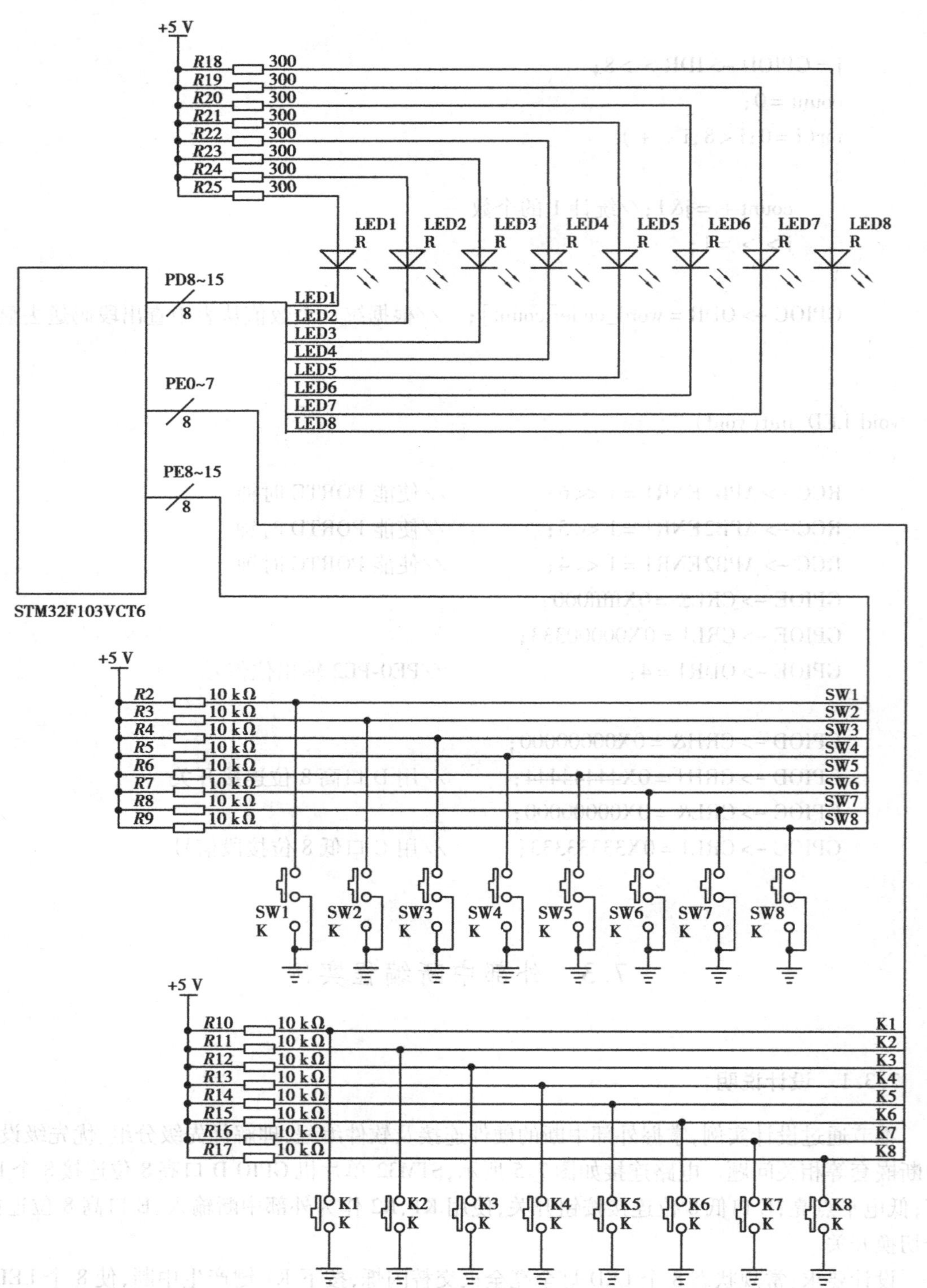

图 7.5　中断实验电路连接图

7.3.2　设计内容分析

根据电路连接和设计要求，D 口高 8 位为推挽输出模式，E 口低 8 位为上拉输入模式，高 8 位为浮空输入模式。

K1 接 PE0，对应 EXTI0 中断，K2 接 PE1，对应 EXTI1 中断。二者形成中断嵌套，且 K2 可以打断 K1，可以将优先级分组设为 5，抢占优先级和响应优先级各 2 位，并使 EXTI1 抢占优先级的值小于 EXTI0。

程序设计过程如下：

初始化 I/O 口，设置输入/输出模式；

开启 I/O 口复用时钟，设置 I/O 口与中断线的映射关系；

开启与该 I/O 口相对的线上中断/事件，设置触发条件；

配置中断分组(NVIC)，并使能中断；

编写中断服务函数。

7.3.3　设计程序解析

主程序完成系统初始化、接口初始化和外部中断初始化，然后进入主程序循环。在主程序中实现 8 个 LED 灯的交替亮灭。

```
int main(void)
{
    u8 temp1 =0xff;
    Stm32_Clock_Init(9);              //系统时钟设置
    delay_init(72);                   //延时初始化
    LED_Init();                       //初始化与 LED 连接的硬件接口
    EXTIX_Init();                     //外部中断初始化
    while(1)
    {
        temp1^=0xff;                  //取反,全亮全灭交替
        GPIOD->ODR=temp1<<8;          //从 D 口高位输出
        Delay_ms(500);
    }
}
void LED_Init(void)
{   RCC->APB2ENR|=1<<5;               //使能 PORTD 时钟
    GPIOD->CRH&=0X00000000;           //清掉原来的设置,同时不影响其他位设置。
    GPIOD->CRH|=0X33333333;           //PD 推挽输出
    RCC->APB2ENR|=1<<6;               //使能 PORTE 时钟
    GPIOE->CRH&=0X00000000;           //清掉原来的设置,同时不影响其他位设置。
    GPIOE->CRH|=0X44444444;           //PE 高 8 位浮空输入
    GPIOE->CRL&=0Xffffff00;           //清掉原来的设置,同时不影响其他位设置。
```

```
    GPIOE -> CRL| =0X00000088;          //PE 低 8 位上拉输入
}
void EXTIX_Init(void)
{
    GPIOE -> ODR| =1 <<0;          //PE0 写高电平
    GPIOE -> ODR| =1 <<1;          //PE1 写高电平
    Ex_NVIC_Config(GPIO_E,0,FTIR);  //下降沿触发
    MY_NVIC_Init(2,2,EXTI0_IRQChannel,2);  //抢占 2,子优先级 2,组 2
    Ex_NVIC_Config(GPIO_E,1,FTIR);  //下降沿触发
    MY_NVIC_Init(1,2,EXTI1_IRQChannel,2);  //抢占 1,子优先级 2,组 2
                                           //EXTI1 可以打断 EXTI0
}
void EXTI0_IRQHandler(void)
{
    u8 i,j,temp2;
    delay_ms(10);  //消抖
    for(i =0;i <10;i + +)
    {
        temp2 =0xf8;//最左面 3 盏 LED 点亮
    for(j =0;i <8;i + +)
        {
          GPIOD -> ODR& =temp2 <<8;
          temp2 =(temp2 <<1) +(temp2 > >7);
          delay_ms(500);
      }
    }
    EXTI -> PR =1 <<0;              //清除 LINE0 上的中断标志位
}
void EXTI1_IRQHandler(void)
{
    u16 temp;
    delay_ms(10);                   //消抖
    temp =GPIOE -> IDR;             //从 E 口高 8 位读开关状态
    GPIOD -> ODR = ~temp;           //取反后从 D 口高 8 位输出,使得高电平点亮
    delay_ms(1000);
    EXTI -> PR =1 <<1;              //清除 LINE1 上的中断标志位
}
```

7.4 定时器中断编程实例

7.4.1 设计说明

本节通过设计实例,掌握定时器的编程方法,理解定时器工作原理、时钟源选择、相关寄存器设置等问题。电路连接如图 7.6 所示:STM32 单片机 GPIO D 口低 8 位连接数码管的段信号,数码管共阴极;E 口低 3 位连接译码器输入,译码器输出连接数码管位信号。

设计要求:数码管循环显示 8,循环时间由 TIM2、TIM3 级联确定;

TIM2 为主定时器,TIM3 为从定时器;

主定时器 72 M 分频到 10 kHz,计数 1 000 次到 0.1 s;

从定时器计数次数为 100 次,达到 10 s。

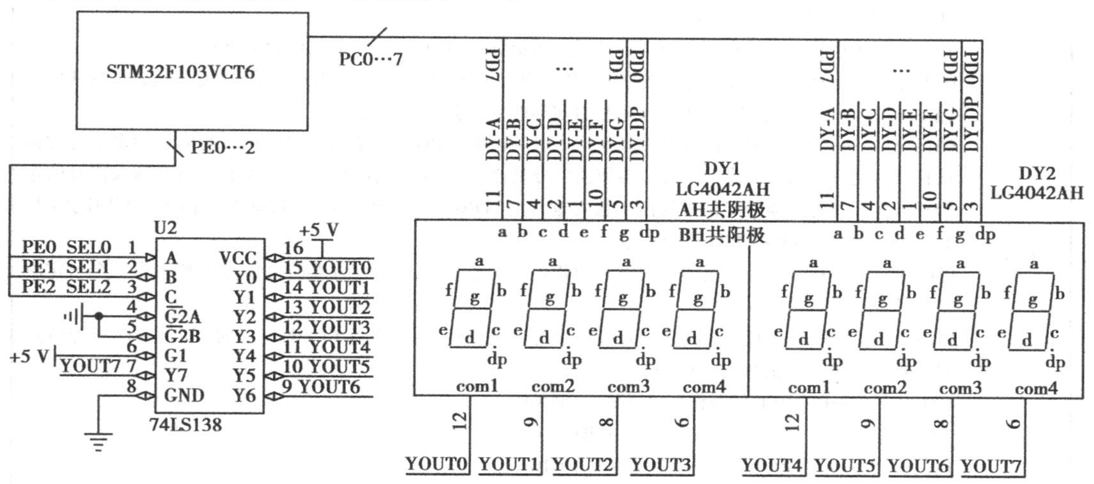

图 7.6 定时器中断实验电路连接图

7.4.2 设计内容分析

E 口 0—2 接位信号,推挽输出;

D 口 0—7 段信号,推挽输出;

注意 D0 为高,D7 为低,8 的字形码为 FE。

下面对定时器的级联问题进行分析,其连接方式如图 7.7 所示。

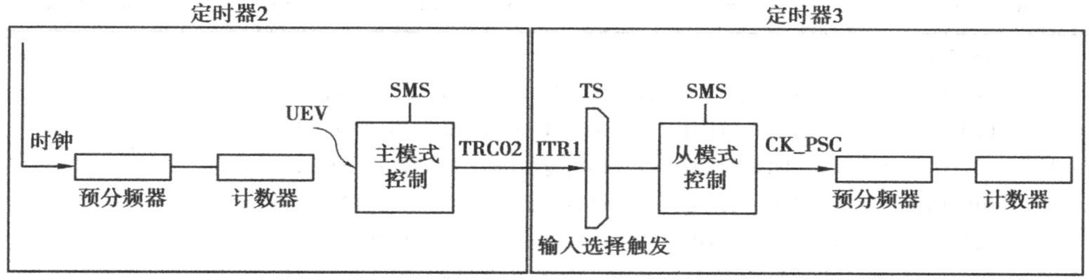

从定时器	ITR0(TS=000)	ITR1(TS=001)	ITR2(TS=010)	ITR3(TS=011)
TIM2	TIM1	TIM8	TIM3	TIM4
TIM3	TIM1	TIM2	TIM5	TIM4
TIM4	TIM1	TIM2	TIM3	TIM8
TIM5	TIM2	TIM3	TIM4	TIM8

图 7.7　定时器的级联连接方式

①配置 TIM2 为主定时器,让它在产生更新事件时输出周期性的触发信号,为此要设置 TIM2_CR2 的 MMS 为 010,它将在 TRGO2 上产生上升沿信号,如图 7.8 所示。

偏移地址:04h

复位值:0000h

15	14	13	12	11	10	9	8	7	6	5	4	3	2	1	0
保留								TI1S	MMS[2:0]			CCDS	保留		
								rw	rw	rw	rw	rw			

<table>
<tr><td>位 6:4</td><td>MMS[1:0]:主模式选择
这两位用于选择在主模式下送到从定时器的同步信息(TRGO)。可能的组合如下:
000:复位——TIMx_ EGR 寄存器的 UG 位作为触发输出(TRGO)。如果触发输入(复位模式下的从模式控制器)产生复位,则 TRGO 上的信号相对实际的复位会有一个延迟。
001:允许——计数器使能信号 CNT_EN 作为触发输出(TRGO)。有时需要在同一时间启动多个定时器或控制从定时器的一个窗口。计数器使能信号是通过 CEN 控制位和门控模式下的触发输入信号的逻辑或产生。当计数器使能信号受控于触发输入时,TRGO 上会有一个延迟,除非选择了主/从模式(见 TIMx_SMCR 寄存器中 MSM 位的描述)。
010:更新——更新事件被选为触发输入(TRGO)。例如,一个主定时器的时钟可以被用作一个从定时器的预分频器。
011:比较脉冲——一旦发生一次捕获或一次比较成功时,当要设置 CC1IF 标志时(即是它已经为高),触发输出送出一个正脉冲(TRGO)。
100:比较——OC1REF 信号作为触发输出(TRGO)。
101:比较——OC2REF 信号作为触发输出(TRGO)。
110:比较——OC3REF 信号作为触发输出(TRGO)。
111:比较——OC4REF 信号作为触发输出(TRGO)</td></tr>
</table>

图 7.8　控制寄存器 2(TIMx_CR2)

②要使用 TIM3 为从定时器,TIM2 为主定时器,则 TIM2 连接在 TIM3 的 ITR1 上,根据对应表,从模式控制寄存器 TIM3_SMCR 的 TS 设为 001,如图 7.9 所示。

偏移地址:08h

复位值:0000h

15	14	13	12	11	10	9	8	7	6	5	4	3	2	1	0
ETP	ECE	ETPS[1:0]		ETF[3:0]				MSM	TS[2:0]			保留	SMS[2:0]		
rw	rw	rw	rw	rw	rw	rw	rw	rw	rw	rw	rw		rw	rw	rw

<table>
<tr><td>位 6:4</td><td>TS[2:0]:触发选择
这 3 位选择用于同步计数器的触发输入。有关内部输入信号的连接,参见产品说明。
000:内部触发器 0(ITR0),TIM1　　100:TI1 的边沿检测器(TI1F_ED)
001:内部触发器 0(ITR1),TIM2　　101:滤波后的定时器输入 1(TI1FP1)
010:内部触发器 0(ITR1),TIM3　　110:滤波后的定时器输入 2(TI2FP2)
011:内部触发器 0(ITR1),TIM4　　111:外部触发输入(ETRF)
注:为避免在信号转变时产生错误的边沿检测,必须在未使用这些位时修改它们</td></tr>
</table>

位 2:0	SMS:从模式选择 当选择了外部信号,触发信号(TRGI)的有效边沿与选中的外部输入极性相关(见输入控制寄存器和控制寄存器的说明) 000:关闭从模式——如果 CEN = 1,则预分频器直接由内部时钟驱动。 001:编码器模式 1——根据 TI1FP1 的电平,计数器在 TI2FP2 的边沿向上/下计数。 010:编码器模式 2——根据 TI2FP2 的电平,计数器在 TI1FP1 的边沿向上/下计数。 011:编码器模式 3——根据其他输入的电平,计数器在 TI1FP1 和 TI2FP2 的边沿向上/下计数。 100:复位模式——选中的触发输入(TRGI)的上升沿重新初始化计数器,并且产生一个更新寄存器的信号。 101:门控模式——当触发输入(TRGI)为高时,计数器的时钟开启。一旦触发输入变为低,则计数器停止(但不复位)。计数器的启动和停止都是受控的。 110:触发模式——计数器在触发输入 TRGI 的上升沿启动(但不复位),只有计数器的启动是受控的。 111:外部时钟模式 1——选中的触发输入(TRGI)的上升沿驱动计数器。 注:如果 TI1F_EN 被选为触发输入(TS = 100)时,不要使用门控模式。这是因为,TI1F_ED 在每次 TI1F 变化时输出一个脉冲,然而门控模式是要检查触发输入的电平

图 7.9　从模式控制寄存器(TIMx_SMCR)

③将从模式控制器 TIM3_SMCR 的 SMS 设为 111,即外部时钟模式 1,这样 TIM3 即可由 TIM2 的溢出脉冲驱动,如图 7.10 所示。

31	30	29	28	27	26	25	24	23	22	21	20	19	18	17	16
保留			PWR EN	BKP EN	保留	CAN EN	保留	USB EN	I2C2 EN	I2C1 EN	保留		USART3 EN	USART2 EN	保留

15	14	13	12	11	10	9	8	7	6	5	4	3	2	1	0
保留	SPI2 EN	保留		WWDG EN	保留								TIM4 EN	TIM3 EN	TIM2 EN
	rw			rw									rw	rw	rw

图 7.10　APB1 外设时钟使能寄存器(RCC_APB1ENR)

④需要设置 TIMx_CR1 的 CEN 位分别启动两个定时器,如图 7.11 所示。

偏移地址:00h

复位值:0000h

15	14	13	12	11	10	9	8	7	6	5	4	3	2	1	0
保留						CKD[1:0]		ARPE	CMS[1:0]		DIR	OPM	URS	UDIS	CEN
						rw	rw	rw	rw	rw	rw	rw	rw	rw	rw

位 15:10	保留,始终读为 0
位 9:8	CKD[1:0]:时钟分频因子 这 2 位定义在定时器时钟(CK_ INT)频率、死区时间和由死区产生器与数字滤波器(ETR,TIx)之间的分频比例。 00:$t_{DTS} = t_{CK\_INT}$ 01:$t_{DTS} = 2x\ t_{CK\_INT}$ 10:$t_{DTS} = 4x\ t_{CK\_INT}$ 11:保留,不要使用这个配置
位 7	ARPE:自动重装载预装载允许位 0:TIM1_ ARR 寄存器没有缓冲 1:TIM1_ARR 寄存器被装入缓冲器

位 6:5	CMS[1:0]:选择中央对齐模式 00:边沿对齐模式。计数器依据方向位(DIR)向上或向下计数。 01:中央对齐模式 1。计数器交替地向上和向下计数。配置为输出的通道(TIM1_CCMRx 寄存器中 CCxS =00)的输出比较中断标志位,只在计数器向下计数时被设置。 10:中央对齐模式 2。计数器交替地向上和向下计数。计数器交替地向上和向下计数。配置为输出的通道(TIM1_CCMRx 寄存器中 CCxS =00)的输出比较中断标志位,只在计数器向上计数时被设置。 11:中央对齐模式 3。计数器交替地向上和向下计数。计数器交替地向上和向下计数。配置为输出的通道(TIM1_CCMRx 寄存器中 CCxS =00)的输出比较中断标志位,在计数器向上和向下计数时均被设置。 注:在计数器开启时(CEN =1),不允许从边沿对齐模式转换到中央对齐模式
位 4	DIR:方向 0:计数器向上计数 1:计数器向下计数 注:当计数器配置为中央对齐模式或编码器模式时,该位为只读
位 3	OPM:单脉冲模式 0:在发生更新事件时,计数器不停止 1:在发生下一次更新事件(清除 CEN 位)时,计数器停止
位 2	URS:更新请求源 软件通过该位选择 UEV 事件的源 0:如果允许产生更新中断或 DMA 请求,则下述任一事件产生一个更新中断或 DMA 请求: —计数器溢出/下溢 —设置 UG 位 —从模式控制器产生的更新 1:如果允许产生更新中断或 DMA 请求,则只有计数器溢出/下溢产生一个更新中断或 DMA 请求
位 1	UDIS:禁止更新 软件通过该位允许/禁止 UEV 事件的产生 0:允许 UEV。更新(UEV)事件由下述任一事件产生: —计数器溢出/下溢 —设置 UG 位 —从模式控制器产生的更新 被缓存的寄存器被装入它们的预装载值。 1:禁止 UEV。不产生更新事件,影子寄存器(ARR,PSC,CCRx)保持它们的值。如果设置了 UG 位或从模式控制器发出了一个硬件复位,则计数器和预分频器被重新初始化
位 0	CEN:允许计数器 0:禁止计数器 1:开启计数器 注:在软件设置了 CEN 位后,外部时钟、门控模式和编码器模式才能工作。触发模式可以自动地通过硬件设置 CEN 位

图 7.11　控制寄存器 1(TIMx_CR1)

7.4.3　设计程序解析

```
int tt =0;              //全局变量,存储位信号
int main(void)
{
```

```
    Stm32_Clock_Init(9);                        //系统时钟设置
    delay_init(72);                             //延时初始化
    GPIO_INIT();
    TIM3_INIT(100,0);                           //从定时器无预分频,计 100 次
    TIM2_INIT(1000,7199);                       //主定时器预分频 7 200,计 1 000 次
    while(1)
    {
        delay_ms(100);
        GPIOE -> ODR = tt&7;                    //循环送位信号,由中断程序改变位信号
    }
}
void GPIO_INIT()
{
    RCC -> APB2ENR| =1 <<6;                     //使能 PORTE 时钟
    RCC -> APB2ENR| =1 <<5;                     //使能 PORTD 时钟
    GPIOE -> CRL& =0XFFFFF000;
    GPIOE -> CRL| =0X00000333;
    GPIOD -> CRL& =0X00000000;
    GPIOD -> CRL| =0X33333333;
    GPIOD -> ODR| =0XFe;                        //PD0—PD7 输出字形码 8,FE
}
void TIM3_INIT(u16 arr,u16 psc)
{
    RCC -> APB1ENR| =1 <<1;                     //TIM3 时钟使能
    TIM3 -> ARR = arr;                          //设定计数器自动重装值
    TIM3 -> PSC = psc;                          //预分频器
    TIM3 -> SMCR& =0;
    TIM3 -> SMCR| =1 <<4;                       //001
    TIM3 -> SMCR| =7 <<0;                       //111
    //这两位要同时设置才可以使用中断
    TIM3 -> DIER| =1 <<0;                       //允许更新中断
    //TIM3 -> DIER| =1 <<6;                     //允许触发中断
    //TIM3 -> CR1| =0x01 <<3;                   //定时器 3 单脉冲模式
    TIM3 -> CR1| =0x01;                         //使能定时器 3
    MY_NVIC_Init(1,3,TIM3_IRQChannel,2);//抢占 1,子优先级 3,组 2
}
void TIM2_INIT(u16 arr,u16 psc)
{
```

```
    RCC -> APB1ENR| =1 <<0;                    //TIM2 时钟使能
    TIM2 -> ARR = arr;                         //设定计数器自动重装值
    TIM2 -> PSC = psc;                         //预分频器
    //TIM2 -> DIER| =1 <<0;                    //允许更新中断
    //TIM2 -> DIER| =1 <<6;                    //允许触发中断
    //TIM2 -> CR1 =1 <<7;                      //自动装初值
TIM2 -> CR2& =0;
TIM2 -> CR2| =2 <<4;      //设为 010,主定时器,TRGO 输出
    TIM2 -> CR1| =0x01;     //使能定时器 2
    //TIM2 -> CR1& = ~(0x01 <<0);      //禁止定时器 2
}
void TIM3_IRQHandler(void)
{
    TIM3 -> SR& = ~(1 <<0);      //清除中断标志位
    if(tt > =7)
        tt =0;
    else
        tt = tt +1;
}
```

7.5 串口通信编程实例

7.5.1 实现原理

串口作为 MCU 的重要外部接口,既是外部设备接口,同时也是软件开发重要的调试手段。STM32 具有多个串口,资源相当丰富,功能也相当强劲。例如 STM32F103ZET6 最多可提供 5 路串口,有分数波特率发生器、支持同步单线通信和半双工单线通信、支持 LIN、支持调制解调器操作、智能卡协议和 IrDA SIR ENDEC 规范、具有 DMA 等。在前面的章节已经对串口进行了详细的介绍,下面从寄存器层面介绍如何设置串口。

本节将通过一个实例介绍如何通过设置串口寄存器,实现所需的通信功能,利用串口 1 接收计算机通过串口发送过来的数据,并把发送过来的数据直接返送回计算机,然后由计算机将数据打印显示出来。

串口最基本的设置就是波特率的设置。STM32 的串口只要开启了串口时钟,并设置相应的 I/O 口模式,然后配置波特率、数据位长度、奇偶校验位等信息,就可以使用了。下面简单介绍这几个与串口基本配置直接相关的寄存器。

(1)串口时钟使能

串口作为 STM32 的一个外设,其时钟由外设时钟使能寄存器控制,这里使用的串口 1 是在 APB2ENR 寄存器的第 14 位,如图 7.12 所示。APB2ENR 寄存器在之前已经介绍过了,这里只说明一点,除了串口 1 的时钟使能在 APB2ENR 寄存器,其他串口的时钟使能位都在 APB1ENR。

31	30	29	28	27	26	25	24	23	22	21	20	19	18	17	16
保留															

15	14	13	12	11	10	9	8	7	6	5	4	3	2	1	0
ADC3 EN	USART1 EN	TIM8 EN	SPI1 EN	TIM1 EN	ADC2 EN	ADC1 EN	IOPG EN	IOPF EN	IOPE EN	IOPD EN	IOPC EN	IOPB EN	IOPA EN	保留	AFIO EN
rw	rw	rw	rw	rw	rw	rw	rw	rw	rw	rw	rw	rw	rw	rw	rw

图 7.12　寄存器 APB2ENR 各位描述

(2)串口复位

当外设出现异常的时候可以通过复位寄存器里面的对应位设置,实现该外设的复位,然后重新配置这个外设达到让其重新工作的目的。一般在系统刚开始配置外设的时候,都会先执行复位该外设的操作。串口 1 的复位是通过配置 APB2RSTR 寄存器的第 14 位来实现的。APB2RSTR 寄存器的各位描述如图 7.13 所示。

31	30	29	28	27	26	25	24	23	22	21	20	19	18	17	16
保留															

15	14	13	12	11	10	9	8	7	6	5	4	3	2	1	0
ADC3 RST	USART1 RST	TIM8 RST	SPI1 RST	TIM1 RST	ADC2 RST	ADC1 RST	IOPG RST	IOPF RST	IOPE RST	IOPD RST	IOPC RST	IOPB RST	IOPA RST	保留	AFIO RST
rw	rw	rw	rw	rw	rw	rw	rw	rw	rw	rw	rw	rw	rw	rw	rw

图 7.13　寄存器 APB2RSTR 各位描述

从图 7.13 可知串口 1 的复位设置位在 APB2RSTR 的第 14 位。通过向该位写 1 复位串口 1,写 0 结束复位。其他串口的复位在 APB1RSTR 里面。

(3)串口波特率设置

每个串口都有一个自己独立的波特率寄存器 USART_BRR,通过设置该寄存器达到配置不同波特率的目的。该寄存器的各位描述如图 7.14 所示。

31	30	29	28	27	26	25	24	23	22	21	20	19	18	17	16
保留															

15	14	13	12	11	10	9	8	7	6	5	4	3	2	1	0
DIV_Mantissa[11:0]												DIV_Fraction[3:0]			
rw	rw	rw	rw	rw	rw	rw	rw	rw	rw	rw	rw	rw	rw	rw	rw

位	说　明
31:16	保留,硬件强制为 0
15:4	DIV_Mantissa[11:0]:USARTDIV 的整数部分 这 12 位定义了 USART 分频器除法因子(USARTDIV)的整数部分
3:0	DIV_Fraction[3:0]:USARTDIV 的小数部分 这 4 位定义了 USART 分频器除法因子(USARTDIV)的小数部分

图 7.14　寄存器 USART_BRR 各位描述

前面提到 STM32 的分数波特率概念，其实就是在这个寄存器里面体现的。最低 4 位用来存放小数部分 DIV_Fraction，[15:4]这 12 位用来存放整数部分 DIV_Mantissa。高 16 位未使用。

这里波特率的计算通过如下公式计算：

$$Tx/Rx\ \text{波特率} = \frac{f_{PCLKx}}{16 \times \text{USARTDIV}}$$

这里的 f_{PCLKx}（x=1、2）是给外设的时钟（PCLK1 用于串口 2、3、4、5，PCLK2 用于串口 1），USARTDIV 是一个无符号的定点数，它的值可以通过串口的 BRR 寄存器值得到。但一般是知道波特率和 PCLKx 的时钟，要求的就是 USART_BRR 的值。

下面介绍如何通过 USARTDIV 得到串口 USART_BRR 寄存器的值，假设串口 1 要设置为 9 600 的波特率，而 PCLK2 的时钟为 72 M。这样，根据上面的公式有：

$$\text{USARTDIV} = \frac{72\ 000\ 000}{16 \times 9\ 600} = 468.75$$

可得到：

$$\text{DIV\_Fraction} = 16 \times 0.75 = 12 = \text{0X0C}$$
$$\text{DIV\_Mantissa} = 468 = \text{0X1D4}$$

这样，我们就得到了 USART1 -> BRR 的值为 0X1D4C。只要设置串口 1 的 BRR 寄存器值为 0X1D4C 就可以得到 9 600 的波特率。

（4）串口控制

STM32 的每个串口都有 3 个控制寄存器 USART_CR1 ~ 3，串口的很多配置都是通过这 3 个寄存器来设置的。这里只要用到 USART_CR1 就可以实现，该寄存器的各位描述如图 7.15 所示。

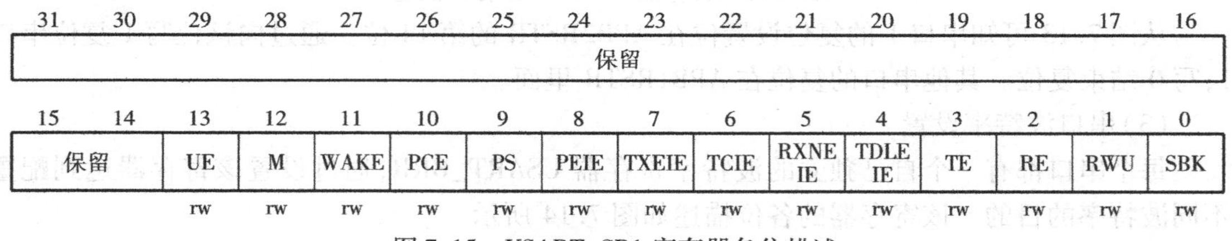

图 7.15　USART_CR1 寄存器各位描述

该寄存器的高 18 位没有用到，低 14 位用于串口的功能设置。UE 为串口使能位，通过该位置 1，以使能串口。M 为字长选择位，当该位为 0 的时候设置串口为 8 个字长外加 n 个停止位，停止位的个数（n）是根据 USART_CR2 的[13:12]位设置来决定的，默认为 0。PCE 为校验使能位，设置为 0，则禁止校验，否则使能校验。PS 为校验位选择，设置为 0 则为偶校验，否则为奇校验。TXIE 为发送缓冲区空中断使能位，设置该位为 1，当 USART_SR 中的 TXE 位为 1 时，将产生串口中断。TCIE 为发送完成中断使能位，设置该位为 1，当 USART_SR 中的 TC 位为 1 时，将产生串口中断。RXNEIE 为接收缓冲区非空中断使能，设置该位为 1，当 USART_SR 中的 ORE 或者 RXNE 位为 1 时，将产生串口中断。TE 为发送使能位，设置为 1，将开启串口的发送功能。RE 为接收使能位，用法同 TE。其他位的设置，这里就不一一列出，可以参考前面 USART 的相关章节。

(5)数据发送与接收

STM32的发送与接收是通过数据寄存器USART_DR来实现的,这是一个双寄存器,包含了TDR和RDR。当向该寄存器写数据的时候,串口就会自动发送,当收到收据的时候,也是存在该寄存器内。该寄存器的各位描述如图7.16所示。

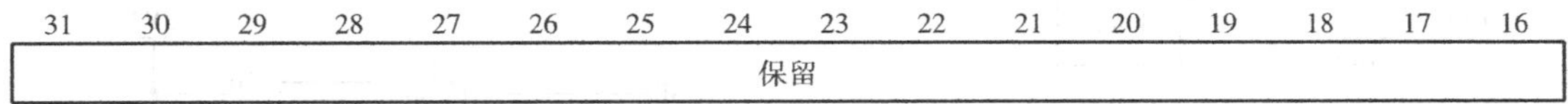

图7.16 寄存器USART_DR各位描述

可以看出,虽然是一个32位寄存器,但是只用了低9位(DR[8:0]),其他都是保留。DR[8:0]为串口数据,包含了发送或接收的数据。由于它是由两个寄存器组成的,一个给发送用(TDR),一个给接收用(RDR),因此该寄存器兼具读和写的功能。TDR寄存器提供了内部总线和输出移位寄存器之间的并行接口。RDR寄存器提供了输入移位寄存器和内部总线之间的并行接口。当使能校验位(USART_CR1中PCE位被置位)进行发送时,写到MSB的值(根据数据的长度不同,MSB是第7位或者第8位)会被后来的校验位该取代。当使能校验位进行接收时,读到的MSB位是接收到的校验位。

(6)串口状态

串口的状态可以通过状态寄存器USART_SR读取。USART_SR的各位描述如图7.17所示。

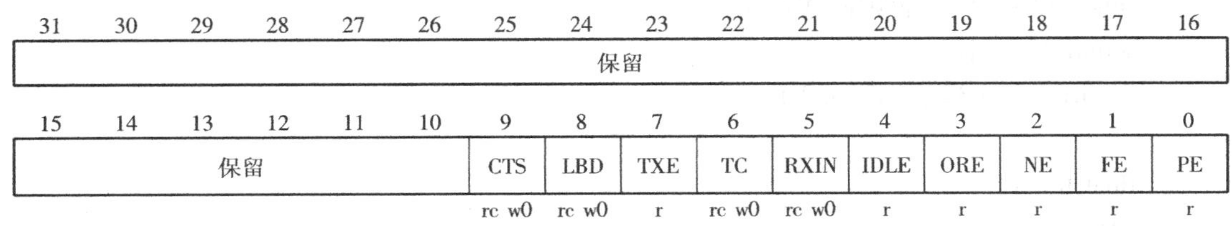

图7.17 寄存器USART_SR各位描述

这里主要关注两个位,第5、6位RXNE和TC。RXNE(读数据寄存器非空),当该位被置1的时候,就是提示已经有数据被接收到了,并且可以读出来了。这时候我们要做的就是尽快去读取USART_DR,通过读USART_DR可以将该位清零,也可以向该位写0,直接清除。TC(发送完成),当该位被置位时,表示USART_DR内的数据已经被发送完成了。如果设置了这个位的中断,则会产生中断。该位也有两种清零方式:①读USART_SR,写USART_DR;②直接向该位写0。通过以上一些寄存器的操作外加IO口的配置,就可以达到串口最基本的配置,关于串口更详细的介绍,请参考USART相关章节。

7.5.2 编程实现

(1)硬件资源连接

核心板的串口是采用CH340芯片通过USB转串口的硬件电路设计,在计算机端安装相应的驱动程序,实现两机的串口通信,硬件原理图如图7.18所示。直接用串口线连接STM32开发板和PC机的串口即可。

(2)软件设计

本节的代码需使用附带例子程序中的串口函数,该函数包含串口初始化代码和接收代码。

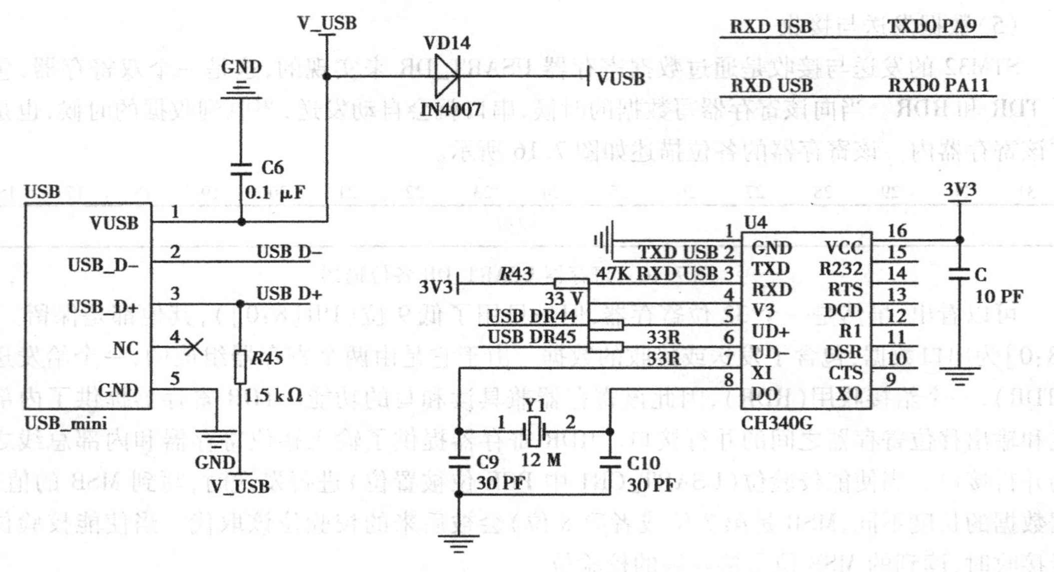

图 7.18　串口原理图

①先看 usart. c 该文件里面的代码，uart_init 串口初始化函数，该函数代码如下：

```
//初始化 IO 串口 1
//pclk2:PCLK2 时钟频率(MHz)
//bound:波特率
void uart_init(u32 pclk2,u32 bound)
{
    float temp;
    u16 mantissa;
    u16 fraction;
    temp = (float)(pclk2 * 1000000)/(bound * 16);     //得到 USARTDIV
    mantissa = temp;                                   //得到整数部分
    fraction = (temp - mantissa) * 16;                 //得到小数部分
    mantissa << =4;
    mantissa + =fraction;
    RCC -> APB2ENR| =1 <<2;                            //使能 PORTA 口时钟
    RCC -> APB2ENR| =1 <<14;                           //使能串口时钟
    GPIOA -> CRH& =0XFFFFF00F;                         //IO 状态设置
    GPIOA -> CRH| =0X000008B0;                         //IO 状态设置
    RCC -> APB2RSTR| =1 <<14;                          //复位串口 1
    RCC -> APB2RSTR& = ~(1 <<14);                      //停止复位
    //波特率设置
    USART1 -> BRR =mantissa;                           //波特率设置
    USART1 -> CR1| =0X200C;                            //1 位停止,无校验位
#if EN_USART1_RX                                       //如果使能了接收
```

```
    //使能接收中断
    USART1 ->CR1| =1 <<8;                          //PE 中断使能
    USART1 ->CR1| =1 <<5;                          //接收缓冲区非空中断使能
    MY_NVIC_Init(3,3,USART1_IRQChannel,2);     //组 2,最低优先级
#endif
}
```

代码中按前面介绍的串口寄存器设置,先计算得到 USART1 ->BRR 的内容。然后开始初始化串口引脚,接着把 USART1 复位,之后设置波特率和奇偶校验等。使用到了串口的中断接收,必须在 usart. h 里面设置 EN_USART1_RX 为 1(默认设置就是 1)。该函数才会配置中断使能,以及开启串口 1 的 NVIC 中断。这里把串口 1 中断放在组 2,优先级设置为组 2 里面的最低。

②再看串口 1 的中断服务函数 USART1_IRQHandler,该函数代码如下:

```
#if EN_USART1_RX   //如果使能了接收
//串口 1 中断服务程序
//注意,读取 USARTx ->SR 能避免莫名其妙的错误
u8 USART_RX_BUF[USART_REC_LEN];     //接收缓冲,最大 USART_REC_LEN 个字节
//接收状态
//bit15,     接收完成标志
//bit14,     接收到 0x0d
//bit13 ~0,  接收到的有效字节数目
u16 USART_RX_STA =0;     //接收状态标记
void USART1_IRQHandler(void)
{
    u8 res;
#ifdef OS_CRITICAL_METHOD   //如果 OS_CRITICAL_METHOD 定义了,说明使用 ucosII 了.
    OSIntEnter();
#endif
    if(USART1 ->SR&(1 <<5))   //接收到数据
    {
        res = USART1 ->DR;
        if((USART_RX_STA&0x8000) = =0)//接收未完成
        {
            if(USART_RX_STA&0x4000)//接收到了 0x0d
            {
                if(res! =0x0a)USART_RX_STA =0;//接收错误,重新开始
                else USART_RX_STA| =0x8000;//接收完成了
            }else//还没收到 0X0D
```

```
                {
                    if(res==0x0d)USART_RX_STA|=0x4000;
                    else
                    {
                        USART_RX_BUF[USART_RX_STA&0X3FFF]=res;
                        USART_RX_STA++;
    if(USART_RX_STA>(USART_REC_LEN-1))USART_RX_STA=0;//接收数据错误,重新开始接收
                    }
                }
            }
        }
    #ifdef OS_CRITICAL_METHOD   //如果 OS_CRITICAL_METHOD 定义了,说明使用 ucosII 了。
        OSIntExit();
    #endif
    }
```

USART1_IRQHandler(void)函数是串口 1 的中断响应函数,当串口 1 发生了相应的中断后,就会跳到该函数执行。其中数组 USART_RX_BUF[ ],一个全局变量 USART_RX_STA 实现对串口数据的接收管理。USART_RX_BUF 的大小由 USART_REC_LEN 定义(默认设置 200),USART_RX_STA 是一个接收状态寄存器,其各位的定义见表 7.1。

表 7.1　USART_RX_STA 定义

bit15	bit14	bit13～0
接收完成标志	接收到 0X0D 标志	接收到的有效数据个数

设计思路如下:

当接收到从计算机发过来的数据,把接收到的数据保存在 USART_RX_BUF 中,同时在接收状态寄存器(USART_RX_STA)中计数接收到的有效数据个数,当收到回车(回车的表示由 2 个字节组成:0X0D 和 0X0A)的第一个字节 0X0D 时,计数器将不再增加,等待 0X0A 的到来,而如果 0X0A 没有到来,则认为这次接收失败,重新开始下一次接收。如果顺利接收到 0X0A,则标记 USART_RX_STA 的第 15 位,这样完成一次接收,并等待该位被其他程序清除,从而开始下一次的接收,而如果迟迟没有收到 0X0D,那么在接收数据超过 USART_REC_LEN 的时候,则会丢弃前面的数据,重新接收。

EN_USART1_RX 和 USART_REC_LEN 都是在 usart.h 文件里面定义的,当需要使用串口接收的时候,只要在 usart.h 里面设置 EN_USART1_RX 为 1 就可以了。不使用的时候,设置 EN_USART1_RX 为 0 即可,默认是设置 EN_USART1_RX 为 1,也就是开启串口接收的。

(3)程序下载与观察实验结果

将本节的程序编译运行。计算机端使用 SSCOM3.3 串口助手软件,在串口调试助手的发

送窗口区域输入字符串，最后实验结果如图 7.19 所示。

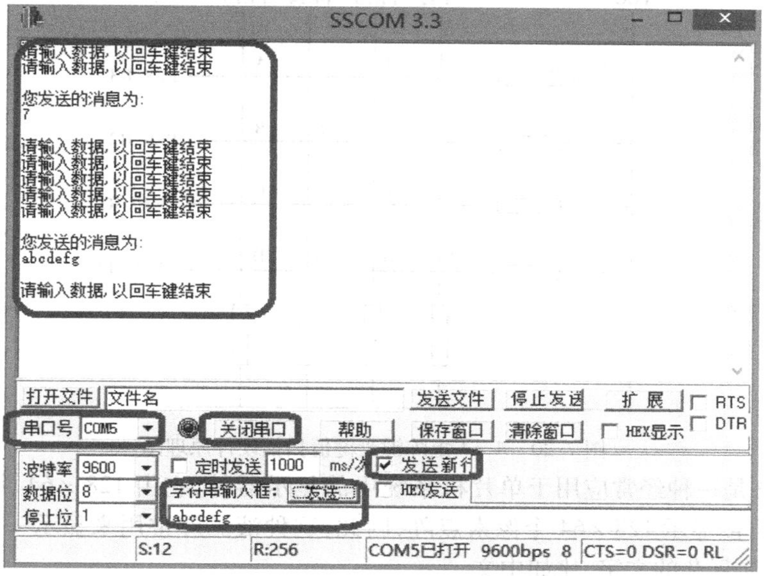

图 7.19　串口通信结果

7.6　4×4 矩阵键盘及 LCD 显示编程实例

7.6.1　实现原理

本实例中要用到 4×4 键盘，系统需要完成 4×4 键盘的扫描，确定有键按下后需要获取其键值，根据预先存放的键值表，逐个进行对比，从而进行按键的识别，并将相应的按键值进行显示。

键盘扫描的实现过程如下：对于 4×4 键盘，通常连接为 4 行、4 列，因此要识别按键，只需要知道是哪一行和哪一列即可，为了完成这一识别过程，首先输出 4 列中的第一列为低电平，其他列为高电平，读取行值；然后再输出 4 列中的第二列为低电平，读取行值，以此类推，不断循环。系统在读取行值的时候会自动判断，如果读进来的行值全部为高电平，则说明没有按键按下，如果读进来的行值不全为高电平，则说明键盘该列中必定有至少一个按键按下，读取此时的行值和当前的列值，即可判断到当前的按键位置。获取到行值和列值以后，组合成一个 8 位数据的编码，根据得到的编码再对每个按键进行匹配，找到键值后在液晶上显示。4×4 矩阵键盘扫描的硬件原理图如图 7.20 所示。

本实例中使用反转法读取键盘值，首先将列线作为输出线，行线作为输入线。置输出线全部为 0，此时行线中呈低电平 0 的为按键所在行，如果全部都不是 0，则没有按键按下。其次将第一步反过来，即将行线作为输出线，列线作为输入线。置输出线全部为 0，此时列线呈低电平的为按键所在的列。这样，就可以确定了按键的位置（X，Y），当然还要注意软件去抖动。

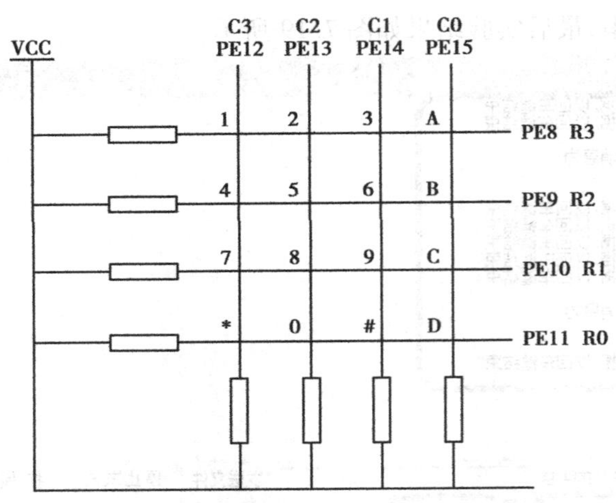

图 7.20 4×4 矩阵键盘键值扫描硬件原理图

12864LCD 是一种经常应用于单片机系统中的显示器件，它由 128×64 个点构成。由于 12864 液晶屏可以显示 128×64 个像素点阵，因此，这种液晶屏常用来显示一些图形，或者显示一些字体较为复杂的文字，比如中文。

对 12864 的所有操作概括起来有 4 种：

①读忙状态（同时读出指针地址内容），初始化之后每次对 12864 的读写均要进行忙检测。

②写命令：所有的命令可以查看指令表，后续讲解指令的详细用法。写地址也是写指令。

③写数据：操作对象有 DDRAM、CGRAM、GDRAM。

④读数据：操作对象也是 DDRAM、CGRAM、GDRAM。

RS、RW 描述见表 7.2。

表 7.2 RS、RW 描述

RS	RW	说 明
L	L	写指令到指令寄存器
L	H	读忙标志与地址计数器
H	L	写数据到数据寄存器
H	H	从数据寄存器读数据

表 7.3 是 12864 液晶的管脚号和管脚描述。

表 7.3 12864 液晶的管脚号和管脚描述

管脚号	管脚名称	电 平	管脚功能描述
1	VSS	0 V	电源地
2	VCC	3.0～+5 V	电源正
3	V0	—	对比度（亮度）调整
4	RS(CS)	H/L	RS＝“H”，表示 DB7—DB0 为显示数据 RS＝“L”，表示 DB7—DB0 为显示指令数据

续表

管脚号	管脚名称	电 平	管脚功能描述
5	R/W(SID)	H/L	R/W = "H",E = "H",数据被读到 DB7—DB0 R/W = "L",E = "H→L",DB7—DB0 的数据被写到 IR 或 DR
6	E(SCLK)	H/L	使能信号
7	DB0	H/L	三态数据线
8	DB1	H/L	三态数据线
9	DB2	H/L	三态数据线
10	DB3	H/L	三态数据线
11	DB4	H/L	三态数据线
12	DB5	H/L	三态数据线
13	DB6	H/L	三态数据线
14	DB7	H/L	三态数据线
15	PSB	H/L	H:8 位或 4 位并口方式,L:串口方式(见注释 1)
16	NC	—	空脚
17	/RESET	H/L	复位端,低电平有效(见注释 2)
18	VOUT	—	LCD 驱动电压输出端
19	A	VDD	背光源正端(+5 V)(见注释 3)
20	K	VSS	背光源负端(见注释 3)

注释 1:如在实际应用中仅适用并口通信模式,可将 PSB 接固定高电平。

注释 2:模块内部接有上电复位电路,因此在不需要经常复位的场合可将该端悬空。

注释 3:如背光和模块共用一个电源,可以将模块上的 JA、JK 用焊锡短接。

对 12864 的学习首先要了解其内部资源,知道了它的内部结构,就可以更加方便地使用它。先介绍几个英文名词:

DDRAM(Data Display Ram):数据显示 RAM。液晶屏幕可显示写入该 RAM 的信息。

CGROM(Character Generation ROM):字符发生 ROM。里面存储了中文汉字的字模,也称作中文字库,编码方式有 GB2312(中文简体)和 BIG5(中文繁体)。

CGRAM(Character Generation RAM):字符发生 RAM,12864 内部提供了 64 ×2 Byte 的 CGRAM,可用于用户自定义 4 个 16×16 字符,每个字符占用 32 个字节。

GDRAM(Graphic Display RAM):图形显示 RAM,这一块区域用于绘图。液晶屏幕可显示写入该 RAM 的信息,它与 DDRAM 的区别在于,往 DDRAM 中写的数据是字符的编码,字符的显示先是在 CGROM 中找到字模,然后映射到屏幕上,而往 GDRAM 中写的数据是图形的点阵信息,每个点用 1 bit 来保存其显示与否。

HCGROM(Half height Character Generation ROM):半宽字符发生器,就是字母与数字,也就是 ASCII 码。

DDRAM 结构如下所示:

80H、81H、82H、83H、84H、85H、86H、87H、88H、89H、8AH、8BH、8CH、8DH、8EH、8FH；

90H、91H、92H、93H、94H、95H、96H、97H、98H、99H、9AH、9BH、9CH、9DH、9EH、9FH；

A0H、A1H、A2H、A3H、A4H、A5H、A6H、A7H、A8H、A9H、AAH、ABH、ACH、ADH、AEH、AFH；

B0H、B1H、B2H、B3H、B4H、B5H、B6H、B7H、B8H、B9H、BAH、BBH、BCH、BDH、BEH、BFH。

地址与屏幕显示对应关系如下：

第一行：80H、81H、82H、83H、84H、85H、86H、87H；

第二行：90H、91H、92H、93H、94H、95H、96H、97H；

第三行：88H、89H、8AH、8BH、8CH、8DH、8EH、8FH；

第四行：98H、99H、9AH、9BH、9CH、9DH、9EH、9FH。

(1)DDRAM 数据读写

所有的数据读写都是先送地址，然后进行读写。对 DDRAM 写数据时，确保在基本指令集下(使用指令 0x30 开启)，然后写入地址，之后连续写入两个字节的数据。读数据时，在基本指令集下先写地址，然后假读一次，之后再连续读 2 个字节的数据，读完之后地址指针自动加 1，跳到下一个字，若需要读下一个字的内容，只需再执行连续读 2 个字节的数据。这里的假读需要注意，不光是读 CGRAM 需要假读，读其他的 GDRAM、DDRAM 都需要先假读一次，之后的读才是真读，假读就是读一次数据，但不存储该数据，也就是说送地址之后第一次读的数据是错误的，之后的数据才是正确的。(dummy 为假读)

(2)CGRAM 数据读写

CGRAM 读写之前先写地址，写 CGRAM 的指令为 0x40 + 地址。但是写地址时只需要写第一行的地址，例如第一个字符就是 0x40 + 00H，然后连续写入 2 个字节的数据，之后地址指针会自动加 1，跳到下一行的地址，然后再写入 2 个字节的数据。其实编程的实现就是写入地址，然后连续写入 32 个字节的数据。读数据也是先写首地址，然后假读一次，接着连续读 32 个字节的数据。

(3)GDRAM 的读写

首先说明对 GDRAM 的操作基本单位是一个字，也就是 2 个字节，就是说读写 GDRAM 时一次最少写 2 个字节，一次最少读 2 个字节。

写数据：先开启扩展指令集(0x36)，然后送地址，这里的地址与 DDRAM 中的地址略有不同，DDRAM 中的地址只有一个，那就是字地址。而 GDRAM 中的地址有 2 个，分别是字地址(列地址/水平地址 X)和位地址(行地址/垂直地址 Y)，表 7.3 中的垂直地址就是 00H ~ 31H，水平地址就是 00H ~ 15H，写地址时先写垂直地址(行地址)再写水平地址(列地址)，也就是连续写入两个地址，然后再连续写入 2 个字节的数据。表 7.3 左边为高字节右边为低字节。为 1 的点被描黑，为 0 的点则显示空白。这里列举个写地址的例子：写 GDRAM 地址指令是 0x80 + 地址。被加上的地址就是上面列举的 X 和 Y，假设我们要写第一行的 2 个字节，那么写入地址就是 0x00H(写行地址)然后是 0x80H(写列地址)，之后才连续写入 2 个字节的数据(先高字节后低字节)。再如写屏幕右下角的 2 个字节，先写行地址 0x9F(0x80 + 32)，再写列地址 0x8F(0x80 + 15)，然后连续写入 2 个字节的数据。编程中写地址函数直接用参数(0x + 32)，而不必自己相加。

读数据:先开启扩展指令集,然后写行地址、写列地址,假读一次,再连续读 2 字节的数据(先高字节后低字节)。

7.6.2　编程实现

(1)硬件资源连接

4 ×4 矩阵键盘模块原理图如图 7.21 所示。

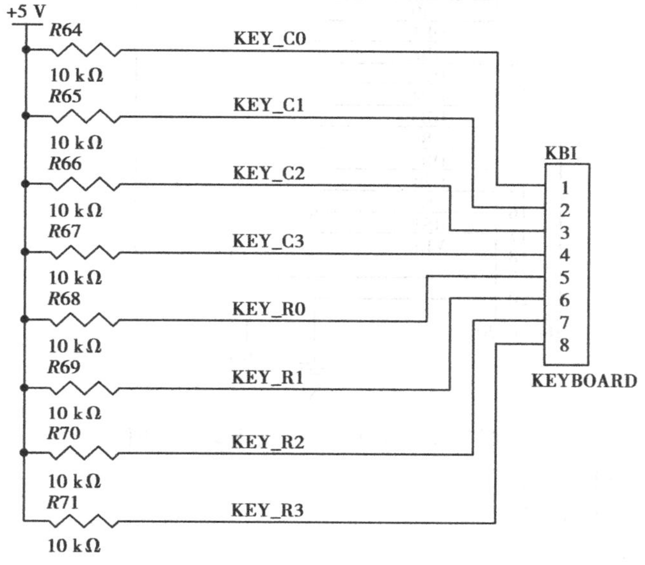

图 7.21　4 ×4 矩阵键盘模块原理图

接线方法见表 7.4。

表 7.4　4 ×4 矩阵键盘模块接线方法

4 ×4 矩阵键盘模块	STM32
R0 ~ R3	PE11 ~ PE8
C0 ~ C3	PE15 ~ PE12
LCD12864 显示模块	STM32
RS	PD0
RW	PD1
E	PD2
PSB	PD3
RST	PD4
DB0 ~ DB7	PD8 ~ PD15

LCD12864 的原理图如图 7.22 所示。

(2)软件设计

4 ×4 矩阵键盘按键检测程序:

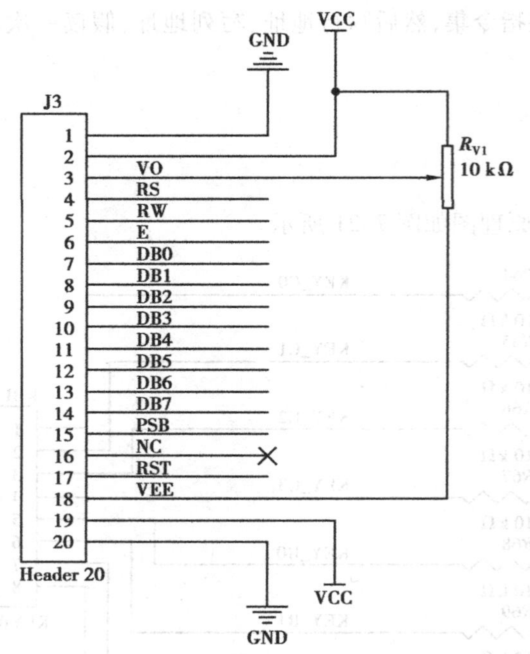

图 7.22　LCD12864 显示模块原理图

```
//  PA0 ~ PA3 行控制线
//  PA4 ~ PA7 列控制线
#include" Delay. h"
#include" key_4x4. h"
//#define KEY_X          (0X0F <<0)
//#define KEY_Y          (0XF0 <<0)
unsigned char const Key_Tab[4][4] =//键盘编码表
{
    {'D','#','0','#'},
    {'C','9','8','7'},
    {'B','6','5','4'},
    {'A','3','2','1'}
};
//没有得到键值返回 0,否则返回相应的键值
u8 Get_KeyValue(void)//使用 PE8 ~ PE15
{//使用线反转法
    u8 i =5,j =5;
    u16 temp1,temp2;
    RCC -> APB2ENR| =1 <<6;      //使能 PORTE 时钟
    RCC -> APB2ENR| =1 <<0;      //开启辅助时钟 AFIOEN
    GPIOE -> CRH& =0XFFFF0000;
    GPIOE -> CRH| =0X00003333;//设置高字节低 4 位 PE8 ~ PE11,0011,00 通用推挽输
```

```
出 11 输出模式最大 50 MHz
    GPIOE -> CRH& = 0X0000FFFF;      //PE12 ~ PE15 输入
    GPIOE -> CRH| = 0X44440000;      //PE12 ~ PE15 默认上拉
  //设置高 4 位 PE4 ~ PE7,01 浮空输入模式 00 输入模式
    GPIOE -> ODR& = 0xf0ff;     //PE8 ~ PE11 置 0,四根行线输出 0,全扫描 4 行
    if(((GPIOE -> IDR > > 12)&0X0F) < 0x0f)      //读取 PE12 ~ PE15 的值,不全为 1,
有按键
      {
        DelayMs(70);                    //延时按键消抖
        if((GPIOE -> IDR > > 12 & 0x0f) < 0x0f)
        temp1 = (GPIOE -> IDR > > 12 & 0x0f);//得到列值
        switch(temp1)
          {
            case 0x0e:j = 3;break;//PE12 有按键 j = 3
            case 0x0d:j = 2;break;//PE13 有按键 j = 2
            case 0x0b:j = 1;break;//PE14 有按键 j = 1
            case 0x07:j = 0;break;//PE15 有按键 j = 0
            default:break;
          }
      }
    GPIOE -> CRH& = 0X0000FFFF;
    GPIOE -> CRH| = 0X33330000;      //PE12 ~ PE15 推挽输出
  //设置高 4 位 PA12 ~ PA15,0011,00 通用推挽输出 11 输出模式最大 50 MHz
    GPIOE -> CRH& = 0XFFFF0000;      //PE8 ~ PE11 输入
    GPIOE -> CRH| = 0X00004444;      //PE8 ~ PE11 默认下拉
  //设置低 4 位 PE8 ~ PE11,01 浮空输入模式 00 输入模式
    GPIOE -> ODR& = 0x0fff;     //列线 PE12 ~ PE15 置 0
    if((GPIOE -> IDR > >8 & 0x0f) < 0x0f)      //从低 4 位行线读回
      {
          temp2 = (GPIOE -> IDR > >8   & 0x0f);
          switch(temp2)
          {
            case 0x0e:i = 3;break;//PE8 有按键 i = 3
            case 0x0d:i = 2;break;//PE9 有按键 i = 2
            case 0x0b:i = 1;break;//PE10 有按键 i = 1
            case 0x07:i = 0;break;//PE11 有按键 i = 0
            default:break;
          }
    }
```

```
    if((i==5)||(j==5))//i,j 不变,无按键
    return 0;
  else
    return(Key_Tab[i][j]);//返回键值
  }
```

LCD12864 写数据地址程序:

```
void write_12864com(uint8_t com)
{
    uint8_t temp=0x01;
    uint8_t k[8]={0};
    uint8_t i;
    rw(0);
    rs(0);
    delay_us(10);
    for(i=0;i<8;i++)
        {
            if(com & temp)
                k[i]=1;
            else
                k[i]=0;
            temp=temp<<1;
        }
    temp=0x01;
    D0(k[0]);
    D1(k[1]);
    D2(k[2]);
    D3(k[3]);
    D4(k[4]);
    D5(k[5]);
    D6(k[6]);
    D7(k[7]);
    e(1);
    delay_us(100);
    e(0);
    delay_us(100);
```

LCD12864 写数据程序:

```
void write_12864data(uint8_t dat)
{
    uint8_t temp=0x01;
```

```
    uint8_t k[8] = {0};
    uint8_t i;
    rw(0);
    s(1);
    delay_us(10);
    for(i=0;i<8;i++)
        {
            if(dat & temp)
                k[i]=1;
            else
                k[i]=0;
            temp=temp<<1;
        }
    temp=0x01;
    D0(k[0]);
    D1(k[1]);
    D2(k[2]);
    D3(k[3]);
    D4(k[4]);
    D5(k[5]);
    D6(k[6]);
    D7(k[7]);
    e(1);
    delay_us(100);
    e(0);
    delay_us(100);
```

12864 初始化程序:

```
void Init_12864()
{
    RCC->APB2ENR|=1<<5;              //使能 PORTD 时钟
    GPIOD->CRH&=0X00000000;
    GPIOD->CRH|=0X33333333;          //PD 推挽输出
    GPIOD->ODR|=0XFFFFFFFF;          //PD 输出高
    GPIOD->CRL&=0X00000000;
    GPIOD->CRL|=0X33333333;
    GPIOD->ODR|=0XFFFFFFFF;
    res(0);                          //复位
    delay_ms(10);                    //延时
    res(1);                          //复位置高
```

```
    delay_ms(50);
    write_12864com(0x30);//Extended Function Set:8BIT 设置,RE =0:  basic instruction set,G =0:graphic display OFF
    delay_us(200);                    //大于 100 μs 的延时程序
    write_12864com(0x30);             //Function Set
    delay_us(50);                     //大于 37 μs 的延时
    write_12864com(0x0c);             //Display on Control
    delay_us(200);                    //大于 100 μs 的延时
    write_12864com(0x10);             //Cursor Display Control 光标设置
    delay_us(200);                    //大于 100 μs 的延时程序
    write_12864com(0x01);             //清屏
    delay_ms(50);                     //大于 10 ms 的延时
    write_12864com(0x06);             //Enry Mode Set,光标从右向左加 1 位移动
    delay_us(200);                    //大于 100 μs 的延时}
```

任意位置显示字符串程序：

```
    void Display_string(uint8_t x,uint8_t y,uint8_t * s)   //x 为横坐标,y 位纵坐标,* s 表示指针,为数据的首地址
  {
    switch(y)   //选择纵坐标
    {
        case 0:write_12864com(0x80 + x);break;//第 1 行
        case 1:write_12864com(0x90 + x);break;//第 2 行
        case 2:write_12864com(0x88 + x);break;//第 3 行
        case 3:write_12864com(0x98 + x);break;//第 4 行
        default:break;
    }
    while( * s! ='\0')                //写入数据,直到数据为空
    {
        write_12864data( * s);        //写数据
        delay_us(50);                 //等待写入
        s + +;                        //下一字符
    }
  }
```

附　录

附录 1　ASCII 码对照表

二进制	八进制	十进制	十六进制	缩写/字符	解　释
0000 0000	00	0	0x00	NUL(null)	空字符
0000 0001	01	1	0x01	SOH(start of headline)	标题开始
0000 0010	02	2	0x02	STX(start of text)	正文开始
0000 0011	03	3	0x03	ETX(end of text)	正文结束
0000 0100	04	4	0x04	EOT(end of transmission)	传输结束
0000 0101	05	5	0x05	ENQ(enquiry)	请求
0000 0110	06	6	0x06	ACK(acknowledge)	收到通知
0000 0111	07	7	0x07	BEL(bell)	响铃
0000 1000	010	8	0x08	BS(backspace)	退格
0000 1001	011	9	0x09	HT(horizontal tab)	水平制表符
0000 1010	012	10	0x0A	LF(NL line feed, new line)	换行键
0000 1011	013	11	0x0B	VT(vertical tab)	垂直制表符
0000 1100	014	12	0x0C	FF(NP form feed, new page)	换页键
0000 1101	015	13	0x0D	CR(carriage return)	回车键
0000 1110	016	14	0x0E	SO(Shift out)	不用切换
0000 1111	017	15	0x0F	SI(Shift in)	启用切换
0001 0000	020	16	0x10	DLE(data link escape)	数据链路转义
0001 0001	021	17	0x11	DC1(device control 1)	设备控制 1

续表

二进制	八进制	十进制	十六进制	缩写/字符	解　释
0001 0010	022	18	0x12	DC2(device control 2)	设备控制 2
0001 0011	023	19	0x13	DC3(device control 3)	设备控制 3
0001 0100	024	20	0x14	DC4(device control 4)	设备控制 4
0001 0101	025	21	0x15	NAK(negative acknowledge)	拒绝接收
0001 0110	026	22	0x16	SYN(synchronous idle)	同步空闲
0001 0111	027	23	0x17	ETB(end of trans. block)	结束传输块
0001 1000	030	24	0x18	CAN(cancel)	取消
0001 1001	031	25	0x19	EM(end of medium)	媒介结束
0001 1010	032	26	0x1A	SUB(substitute)	代替
0001 1011	033	27	0x1B	ESC(escape)	换码(溢出)
0001 1100	034	28	0x1C	FS(file separator)	文件分隔符
0001 1101	035	29	0x1D	GS(group separator)	分组符
0001 1110	036	30	0x1E	RS(record separator)	记录分隔符
0001 1111	037	31	0x1F	US(unit separator)	单元分隔符
0010 0000	040	32	0x20	(space)	空格
0010 0001	041	33	0x21	!	叹号
0010 0010	042	34	0x22	"	双引号
0010 0011	043	35	0x23	#	井号
0010 0100	044	36	0x24	$	美元符
0010 0101	045	37	0x25	%	百分号
0010 0110	046	38	0x26	&	和号
0010 0111	047	39	0x27	'	闭单引号
0010 1000	050	40	0x28	(	开括号
0010 1001	051	41	0x29	)	闭括号
0010 1010	052	42	0x2A	*	星号
0010 1011	053	43	0x2B	+	加号
0010 1100	054	44	0x2C	,	逗号
0010 1101	055	45	0x2D	-	减号/破折号
0010 1110	056	46	0x2E	.	句号
0010 1111	057	47	0x2F	/	斜杠
0011 0000	060	48	0x30	0	字符 0

续表

二进制	八进制	十进制	十六进制	缩写/字符	解 释
0011 0001	061	49	0x31	1	字符 1
0011 0010	062	50	0x32	2	字符 2
0011 0011	063	51	0x33	3	字符 3
0011 0100	064	52	0x34	4	字符 4
0011 0101	065	53	0x35	5	字符 5
0011 0110	066	54	0x36	6	字符 6
0011 0111	067	55	0x37	7	字符 7
0011 1000	070	56	0x38	8	字符 8
0011 1001	071	57	0x39	9	字符 9
0011 1010	072	58	0x3A	:	冒号
0011 1011	073	59	0x3B	;	分号
0011 1100	074	60	0x3C	<	小于
0011 1101	075	61	0x3D	=	等号
0011 1110	076	62	0x3E	>	大于
0011 1111	077	63	0x3F	?	问号
0100 0000	0100	64	0x40	@	电子邮件符号
0100 0001	0101	65	0x41	A	大写字母 A
0100 0010	0102	66	0x42	B	大写字母 B
0100 0011	0103	67	0x43	C	大写字母 C
0100 0100	0104	68	0x44	D	大写字母 D
0100 0101	0105	69	0x45	E	大写字母 E
0100 0110	0106	70	0x46	F	大写字母 F
0100 0111	0107	71	0x47	G	大写字母 G
0100 1000	0110	72	0x48	H	大写字母 H
0100 1001	0111	73	0x49	I	大写字母 I
01001010	0112	74	0x4A	J	大写字母 J
0100 1011	0113	75	0x4B	K	大写字母 K
0100 1100	0114	76	0x4C	L	大写字母 L
0100 1101	0115	77	0x4D	M	大写字母 M
0100 1110	0116	78	0x4E	N	大写字母 N
0100 1111	0117	79	0x4F	O	大写字母 O

续表

二进制	八进制	十进制	十六进制	缩写/字符	解 释
0101 0000	0120	80	0x50	P	大写字母 P
0101 0001	0121	81	0x51	Q	大写字母 Q
0101 0010	0122	82	0x52	R	大写字母 R
0101 0011	0123	83	0x53	S	大写字母 S
0101 0100	0124	84	0x54	T	大写字母 T
0101 0101	0125	85	0x55	U	大写字母 U
0101 0110	0126	86	0x56	V	大写字母 V
0101 0111	0127	87	0x57	W	大写字母 W
0101 1000	0130	88	0x58	X	大写字母 X
0101 1001	0131	89	0x59	Y	大写字母 Y
0101 1010	0132	90	0x5A	Z	大写字母 Z
0101 1011	0133	91	0x5B	[	开方括号
0101 1100	0134	92	0x5C	\	反斜杠
0101 1101	0135	93	0x5D	]	闭方括号
0101 1110	0136	94	0x5E	^	脱字符
0101 1111	0137	95	0x5F	_	下画线
0110 0000	0140	96	0x60	`	开单引号
0110 0001	0141	97	0x61	a	小写字母 a
0110 0010	0142	98	0x62	b	小写字母 b
0110 0011	0143	99	0x63	c	小写字母 c
0110 0100	0144	100	0x64	d	小写字母 d
0110 0101	0145	101	0x65	e	小写字母 e
0110 0110	0146	102	0x66	f	小写字母 f
0110 0111	0147	103	0x67	g	小写字母 g
0110 1000	0150	104	0x68	h	小写字母 h
0110 1001	0151	105	0x69	i	小写字母 i
0110 1010	0152	106	0x6A	j	小写字母 j
0110 1011	0153	107	0x6B	k	小写字母 k
0110 1100	0154	108	0x6C	l	小写字母 l
0110 1101	0155	109	0x6D	m	小写字母 m
0110 1110	0156	110	0x6E	n	小写字母 n

续表

二进制	八进制	十进制	十六进制	缩写/字符	解　释
0110 1111	0157	111	0x6F	o	小写字母 o
0111 0000	0160	112	0x70	p	小写字母 p
0111 0001	0161	113	0x71	q	小写字母 q
0111 0010	0162	114	0x72	r	小写字母 r
0111 0011	0163	115	0x73	s	小写字母 s
0111 0100	0164	116	0x74	t	小写字母 t
0111 0101	0165	117	0x75	u	小写字母 u
0111 0110	0166	118	0x76	v	小写字母 v
0111 0111	0167	119	0x77	w	小写字母 w
0111 1000	0170	120	0x78	x	小写字母 x
0111 1001	0171	121	0x79	y	小写字母 y
0111 1010	0172	122	0x7A	z	小写字母 z
0111 1011	0173	123	0x7B	{	开花括号
0111 1100	0174	124	0x7C	|	垂线
0111 1101	0175	125	0x7D	}	闭花括号
0111 1110	0176	126	0x7E	~	波浪号
0111 1111	0177	127	0x7F	DEL(delete)	删除

附录2　常用寄存器

时钟相关寄存器

<table>
<tr><td colspan="16">RCC_CFGR(时钟配置寄存器)</td></tr>
<tr><td>31</td><td>30</td><td>29</td><td>28</td><td>27</td><td>26</td><td>25</td><td>24</td><td>23</td><td>22</td><td>21</td><td>20</td><td>19</td><td>18</td><td>17</td><td>16</td></tr>
<tr><td colspan="4">保留</td><td colspan="4">MCO[3:0]</td><td>保留</td><td>OTGFSPRE</td><td colspan="4">PLLMUL[3:0]</td><td>PLLXTPRE</td><td>PLLSRC</td></tr>
<tr><td>15</td><td>14</td><td>13</td><td>12</td><td>11</td><td>10</td><td>9</td><td>8</td><td>7</td><td>6</td><td>5</td><td>4</td><td>3</td><td>2</td><td>1</td><td>0</td></tr>
<tr><td colspan="2">ADCPRE[1:0]</td><td colspan="3">PPRE2[2:0]</td><td colspan="3">PPRE1[2:0]</td><td colspan="4">HPRE[3:0]</td><td colspan="2">SWS[1:0]</td><td colspan="2">SW[1:0]</td></tr>
<tr><td colspan="16">27—24 位:MCO 微控制器时钟输出(手动)　注:该时钟输出在启动和切换 MCO 时钟源时可能会被截断。在系统时钟作为 MCO 引脚时,需保证输出不高于 50 M</td></tr>
<tr><td colspan="16">定义:00xx(无输出),0100(系统时钟 SYSCLK 输出),0101(内部 8 M 输出),0110(外部 25 M 输出),0111(PLL 时钟 2 分频输出),1000(PLL2 输出)</td></tr>
<tr><td colspan="16">1001(PLL3 时钟 2 分频输出),1010[(XT1 外部 25 M 输出(为以太网),1011(PLL3 时钟输出)]</td></tr>
<tr><td colspan="16">22 位:OTGFSPRE 全速 USBOTG 预分频(手动)在 RCC_APB1ENR 寄存器中使能全速 OTG 时钟之前,必须保证该位已经有效,如 OTG 时钟被使能则不能清零</td></tr>
<tr><td colspan="16">定义:0(VCO 时钟除 3,但必须配置 PLL 输出为 72 M),1(VCO 时钟除 2,但必须配置 PLL 输出为 48 M)</td></tr>
<tr><td colspan="16">21—18 位:PLLMUL-PLL 倍频系数(手动)　注:只有在 PLL 关闭的情况下才能被写入,且 PLL 的输出频率不能超过 72 M</td></tr>
<tr><td colspan="16">定义:000x,10xx,1100(保留),0010(PLL4 倍),0011(PLL5 倍),0100(PLL6 倍),0101(PLL7 倍),0110(PLL8 倍),0111(PLL9 倍),1101(PLL6.5 倍)</td></tr>
<tr><td colspan="16">17 位:PLLXTPRE-PREDIV1 分频因子低位(软件控制)与 RCC CFGR2 的 0 位为同一位。如果 RCC CFGR2[3:1]为 000,则该位控制 PREDIV1 对输入时钟进行 2 分频(PLLXPRE = 1),</td></tr>
<tr><td colspan="16">或不对输入时钟分频(PLLXPRE = 0),只能在关闭 PLL 时才写入此位</td></tr>
<tr><td colspan="16">16 位:PLL 输入时钟源(软件控制,且只能在关闭 PLL 时才写入此位)　定义:0(HIS 时钟 2 分频做 PLL 输入),1(PREDIV1 输出做 PLL 输入)</td></tr>
<tr><td colspan="16">注:当改变主 PLL 的输入时钟源时,必须在选定了新的时钟源后才能关闭原来的时钟源</td></tr>
<tr><td colspan="16">15—14 位:ADCPRE-ADC 预分频(手动)　定义:00(PCLK2 ~ 2 分频),01(PCLK2 ~ 4 分频),10(PCLK2 ~ 6 分频),11(PCLK2 ~ 8 分频)</td></tr>
<tr><td colspan="16">13—11 位:PPRE2[2:0]-APB2 预分频(手动)　定义:0xx(HCLK 不分频),100(HCLK2 分频),101(HCLK4 分频),110(HCLK8 分频),111(HCLK16 分频)</td></tr>
<tr><td colspan="16">10—8 位:PPRE1[2:0]-APB1 预分频(手动)　定义:0xx(HCLK 不分频),100(HCLK2 分频),101(HCLK4 分频),110(HCLK8 分频),111(HCLK16 分频)</td></tr>
<tr><td colspan="16">7—4 位:HPRE[3:0]-AHB 预分频(手动)　定义:0xxx(SYSCLK 不分频),1000(2 分频),1001(4 分频),1010(8 分频),1011(16 分频)</td></tr>
<tr><td colspan="16">1100(64 分频),1101(128 分频),1110(256 分频),1111(512 分频)。注:AHB 时钟预分频大于 1 时,必须开预取缓冲器。当使用以太网模块时,频率至少为 25 M</td></tr>
<tr><td colspan="16">3—2 位:SWS[1:0]系统时钟切换状态(自动)　定义:00(HIS 作为系统时钟),01(HSE 作为系统时钟),10(PLL 作为系统时钟),11(不可用)</td></tr>
<tr><td colspan="16">1—0 位:SW 系统时钟切换(手动,自动,自动时时钟安全须开启)　定义:00(HIS 作为系统时钟),01(HSE 作为系统时钟),10(PLL 作为系统时钟),11(不可用)</td></tr>
</table>

RCC_CR(时钟控制寄存器)															
31	30	29	28	27	26	25	24	23	22	21	20	19	18	17	16
保留						PLLRDY	PLLON	保留				CSSON	HSEBYP	HSERDY	HSEON
15	14	13	12	11	10	9	8	7	6	5	4	3	2	1	0
HSICAL[7:0]								HSITRIM[4:0]					保留	HSIRDY	HSION
25 位:PLLRDY-PLL 时钟就绪标志(PLL 锁定后由硬件置 1)　定义:0(未锁定),1(锁定)															
24 位:PLLON-PLL 使能(手动)　定义:0(PLL 关闭),1(PLL 使能)。当进入待机或停机模式时,该位由硬件清零;当 PLL 用作系统始终时,该位不能被清零															
19 位:CSSON 时钟安全系统使能(由软件置 1 或清零)　定义:0(时钟监测器关闭),1(如果外部 4~16 M 振荡器就绪,时钟监测器开启)															
18 位:HSEBYP 外部高速时钟旁路　定义:0(晶振 4~16 M),1(有源晶振 25 M)。调试模式下由软件控制。只有在 4~16 M 振荡器关闭情况下,才能写入该位															
17 位:HSERDY 外部高速时钟就绪标志(自动)在 HSEON 位清零后,需 6 个外部 4~25 M 振荡器周期清零　定义:0(4)															
16 位:HSEON 外部高速时钟使能(软件控制)　定义:0(HSE 关闭),1(HSE 开启)。待机或停机模式硬件清零,当用作系统时钟时,该位不能清零															
15—8 位:HSICAL[7:0]-内部高速时钟校准。系统启动时,这些位被自动初始化															
7—3 位:HSITRIM[4:0]-内部高速时钟调整(软件控制,与 HSICAL 叠加,相当于手动微调)															
1 位:HSIRDY 内部高速时钟就绪标志硬件置 1,在 HSION 清零后,该位需要 6 个内部 8 M 振荡周期清零。定义:0(没有就绪),1(有就绪)															
0 位:HSION 内部高速时钟使能(软件控制)当从待机或停机返回或外部振荡故障时由硬件置 1。若使用内部时钟作系统时钟则不能清零。定义:0(关),1(开)															

RCC_APB2RSTR (APB2 外设复位寄存器)															
31	30	29	28	27	26	25	24	23	22	21	20	19	18	17	16
保留															
15	14	13	12	11	10	9	8	7	6	5	4	3	2	1	0
ADC3RST	USART1RST	TIM8RST	SPI1RST	TIM1RST	ADC2RST	ADC1RST	IOPGRST	IOPFRST	IOPERST	IOPDRST	IOPCRST	IOPBRST	IOPARST	保留	AFIORST
15 位:ADC3RST-ADC3 接口复位(手动)　定义:0(无作用),1(复位 ADC3 接口)															
14 位:USART1RST-USART1 接口复位(手动)　定义:0(无作用),1(复位 USART1 接口)															
13 位:TIM8RST-TIM8 接口复位(手动)　定义:0(无作用),1(复位 TIM8 接口)															
12 位:SPI1RSTRST-SPI1 接口复位(手动)　定义:0(无作用),1(复位 SPI1 接口)															

续表

RCC_APB2RSTR（APB2 外设复位寄存器）															
31	30	29	28	27	26	25	24	23	22	21	20	19	18	17	16
保留															
15	14	13	12	11	10	9	8	7	6	5	4	3	2	1	0
ADC3RST	USART1RST	TIM8RST	SPI1RST	TIM1RST	ADC2RST	ADC1RST	IOPGRST	IOPFRST	IOPERST	IOPDRST	IOPCRST	IOPBRST	IOPARST	保留	AFIORST
11 位:TIM1RST-TIM1 接口复位(手动)　定义:0(无作用),1(复位 TIM1 接口)															
10 位:ADC2RST-ADC2 接口复位(手动)　定义:0(无作用),1(复位 ADC2 接口)															
9 位:ADC1RST-ADC1 接口复位(手动)　定义:0(无作用),1(复位 ADC1 接口)															
8 位:IOPGRST-IOPG 接口复位(手动)　定义:0(无作用),1(复位 IOPG 接口)															
7 位:IOPFRST-IOPF 接口复位(手动)　定义:0(无作用);1(复位 IOPF 接口)															
6 位:IOPERST-IOPE 接口复位(手动)　定义:0(无作用),1(复位 IOPE 接口)															
5 位:IOPDRST-IOPD 接口复位(手动)　定义:0(无作用),1(复位 IOPD 接口)															
4 位:IOPCRST-IOPC 接口复位(手动)　定义:0(无作用),1(复位 IOPC 接口)															
3 位:IOPBRST-IOPB 接口复位(手动)　定义:0(无作用),1(复位 IOPB 接口)															
2 位:IOPARST-IOPA 接口复位(手动)　定义:0(无作用),1(复位 IOPA 接口)															
0 位:AFIORST 辅助功能 IO 复位(手动)　定义:0(无作用),1(复位辅助功能)															

RCC_APB2ENR(APB2 外设时钟使能寄存器)															
31	30	29	28	27	26	25	24	23	22	21	20	19	18	17	16
保留															
15	14	13	12	11	10	9	8	7	6	5	4	3	2	1	0
ADC3EN	USART1EN	TIM8EN	SPI1EN	TIM1EN	ADC2EN	ADC1EN	IOPGEN	IOPFEN	IOPEEN	IOPDEN	IOPCEN	IOPBEN	IOPAEN	保留	AFIOEN
15 位:ADC3EN:ADC3 接口时钟使能(手动)　定义:0(时钟关闭),1(时钟开启)															

14 位:USART1EN:USART1 接口时钟使能(手动)　定义:0(时钟关闭),1(时钟开启)
13 位:TIM8EN:TIM8 接口时钟使能(手动)　定义:0(时钟关闭),1(时钟开启)
12 位:SPI1EN:SPI1 接口时钟使能(手动)　定义:0(时钟关闭),1(时钟开启)
11 位:TIM1EN:TIM1 接口时钟使能(手动)　定义:0(时钟关闭),1(时钟开启)
10 位:ADC2EN:ADC2 接口时钟使能(手动)　定义:0(时钟关闭),1(时钟开启)
9 位:ADC1EN:ADC1 接口时钟使能(手动)　定义:0(时钟关闭),1(时钟开启)
8 位:IOPGEN:IOPG 接口时钟使能(手动)　定义:0(时钟关闭),1(时钟开启)
7 位:IOPFEN:IOPF 接口时钟使能(手动)　定义:0(时钟关闭),1(时钟开启)
6 位:IOPEEN:IOPE 接口时钟使能(手动)　定义:0(时钟关闭),1(时钟开启)
5 位:IOPDEN:IOPD 接口时钟使能(手动)　定义:0(时钟关闭),1(时钟开启)
4 位:IOPCEN:IOPC 接口时钟使能(手动)　定义:0(时钟关闭),1(时钟开启)
3 位:IOPBEN:IOPB 接口时钟使能(手动)　定义:0(时钟关闭),1(时钟开启)
2 位:IOPAEN:IOPA 接口时钟使能(手动)　定义:0(时钟关闭),1(时钟开启)
0 位:AFIOEN:AFIO 接口时钟使能(手动)　定义:0(时钟关闭),1(时钟开启)

RCC_APB1RSTR(APB1 外设复位寄存器)															
31	30	29	28	27	26	25	24	23	22	21	20	19	18	17	16
保留		DACRST	PWRRST	BKPRST	保留	CANRST	保留	USBRST	I2C2RST	I2C1RST	UART5RST	UART4RST	UART3RST	UART2RST	保留
15	14	13	12	11	10	9	8	7	6	5	4	3	2	1	0
SPI3RST	SPI2RST	保留		WWDGRST	保留					TIM7RST	TIM6RST	TIM5RST	TIM4RST	TIM3RST	TIM2RST
29 位:DACRST-DAC 复位接口(手动)　定义:0(无作用),1(复位 DAC 接口)															
28 位:PWRRST 电源复位接口(手动)　定义:0(无作用),1(复位 PWR 接口)															
27 位:BKPRST-备份复位接口(手动)　定义:0(无作用),1(复位 BKP 接口)															

续表

RCC_APB1RSTR(APB1 外设复位寄存器)															
31	30	29	28	27	26	25	24	23	22	21	20	19	18	17	16
保留		DACRST	PWRRST	BKPRST	保留	CANRST	保留	USBRST	I2C2RST	I2C1RST	UART5RST	UART4RST	UART3RST	UART2RST	保留
15	14	13	12	11	10	9	8	7	6	5	4	3	2	1	0
SPI3RST	SPI2RST	保留		WWDGRST	保留					TIM7RST	TIM6RST	TIM5RST	TIM4RST	TIM3RST	TIM2RST
25 位:CANRST-CAN 复位接口(手动)　定义:0(无作用),1(复位 CAN 接口)															
23 位:USBRST-USB 复位接口(手动)　定义:0(无作用),1(复位 USB 接口)															
22 位:I2C2RST-I2C2 复位接口(手动)　定义:0(无作用),1(复位 I2C2 接口)															
21 位:I2C1RST-I2C1 复位接口(手动)　定义:0(无作用),1(复位 I2C1 接口)															
20 位:UART5RST-UART5 复位接口(手动)　定义:0(无作用),1(复位 UART5 接口)															
19 位:UART4RST-UART4 复位接口(手动)　定义:0(无作用),1(复位 UART4 接口)															
18 位:UART3RST-UART3 复位接口(手动)　定义:0(无作用),1(复位 UART3 接口)															
17 位:UART2RST-UART2 复位接口(手动)　定义:0(无作用),1(复位 UART2 接口)															
15 位:SPI3RST-SPI3 复位接口(手动)　定义:0(无作用),1(复位 SPI3 接口)															
14 位:SPI2RST-SPI2 复位接口(手动)　定义:0(无作用),1(复位 SPI2 接口)															
11 位:WWDGRST-WWDG 复位接口(手动)　定义:0(无作用),1(复位 WWDG 接口)															
5 位:TIM7RST-TIM7 复位接口(手动)　定义:0(无作用),1(复位 TIM7 接口)															
4 位:TIM6RST-TIM6 复位接口(手动)　定义:0(无作用),1(复位 TIM6 接口)															
3 位:TIM5RST-TIM5 复位接口(手动)　定义:0(无作用),1(复位 TIM5 接口)															
2 位:TIM4RST-TIM4 复位接口(手动)　定义:0(无作用),1(复位 TIM4 接口)															
1 位:TIM3RST-TIM3 复位接口(手动)　定义:0(无作用),1(复位 TIM3 接口)															
0 位:TIM2RST-TIM2 复位接口(手动)　定义:0(无作用),1(复位 TIM2 接口)															

RCC_APB1ENR(APB1 外设时钟使能寄存器)															
31	30	29	28	27	26	25	24	23	22	21	20	19	18	17	16
保留		DACEN	PWREN	BKPEN	保留	CANEN	保留	USBEN	I2C2EN	I2C1EN	UART5EN	UART4EN	UART3EN	UART2EN	保留
15	14	13	12	11	10	9	8	7	6	5	4	3	2	1	0
SPI3EN	SPI2EN	保留		WWDGEN	保留					TIM7EN	TIM6EN	TIM5EN	TIM4EN	TIM3EN	TIM2EN
29 位:DACRST-DAC 时钟使能(手动)　定义:0(时钟关闭),1(时钟开启)															
28 位:PWRRST 电源时钟使能(手动)　定义:0(时钟关闭),1(时钟开启)															
27 位:BKPRST-备份时钟使能(手动)　定义:0(时钟关闭),1(时钟开启)															
25 位:CANRST-CAN 时钟使能(手动)　定义:0(时钟关闭),1(时钟开启)															
23 位:USBRST-USB 时钟使能(手动)　定义:0(时钟关闭),1(时钟开启)															
22 位:I2C2RST-I2C2 时钟使能(手动)　定义:0(时钟关闭),1(时钟开启)															
21 位:I2C1RST-I2C1 时钟使能(手动)　定义:0(时钟关闭),1(时钟开启)															
20 位:UART5RST-UART5 时钟使能(手动)　定义:0(时钟关闭),1(时钟开启)															
19 位:UART4RST-UART4 时钟使能(手动)　定义:0(时钟关闭),1(时钟开启)															
18 位:UART3RST-UART3 时钟使能(手动)　定义:0(时钟关闭),1(时钟开启)															
17 位:UART2RST-UART2 时钟使能(手动)　定义:0(时钟关闭),1(时钟开启)															
15 位:SPI3RST-SPI3 时钟使能(手动)　定义:0(时钟关闭),1(时钟开启)															
14 位:SPI2RST-SPI2 时钟使能(手动)　定义:0(时钟关闭),1(时钟开启)															
11 位:WWDGRST-WWDG 时钟使能(手动)　定义:0(时钟关闭),1(时钟开启)															
5 位:TIM7RST-TIM7 时钟使能(手动)　定义:0(时钟关闭),1(时钟开启)															
4 位:TIM6RST-TIM6 时钟使能(手动)　定义:0(时钟关闭),1(时钟开启)															
3 位:TIM5RST-TIM5 时钟使能(手动)　定义:0(时钟关闭),1(时钟开启)															
2 位:TIM4RST-TIM4 时钟使能(手动)　定义:0(时钟关闭),1(时钟开启)															
1 位:TIM3RST-TIM3 时钟使能(手动)　定义:0(时钟关闭),1(时钟开启)															
0 位:TIM2RST-TIM2 时钟使能(手动)　定义:0(时钟关闭),1(时钟开启)															

GPIO 相关寄存器

GPIOx_CRL(端口配置低寄存器 x = A…E)															
31	30	29	28	27	26	25	24	23	22	21	20	19	18	17	16
CNF7[1:0]		MODE7[1:0]		CNF6[1:0]		MODE6[1:0]		CNF5[1:0]		MODE5[1:0]		CNF4[1:0]		MODE4[1:0]	
15	14	13	12	11	10	9	8	7	6	5	4	3	2	1	0
CNF3[1:0]		MODE3[1:0]		CNF2[1:0]		MODE2[1:0]		CNF1[1:0]		MODE1[1:0]		CNF0[1:0]		MODE0[1:0]	
31—0 单位:CNF 端口 x 配置位(软件控制 0—7 管脚)　定义:在输入模式[1:0]=00 下:00(模拟输入),01(浮空输入/复位后状态),10(上/下拉输入),11(保留)															
在输出模式(MODE[1:0]>00)下:00(通用推挽),01(通用开漏),10(复用推挽),11(复用开漏)															
31—0 双位:MODE 端口 x 的模式位(软件控制 0—7 管脚)　定义:00(输入模式/复位后模式),01(最大 10 M 输入),10(最大 2 M 输出),11(最大 50 M 输出)															

GPIOx_CRH(端口配置高寄存器 x = A…E)															
31	30	29	28	27	26	25	24	23	22	21	20	19	18	17	16
CNF15[1:0]		MODE15[1:0]		CNF14[1:0]		MODE14[1:0]		CNF13[1:0]		MODE13[1:0]		CNF12[1:0]		MODE12[1:0]	
15	14	13	12	11	10	9	8	7	6	5	4	3	2	1	0
CNF11[1:0]		MODE11[1:0]		CNF10[1:0]		MODE10[1:0]		CNF9[1:0]		MODE9[1:0]		CNF8[1:0]		MODE8[1:0]	
31—0 单位:CNF 端口 x 配置位(软件控制 8—15 管脚)　定义:在输入模式[1:0]=00 下,00(模拟输入),01(浮空输入/复位后状态),10(上/下拉输入),11(保留)															
在输出模式(MODE[1:0]>00)下,00(通用推挽),01(通用开漏),10(复用推挽),11(复用开漏)															
31—0 双位:MODE 端口 x 的模式位(软件控制 8—15 管脚)　定义:00(输入模式/复位后模式),01(最大 10 M 输入),10(最大 2 M 输出),11(最大 50 M 输出)															

GPIOx_ODR(端口输出数据寄存器 x = A…E)															
31	30	29	28	27	26	25	24	23	22	21	20	19	18	17	16
保留															
15	14	13	12	11	10	9	8	7	6	5	4	3	2	1	0
ODR15	ODR14	ODR13	ODR12	ODR11	ODR10	ODR9	ODR8	ODR7	ODR6	ODR5	ODR4	ODR3	ODR2	ODR1	ODR0
15—0 位:ODRy 端口输出数据(y=15—0),这些位可读可写并只能以字的形式操作。注:对 GPIOx_BSRR,可以分别对各个 ODR 位进行独立的设置/清除															

CPIOx_IDR(端口输入数据寄存器 x = A…E)															
31	30	29	28	27	26	25	24	23	22	21	20	19	18	17	16
保留															
15	14	13	12	11	10	9	8	7	6	5	4	3	2	1	0
IDR15	IDR14	IDR13	IDR12	IDR11	IDR10	IDR9	IDR8	IDR7	IDR6	IDR5	IDR4	IDR3	IDR2	IDR1	IDR0
15—0 位:IDRy 端口输入数据(y = 15—0),这些位为只读并只能以 16 位的形式读出。读出的值为对应 IO 的状态															

GPIOx_BSRR(端口位设置/清除寄存器 x = A…E)															
31	30	29	28	27	26	25	24	23	22	21	20	19	18	17	16
BR15	BR14	BR13	BR12	BR11	BR10	BR9	BR8	BR7	BR6	BR5	BR4	BR3	BR2	BR1	BR0
15	14	13	12	11	10	9	8	7	6	5	4	3	2	1	0
BS15	BS14	BS13	BS12	BS11	BS10	BS9	BS8	BS7	BS6	BS5	BS4	BS3	BS2	BS1	BS0
31—16 位:BRy 清除端口 x 的位,这些位只能写入并只能以字的形式操作,定义:0(对应的 ODRy 位不产生影响),1(清除对应 ODRy 位为 0)															
15—0 位:BSy 设置端口 x 的位,这些位只能写入并只能以字的形式操作,定义:0(对应的 ODRy 位不产生影响),1(设置对应 ODRy 位为 1)															
注:如果同时设置了 BSy 和 BRy 的对应位,BSy 位起作用															

GPIOx_BRR(端口位清除寄存器 x = A…E)															
31	30	29	28	27	26	25	24	23	22	21	20	19	18	17	16
保留															
15	14	13	12	11	10	9	8	7	6	5	4	3	2	1	0
BR15	BR14	BR13	BR12	BR11	BR10	BR9	BR8	BR7	BR6	BR5	BR4	BR3	BR2	BR1	BR0
15—0 位:BRy 清除端口 x 的位(y = 15—0),这些位只能写入并只能以字的形式操作,定义:0(对对应位无影响),1(清除对应位的 ODR 位为 0)															

AFIO_EVCR(事件控制寄存器)

31	30	29	28	27	26	25	24	23	22	21	20	19	18	17	16
保留															
15	14	13	12	11	10	9	8	7	6	5	4	3	2	1	0
保留								EVOE	PORT[2:0]			PIN[3:0]			

7 位:EVOE 允许事件输出(手动),当设置该位后,Cortex 的 EVENOUT 将连接到由 PORT[2:0]和 PIN[3:0]选定的 IO 口

6—4 位:PORT[2:0]端口选择,选择用于输出 Cortex 的 EVENTOUT 信号的端口。定义:000(PA),001(PB),010(PC),011(PD),100(PE)

3—0 位:PIN[3:0]引脚选择,选择用于输出 Cortex 的 EVENTOUT 信号引脚

定义:0000(选择 Px0),0001(选择 Px1),0010(选择 Px2),0011(选择 Px3),0100(选择 Px4),0101(选择 Px5),0110(选择 Px6),0111(选择 Px7),1000(选择 Px8),1001(选择 Px9),1010(选择 Px10),1011(选择 Px11),1100(选择 Px12),1101(选择 Px13),1110(选择 Px14),1111(选择 Px15)

AFIO_MAPR(复用重映射和调试 IO 配置寄存器)

31	30	29	28	27	26	25	24	23	22	21	20	19	18	17	16
保留					SWJ CFG[2:0]			保留			ADC2REG	ADC2INJ	ADC1REG	ADC1INJ	TIM5CH4
15	14	13	12	11	10	9	8	7	6	5	4	3	2	1	0
PD01	CAN REMAP[1:0]		TIM4	TIM3 REMAP		TIM2 REMAP		TIM1 REMAP		USART3 REMAP		USART3	USART1	I2C	SPI1

26—24 位:SWJ CFG[2:0]串行线 JTAG 配置,这些位只可由软件写,读这些位将返回未定义的数值。用于配置 SWJ 和跟踪复用功能 IO 口。SWJ(串行 JTAG)支持 JTAG 或 SWD 访问 Cortex 的调试端口。系统复位后的默认状态时启用 SWJ 但没有跟踪功能,这种状态下可以通过 JTMS/JTCK 脚上的特定信号选择 JTAG 或 SW 模式

定义:000(完全 SWJ,复位状态),001(完全 SWJ,但没有 NJTRST),010(关闭 JATG 启动 SW),100(关闭 JATG,关闭 SW)

20 位:ADC2 ETRGREG REMAP-adc2 规则转换外部触发重映射(手动),它控制与 ADC2 注入转换外部触发相连的触发输入。当该位置 0 时,ADC2 规则转换外部触发与 EXTI11 相连;当该位置 1 时,ADC2 规则转换外部触发与 TIM8 TRGO 相连

19 位:ADC2 ETRGINJ REMAP-ADC2 注入转换外部触发重映射(手动),它控制与 ADC2 注入转换外部触发相连的触发输入。当该位置 0 时,ADC2 注入转换外部触发与 EXTI15 相连;当该位置 1 时,ADC2 注入转换外部触发与 TIM8 通道 4 相连

18 位:ADC1 ETRGREG REMAP-adc1 规则转换外部触发重映射(手动),它控制与 ADC1 注入转换外部触发相连的触发输入。当该位置 0 时,ADC1 规则转换外部触发与 EXTI11 相连:当该位置 1 时,ADC1 规则转换外部触发与 TIM8 TRGO 相连

17 位:ADC1 ETRGINJ REMAP-ADC1 注入转换外部触发重映射(手动),它控制与 ADC1 注入转换外部触发相连的触发输入。当该位置 0 时,ADC1 注入转换外部触发与 EXTI15 相连;当该位置 1 时,ADC1 注入转换外部触发与 TIM8 通道 4 相连

16 位:TIM5CH4 IREMAP-TIM5 通道 4 内部重映射(手动),它控制 TIM5 通道 4 内部映像。定义:0(TIM5 CH4 与 PA3 相连),1(LSI 内部振荡器与 TIM5 CH4 相连,对 LSI 校准)
15 位:PD01 REMAP 端口 D0/端口 D1 映像到 OSC IN/OSC OUT(手动),当不使用 HSE 时,PD0 和 PD1 可映像到这两个管脚,定义:0(不映像),1(PD0-IN,PD1-OUT)
14—13 位:CAN REMAP[1:0]CAN 复用功能重影像(手动),在只有单个 CAN 接口的产品上控制复用功能的重映像
12 位:TIM4 REMAP 定时器 4 的重映像(手动),控制将 TIM4 的通道 1—4 映射到 GPIO 上
11—10 位:TIM3 REMAP[1:0]定时器 3 重映像(手动),控制定时器 3 的 1—4 通道在 GPIO 端口的映像
9—8 位:TIM2 REMAP[1:0]定时器 2 重映像(手动),控制定时器 2 的 1—4 通道和外部触发 ETR 在 GPIO 端口的映像
7—6 位:TIM1 REMAP[1:0]定时器 1 的重映像(手动),控制定时器 1 的通道 1—4、1N—3N、外部触发和刹车输入在 GRIO 的映像
5—4 位:USART3 REMAP[1:0]USART3 的重映像(手动),控制 USART3 的 CTS、RTS、CK、TX、RX 复用功能在 GPIO 端口的映像
3 位:USART2 REMAP[1:0]USART3 的重映像(手动),控制 USART2 的 CTS、RTS、CK、TX、RX 复用功能在 GPIO 端口的映像
2 位:USART1 REMAP-USART1 的重映像(手动),控制 USART1 的 TX、RX 复用功能在 GPIO 端口的映像
1 位:I2C1 REMAP-I2C1 的重映像控制 I2C1 的 SCL 和 SDA 复用功能在 GPIO 端口的映像
0 位:SPI1 REMAP-SPI1 的重映像控制 SPI1 的 NSS、SCK、MISO、MOSI 复用功能在 GPIO 端口的映像

<table>
<tr><td colspan="16">AFIO_EXTICR1(外部中断配置寄存器 1)</td></tr>
<tr><td>31</td><td>30</td><td>29</td><td>28</td><td>27</td><td>26</td><td>25</td><td>24</td><td>23</td><td>22</td><td>21</td><td>20</td><td>19</td><td>18</td><td>17</td><td>16</td></tr>
<tr><td colspan="16">保留</td></tr>
<tr><td>15</td><td>14</td><td>13</td><td>12</td><td>11</td><td>10</td><td>9</td><td>8</td><td>7</td><td>6</td><td>5</td><td>4</td><td>3</td><td>2</td><td>1</td><td>0</td></tr>
<tr><td colspan="4">EXTI3[3:0]</td><td colspan="4">EXTI2[3:0]</td><td colspan="4">EXTI1[3:0]</td><td colspan="4">EXTI0[3:0]</td></tr>
<tr><td colspan="16">15—0 位:EXTI[3:0]EXTIx(x=0—3)配置(手动),用于选择 EXTIx 外部中断输入源</td></tr>
<tr><td colspan="16">定义:0000(PA[x]引脚),0001(PB[x]引脚),0010(PC[x]引脚),0011(PD[x]引脚),0100(PE[x]引脚),0101(PF[x]引脚),0110(PG[x]引脚)</td></tr>
</table>

<table>
<tr><td colspan="16">AFIO_EXTICR2(外部中断配置寄存器 2)</td></tr>
<tr><td>31</td><td>30</td><td>29</td><td>28</td><td>27</td><td>26</td><td>25</td><td>24</td><td>23</td><td>22</td><td>21</td><td>20</td><td>19</td><td>18</td><td>17</td><td>16</td></tr>
<tr><td colspan="16">保留</td></tr>
<tr><td>15</td><td>14</td><td>13</td><td>12</td><td>11</td><td>10</td><td>9</td><td>8</td><td>7</td><td>6</td><td>5</td><td>4</td><td>3</td><td>2</td><td>1</td><td>0</td></tr>
<tr><td colspan="4">EXTI7[3:0]</td><td colspan="4">EXTI6[3:0]</td><td colspan="4">EXTI5[3:0]</td><td colspan="4">EXTI4[3:0]</td></tr>
<tr><td colspan="16">15—0 位:EXTI[3:0]EXTIx(x=4—7)配置(手动),用于选择 EXTIx 外部中断输入源</td></tr>
<tr><td colspan="16">定义:0000(PA[x]引脚),0001(PB[x]引脚),0010(PC[x]引脚),0011(PD[x]引脚),0100(PE[x]引脚),0101(PF[x]引脚),0110(PG[x]引脚)</td></tr>
</table>

AFIO_EXTICR3(外部中断配置寄存器 3)															
31	30	29	28	27	26	25	24	23	22	21	20	19	18	17	16
保留															
15	14	13	12	11	10	9	8	7	6	5	4	3	2	1	0
EXTI11[3:0]				EXTI10[3:0]				EXTI9[3:0]				EXTI8[3:0]			
15—0 位:EXTI[3:0]EXTIx(x=8—11)配置(手动),用于选择 EXTIx 外部中断输入源															
定义:0000(PA[x]引脚),0001(PB[x]引脚),0010(PC[x]引脚),0011(PD[x]引脚),0100(PE[x]引脚),0101(PF[x]引脚),0110(PG[x]引脚)															

AFIO_EXTICR4(外部中断配置寄存器 4)															
31	30	29	28	27	26	25	24	23	22	21	20	19	18	17	16
保留															
15	14	13	12	11	10	9	8	7	6	5	4	3	2	1	0
EXTI15[3:0]				EXTI14[3:0]				EXTI13[3:0]				EXTI12[3:0]			
15—0 位:EXTI[3:0]EXTIx(x=12—15)配置(手动),用于选择 EXTIx 外部中断输入源															
定义:0000(PA[x]引脚),0001(PB[x]引脚),0010(PC[x]引脚),0011(PD[x]引脚),0100(PE[x]引脚),0101(PF[x]引脚),0110(PG[x]引脚)															

外部中断相关寄存器

EXTI_IMR(中断屏蔽寄存器)															
31	30	29	28	27	26	25	24	23	22	21	20	19	18	17	16
保留												MR19	MR18	MR17	MR16
15	14	13	12	11	10	9	8	7	6	5	4	3	2	1	0
MR15	MR14	MR13	MR12	MR11	MR10	MR9	MR8	MR7	MR6	MR5	MR4	MR3	MR2	MR1	MR0
19—0 位:MRx 线 x 上的事件屏蔽,定义:0(屏蔽来自线 x 上的事件请求),1(开放来自线 x 上的事件请求) 注:19 只用于互联型,对其他芯片保留															

EXTI_EMR(中断屏蔽寄存器)															
31	30	29	28	27	26	25	24	23	22	21	20	19	18	17	16
保留												MR19	MR18	MR17	MR16
15	14	13	12	11	10	9	8	7	6	5	4	3	2	1	0
MR15	MR14	MR13	MR12	MR11	MR10	MR9	MR8	MR7	MR6	MR5	MR4	MR3	MR2	MR1	MR0
19—0 位:MRx 线 x 上的事件屏蔽,定义:0(屏蔽来自线 x 上的事件请求),1(开放来自线 x 上的事件请求)　注:19 只用于互联型,对其他芯片保留															

EXTI_RTSR(上升沿触发选择寄存器)															
31	30	29	28	27	26	25	24	23	22	21	20	19	18	17	16
保留												TR19	TR18	TR17	TR16
15	14	13	12	11	10	9	8	7	6	5	4	3	2	1	0
TR15	TR14	TR13	TR12	TR11	TR10	TR9	TR8	TR7	TR6	TR5	TR4	TR3	TR2	TR1	TR0
0—19 位:TRx 线 x 的上升沿触发时间配置位,定义:0[禁止输入线 x 上的上升沿触发(中断和事件)],1[允许输入线 x 上的上升沿触发(中断和事件)]　注:19 只用于互联型															

EXTI_FTSR(下降沿触发选择寄存器)															
31	30	29	28	27	26	25	24	23	22	21	20	19	18	17	16
保留												TR19	TR18	TR17	TR16
15	14	13	12	11	10	9	8	7	6	5	4	3	2	1	0
TR15	TR14	TR13	TR12	TR11	TR10	TR9	TR8	TR7	TR6	TR5	TR4	TR3	TR2	TR1	TR0
0—19 位:TRx 线 x 的上升沿触发时间配置位,定义:0[禁止输入线 x 上的上升沿触发(中断和事件)],1[允许输入线 x 上的上升沿触发(中断和事件)]　注:19 位用于互联型															

定时器相关寄存器

TIMx_CNT(TIM1 和 TIM8 计数器)															
15	14	13	12	11	10	9	8	7	6	5	4	3	2	1	0
CNT[15:0]															
0—15 位:CNT[15:0]计数器的值															

TIMx_PSC(TIM1 和 TIM8 预分频器)

15	14	13	12	11	10	9	8	7	6	5	4	3	2	1	0
PSC[15:0]															

0—15 位:PSC[15:0]预分频器的值,计数器的时钟频率(CK_CNT)等于 fCK_PSC/(PSC[15:0]+1)

PSC 包含了每次当更新事件产生时,装入当前预分频器寄存器的值;更新事件包括计数器被 TIM EGR 的 UG 位清零或被工作在复位模式的从控制器清零

TIMx_CR1(控制寄存器 1)

15	14	13	12	11	10	9	8	7	6	5	4	3	2	1	0
保留						CKD[1:0]		ARPE	CMS[1:0]		DIR	OPM	URS	UDIS	CEN

9—8 位:CKD[1:0]时钟分频因子,定义在定时器时钟(CK_INT)频率与数字滤波器(ETR,TIx)使用的采样频率之间的分频比例

定义:00(tDTS=tCK_INT),01(tDTS=2 x tCK_INT),10(tDTS=4 x tCK_INT),11(保留)

7 位:ARPE:自动重装载预装载允许位,定义:0(TIMx_ARR 寄存器没有缓冲),1(TIMx_ARR 寄存器被装入缓冲器)

6—5 位:CMS[1:0]选择中央对齐模式,定义:00:边沿对齐模式。计数器依据方向位(DIR)向上或向下计数

01(中央对齐模式 1。计数器交替地向上和向下计数。配置为输出的通道(TIMx_CCMRx 寄存器中 CCxS=00)的输出比较中断标志位,只在计数器向下计数时被设置

10(中央对齐模式 2。计数器交替地向上和向下计数。配置为输出的通道(TIMx_CCMRx 寄在器中 CCxS=00)的输出比较中断标志位,只在计数器向上计数时被设置

11(中央对齐模式 3。计数器交替地向上和向下计数。配置为输出的通道(TIMx_CCMRx 寄存器中 CCxS=00)的输出比较中断标志位,在计数器向上和向下计数时均被设置

注:在计数器开启时(CEN=1),不允许从边沿对齐模式转换到中央对齐模式

4 位:DIR:方向,定义:0(计数器向上计数),1(计数器向下计数),注:当计数器配置为中央对齐模式或编码器模式时,该位为只读

3 位:OPM:单脉冲模式,定义:0(在发生更新事件时,计数器不停止),1[在发生下一次更新事件(清除 CEN 位)时,计数器停止]

2 位:URS:更新请求源,软件通过该位选择 UEV 事件的源,0(如果使能更新中断或 DMA 请求,则计数器溢出/下溢—设置 UG 位—从模式控制器产生的更新事件)

1:如果使能了更新中断或 DMA 请求,则只有计数器溢出/下溢才产生更新中断或 DMA 请求

1 位:UDIS 禁止更新,软件通过该位允许/禁止 UEV 事件的产生,0:允许 UEV。更新(UEV)事件由计数器溢出/下溢,设置 UG 位,从模式控制器产生的更新事件

具有缓存的寄存器被装入它们的预装载值

1:禁止 UEV。不产生更新事件,影子寄存器(ARR、PSC、CCRx)保持它们的值。如果设置了 UG 位或从模式控制器发出了一个硬件复位

则计数器和预分频器被重新初始化

0 位:CEN 使能计数器,定义:0(禁止计数器),1(使能计数器)　注:在软件设置了 CEN 位后,外部时钟、门控模式和编码器模式才能工作

触发模式可以自动地通过硬件设置 CEN 位。在单脉冲模式下,当发生更新事件时,CEN 被自动清除

TIMx_CR2(控制寄存器 2)															
15	14	13	12	11	10	9	8	7	6	5	4	3	2	1	0
保留								TI1S	MMS[2:0]			CCDS	保留		
7 位:TI1S-TI1 选择,定义:0(TIMx_CH1 引脚连到 TI1 输入),1(TIMx_CH1、TIMx_CH2 和 TIMx_CH3 引脚经异或后连到 TI1 输入)															
6—4 位:MMS 主模式选择,这 3 位用于选择在主模式下送到从定时器的同步信息(TRGO)定义:															
000:复位-TIMx_EGR 寄存器的 UG 位被用作触发输出(TRGO)。如果是触发输入产生的复位(从模式控制器处于复位模式)															
则 TRGO 上的信号相对实际的复位会有一个延迟															
001:使能-计数器使能信号 CNT_EN 被用作触发输出(TRGO)。有时需要在同一时间启动多个定时器或控制在一段时间内使能从定时器															
计数器使能信号是通过 CEN 控制位和门控模式下的触发输入信号的逻辑或产生															
当计数器使能信号受控于触发输入时,TRGO 上会有一个延迟,除非选择了主/从模式(见 TIMx_SMCR 寄存器中 MSM 位的描述)															
010:更新-更新事件被选为触发输入(TRGO)。例如,一个主定时器的时钟可以被用作一个从定时器的预分频器															
011:比较脉冲-在发生一次捕获或一次比较成功时,当要设置 CC1IF 标志时(即使它已经为高),触发输出送出一个正脉冲(TRGO)															
100:比较-OC1REF 信号被用作触发输出(TRGO)　101:比较-OC2REF 信号被用作触发输出(TRGO)															
110:比较-OC3REF 信号被用作触发输出(TRGO)　111:比较-OC4REF 信号被用作触发输出(TRCO)															
3 位:CCDS:捕获/比较的 DMA 选择,定义:0(当发生 CCx 事件时,送出 CCx 的 DMA 请求),1(当发生更新事件时,送出 CCx 的 DMA 请求)															

TIMx_ARR(自动重装载寄存器)															
15	14	13	12	11	10	9	8	7	6	5	4	3	2	1	0
ARR[15:0]															
15—0 位:ARR[15:0]自动重装载的值,ARR 包含了将要传送至实际的自动重装载寄存器的数值,当自动重装载的值为空时,计数器不工作															

TIMx_CCR1(捕获/比较寄存器 1)
CCR1[15:0]
TIMx_CCR2(捕获/比较寄存器 1)
CCR2[15:0]

续表

TIMx_CCR3(捕获/比较寄存器 1)
CCR3[15:0]
TIMx_CCR4(捕获/比较寄存器 1)
CCR4[15:0]
15—0 位:CCR1[15:0]捕获/比较 1 的值，若 CC1 通道配置为输出:CCR1 包含了装入当前捕获/比较 1 寄存器的值(预装载值)
如果在 TIMx_CCMR1 寄存器(OC1PE 位)中未选择预装载特性,写入的数值会被立即传输至当前寄存器中。否则只有当更新事件发生时,
此预装载值才传输至当前捕获/比较寄存器 1 中。当前捕获/比较寄存器参与同计数器 TIMx_CNT 的比较,并在 OC1 端口上产生输出信号
若 CC1 通道配置为输入:CCR1 包含了由上一次输入捕获 1 事件(IC1)传输的计数器值

<table>
<tr><td colspan="16">TIMx_SMCR(从模式控制寄存器)</td></tr>
<tr><td>15</td><td>14</td><td>13</td><td>12</td><td>11</td><td>10</td><td>9</td><td>8</td><td>7</td><td>6</td><td>5</td><td>4</td><td>3</td><td>2</td><td>1</td><td>0</td></tr>
<tr><td>ETP</td><td>ECE</td><td colspan="2">ETPS[1:0]</td><td colspan="4">ETP[3:0]</td><td>MSM</td><td colspan="3">TS[2:0]</td><td>保留</td><td colspan="3">SMS[2:0]</td></tr>
<tr><td colspan="16">15 位:ETP:外部触发极性,该位选择是用 ETR 还是 ETR 的反相来作为触发操作,定义:0(ETR 不反相,高电平或上升沿有效),1(ETR 被反相,低电平或下降沿有效)</td></tr>
<tr><td colspan="16">14 位:ECE:外部时钟使能位,该位启用外部时钟模式 2,定义:0(禁止外部时钟模式 2)1(使能外部时钟模式 2)。计数器由 ETRF 信号上的任意有效边沿驱动</td></tr>
<tr><td colspan="16">注 1:设置 ECE 位与选择外部时钟模式 1 并将 TRGI 连到 ETRF(SMS = 111 和 TS = 111)具有相同功效</td></tr>
<tr><td colspan="16">注 2:下述从模式上可以与外部时钟模式 2 同时使用:复位模式、门控模式和触发模式;但是,这时 TRGI 不能连到 ETRF(TS 位不能是“111”)。</td></tr>
<tr><td colspan="16">注 3:外部时钟模式 1 和外部时钟模式 2 同时被使能时,外部时钟的输入是 ETRF</td></tr>
<tr><td colspan="16">13—12 位:ETPS 外部触发预分频,外部触发信号 ETRP 的频率必须最多是 CK INT 频率的 1/4。当输入较快的外部时钟时,可以使用预分频降低 ETRP 的频率</td></tr>
<tr><td colspan="16">定义:00(关闭预分频),01(ETRP 频率除以 2),10(ETRP 频率除以 4),11(ETRP 频率除以 8)</td></tr>
<tr><td colspan="16">11—8 位:ETF 外部触发滤波,这些位定义了对 ETRP 信号采样的频率和对 ETRP 数字滤波的带宽。实际上,数字滤波器是一个事件计数器,它记录到 N 个事件后</td></tr>
<tr><td colspan="16">会产生一个输出的跳变,定义:0000(无滤波器,以 fDTS 采样),0001(采样频率 fSAMPLING = fCK_INT,N = 2),0010(采样频率 fSAMPLING = fCK_INT,N = 4)</td></tr>
<tr><td colspan="16">0011(采样频率 fSAMPLING = fCK_INT,N = 8),0100(采样频率 fSAMPLING = fDTS/2,N = 6),0101(采样频率 fSAMPLING = fDTS/2,N = 8)</td></tr>
<tr><td colspan="16">0110(采样频率 fSAMPLING = fDTS/4,N = 6),0111(采样频率 fSAMPLING = fDTS/4,N = 8),1000(采样频率 fSAMPLING = fDTS/8,N = 6)</td></tr>
<tr><td colspan="16">1001(采样频率 fSAMPLING = fDTS/8,N = 8),1010(采样频率 fSAMPLING = fDTS/16,N = 5),1011(采样频率 fSAMPLING = fDTS/16,N = 6)</td></tr>
</table>

1100(采样频率 fSAMPLING = fDTS/16,N=8),1101(采样频率 fSAMPLING = fDIS/32,N=5),1110(采样频率 fSAMPLING = fDTS/32,N=6)
1111(采样频率 fSAMPILING = fDTS/32,N=8)
7 位:MSM 主/从模式,定义:0(无作用),1[触发输入(TRGI)上的事件被延迟了,以允许在当前定时器(通过 TRGO)与它的从定时器间的完美同步]
这对要求把几个定时器同步到一个单一的外部事件时是非常有用的
6—4 位:TS[2:0]:触发选择,这 3 位选择用于同步计数器的触发输入,定义:000[内部触发 0(ITRO),TIM1],001[内部触发 1(ITR1),TIM2],010[内部触发 2(ITR2),TIM3]
011[内部触发 3(ITR3),TIM4)],100[TI1 的边沿检测器(TI1F ED)],101[滤波后的定时器输入 1(TI1FP1)],110[滤波后的定时器输入 2(TI2FP2)]
111[外部触发输入(ETRF)],注:这些位只能在未用到(如 SMS=000)时被改变,以避免在改变时产生错误的边沿检测
2—0 位:SMS[2:0]从模式选择,当选择了外部信号,触发信号(TRGI)的有效边沿与选中的外部输入极性相关,定义:
000:关闭从模式-如果 CEN=1,则预分频器直接由内部时钟驱动。001:编码器模式 1-根据 TI1FP1 的电平,计数器在 TI2FP2 的边沿向上/下计数
010:编码器模式 2-根据 TI2FP2 的电平,计数器在 TI1FP1 的边沿向上/下计数
011:编码器模式 3-根据另一个信号的输入电平,计数器在 TI1FP1 和 TI2FP2 的边沿向上/下计数
100:复位模式-选中的触发输入(TRGI)的上升沿重新初始化计数器,并且产生一个更新寄存器的信号
101:门控模式-当触发输入(TRGI)为高时,计数器的时钟开启。一旦触发输入变为低,则计数器停止(但不复位)。计数器的启动和停止都是受控的
110:触发模式-计数器在触发输入 TRGI 的上升沿启动(但不复位),只有计数器的启动是受控的
111:外部时钟模式 1-选中的触发输入(TRGI)的上升沿驱动计数器
注:如果 TI1F_EN 被选为触发输入(TS=100)时,不要使用门控模式。这是因为,TI1F_ED 在每次 TI1F 变化时输出一个脉冲,然而门控模式是要检查触发输入的电平

TIMx_SR(状态寄存器)															
15	14	13	12	11	10	9	8	7	6	5	4	3	2	1	0
保留			CC4OF	CC3OF	CC2OF	CC1OF	保留		TIF	保留	CC4IF	CC3IF	CC2IF	CC1IF	UIF
9 位:CC(1—4)OF:捕获/比较 1 重复捕获标记,仅当相应的通道被配置为输入捕获时,该标记可由硬件置 1。写 0 可清除该位,定义:0(无重复捕获产生)															
1:当计数器的值被捕获到 TIMx_CCR1 寄存器时,CC1IF 的状态已经为 1。															
7 位:BIF 刹车标记中断,一旦刹车输入有效,由硬件对该位置 1。如果刹车输入无效,则该位可由软件清零。定义:0(无刹车),1(有刹车)															
6 位:TIF 触发器中断标记,当发生触发事件(当从模式控制器处于除门控模式外的其他模式时,在 TRGI 输入端检测到有效边沿,或门控模式下的任一边沿)															
时由硬件对该位置 1。它由软件清零,定义:0(无触发事件),1(触发器中断等待响应)															

续表

TIMx_SR(状态寄存器)

15	14	13	12	11	10	9	8	7	6	5	4	3	2	1	0
保留			CC4OF	CC3OF	CC2OF	CC1OF	保留		TIF	保留	CC4IF	CC3IF	CC2IF	CC1IF	UIF

4,3,2,1 位:CC(4—1)IF 捕获/比较(4—1)中断标记,如果通道 CC1 配置为输出模式(软件清零,硬件置 1/在中心对称下除外),定义:0(无匹配),1(TIMx_CNT 与 TIMx_CCR1 匹配)
如果通道 CC1 配置为输入模式:(硬件置 1,软件清零,或通过读 TIMx_CCR1 清零),定义:0(无输入捕获产生),
1[计数器值已被捕获(复制)至 TIMx_CCR1(在 IC1 上检测到与所选极性相同的边沿)]
0 位:UIF 更新中断标记(硬件置 1,软件清零)定义:0(无更新事件)1(更新中断等待响应。当寄存器被更新时该位由硬件置 1)
—若 TIMx_CR1 寄存器的 UDIS = 0、URS = 0,当 TIMx_EGR 寄存器的 UG = 1 时产生更新事件(软件对计数器 CNT 重新初始化);
—若 TIMx_CR1 寄存器的 UDIS = 0、URS = 0,当计数器 CNT 被触发事件重初始化时产生更新事件

TIMx_CCER(捕获/比较使能寄存器)

15	14	13	12	11	10	9	8	7	6	5	4	3	2	1	0
保留		CC4P	CC4E	保留		CC3P	CC3E	保留		CC2P	CC2E	保留		CC1P	CC1E

13,9,5,1 位:CC(4—1)P:输入/捕获 3 输出极性,定义:CC1 通道配置为输出 0(OC1 高电平有效),1(OC1 低电平有效)
CC1 通道配置为输入:该位选择是 IC1 还是 IC1 的反相信号作为触发或捕获信号,0:不反相:捕获发生在 IC1 的上升沿;当用作外部触发器时,IC1 不反相
1(相反,捕获发生在 IC1 的下降沿)　注:一旦 LOCK 级别(TIMx_BDTR 寄存器中的 LOCK 位)设为 3 或 2,则该位不能被修改
128,4,0 位:CC(4—1)E:输入/捕获 3 输出使能,定义:CC1 通道配置为输出
0(关闭—OC1 禁止输出,因此 OC1 的输出电平依赖于 MOE、OSSI、OSSR、OIS1、OIS1N 和 CC1NE 位的值),1(开启)
CC1 通道配置为输入,该位决定了计数器的值是否能捕获入 TIMx_CCR1 寄存器。0(捕获禁止),1(捕获使能)

TIMx_DIER(DMA/中断使能寄存器)

15	14	13	12	11	10	9	8	7	6	5	4	3	2	1	0
保留	TDE	保留	CC4DE	CC3DE	CC2DE	CC1DE	UDE	保留	TIE	保留	CC4IE	CC3IE	CC2IE	CC1IE	UIE

14 位:TDE:允许触发 DMA 请求,定义:0(禁止),1(允许)
12 位:CC4DE:允许捕获/比较 4 的 DMA 请求,定义:0(禁止),1(允许)

11 位:CC3DE:允许捕获/比较 3 的 DMA 请求,定义:0(禁止),1(允许)
10 位:CC2DE:允许捕获/比较 2 的 DMA 请求,定义:0(禁止),1(允许)
9 位:CC1DE:允许捕获/比较 1 的 DMA 请求,定义:0(禁止),1(允许)
8 位:UDE:允许更新的 DMA 请求,定义:0(禁止),1(允许)
6 位:TIE:触发中断使能,定义:0(禁止),1(允许)
4 位:CC4IE:允许捕获/比较 4 中断,定义:0(禁止),1(允许)
3 位:CC3IE:允许捕获/比较 3 中断,定义:0(禁止),1(允许)
2 位:CC2IE:允许捕获/比较 2 中断,定义:0(禁止),1(允许)
1 位:CC1IE:允许捕获/比较 1 中断,定义:0(禁止),1(允许)
0 位:UIE 允许更新中断,定义:0(禁止),1(允许)

TIMx_CCMR1(捕获/比较模式寄存器 1)															
15	14	13	12	11	10	9	8	7	6	5	4	3	2	1	0
OC2CE	OC2M[2:0]			OC2PE	OC2FE	CC2S[1:0]		OC1CE	OC1M[2:0]			OC1PE	OC1FE	CC1S[1:0]	
IC2F[3:0]				IC2PSC[1:0]				IC1F[3:0]				IC1PSC[1:0]			
TIMx_CCMR2(捕获/比较模式寄存器 2)															
15	14	13	12	11	10	9	8	7	6	5	4	3	2	1	0
OC4CE	OC4M[2:0]			OC4PE	OC4FE	CC4S[1:0]		OC3CE	OC3M[2:0]			OC3PE	OC3FE	CC3S[1:0]	
IC4F[3:0]				IC4PSC[1:0]				IC3F[3:0]				IC3PSC[1:0]			
输出比较和输入捕获功能不同,在寄存器中的设置也不同															

输出比较模式
15 位:OC2CE:输出比较 2 清零使能
14—12 位:OC2M[2:0]:输出比较 2 模式

续表

输出比较模式
11 位:OC2PE:输出比较 2 预装载使能
10 位:OC2FE:输出比较 2 快速使能
9—8 位:CC2S[1:0]:捕获/比较 2 选择,该位定义通道的方向(输入/输出),及输入脚的选择,定义:00(CC2 通道被配置为输出)01(CC2 通道被配置为输入,IC2 映射在 TI2 上)
10(CC2 通道被配置为输入,IC2 映射在 TI1 上)11(CC2 通道被配置为输入,IC2 映射在 TRC 上。此模式仅工作在内部触发器输入被选中时)
(由 TIMx_SMCR 寄存器的 TS 位选择),注:CC2S 仅在通道关闭时(TIMx_CCER 寄存器的 CC2E = 0)才是可写的
9—8 位:CC4S[1:0]:捕获/比较 4 选择;该位定义通道的方向(输入/输出);及输入脚的选择,定义:00(CC4 通道被配置为输出)01(CC4 通道被配置为输入,IC4 映射在 TI4 上)
10(CC4 通道被配置为输入,IC4 映射在 TI3 上)11(CC4 通道被配置为输入,IC4 映射在 TRC 上。此模式仅工作在内部触发器输入被选中时)
(由 TIMx_SMCR 寄在器的 TS 位选择),注:CC4S 仅在通道关闭时(TIMx_CCER 寄在器的 CC4E = 0)才是可写的
7 位:OC1CE:输出比较 1 清零使能,定义:0(OC1REF 不受 ETRF 输入的影响),1(一旦检测到 ETRF 输入高电平,清除 OC1REF = 0)
6—4 位:OC1M[2:0]输出比较 1 模式,该 3 位定义了输出参考信号 OC1REF 的动作,而 OC1REF 决定了 OC1、OC1N 的值。OC1REF 是高电平有效,而 OC1、OC1N 的有效电平取决于 CC1P、CC1NP 位,定义:000(冻结。输出比较寄存器 TIMx_CCR1 与计数器 TIMx_CNT 间的比较对 OC1REF 不起作用)
001(四配时设置通道 1 为有效电平。当计数器 TIMx_CNT 的值与捕获/比较寄存器 1(TIMx_CCR1)相同时,强制 OC1REF 为高),010(强制 OC1REF 为低)
011(翻装。当 TIMx_CCR1 = TIMx_CNT 时,翻转 OC1REF 的电平)100(强制为无效电平。强制 OC1REF 为低)101(强制 OC1REF 为高)
110:PWM 模式 1—在向上计数时,一旦 TIMx_CNT < TIMx_CCR1 时通道 1 为有效电平,否则为无效电平;在向下计数时,一旦 TIMx_CNT > TIMx_CCR1 时通道 1
为无效电平(OC1REF = 0),否则为有效电平(OC1REF = 1)
111:PWM 模式 2—在向上计数时,一旦 TIMx_CNT < TIMx_CCR1 时通道 1 为无效电平,否则为有效电平;在向下计数时,一旦 TIMx_CNT > TIMx_CCR1 时通道 1
为有效电平,否则为无效电平
注 1:一直 LOCK 级别设为 3(TIMx_BDTR 寄存器中的 LOCK 位)并且 CC1S = 00(该通道配置成输出)则该位不能被修改
注 2:在 PWM 模式 1 或 PWM 模式 2 中,只有当比较结果改变了或在输出比较模式中从冻结模式切换到 PWM 模式时,OC1REF 电平才改变
3 位:OC1PE 输出比较 1 预装载使能,定义:0(禁止 TIMx_CCR1 寄存器的预装载功能,可随时写入 TIMx_CCR1 寄存器,并且新写入的数值立即起作用)
1(开启 TIMx_CCR1 寄在器的预装裁功能,读写操作仅对预装载寄存器操作,TIMx_CCR1 的预装载值在更新事件到来时被加载至当前寄存器中)
注 1:一旦 LOCK 级别设为 3(TIMx_BDTR 寄存器中的 LOCK 位)并且 CC1S = 00(该通道配置成输出)则该位不能被修改
注 2:仅在单脉冲模式下(TIMx_CR1 寄存器的 OPM = 1),可以在未确认预装载寄存器情况下使用 PWM 模式,否则其动作不确定

2 位:OC1FE 输出比较 1 快速使能,该位用于加快 CC 输出对触发输入事件的响应,定义:
0(根据计数器与 CCR1 的值,CC1 正常操作,即使触发器是打开的。当触发器的输入一个有效沿时,激活 CC1 输出的最小延时为 5 个时钟周期)
1(输入到触发器的有效沿时的作用就像发生了一次比较匹配。因此,OC 被设置为比较电平而与比较结果无关。采样触发器的有效沿和 CC1 输出间的延时被缩短为 3 个时钟周期)OCFE 只在通道被配置成 PWM1 或 PWM2 模式时起作用
1—0 位:CC1S[1:0]捕获/比较 1 选择,这 2 位定义通道的方向(输入/输出)及输入脚的选择,定义:00(CC1 通道被配置为输出),01(CC1 通道被配置为输入,IC1 映射在 TI1 上)
10(CC1 通道被配置为输入,IC1 映射在 TI2 上)。11(CC1 通道被配置为输入,IC1 映射在 TRC 上,此模式反工作在内部触发器输入被选中时(由 TIMx_SMCR 寄存器的 TS 位选择)
注:CC1S 仅在通道关闭时(TIMx_CCER 寄存器的 CC1E=0)才是可写的
1—0 位:CC3S[1:0]捕获/比较 3 选择,这 2 位定义通道的方向(输入/输出)及输入脚的选择,定义:00(CC3 通道被配置为输出),01(CC3 通道被配置为输入,IC3 映射在 TI3 上)
10(CC3 通道被配置为输入,IC3 映射在 TI4 上),11(CC3 通道被配置为输入,IC3 映射在 TRC 上),此模式仅工作在内部触发器输入被选中时(由 TIMx_SMCR 寄存器的 TS 位选择)
注:CC3S 仅在通道关闭时(TIMx_CCER 寄存器的 CC3E=0)才是可写的

输入捕获模式
15—12 位:输入捕获 2 滤波器
11—10 位:CC2S[1:0]输入捕获 2 预分频器
9—8 位:CC2S[1:0]捕获/比较 2 选择,这 2 位定义通道的方向(输入/输出)及输入脚的选择,定义:00(CC2 通道被配置为输出)01(CC2 通道被配置为输入,
IC2 映射在 TI2 上),10(CC2 通道被配置为输入,IC2 映射在 TI1 上),11(CC2 通道被配置为输入,IC2 映射在 TRC 上),此模式仅工作在内部触发器输入被选中时
(由 TIMx_SMCR 寄存器的 TS 位选择),注:CC2S 仅在通道关闭时(TIMx_CCER 寄存器的 CC2E=0)才是可写的
9—8 位:CC4S[1:0]捕获/比较 4 选择,这 2 位定义通道的方向(输入/输出)及输入脚的选择,定义:00(CC4 通道被配置为输出)01(CC4 通道被配置为输入,
IC4 映射在 TI4 上),10(CC4 通道被配置为输入,IC4 映射在 TI3 上),11(CC4 通道被配置为输入,IC4 映射在 TRC 上),此模式仅工作在内部触发器输入被选中时
(由 TIMx_SMCR 寄存器的 TS 位选择),注:CC2S 仅在通道关闭时(TIMx_CCER 寄存器的 CC4E=0)才是可写的
7—4 位:IC1F[3:0]:输入捕获 1 滤波器,这几位定了 TI1 输入的采样频率及数字滤波器长度,数字滤波器由一个事件计数器组成,记录到 N 个事件后会产生一个输出的跳变
定义:0000(无滤波器,以 fDTS 采样)0010(采样频率 fSAMPLING=fCK INT,N=4)0011(采样频率 fSAMPLING=fCK INT,N=8)0100(fSAMPLING=fDTS/2,N=6)
0101(fSAMPLING=fDTS/2,N=8),0110(fSAMPLING=fDTS/4,N=6),0111(fSAMPLING=fDTS/4,N=8),1000(fSAMPLING=fDTS/8,N=6)
1001(fSAMPLING=fDTS/8,N=8),1010(fSAMPLING=fDTS/16,N=5),1011(fSAMPLING=fDTS/16,N=6),1100(fSAMPLING=fDTS/16,N=8)

续表

输入捕获模式
1101(fSAMPLING = fDTS/32, N = 5), 0110(fSAMPLING = fDTS/4, N = 6), 1110(fSAMPLING = fDTS/32, N = 6), 0111(fSAMPLING = fDTS/4, N = 8)
1111(fSAMPLING = fDTS/32, N = 8)
3—2 位:IC1PSC[1:0]输入/捕获 1 预分频器,这 2 位定义了 CC1 输入(IC1)的预分频系数,一旦 CC1E = 0(TIMx_CCER 寄存器中),则预分频器复位
00(无预分频器,捕获输入口上检测到的每一个边沿都触发一次捕获),01(每 2 个事件触发一次捕获),10(每 4 个事件触发一次捕获),11(每 8 个事件触发一次捕获)
1—0 位:CC1S[1:0]捕获/比较 1 选择,这 2 位定义通道的方向(输入/输出)及输入脚的选择,定义:00(CC1 通道被配置为输出),01(CC1 通道被配置为输入,IC1 映射在 TI1 上),
10(CC1 通道被配置为输入,IC1 映射在 TI2 上),11:CC1 通道被配置为输入,IC1 映射在 TRC 上。此模式仅工作在内部触发器输入被选中时
(由 TIMx_SMCR 寄存器的 TS 位选择)。注:CC1S 仅在通道关闭时(TIMx_CCER 寄存器的 CC1E = 0)才是可写的
1—0 位:CC3S[1:0]捕获/比较 3 选择,这 2 位定义通道的方向(输入/输出)及输入脚的选择,定义:00(CC3 通道被配置为输出),01(CC3 通道被配置为输入,IC3 映射在 TI3 上),
10(CC3 通道被配置为输入,IC3 映射在 TI4 上),11:CC3 通道被配置为输入,IC3 映射在 TRC 上。此模式仅工作在内部触发器输入被选中时
(由 TIMx_SMCR 寄存器的 TS 位选择)。注:CC3S 仅在通道关闭时(TIMx_CCER 寄存器的 CC3E = 0)才是可写的

串口相关寄存器

USART_SR(状态寄存器)															
31	30	29	28	27	26	25	24	23	22	21	20	19	18	17	16
保留															
15	14	13	12	11	10	9	8	7	6	5	4	3	2	1	0
保留						CTS	LBD	TXE	TC	RXNE	LDLE	ORE	NE	FE	PE
9 位:CTS-CTS 标志,如果设置了 CTSE 位,当 nCTS 输入变化状态时,该位被硬件置高。由软件将其清零。如果 USART_CR3 中的 CTSIE 为 1,则产生中断															
定义:0(nCTS 状态线上没有变化),1(nCTS 状态线上发生变化)注:UART4 和 UART5 上不存在这一位															
8 位:LBD-LIN 断开检测标志,当探测到 LIN 断开时,该位由硬件置 1,由软件清零(向该位写 0)。如果 USART_CR3 中的 LBDIE = 1,则产生中断															
定义:0(没有检测到 LIN 断开),1(检测到 LIN 断开)注意:若 LBDIE = 1,当 LBD 为 1 时要产生中断															
7 位:TXE 发送数据寄存器空,当 TDR 寄存器中的数据被硬件转移到移位寄存器时,该位被硬件置位。如果 USART_CR1 寄存器中的 TXEIE 为 1,则产生中断															
对 USART DR 的写操作,将该位清零。注意:单缓冲器传输中使用该位															
定义:0(数据还没有被转移到移位寄存器),1(数据已经被转移到移位寄存器)															

6 位:TC 发送完成,当包含数据的一帧发送完成后,并且 TXE = 1 时,由硬件将该位置 1。如果 USART_CR1 中的 TCIE 为 1,则产生中断
由软件序列清除该位(先读 USART_SR,然后写入 USART_DR)。TC 位也可以通过写入 0 来清除,只有在多缓存通信中才推荐这种清除程序
定义:0(发送还未完成),1(发送完成)
5 位:RXNE 读数据寄存器非空,当 RDR 移位寄存器中的数据被转移到 USART_DR 寄存器中,该位被硬件置位。如果 USART_CR1 寄存器中的 RXNEIE 为 1,则产生中断
对 USART_DR 的读操作可以将该位清零。RXNE 位也可以通过写入 0 来清除,只有在多缓存通信中才推荐这种清除程序
定义:0(数据没有收到),1(收到数据,可以读出)
4 位:IDLE 检测到总线空闲,当检测到总线空闲时,该位被硬件置位。如果 USART_CR1 中的 IDLEIE 为 1,则产生中断。由软件序列清除该位(先读 USART_SR,然后读 USART_DR)
定义:0(没有检测到总线空闲)1(检测到总线空闲)注意:IDLE 位不会再次被置高直到 RXNE 位被置起(即又检测到一次总线空闲)
3 位:ORE 过载错误,当 RXNE 仍然是 1 时,当前被接收在移位寄存器中的数据,需要传送至 RDR 寄存器时,硬件将该位置位。如果 USART_CR1 中的 RXNEIE 为 1 的话,
则产生中断。由软件序列将其清零(先读 USART_SR,然后读 USART_CR)。定义:0(没有过载错误),1(检测到过载错误)
注意:该位被置位时,RDR 寄存器中的值不会丢失,但是移位寄存器中的数据会被覆盖。如果设置了 EIE 位,在多缓冲器通信模式下,ORE 标志置位会产生中断
2 位:NE 噪声错误标志,在接收到的帧检测到噪声时,由硬件对该位置位。由软件序列对其清零(先读 USART_SR,再读 USART_DR)
注意:该位不会产生中断,因为它和 RXNE 一起出现,硬件会在设置 RXNE 标志时产生中断。在多缓冲区通信模式下,如果设置了 EIE 位,则设置 NE 标志时会产生中断
定义:0(没有检测到噪声),1(检测到噪声)
1 位:FE 帧错误,当检测倒同步错位,过多的噪声或者检测到断开符,该位被硬件置位。由软件序列将其清零(先读 USART_SR,再读 USART_DR)
定义:0(没有检测到帧错误),1(检测到帧错误或者 break 符)
注意:该位不会产生中断,因为它和 RXNE 一起出现,硬件会在设置 RXNE 标志时产生中断。如果当前传输的数据既产生了帧错误,又产生了过载错误,
硬件还是会继续该数据的传输,并且只设置 ORE 标志位。在多缓冲区通信模式下,如果设置了 EIE 位,则设置 FE 标志时会产生中断
0 位:PE 校验错误,在接收模式下,如果出现奇偶校验错误,硬件对该位置位。由软件序列对其清零(依次读 USART_SR 和 USART_DR)。在清除 PE 位前,
软件必须等待 RXNE 标志位被置 1。如果 USART_CR1 中的 PEIE 为 1,则产生中断。定义:0(没有奇偶校验错误),1(奇偶校验错误)

USART_DR(数据寄存器)															
31	30	29	28	27	26	25	24	23	22	21	20	19	18	17	16
保留															
15	14	13	12	11	10	9	8	7	6	5	4	3	2	1	0
保留							DR[8:0]								
8—0 位:DR[8:0]数据值,包含了发送或接收的数据。由于它是由两个寄存器组成的。一个给发送用(TDR),一个给接收用(RDR),该寄存器兼具读和写的功能															
IDR 寄存器提供了内部总线和输出移位寄在器之间的并行接口。RDR 寄存器提供了输入移位寄存器和内部总线之间的并行接口															
当使能校验位(USART_CR1 中 PCE 位被置位)进行发送时,写到 MSB 的值(根据数据长度的不同,MSB 是第 7 位或者第 8 位)会被后来的校验位取代															
当使能校验位进行接收时,读到的 MSB 位是接收到的校验位															

USART_BRR(波特比率寄存器)															
31	30	29	28	27	26	25	24	23	22	21	20	19	18	17	16
保留															
15	14	13	12	11	10	9	8	7	6	5	4	3	2	1	0
DIV Mantissa[11:0]												DIV Fraction[3:0]			
15—4 位:DIV Mantissa[11:0]USARTDIV 的整数部分,这 12 位定义了 USART 分频器除法因子(USARTDIV)的整数部分															
3—0 位:DIV Fraction[3:0]USARTDIV 的小数部分,这 4 位定义了 USART 分频器除法因于(USARTDIV)的小数部分															

USART_CR1(控制寄存器 1)															
31	30	29	28	27	26	25	24	23	22	21	20	19	18	17	16
保留															
15	14	13	12	11	10	9	8	7	6	5	4	3	2	1	0
保留		UE	M	WAKE	PCE	PS	PEIE	TXEIE	TCIE	RXNEIE	IDLEIE	TE	RE	RWU	SBK
13 位:UE-USART 使能,当该位被清零时,在当前字节传输完成后 USART 的分频器和输出停止工作,以减少功耗。该位由软件设置和清零															
定义:0(USART 分频器和输出被禁止),1(USART 模块使能)															

12 位:M 字长,该位定义了数据字的长度,由软件对其设置和清零,定义:0(1 个起始位,8 个数据位,n 个停止位),1(1 个起始位,9 个数据位,n 个停止位)
注意:在数据传输过程中(发送或者接收时),不能修改这个位
11 位:WAKE 唤醒的方法,该位决定了把 USART 唤醒的方法,由软件对该位设置和清零。定义:0(被空闲总线唤醒),1(被地址标记唤醒)
10 位:PCE 检验控制使能,用该位选择是否进行硬件校验控制(对于发送来说就是校验位的产生;对于接收来说就是校验位的检测)。当使能了该位,
在发送数据的最高位(如果 M=1,最高位就是第 9 位;如果 M=0,最高位就是第 8 位)插入校验位;对接收到的数据检查其校验位。软件对它置 1 或清零。
一旦设置了该位,当前字节传输完成后,校验控制才生效。定义:0(禁止校验控制),1(使能校验控制)
9 位:PS 校验选择,当校验控制使能后,该位用来选择是采用偶校验还是奇校验。软件对它置 1 或清零。当前字节传输完成后,该选择生效。定义:0(偶校验)1(奇校验)
8 位:PEIE-PE 中断使能,该位由软件设置或清除,定义:0(禁止产生中断),1(当 USART_SR 中的 PE 为 1 时,产生 USART 中断)
7 位:TXEIE 发送缓冲区空中断使能,(手动),定义:0(禁止产生中断),1(当 USART_SR 中的 TXE 为 1 时,产生 USART 中断)
6 位:TCIE 发送完成中断使能,(手动),定义:0(禁止产生中断),1(当 USART_SR 中的 IC 为 1 时,产生 USART 中断)
5 位:RXNEIE 接收缓冲区非空中断使能,(手动),定义:0(禁止产生中断),1(当 USART_SR 中的 ORE 或者 RXNE 为 1 时,产生 USART 中断)
4 位:IDLEIE-IDLE 中断使能,(手动),定义:0(禁止产生中断),1(当 USART_SR 中的 IDLE 为 1 时,产生 USART 中断)
3 位:TE 发送使能,该位使能发送器。(手动),定义:0(禁止发送),1(使能发送)注意:①在数据传输过程中,除了在智能卡模式下,
如果 TE 位上有个 0 脉冲(即设置为 0 之后再设置为 1),会在当前数据字传输完成后,发送一个“前导符”(空闲总线)
②当 TE 被设置后,在真正发送开始之前,有一个比特时间的延迟
2 位:RE 接收使能(手动),定义:0(禁止接收),1(使能接收,并开始搜寻 RX 引脚上的起始位)
1 位:RWU 接收唤醒,该位用来决定是否把 USART 置于静默模式。该位由软件设置或清除。当唤醒序列到来时,硬件也会将其清零
定义:0(接收器处于正常工作模式),1(接收器处于静默模式)注意:①在把 USART 置于静默模式(设置 RWU 位)之前,USART 已经先接收了一个数据字节
否则在静默模式下,不能被空闲总线检测唤醒。②当配置成地址标记检测唤醒(WAKE 位 =1),在 RXNE 位被置位时,不能用软件修改 RWU 位
0 位:SBK 发送断开帧,使用该位来发送断开字符。该位可以由软件设置或清除。操作过程应该是软件设置它,然后在断开帧的停止位时,由硬件将该位复位
定义:0(没有发送断开字符),1(将要发送断开字符)

控制寄存器2(USART_CR2)															
31	30	29	28	27	26	25	24	23	22	21	20	19	18	17	16
保留															
15	14	13	12	11	10	9	8	7	6	5	4	3	2	1	0
保留	LINEN	STOP[1:0]		CLKEN	CPOL	CPHA	LBCL	保留	LBDIE	LBDL	保留	ADD[3:0]			
14 位:LINENO-LIN 模式使能(手动),定义:0(禁止 LIN 模式),1(使能 LIN 模式)															
在 LIN 模式下,可以用 USART_CR1 寄存器中的 SBK 位发送 LIN 同步断开符(低 13 位),以及检测 LIN 同步断开符															
13—12 位:STOP 停止位,这两位用来设置停止位的位数,定义:00(1 个停止位)01(0.5 个停止位)10(2 个停止位)11(1.5 个停止位)															
注:UART4 和 UART5 不能用 0.5 个停止位和 1.5 个停止位															
11 位:CLKEN 时钟使能,该位用来使能 CK 引脚,定义:0(禁止 CK 引脚),1(使能 CK 引脚)注:UART4 和 UART5 上不存在这一位															
10 位:CPOL 时钟极性,在同步模式下,可以用该位选择 SLCK 引脚上时钟输出的极性。和 CPHA 位一起配合来产生需要的时钟/数据的采样关系,															
定义:0(总线空闲时 CK 引脚上保持低电平),1(总线空闲时 CK 引脚上保持高电平)注:UART4 和 UART5 上不存在这一位															
9 位:CPHA 时钟相位,在同步模式下,可以用该位选择 SLCK 引脚上时钟输出的相位。和 CPOL 位一起配合来产生需要的时钟/数据的采样关系															
定义:0(在时钟的第一个边沿进行数据捕获),1(在时钟的第二个边沿进行数据捕获)注:UART4 和 UART5 上不存在这一位															
8 位:LBCL 最后一位时钟脉冲,在同步模式下,使用该位来控制是否在 CK 引脚上输出最后发送的那个数据字节(MSB)对应的时钟脉冲															
定义:0(最后一位数据的时钟脉冲不从 CK 输出),1(最后一位数据的时钟脉冲会从 CK 输出)															
注意:①最后一个数据位就是第 8 或者第 9 个发送的位(根据 USART_CR1 寄存器中的 M 位所定义的第 8 或者第 9 位数据帧格式)。②UART4 和 UART5 上不存在这一位															
6 位:LBDIE-LIN 断开符检测中断使能,断开符中断屏蔽(使用断开分隔符来检测断开符),定义:0(禁止中断),1(只要 USART_SR 寄存器中的 LBD 为 1 就产生中断)															
5 位:LBDL-LIN 断开符检测长度,该位用来选择是 11 位还是 10 位的断开符检测,定义:0(10 位的断开符检测),1(11 位的断开符检测)															
3—0 位:ADD[3:0]本设备的 USART 节点地址,该位域给出本设备 USART 节点的地址。这是在多处理器通信下的静默模式中使用的,使用地址标记来唤醒某个 USART 设备															
注意:在使能发送后不能改写这三个位(CPOL、CPHA、LBCL)															

USART_CR3(控制寄存器3)															
31	30	29	28	27	26	25	24	23	22	21	20	19	18	17	16
保留															
15	14	13	12	11	10	9	8	7	6	5	4	3	2	1	0
保留					CTSIE	CTSE	RTSE	DMAT	DMAR	SCEN	NACK	HDSEL	IRLP	IREN	EIE
10 位:CTSIE-CTS 中断使能,定义:0(禁止中断),1(SART_SR 寄存器中的 CTS 为 1 时产生中断)注:UART4 和 UART5 上不存在这一位															
9 位:CTSE-CTS 使能,定义:0:禁止 CTS 硬件流控制 1:CTS 模式使能,只有 nCTS 输入信号有效(拉成低电平)时才能发送数据。如果在数据传输的过程中,															
nCTS 信号变成无效,那么发完这个数据后,传输就停止下来。如果当 nCTS 为无效时,往数据寄存器里写数据,则要等到 nCTS 有效时才会发送这个数据															
注:UART4 和 UART5 上不存在这一位															
8 位:RTE-RTS 使能,定义:0(禁止 RTS 硬件流控制)1(RTS 中断使能,只有接收缓冲区内有空余的空间时才请求下一个数据。当前数据发送完成后,发送操作就需要暂停下来。如果可以接收数据了,将 nRTS 输出置为有效(拉至低电平)。注:UART4 和 UART5 上不存在这一位															
7 位:DMAT-DMA 使能发送,(手动),定义:0(禁止发送时的 DMA 模式)1(使能发送时的 DMA 模式)注:UART4 和 UART5 上不存在这一位															
6 位:DMAR-DMA 使能接收,(手动),定义:0(禁止接收时的 DMA 模式)1(使能接收时的 DMA 模式)注:UART4 和 UART5 上不存在这一位															
5 位:SCEN 智能卡模式使能,该位用来使能智能卡模式,定义:0(禁止智能卡模式)1(使能智能卡模式)注:UART4 和 UART5 上不存在这一位															
4 位:NACK 智能卡 NACK 使能,定义:0(校验错误出现时,不发送 NACK)1(校验错误出现时,发送 NACK)注:UART4 和 UART5 上不存在这一位															
3 位:HDSEL 半双工选择,选择单线半双工模式,定义:0(不选择半双工模式)1(选择半双工模式)															
2 位:IRLP 红外低功耗,该位用来选择普通模式还是低功耗红外模式,定义:0(通常模式),1(低功耗模式)															
1 位:IREN 红外模式使能,(手动),定义:0(不使能红外模式),1(使能红外模式)															
0 位:EIE 错误中断使能,在多缓冲区通信模式下,当有帧错误、过载或者噪声错误时(USART_SR 中的 FE = 1,或者 ORE = 1,或者 NE = 1)产生中断															
定义:0(禁止中断),1(只要 USART_CR3 中的 DMAR = 1,并且 USART_SR 中的 FE = 1,或者 ORE = 1,或者 NE = 1,则产生中断)															

保护时间和预分频寄存器(USART_GTPR)															
31	30	29	28	27	26	25	24	23	22	21	20	19	18	17	16
保留															
15	14	13	12	11	10	9	8	7	6	5	4	3	2	1	0
GT[7:0]:保护时间值								PSC[7:0]							
15—8 位:GT[7:0]保护时间值,该位域规定了以波特时钟为单位的保护时间。在智能卡模式下,需要这个功能。当保护时间过去后,才会设置发送完成标志															

续表

保护时间和预分频寄存器(USART_GTPR)															
31	30	29	28	27	26	25	24	23	22	21	20	19	18	17	16
保留															
15	14	13	12	11	10	9	8	7	6	5	4	3	2	1	0
GT[7:0]:保护时间值								PSC[7:0]							
注:UART4 和 UART5 上不存在这一位															
7—0 位:PSC[7:0]预分频器值,在红外(IrDA)低功耗模式下:PSC[7:0] = 红外低功耗波特率,对系统时钟分频以获得低功耗模式下的频率:															
源时钟被寄存器中的值(仅有 8 位有效)分频,定义:00000000:保留-不要写入该值;00000001:对源时钟 1 分频;00000010:对源时钟 2 分频;															
在红外(IrDA)的正常模式下:PSC 只能设置为 00000001,在智能卡模式下,PSC[4:0]:预分频值,对系统时钟进行分频,给智能卡提供时钟															
寄存器中给出的值(低 5 位有效)乘以 2 后,作为对源时钟的分频因子,00000:保留-不要写入该值;00001:对源时钟进行 2 分频;00010:对源时钟进行 4 分频															
00011:对源时钟进行 6 分频;注意:①位[7:5]在智能卡模式下没有意义。②UART4 和 UART5 上不存在这一位															

ADC 相关寄存器

ADC_SR(ADC 状态寄存器)															
31	30	29	28	27	26	25	24	23	22	21	20	19	18	17	16
保留															
15	14	13	12	11	10	9	8	7	6	5	4	3	2	1	0
保留											STRT	JSTRT	JEOC	EOC	AWD
4 位:STRT 规则通道开始位(硬件在开始转换时置位,软件清零)定义:0(规则通道未开始转换),1(规则通道已开始转换)															
3 位:JSTRT 注入通道开始位(硬件在开始转换时置位,软件清零)定义:0(规则通道未开始转换),1(规则通道已开始转换)															
2 位:JEOC 注入通道转换结束位(硬件在所有注入通道转换结束时设置,由软件清零)定义:0(转换未完成),1(转换完成)															
1 位:转换结束位[该位由硬件在(规则或注入)通道组转换结束时设置],由软件清除或由读取 ADC_DR 时清除,定义:0(转换未完成),1(转换完成)															
0 位:AWD 模拟看门狗标志,该位在硬件转换的电压值超出了 ADC_LTR 和 ADC_HTR 寄存器定义的范围时置位,由软件清零,定义:0(没事件),1(有事件)															

ADC_CR2(ADC 控制寄存器 2)															
31	30	29	28	27	26	25	24	23	22	21	20	19	18	17	16
保留								TSVREFE	SWSTART	JSWSTART	EXTTRIG	EXTSEL[2:0]			保留
15	14	13	12	11	10	9	8	7	6	5	4	3	2	1	0
JEXTTRIG	JEXTSEL[2:0]			ALIGN	保留		DMA	保留				RSTCAL	CAL	CONT	ADON
23 位:TSVREFE 温度传感器和 Vrefint 使能(手动)在多余 1 个 ADC 的器件中该位仅出现在 ADC1 中,定义:0(禁止),1(开启)															
22 位:SWSTART 开始转换规则通道(软件启动该位,转换后硬件马上清除此位)如果在 EXTSEL[2:0]位中选择了 SWSTART 为触发事件,该位用于启动一组规则通道的转换															
定义:0(复位状态),1(开始转换规则通道)															
21 位:JSWSTART 开始转换注入通道,(软件启动该位,转换后硬件马上清除此位)如果在 JEXTSEL[2:0]位中选择了 JSWSTART 位触发事件,启动一组注入通道的转换															
定义:0(复位状态),1(开始转换注入通道)															
20 位:EXTTRIG 规则通道的外部触发转换模式(手动),定义:0(不用外部事件启动转换),1(使用外部事件启动转换)															
19—17 位:EXTSEL[2:0]选择启动规则通道组转换的外部事件,这些位选择用于启动规则通道组转换的外部事件,ADC1 和 ADC2 的触发配置如下															
定义:000(T1 的 CC1 事件)001(T1 的 CC2 事件)010(T1 的 CC3 事件)011(T2 的 CC2 事件)100(T3 的 TRGO 事件)101(T4 的 CC4 事件)110EXTI 线 11/T8 TRGO 事件															
111(SWSTART)															
ADC3 的触发配置如下:000(T3 的 CC1 事件)001(T2 的 CC3 事件)010(T1 的 CC3 事件)011(T8 的 CC1 事件)100(T8 的 TRGO 事件)101(T5 的 CC1 事件)110(T5 的 CC3 事件)															
111(SWSTART)															
15 位:JEXTTRIG 注入通道的外部触发转换模式(手动)定义:0(不用外部事件启动转换),1(使用外部事件启动转换)															
14—12 位:JEXTSEL[2:0]选择启动注入通道转换的外部事件,这些位选择用于启动注入通道组转换的外部事件,定义:ADC1 和 ADC2 的触发配置如下															
定义:000(T1 的 TRGO 事件)001(T1 的 CC4 事件)010(T2 的 TRGO 事件)011(T2 的 CC1 事件)100(T3 的 CC4 事件)101(T4 的 TRGO 事件)110(EXTI 线 15/T8 CC4 事件)															
111(JSWSTART)															
ADC3 触发配置,定义:000(T1 的 TRGO)001(T1 的 CC4)010(T4 的 CC3)011(T8 的 CC2)100(T8 的 CC4)101(T5 的 TRGO)110(T5 的 CC4)111(JSWSTART)															
11 位:ALIGN 数据对齐(手动)定义:0(右对齐),1(左对齐)															
8 位:DMA 字节存储器访问模式(手动)定义:0(不使用 DMA 模式),1(使用)															
3 位:RSTCAL 复位校准(手动),在校准寄存器被初始化后该位将被清除,定义:0(校准寄存器已初始化),1(初始化校准寄存器)															
注:如果正在进行转换时设置 RSTCAL,清除校准寄存器需要额外的周期															
2 位:CAL-A/D 校准(该位软件置 1,在校准结束时由硬件清除),定义:0(校准完成),1(开始校准)															

续表

1 位:CONT 连续转换(手动,如果设置此位则转换将连续进行直到该位被清除),定义:0(单词转换),1(连续转换)
0 位:ADON 开关 AD 转换器(手动)当该位为 0 时,写入 1 将把 ADC 从断电模式下唤醒。当该位为 1 时,写入 1 将启动转换,应用程序需注意,在转换器上电转换开始有一个延迟 Tstab,定义:0(关闭 ADC 转换和校准,并进入断电模式),1(开启 ADC 并启动转换)
注:如果在这个寄存器与 ADON 一起还有其他位改变,则转换不被触发,这是为了防止触发错误的转换

ADC_SMPR1(ADC 采样时间寄存器)															
31	30	29	28	27	26	25	24	23	22	21	20	19	18	17	16
保留								SMP17[2:0]			SMP16[2:0]			SMP15[2:1]	
15	14	13	12	11	10	9	8	7	6	5	4	3	2	1	0
SMP15[0]	SMP14[2:0]			SMP13[2:0]			SMP12[2:0]			SMP11[2:0]			SMP10[2:0]		
23—0 位:SMPx[2:0]选择通道 x 的采样时间,定义:000(1.5 周期)001(7.5)010(13.5)011(28.5)100(41.5)101(55.5)110(71.5)111(239.5)															

ADC_SMPR1(ADC 采样时间寄存器)															
31	30	29	28	27	26	25	24	23	22	21	20	19	18	17	16
保留		SMP9[2:0]			SMP8[2:0]			SMP7[2:0]			SMP6[2:0]			SMP5[2:1]	
15	14	13	12	11	10	9	8	7	6	5	4	3	2	1	0
SMP5[0]	SMP4[2:0]			SMP3[2:0]			SMP2[2:0]			SMP1[2:0]			SMP0[2:0]		
29—0 位:SMPx[2:0]选择通道 x 的采样时间。定义:000(1.5 周期)001(7.5)010(13.5)011(28.5)100(41.5)101(55.5)110(71.5)111(239.5)															

ADC_JOFRx(ADC 注入通道数据偏移寄存器 x=1…4)															
31	30	29	28	27	26	25	24	23	22	21	20	19	18	17	16
保留															
15	14	13	12	11	10	9	8	7	6	5	4	3	2	1	0
保留				JOFFSETx											
11—0 位:JOFFSETx[11:0]注入通道 x 的数据偏移,当转换注入通道时,这些位定义了用于从原始转换数据中减去的数值。转换的结果可以在 ADC_JDRx 寄存器中读出															

<table>
<tr><th colspan="16">ADC_HTR（ADC 看门狗高阈值寄存器）</th></tr>
<tr><td>31</td><td>30</td><td>29</td><td>28</td><td>27</td><td>26</td><td>25</td><td>24</td><td>23</td><td>22</td><td>21</td><td>20</td><td>19</td><td>18</td><td>17</td><td>16</td></tr>
<tr><td colspan="16">保留</td></tr>
<tr><td>15</td><td>14</td><td>13</td><td>12</td><td>11</td><td>10</td><td>9</td><td>8</td><td>7</td><td>6</td><td>5</td><td>4</td><td>3</td><td>2</td><td>1</td><td>0</td></tr>
<tr><td colspan="4">保留</td><td colspan="12">HT[11:0]</td></tr>
<tr><td colspan="16">11—0 位:HT[11:0]模拟看门狗高阈值,这些位定义了模拟看门狗的阈值高限</td></tr>
</table>

<table>
<tr><th colspan="16">ADC_LRT（ADC 看门狗低阈值寄存器）</th></tr>
<tr><td>31</td><td>30</td><td>29</td><td>28</td><td>27</td><td>26</td><td>25</td><td>24</td><td>23</td><td>22</td><td>21</td><td>20</td><td>19</td><td>18</td><td>17</td><td>16</td></tr>
<tr><td colspan="16">保留</td></tr>
<tr><td>15</td><td>14</td><td>13</td><td>12</td><td>11</td><td>10</td><td>9</td><td>8</td><td>7</td><td>6</td><td>5</td><td>4</td><td>3</td><td>2</td><td>1</td><td>0</td></tr>
<tr><td colspan="4">保留</td><td colspan="12">LT[11:0]</td></tr>
<tr><td colspan="16">11—0 位:LT[11:0]模拟看门狗低阈值,这些位定义了模拟看门狗的阈值低限</td></tr>
</table>

<table>
<tr><th colspan="16">ADC_SQR1（ADC 规则序列寄存器 1）</th></tr>
<tr><td>31</td><td>30</td><td>29</td><td>28</td><td>27</td><td>26</td><td>25</td><td>24</td><td>23</td><td>22</td><td>21</td><td>20</td><td>19</td><td>18</td><td>17</td><td>16</td></tr>
<tr><td colspan="8">保留</td><td colspan="4">L[3:0]</td><td colspan="4">SQ16[4:1]</td></tr>
<tr><td>15</td><td>14</td><td>13</td><td>12</td><td>11</td><td>10</td><td>9</td><td>8</td><td>7</td><td>6</td><td>5</td><td>4</td><td>3</td><td>2</td><td>1</td><td>0</td></tr>
<tr><td>SQ16</td><td colspan="5">SQ15[4:0]</td><td colspan="5">SQ14[4:0]</td><td colspan="5">SQ13[4:0]</td></tr>
<tr><td colspan="16">23—20 位:L[3:0]规则通道序列长度,这些位由软件定义在规则通道转换序列中的通道数目,定义:0000(1 个转换)…1111(16 个转换)</td></tr>
<tr><td colspan="16">19—15 位:SQ16[4:0]规则序列中的第 16 个转换,这些位由软件定义转换序列中的第 16 个转换通道的编号(0～17)</td></tr>
<tr><td colspan="16">14—10 位:SQ15[4:0]规则序列中的第 15 个转换</td></tr>
<tr><td colspan="16">9—5 位:SQ14[4:0]规则序列中的第 14 个转换</td></tr>
<tr><td colspan="16">4—0 位:SQ13[4:0]规则序列中的第 13 个转换</td></tr>
</table>

ADC_SQR2(ADC 规则序列寄存器 2)

31	30	29	28	27	26	25	24	23	22	21	20	19	18	17	16
保留		SQ12[4:0]					SQ11[4:0]					SQ10[4:0]			
15	14	13	12	11	10	9	8	7	6	5	4	3	2	1	0
SQ10[0]	SQ9[4:0]					SQ8[4:0]					SQ7[4:0]				

29—25 位:SQ12[4:0]规则序列中的第 12 个转换,这些位由软件定义转换序列中的第 12 个转换通道的编号(0~17)

24—20 位:SQ11[4:0]规则序列中的第 11 个转换

19—15 位:SQ10[4:0]规则序列中的第 10 个转换

14—10 位:SQ9[4:0]规则序列中的第 9 个转换

9—5 位:SQ8[4:0]规则序列中的第 8 个转换

4—0 位:SQ7[4:0]规则序列中的第 7 个转换

ADC_SQR3(ADC 规则序列寄存器 3)

31	30	29	28	27	26	25	24	23	22	21	20	19	18	17	16
保留		SQ6[4:0]					SQ5[4:0]					SQ4[4:0]			
15	14	13	12	11	10	9	8	7	6	5	4	3	2	1	0
SQ4[0]	SQ3[4:0]					SQ2[4:0]					SQ1[4:0]				

29—25 位:SQ6[4:0]规则序列中的第 6 个转换,这些位有软件定义转换序列中的第 6 个转换通道的编号(0~17)

24—20 位:SQ5[4:0]规则序列中的第 5 个转换

19—15 位:SQ4[4:0]规则序列中的第 4 个转换

14—10 位:SQ3[4:0]规则序列中的第 3 个转换

9—5 位:SQ2[4:0]规则序列中的第 2 个转换

4—0 位:SQ1[4:0]规则序列中的第 1 个转换

ADC_JSQRADC(注入序列寄存器)															
31	30	29	28	27	26	25	24	23	22	21	20	19	18	17	16
保留										JL[3:0]		JSQ4[4:1]			
15	14	13	12	11	10	9	8	7	6	5	4	3	2	1	0
JSQ4[0]	JSQ3[4:0]					JSQ2[4:0]					JSQ1[4:0]				
21—20 位:JL[3:0]注入通道序列长度,这些位由软件定义在规则通道转换序列中的通道数目。定义:00(1 个转换),01(2 个转换),10(3 个转换),11(4 个转换)															
19—15 位:JSQ4[4:0]注入序列中的第 4 个转换,这些位有软件定义转换序列中的第 4 个转换通道的编号(0~17)															
注:不同于规则转换序列,如果 JL[1:0]的长度小于 4,则转换的序列顺序是从(4-JL)开始。例如:ADC_JSQR[21:0] =10 00011 00011 00111 00010															
意味着扫描转换将按下列通道顺序转换:7、3、3,而不是 2、7、3															
14—10 位:JSQ3[4:0]:注入序列中的第 3 个转换															
9—5 位:JSQ2[4:0]:注入序列中的第 2 个转换															
4—0 位:JSQ1[4:0]:注入序列中的第 1 个转换															

ADC_JDRx(ADC 注入数据寄存器 x=1…4)															
31	30	29	28	27	26	25	24	23	22	21	20	19	18	17	16
保留															
15	14	13	12	11	10	9	8	7	6	5	4	3	2	1	0
JDATA[15:0]															
15—0 位:JDATA[15:0]注入转换的数据,这些位为只读,包含了注入通道的转换结果。数据是左对齐或右对齐															
ADC_DR(ADC 规则数据寄存器)															
31	30	29	28	27	26	25	24	23	22	21	20	19	18	17	16
ADC2DATA[15:0]															
15	14	13	12	11	10	9	8	7	6	5	4	3	2	1	0
DATA[15:0]															
31—16 位:ADC2DATA[15:0]ADC2 转换的数据,在 ADC1 中:双模式下,这些位包含了 ADC2 转换的规则通道数据;在 ADC2 和 ADC3 中:不使用这些位															
15—0 位:规则转换的数据,这些位为只读,包含了规则通道的转换结果。数据是左对齐或右对齐															

参考文献

[1] Joseph Yiu. ARM Cortex-M3 权威指南[M]. 宋岩,译. 北京:北京航空航天大学出版社,2008.
[2] 严海蓉,薛涛,曹群生,等. 嵌入式微处理器原理与应用——基于 ARM Cortex-M3 微控制器(STM32 系列)[M]. 北京:清华大学出版社,2014.
[3] 沈红卫,等. STM32 单片机应用与全案例实践[M]. 北京:电子工业出版社,2017.
[4] 黄智伟,王兵,朱卫华. STM32F 32 位 ARM 微控制器应用设计与实践[M]. 2 版. 北京:北京航空航天大学出版社,2014.
[5] 杨光祥,梁华,朱军. STM32 单片机原理与工程实践[M]. 武汉:武汉理工大学出版社,2013.
[6] 刘军,张洋,严汉宇,等. 原子教你玩 STM32(寄存器版)[M]. 2 版. 北京:北京航空航天大学出版社,2015.
[7] 彭刚,秦志强,姚昱. 基于 ARM Cortex-M3 的 STM32 系列嵌入式微控制器应用实践[M]. 2 版. 北京:电子工业出版社,2016.
[8] 武奇生,白璘,惠萌,等. 基于 ARM 的单片机应用及实践——STM32 案例式教学[M]. 北京:机械工业出版社,2014.
[9] 喻金钱,喻斌. STM32F 系列 ARM Cortex-M3 核微控制器开发与应用. [M]. 北京:清华大学出版社,2011.